环境监测与生态环境保护

李伟东　谢　静　吴双利　主编

吉林科学技术出版社

图书在版编目（CIP）数据

环境监测与生态环境保护 / 李伟东，谢静，吴双利
主编 . -- 长春 : 吉林科学技术出版社，2023.7
　　ISBN 978-7-5744-0641-4

　　Ⅰ . ①环… Ⅱ . ①李… ②谢… ③吴… Ⅲ . ①环境监
测—研究②生态环境保护—研究 Ⅳ . ① X8 ② X171.4

中国国家版本馆 CIP 数据核字 (2023) 第 136520 号

环境监测与生态环境保护

主　　编	李伟东　谢　静　吴双利	
出 版 人	宛　霞	
责任编辑	袁　芳	
封面设计	刘梦杳	
制　　版	刘梦杳	
幅面尺寸	185mm × 260mm	
开　　本	16	
字　　数	375 千字	
印　　张	21.75	
印　　数	1–1500 册	
版　　次	2023年7月第1版	
印　　次	2024年2月第1次印刷	

出　　版	吉林科学技术出版社
发　　行	吉林科学技术出版社
地　　址	长春市福祉大路5788号
邮　　编	130118

发行部电话/传真　　0431-81629529 81629530 81629531
　　　　　　　　　　　　81629532 81629533 81629534

储运部电话　　0431-86059116
编辑部电话　　0431-81629518
印　　刷　　三河市嵩川印刷有限公司

书　　号　　ISBN 978-7-5744-0641-4
定　　价　　110.00元

前　言
PREFACE

　　环境问题不仅关乎人们的身体健康，而且对我国可持续发展战略的实施具有重要影响。近年来，虽然我国经济得到了飞速发展，但是从实际情况来看，环境问题却越来越严重了。为了响应国家环保号召，在城市发展规划中要平衡生态环境管理工作和城市经济发展工作，提升具体环节的整体水平和质量。相关监督管理部门要充分重视环境监测技术的价值，结合环境保护规划和方案落实相应的内容，促进环境保护工作的全面进步和发展，并且有效建立完整的环境监测体系，从而缓解生态被破坏的情况，打造更加合理的生态控制规范，实现经济效益和环保效益的共赢。因此，对我国环境监测技术进行研究具有现实意义，需要对其给予高度重视，以便对我国环境进行有效改善，促进环境保护工作的全面进步和发展，提高环境质量。

　　"生态文明"这一概念的提出，反映了我国各界对人与自然和谐关系的深刻反思，是发展理念的重要进步。生态文明建设是建设中国特色社会主义"五位一体"总布局的重要组成部分。其根本目的在于从源头上扭转生态环境恶化趋势，为人民创造良好的生活环境，使得全体公民自觉地珍爱自然，更加积极地保护生态。可以说，生态文明建设是不断满足人民群众对优美生态环境的需要，是实现美丽中国的关键举措，也是现阶段重构人与自然关系、实现人与自然和谐相处的主要方式。

　　本书首先介绍了环境监测的基本知识，然后详细阐述了生态环境保护方面的内容，以适应当前环境监测与生态环境保护的发展。

　　本书突出了基本概念与基本原理，在写作时尝试多方面知识的融会贯通，注重知识层次递进，同时注重理论与实践的结合。希望可以为广大读者提供借鉴或帮助。

　　限于时间和作者的水平，书中或许有不妥之处，恳请广大读者批注指正。

目　录
CONTENTS

第一章　环境监测概述

第一节　环境监测技术的作用和意义

环境监测（environmental monitoring）是通过对人类和环境有影响的各种物质的含量、排放量的检测和监控，实时了解环境质量变化，确定环境质量状况，为环境管理与规划、污染预防与治理等工作提供基本的保障。生产生活中出现的污染问题，以及环境影响评价、环境化学、环境工程学等学科的开展，都需要了解环境质量状况或环境质量发展趋势，因此开展环境监测工作是开展一切环境工作的前提。

环境监测开展的一般工作流程为研究对象调查、监测方案设计、优化布点、现场样品的采集、样品的运送与保存、样品分析测试、数据统计处理、综合分析与评价等过程。简而言之，环境监测就是调查—计划—采集—测试—综合分析的过程。

在科技进步及工业发展的背景下，环境监测的内容也不断地延伸，从对单一方面的污染监测延伸到对整个环境的监测，增加了生物监测、生态监测等。因而，随着人类环境意识的觉醒和提高及环境学的发展，环境监测的对象主要为反映环境状况的自然因素、各种人为因素和环境中的各污染组分。监测过程中运用到的技术手段也越来越完善，越来越与时俱进，包括物理、化学、生物和生态的监测等。国务院办公厅于2015年7月26日印发的《生态环境监测网络建设方案》（国办发〔2015〕56号）中要求至2020年初步建成与生态文明建设要求相适应的陆海两全、天地一体、上下协同、信息共享的生态环境监测网络，基本实现环境质量、重点污染源、生态状况监测全面覆盖，各级各类监测数据系统的互联共享，监测与监管的协同联动，显著提升监测预报预警能力、信息化能力以及保障水平。

一、环境监测技术的作用

（一）环境监测技术在污染控制与治理中的作用

环境污染问题已成为人们共同面临的全球问题。对于污染的控制与治理工作，世界各国也愈加重视。近年来，为了迎合实际工作需要，越来越先进、快速、方便的监测技术被开发应用，提高了监测数据的快速、实时、精确等性能，大大保证了污染控制治理工作的顺利开展。通过对这些准确、实时数据进行综合分析，环境保护工作者采取有针对性的污染物处理措施，提高了解决污染事件的能力和效率。例如，在大气污染排查中，监督机构通过对烟囱在线监测实时排放数据的评估，判断企业产排污情况是否存在超标排放情况；企业根据实时排放数据，评估废气处理设施或处理工艺的处理效果，可进一步判断是否存在机器故障等。

（二）环境监测技术在环境标准制定中的作用

环境质量标准、污染物排放标准等环境相关标准的制定离不开对现实环境状况的调查与分析，这当然需要环境监测技术的应用。环保工作者利用现代监测技术和设备对区域内各环境因子（大气、水、土壤等）进行综合分析，并进行科学的评价，为环保部门制定相应的环境标准提供依据。通过标准的实施来保障生态环境的质量。在制定环境方法标准中，更是需要利用通用、稳定的监测技术实现对环境中污染物的标准化量化。这样可以尽量减少人员失误和设备偏差，实现监测信息的准确性，保证监测信息的可比性，从而保证生活环境的基本功能，促进生态环境的良性发展。

（三）环境监测技术在环境评估中的作用

环境监测技术是开展环境评估工作的基础。针对现有环境质量进行评估时，需要识别环境评价因子，利用环境监测技术确定各评价因子的定性定量数据，并结合当前区域环境情况进行评判。

环境评价因子涉及的要素较多，需要针对当前环境中具有代表性因子的相关信息进行采集。环保工作者利用监测技术获得相应因子的信息也需要符合环境评估工作的要求，才能进一步被使用，从而保证评估工作的准确性和客观性。此外，环境监测技术也是开展环境保护工作的监督手段。利用监测技术确定产排污位置、产排污量及污染物种类等，保证监督部门开展环境评估工作的顺利进行，并及时定位到可能违法的企业和个人；为环保执法提供实时证据，使环保主管部门对严重企业进行定向管理，促使其优化生产工艺，把经济效益和环境效益有机结合起来，实现地方生态环境的良性发展。

（四）环境监测技术在城市设计及规划中的作用

随着城市人口的快速增长，城市化过程中环境问题凸显：大气污染、水污染、噪声污染等问题日益影响着人们的生活。为了更好地适应新的发展时期的城市设计、规划和管理的需要，对城市生态环境质量的监控是必然之路。利用多样化的现代监测技术掌握城市质量状况，为调整城市结构、优化城市布局提供必不可少的信息。例如，根据对监测结果的分析研究，避开重大污染源对敏感区的水、气、土等产生污染，实现城市发展过程中环境外部的经济性。因此，在对城市进行规划设计时，需要结合环境监测技术带来的各种有效信息，并将其应用到城市建设的具体工程当中，保证城市发展和环境保护有机结合。

（五）环境监测技术在经济建设中的作用

经济的发展推动社会的发展。在人类走过的工业化道路过程中，经济发展促进了社会进步，但也带来了环境问题。人类通过近百年来的探寻，找到了解决这个问题的新思路：实现经济增长和环境保护协调统一，实现二者共生，既发展经济，又不破坏生态环境，坚持一起发展，同步进步，同步规划，同步进行，实现人类社会的协调发展。当然，这个过程不是一蹴而就的，需要各行各业的努力。为了既保证社会经济效益而又不影响其环境效益，需要环境监测技术融入各行各业，提供科学、客观的数据，保证经济的良性发展，如在企业中实现清洁生产、推行产品生命周期理论、引入国际化的企业管理体系等。

（六）环境监测技术在科学发展中的贡献

技术的进步离不开科学的发展，反之，技术的进步也会推动科学的发展，二者相辅相成。例如，爱因斯坦的统一场论是其后半生研究的主题，可是由于受限于相关技术的发展，终其半生也无所获。因此，环境监测通过自身技术的发展为科学发展提供测量各种指标的最新技术手段，推动科学自身的进步。例如，通过检测技术找出藏量丰富的自然资源，天然气的开采和利用改变了我们生活中的用能结构，从而推动了新能源的科研工作。总而言之，搞好环境监测工作能实现科学和技术的互利共赢。

二、环境监测技术的意义

环境科学是基于20世纪环境问题频发，人们为解决这个问题而逐渐形成的一门学科，环境监测技术就是随着环境科学学科体系的建立而产生的。现代环境监测技术是结合现代义器设备、遥感影像、无人机技术等对环境质量掌握其现状及变化的监测技术。因此，环境监测技术对于环境保护工作的开展具有以下重要意义：

（1）环境监测技术是实现环境保护工作的重要手段。随着工业化进程的加快，震惊世界的污染事故层出不穷，环境污染问题日益普遍化，世界各国相继出台了约束和治理环境污染的许多政策、标准和法律法规等。而实施这些文件的基础，就需要环境监测技术的应用，针对环境污染问题进行综合检测和分析，反映环境质量的真实状况，为环境相关人员客观地开展工作提供基础。

（2）环境监测技术指明环境保护工作的方向。环境保护工作是一项系统工程，需要政府、企业、个人各方协调配合和积极参与才能最终实现社会、经济、环境的协调发展。因此，要解决污染及生态破坏问题，需要利用现代环境监测技术对污染源、污染程度、污染趋势进行排查分析，提出环境保护的工作方向，有针对性地解决实际问题，提高环境保护工作效率，推动环境保护工作健康发展。

（3）环境监测技术为环境保护工作提供有力的数据支持。环境监测通过化学分析技术、物理检测技术、遥感卫星监测技术等为环境保护工作提供实时、在线数据，这些数据是环保工作者了解污染物种类、数量、形态及传播途径的依据，也是制定正确环境保护方案和环保相关法律法规的依据。

（4）环境监测技术是及时应对突发性环境污染事故的前提。在自然和人类活动中，由于某种原因导致环境偏离了"动态平衡"，引起环境质量短时间的激烈变化，产生严重的局部污染，形成了突发性环境污染事故。针对突发性事故的时间紧迫性，需要利用先进、快速的技术手段及时找出污染源、污染物，及时确定污染物的扩散速度和范围，为快速制定和及时启动应急预案争取时间，并将事故造成的负面危害降到最低。

（5）环境监测技术为实现环境保护监督服务提供技术支持。环境监测贯穿环境保护工作的始终，无论是项目建设期、运行期还是期满期都离不开环境监测工作。通过监测工作的介入，了解建设过程中带来的环境影响、运行期污染排放达标情况、期满后的处理处置情况，进一步发现环保措施中的漏洞和不足，及时调整环境保护工作的工作重点及方法，提升环境保护的工作效果。

（6）环境监测技术有利于激发人们的环保意识，进而可开展合理有效的环境保护工作。通过环境监测，行政职能部门、企业及公众获取相关区域环境信息，增强行政职能部门对环境的管控、企业的自我约束、公众对环境问题参与的积极性。以我国城市大气污染为例。随着大气污染问题愈发严重，全国各地空气质量严重下降，影响人们的生活，不仅引起呼吸道疾病的高发，而且对我国国际形象也产生一定程度的负面影响。近年来，国家开始大力建设大气自动监测点，尤其是PM2.5站点的建设，政策标准上不断修订大气质量或污染控制的相关标准等，如2018年7月31日，生态环境部常务会议审议并原则通过《环境空气质量标准》（GB 3095-2012）修改单。公众对于大气污染的认识也逐渐深刻，秸秆和垃圾随处焚烧现象大大减少，越来越多的人加入大气环境保护的工作中来。

第二节　环境监测技术的类型与内容

环境监测技术根据监测流程可分为样品采集技术、检测技术及数据处理技术三种，根据监测手段可分为化学监测技术、物理监测技术、生物监测技术、遥感监测技术、卫星监测技术等；也可按使用技术的部门不同来分类，如环境资源监测技术、环境卫生监测技术和环境气象监测技术等。

一、按监测流程分类

（一）样品采集技术

环境介质是多样化的，包括水、气、土壤、固体废物等不同形态的物质；相应的样品采集和处理也不是单一的，是复杂系统化的过程。因此，样品采集和处理技术需要根据样品外观、性状、质地等条件进行选择，如水样的采集需要配备采水器、采样容器、车、船等工具，大气采样需要专门的大气采样器、吸收剂、车等。具体内容在后面章节分别阐述。

样品采集极为重要，直接影响监测结果，因此采集的样品要有代表性、可比性和完整性。采样中存在误差，尤其人为因素影响最大，所以为了提高环境监测采样质量，需要加强样品采集过程中的质量保证。造成样品不具有代表性的原因较多，主要有以下几种：

（1）采样工具和容器不规范选择，如选择塑料容器装测定痕量金属和有机质的样品等。

（2）采样人员现场操作不当，在转移、处理中出现误差。例如：采集地下水样分析金属离子时需过滤，再加硝酸为保护剂；反之，会造成悬浮黏土溶解，带来误差。

（3）生物、化学、物理等因素。例如，光、热、水、气、金属等，容易与样本发生反应，造成样本成分变化。

另外，采样误差与实验分析误差并无关联，实验分析误差不能确定采样质量，样品采集误差需在采集阶段控制。可通过以下两方面进行控制：①采样操作规范化、制度化。详尽规范采样容器、采样指标、采样频次、采样点数、采样操作步骤及流程等。②强化采样人员的责任意识，定期组织人员培训。加强个人工作岗位责任意识，提高个人业务能力，减少问题出现。

（二）检测技术

环境中污染物成分、形态及结构分析多采用化学分析法和仪器分析法。例如：水中悬浮物、残渣、石油类，大气中降尘、飘尘、硫酸盐化速率等的测定常用重量法。水中化学需氧量、硫化物、氰化物、酸碱度的测定常用容量法。金属离子、有机污染物、较多的无机化合物都采用仪器分析的方法。

随着现代仪器分析技术的发展，光谱技术、色谱技术、联用技术等已普遍运用到环境污染物的定量和定性分析当中，如采用原子发射光谱法可同时定量分析几十种元素，采用紫外光谱法、红外光谱法、质谱法及核磁共振等技术可对污染物定性和结构分析，大气中VOCs（Volatile Organic Compounds，挥发性有机物）、S-VOCs和水中氯酚类有机污染物的GC-MS技术测定，有机卤化物（Absorbable Organic Halogen，AOX）、总有机卤化物（Total Organic Halogen，TOX）的IC技术分析，等等。

环境中的病原菌、微生物常用生物技术进行检测，了解其存在水平。生物检测技术是运用病原学、免疫学、生物化学试验和分子生物学检测技术对环境中的病原菌、微生物及有毒有害物质进行分析检测。目前它被运用在不同的生物学检测领域，如利用发酵或免疫法测定大肠杆菌，利用酶联免疫法检测微生物及农药残留，等等。

（三）数据处理技术

数据处理是在获取一定的监测数据后，运用高效科学的方法对数据进行收集、整理、分析处理，找到研究问题中有用信息，判断环境问题，评价环境质量。常用的方法包括有效数据规整、无效数据剔除、实验数据多重验证、时间序列分析等。

（1）有效数据规整是指为获得数据的合理性、准确性判断，利用有效方法筛选数据，并进行整理和分类，增加数据条理性，使后续的数据分析工作更易进行。

（2）无效数据剔除是指由于环境监测中采样点数多，采样数量多，最后的数据结果比较庞杂，需要有目的地筛选，把握监测关键点，清除参考价值不大的数据信息，实现数据的更新，保证数据的可靠性。常用的有狄克法和格鲁布斯法。

（3）实验数据的多重验证是指对同一样本采取多次反复的实验检测，避免随机误差的影响。由于环境指标检测方法的多样性，可采用多种不同检测技术协同检验，来提高数据的准确性和合理性。

（4）时间序列分析。环境监测工作是长期且持续的，同一样点会进行多次监测，有效规划监测频率可提高数据的代表性和可靠性，节约工作成本。

二、按监测手段分类

按监测手段分类，环境监测技术可分为化学监测、物理监测、生物监测、生态监测（遥感监测、卫星监测）等技术。

（1）化学监测是指采用化学分析法和仪器测试法等手段来监视环境介质中各种化学环境因子变化的监测方法。

（2）物理监测是指对环境中的噪声、热、光、电磁辐射、放射性污染因素监视监测的过程，运用到的技术为物理监测技术。

（3）生态环境综合质量的监控可利用生物监测技术。生物监测技术主要利用动植物对污染物的各种反应信息来判断环境质量，包括污染物含量的检测，根据生物的受害反应测定其生理生化、种群群落变化的方法。例如，利用敏感生物的指示特征对环境做出定性和定量分析。

（4）生态监测从宏观角度研究生态系统是否良性发展。生态监测技术就是对反映生态系统质量的指标进行度量和判断，以掌握生态系统的现状和变化趋势，为生态环境保护提供数据依据。生态监测方法主要包括地面监测、空中监测及卫星监测三种方法。

第三节　环境监测技术的发展

一、环境监测技术的发展趋势

（一）环境监测技术不断创新升级

落后的技术手段不能为预警、预测复杂环境问题提供客观、准确的数据，因此需要发展先进、快速、系统化的监测，建立健全各类环境监测网，如加强环境监测站点自身建设、配置各项应急措施、升级技术服务等，实现环境监测的自动化管理系统及监测网络，提升处理突发污染事故的能力。2019年12月18日，第一届生态环境监测技术交流会强调以中国环境监测总站为龙头的监测技术队伍要围绕优化监测网络设置技术、统一监测技术方法、强化监测质量控制技术、完善监测评价方法、加强监测信息共享技术开展研究，明确未来生态环境监测的发展目标和建设方略，开拓面向全球的生态环境监测技术体系，为推进国家生态环境治理体系和治理能力现代化发挥更大作用。

（二）环境监测技术趋向于痕量化

环境污染物由于生物累积和生物放大作用，尽管处于低浓度状态，也会给生物带来巨大危害，所以需要运用痕量分析技术检测环境中的试样成分及分布状况，控制低含量物质在环境中的迁移转化及危害。例如：利用ICP-MS技术完成多种元素的痕量分析，该方法精度高、多种元素同时检测、应用广；GC-MS联用技术实现低含量有机物污染的定性、定量分析，为解决环境问题提供新思路。

（三）在线自动监测是未来工作重点

目前，我国国家层面的环境自动监测站点有3400多个，包括地表水和地下水监测站点、大气监测站点、环境噪声监测站点、海洋监测站点、生态监测站点、酸雨监测站点及放射性物质监测站点。其中，绝大多数空气质量监测站点实现了在线自动监测和自动上报数据的全自动化过程，在线自动水质监测技术在淮河流域也取得了重大进展。其他监测领域也都取得了不错的应用成果。因此，实现环境监测的在线自动监测技术是我国现阶段环境监测工作的重点。

（四）多技术联用综合发展

中国环境监测总站在第一届生态环境监测技术交流会上倡议加快形成生态环境监测大联合的格局，开展生态环境监测大数据的集成。基于生态环境大数据平台总体框架，建立覆盖全国、统筹利用、开放共享的全国生态环境监测大数据平台，统一发布生态环境监管信息，实现决策科学化、治理精准化、服务高效化。

二、环境监测发展中存在的问题

新时代，做好环境监测工作对提高环境保护工作的效率、降低环境风险隐患有重要的价值。虽然我国目前环境监测工作取得了一定成效，但是由于我国环境监测工作起步比较晚，所以仍然存在很多问题。

（一）环保意识不强

环境监测工作服务于环境保护工作，环境监测工作人员应该以环保工作的需要为出发点来对环境进行监测。但是有些工作人员的环保意识不强，对工作职责的认识不足，在监测过程中收集来的有效数据比较少且不够客观准确，致使影响环境监测的整体质量水平。

（二）工作流程问题

以客观、科学、法制的相关理念优化监测工作程序为基础，才能提高监测工作质量。一些环境监测工作质量不高，其中大多都是因为环境监测缺乏科学性，整体质量水平低，处置样品检测和数据分析的方法不得当，操作过程中有一些潜在的危险问题没有注意到。因为不正确的操作使环境监测缺少可靠性与安全性，导致说服力不足。还有些环境监测工作没有按正规程序进行有效监测取样，没有科学地处理工作过程中出现的问题，使获得的数据不够客观准确，不具备法律上的效力。所以，要想解决好环境监测质量方面的问题，应当为了提高监测操作的准确性来严格按照正规的程序去科学地操作。

（三）监测设备问题

必须使用科学的监测控制设备，我们才能保证环境监测质量符合环保工作的现实需要。但是由于监测设备缺乏更新，现有设备不能深入、高效、全面地进行环境监测工作。例如，有些监测站的大气采样仪、分光亮度计、气相色谱仪等相关设备的技术水平较低，不能智能、实时、直观地分析数据，这使环境监测工作的整体质量大幅降低。正是因为引进科学的环境监测设备不够，所以不但降低了环境监测的质量，还不利于高效地达到环境监测的目标。

（四）人员素质落后

环境监测这一工作需要专业的技术团队才可以得到最准确的数据，所以要求其技术人员要拥有较高的能力水平。近年来，我国越来越重视环境监测，但却发现很多基层监测站缺少专业的技术人员，大多数工作人员只会使用惯例技术手段进行环境监测。一些工作人员在监测站引入先进设备后没有掌握好新设备的使用方法，从而得到的数据会存在比较大的误差。还有一些管理层人员对引进人才的工作不够重视，没有进一步完善管理制度；部分工作人员也没有明确自己的工作职责。由于工作人员的专业知识与素质的有限性，尽管环境监测标准一直在提升，却达不到与时俱进，影响环境检测水平的提升。

三、环境监测技术发展的建议

（一）优化监测工作方案

首先，应根据环境保护工作的需要确定工作目标与主要实施手段，形成具有针对性的样品采集体系，明晰采集样品工作的重点，对有关采集样品的方案进行改良，重视样品采集的质量，从而确保采集的相关数据信息较全面。其次，还要加强对原始数据信息的采集力度，侧重详尽记录样品采集的环境、状态、方法等情况，以保证后续工作的顺利进行。

为保证样品采集的质量与环境监测质量，应建立全员参与的岗位职责控制机制。最后，要以优化采集样品的程序为基础，出台相关的工作制度，明确监测的基本标准，达到科学全面监测的目标。

（二）加强仪器设备管理

新时代，应当做好有关环境监测质量管理的全部工作，要把重点放在全面科学监督管理仪器设备，处理好在使用仪器设备时出现的种种问题。首先，要把仪器设备的使用数据与分析机制建立好，确保仪器设备保护、保养做到位，需要依照仪器设备的使用拟定好科学的使用管理规范。其次，根据实际情况的需要不断引入先进的仪器设备，提高设备管理水平，加大智能化设备的应用，从而满足环境监测工作的需要。最后，侧重于依据环境监测的工作需要制定仪器设备更新换代的计划，及时更换陈旧的仪器设备，大力筹措更新设备的资金，确保仪器设备的更新持续性，进一步提高环境监测的效率。

（三）加大数据审核力度

为确保得到客观准确的监测数据信息和结果，现代环境监测工作应该具有完善的数据审核机制，加大对有关数据信息的复核，提高核查有误数据的能力。基于采集的样品对相关数据及时分析，为减少样品分析的错误设立相应的数据跟踪监督审核体系，降低出现错误数据的机会。

（四）加强技术人员培训

可以通过一些方式吸引更多优秀的人才加入环境监测的队伍中来，比如给予有吸引力的薪酬。确保录用的环境监测技术人员有一定的工作经验和较高的专业水平，全面审查评定技术人员的业务水平，从优选择。加大对技术人员的培训力度，强化绩效考核，调动工作人员的积极主动性，使其能够对工作充满责任感，重视提升自身的技术水平。

（五）创新监测技术

随着时间的推移，监测技术不断发展，监测设备技术含量也在逐渐提高。随着发展，监测设备的体积将会不断缩小，并不断提升其相对误差和准确度的级别。通过创新环境监测技术，可以提供更准确可靠的监测数据，有效预防和治理环境污染以及预测未来的变化形势。为全面提升环境监测的实效性，应以先进的互联网信息技术为依托构建并完善监测技术体系，实时在线监测污染源，要提前预测重大污染事件并进行防范，把科学合理的应急预案拟定好，把应急响应污染事件的自动化系统构建好，及时将危险源数据传入系统之中，提高系统的应急能力。

第四节　环境监测新技术开发

随着科学技术的进步和生态环境发展的需要，环境监测相关从业者为了更加快速、便捷、准确地提供反映实际情况的数据，持续不断地开发监测新技术和新方法。目前，多集中在红外、色谱、质谱、荧光和磷光、雷达、激光诱导击穿光谱（Laser-Induced Breakdown Spectroscopy，LIBS）等领域，涌现出数据处理、智能化监测、物联网、生物芯片、三维激光雷达遥感、无人机等新技术，如新型监测仪器GC-MS、GC-FTIR、ICP-MS、ICP-AES、HPLC、HPLC-MS、RS、GDS、GIS、XRF等联用技术。我国自主研发的荧光设备测定一些无机和有机污染物具有极高的灵敏度，尤其对Hg、As、Sb、Bi、Se、Te的化合物及有机致癌物的定量分析既快又准确，因此在我国环境监测分析技术中很有发展前途。

一、有机污染监测技术的开发

我国环境标准里针对有机污染物监测的项目不多，主要有多环芳烃类、苯并[a]芘类、二噁英、有机氯化物、农药等，没有覆盖生产生活中使用和排放的大量化学品和特征污染物。而且对于特征污染物明确的，也没有标准检测方法。如《建设用地土壤污染风险筛选指导值》中规定了酞酸酯类、灭蚁灵等污染物的风险指导值，但无相关检测标准方法，导致"指导值"的执行较为困难。另外，由于用地类型多，人为活动强度大，涉及化学品生产工艺复杂，因而从复杂多样的污染源中确定企业用地的特征因子难度也比较大。风险因子的确定和监测方法的制定完善，都是当前实际监测过程中亟待解决的问题。

有机标准品的研制也是我国有机污染物监测过程中存在的难题。当前针对重金属等无机化合物测试用的标准品基本能满足需求，而水中有机氯农药、苯系物、多氯联苯、挥发性氯代烃等有机标准品较为缺乏，不能满足水中有机物污染分析方法评价要求。主要原因有以下几点：

（1）有机污染物水中溶解度较低，稀释过程容易污染。

（2）有机污染物在水中易发生水解、光合反应等，导致量值变化。

（3）水中微生物也容易造成有机物含量的不稳定。

另外，大多数监测需要多组分标准品，而多组分混合液制备难度大，较难准确配置；市场上有的大多数多组分标准品价格也极为昂贵，很难实现实验室普遍化使用。

当前，有机污染物的提取和净化技术逐渐向微型化和自动化发展，从需要较多提取剂的液相萃取技术到少量的固相萃取技术，再到使用微量的液相微萃取技术和固相微萃取技术；从手工操作向样品采集、提取、浓缩富集及测试一体化方向发展。在线处理痕量污染物的技术也是当前发展的方向。

二、无机污染监测技术的开发

各类环境标准中无机污染物监测项目种类繁多，覆盖面也比较广。针对不同指标，国家有比较完备成熟的系列标准体系，但也不可避免地存在一些项目测试中使用药品毒性大、步骤烦琐和仪器设备复杂等问题，并且对污染物形态的分析也比较少。因此，研发新的快速、便携及在线的检测设备非常有必要。这可以解决一线采样和测试人员工作中的实际问题，大大节约人力。如国家针对水和空气在线监测工作开展的电极流动法和公布的流动注射在线富集法测定 Cl^-、F^-、Cu、Zn、Pb、Cd、硬度等，除能保证良好的测定精度外，还节省时间，便于实现自动化，也是三个效益俱佳的方法体系。

另外，检测无机污染物的新技术和联用技术也是当前研究开发的重点。例如，利用原子荧光法可实现环境中砷、汞、硒、铅的痕量检测，ICP-MS联用技术实现多种金属污染物的超痕量分析，HPLC-ICP-MS联用技术和IC-ICP-MS联用技术进行尿液中不同形态As分析，利用同位素标记技术追踪污染物的运行和变化规律。又如：美国和日本已把采用ICP-MS技术分析水中 Cu、Cr（VI）、Cd 和 Pb 的方法列为标准方法；ICP-MS联用技术在许多领域，包括新材料、药物和医学等的应用均有报道。因此，应加快对无机污染物监测新技术的开发，从而实现无机污染物智能快速监测。

三、优先监测污染物监测技术的开发

当前有数以百万计的化学品被人类发现和生产，人们不可能对进入环境的所有化学品进行监测和控制，只能有选择性地对少量污染物监测和控制。环境保护部门根据环境中污染物出现的频率、在环境中的累积性、对人体和生物的潜在危险及是否是"三致"物质等因素，对有毒污染物进行分级排队，筛选出需优先进行监测的污染物为优先污染物。优先污染物是国家优先监测与优先控制的对象，具有难以降解、有一定残留水平、出现频率高、生物累积性、为"三致"物质及毒性较大的特点。对优先污染物进行的监测称为"优先监测"。

1979年，美国以法律形式公布了优先监测的129种污染物，其中114种为人工合成有机物，15种为重金属和无机毒物。中国于1989年提出了68个优先污染物，其中除铜、铅、砷、镉、铬、锑、铊、镍及其化合物外，其他均为有机污染物（包括农药），具体监测指标见相关监测污染物指标。

我国从20世纪80年代后期就开始了"中国环境优先监测研究"，提出了《中国水中优先污染物黑名单》，开展了采样布点方法和质量保证程序的研究、标准物质的研发及监测方法和各项环境标准的制定等工作，建立了大量配套的优先监测技术。但目前出台的环境监测优先指标的覆盖范围比较窄，需要探索大气和土壤等领域的优先监测指标。

不同历史阶段，人类活动特点不同，也会带来优先监测指标变化。如当前我国生态系统保护措施比较弱且技术水平也有限，污染和开发为主要矛盾，有关优先监测的生态指标要与二者之间的压力有关，未来污染类型和开发方式都会变化，优先指标也要随之匹配。

技术水平、监测能力及人类认识水平等都会对优先监测指标的确定产生影响。

这些都将是优先监测技术研究需要探讨和解决的问题。

四、自动监测系统和技术开发

目前，我国环境监测网络体系已经较为完备，实现了国家环境监测事权的集中化，监测数据的"真、准、全"也正全方位实现。

中国环境监测总站的数据显示，我国已建成了1436个已入国家网的大气自动监测站和5000多个已入地方网的空气质量自动监测站、2767个地表水国控水质监测断面（建自动监测站点1881个）和1.1万个地表水地方监测断面（建自动监测站点约5000个）、419个国控近海监测点、8万多个土壤监测点，覆盖了各个环境要素，逐渐形成了完善的国家生态环境监测网络。同时，通过监测网络建设，国家2016年上收了1436个国控城市空气质量监测站点的监测事权，2017年以采测分离为基础上收了地表水监测事权，2018年上收了考核断面水质自动站建设事权，2019年逐渐过渡到水质自动监测。

在2020年1月20日至3月14日新冠病毒疫情期间，全国337个城市空气自动监测数据显示：平均优良天数占比85.7%，高于去年同期10.1个百分点。PM2.5的全国平均浓度为44μg/m³，同比下降18.5%。1845个国家水质自动站预警监测数据表明，同去年同期相比，Ⅰ～Ⅲ类水质有近10个点的上升，Ⅳ、Ⅴ类和劣Ⅴ类都有所下降。通过对饮用水源地17949次的监测，未发现有受疫情防控影响的情况。根据疫情期间的湖北省饮用水源地865次的监测数据结果显示，该区水质均达到或优于Ⅲ类地表水标准。可见，国家和地方自动监测网站的建设取得初步成效，非常时期的环境监控及时高效。

但我国企业自动监测的实施还存在不少的"痛点"，这就需要通过市场机制，协调企业、政府和环境第三方服务公司之间的关系，建立起"专家把脉，对症下药，企业照章办事，政府监督执行"的运行机制，使企业的环境监管由"被动"变为"主动"。例如，根据上海振华重工（集团）股份有限公司长兴基地大气污染排放情况和上海市重点产业园VOCs组分监测因子要求，第三方环境服务公司按照监测站点以点线相结合的方式设计，采用成熟的GC-FID/MS、DOAS、β射线、光谱等在线监测技术监测环境空气中VOCs组分（监测组分涵盖环保部印发的《2018年重点地区环境空气挥发性有机物监测方案》提到的所有VOCs种类）、非甲烷总烃、PM10、NO$_x$/NO$_2$/NO、NH$_3$、HCl等特征污染物，建设监控中心和综合监控及预警平台，实现了工业聚集区大气污染防治"环保管家"服务新模式，为地区环境空气质量持续改善提供数据支撑，为绿色可持续发展提供技术保障。

　　为了有利于企业在线自动监测工作的顺利开展，近期有不少有关自动在线监测的相关标准出台。例如：2018年9月1日起实施，生态环保部颁布的《环境空气气态污染物（SO$_2$、NO$_2$、O$_3$、CO）连续自动监测系统运行和质控技术规范》和《环境空气颗粒物（PM10和PM2.5）连续自动监测系统运行和质控技术规范》；为提高环境空气挥发性有机物监测技术水平，加强VOCs自动监测质量保证与质量控制，中国环境监测总站制定的《国家环境空气监测网环境空气挥发性有机物连续自动监测质量控制技术规定（试行）》；为了规范化学需氧量（COD$_{Cr}$）水质在线自动监测仪的技术性能，制定了《化学需氧量（COD$_{Cr}$）水质在线自动监测仪技术要求及检测方法》（2020年3月24日起实施）；2020年4月12日起实施《环境空气臭氧监测一级校准技术规范》（HJ 1096-2020）、《环境空气中颗粒物（PM10和PM2.5）β射线法自动监测技术指南》（HJ1097-2020）、《水华遥感与地面监测评价技术规范》（HJ 1098-2020）等标准，加强了环保部门对企业的监管力度。

　　总之，我国的自动监测系统在环境管理和控制上发挥了重要作用。因而，未来自动监测技术的开发和利用也要考虑我国环境监测事业的具体情况，有选择地吸收外来的先进经验、技术和产品，发展我国特色化的环境自动监测事业，能更早实现污染物总量控制。

五、现场简易监测分析仪器和技术开发

　　简易监测技术在现代环境监测中尤为重要。利用简便的仪器或方法，在野外对污染物进行现场监测，具有快速、简便、价格低的特点，极大地节约了时间和经费。常用的简易监测方法有简易比色法（溶液比色、试纸比色、植物酯酶片、人工标准色列）、检测管法、环炉检测技术、便携式分析仪器法等。

　　简易比色法是采用样品试液或试纸变色后与标准色列比较，确定污染物组分的方法。它常用在水质分析中的色度、PH及一些金属、非金属离子的测定，空气中硫化氢、汞蒸汽等物质的检测，及蔬菜、水果当中有机磷农药（敌敌畏、敌百虫、氧乐果、甲胺磷等）的定量分析等。检气管法是将多孔颗粒物质浸泡后填于玻璃管中，制成测试管，气体通过时显色，根据颜色深浅或柱子变色长度确定污染组分含量。它常用来测定空气中气态或蒸汽态物质，检气管有限制测量的参数，需按规定操作来保证其准确性。环炉检测技术是指以恰当的溶剂冲洗滤纸中央的微量样品，把样品中的测试组分有选择地洗出，进一步

通过环炉加热而浓集在外圈，再用显色剂显色，达到分离和检测的目的。当比色法、检气管法和环炉检测不能满足现场应急要求时，便常常采用便携式分析仪器法。目前，针对PH、溶解氧、水温、浊度、电导率和总磷测定的便携式仪器较为成熟，实际中应用较为普遍；也有针对有机污染物综合指标测定便携式化学需氧量测定仪，有机成分的便携式气相色谱仪和便携式色谱–质谱联用仪等。这些仪器体积小，灵敏度和选择性高及检测结果可比性强，应用前景较好，在有机污染的现场监测中发挥了重要作用。

六、生物检测技术的开发

生物检测技术具有简单、迅速及价廉的特点，能在野外或实验室内进行大批量的筛选试验。目前，研究较为活跃的生物检测技术有酶联免疫技术、电子显微技术、纳米探针、智能传感、生物芯片、基因差异显示技术等，有关这些技术应用在环境监测与评价中的报道也日益增多。美国环保机构USEPA（U.S. Environmental Protection Agency，美国国家环境保护署）重点研发野外便携式和实验室内的酶联免疫快速检测技术，建立便于野外检测危险污染物的方法。美国食品药物管理局（U.S. Food and Drug Administration，USFDA）将酶联免疫技术用来检测食品和饲料中农药残留，并开发了黄曲霉素免疫分析法、Phenamaphos和Carbendazine免疫快速分析法。美国农业食品安全检查部门（USFSIS）对除草菊酯、有机氯杀虫剂等化合物免疫分析法的开发给予了资助。而且，近几年酶免疫分析法逐渐形成了小且方便的试剂盒，越来越成熟，为其成为环境监测中的常规分析方法创造了条件。

智能传感技术作为前端感知工具，是智能制造和物联网的前驱技术，具有非常重要的意义。在工业生产中，利用智能传感器可直接对产品质量指标（例如黏度、硬度、表面光洁度、成分、颜色及味道等）进行快速测量，其主要通过产品生产过程中的某些量（如温度、压力、流量等）同产品间的关系，建立神经网络或数学模型来推断产品质量。在医学领域，利用智能传感技术制成"葡萄糖手表"实时监控掌握糖尿病患者的血糖水平，可及时调整饮食和胰岛素注射。我国智能传感器市场发展迅速，到2015年时，市场规模已达1100亿元，但其技术水平和生产工艺同国外差距较大，尤其高端传感器。其研发技术成本大，企业不愿承担开发风险，造成我国中高端传感器进口比例达到80%。

总之，生物检测技术在污染物综合分析方面具有较为明显的优势，而且大多数生物检测技术具有操作简单、快速、耗资少等优点，有着广泛的应用前景。但目前我国对这些技术的开发利用能力还非常有限，因此迫切希望未来我国的生物检测技术覆盖纳米探针、微型器件、智能传感，产品覆盖体外诊断抗原抗体核心原料、生物检测监测核心技术方法、生物检测监测自研仪器设备，市场覆盖临床快检（Point-Of-Care Testing，POCT）、精准医疗、疾控防治等方面，且有较大的发展。

七、生态监测技术的开发

生态监测以空中遥感监测为主、地面监测为辅，结合地理信息系统（Geographic In-for-mation System，GIS）和全球定位系统（Global Position System，GPS）技术，建全生态监测网，构建全面的生态监测指标体系与合适的评价方法，进而科学评价生态环境质量及预测其变化趋势。

近年来，随着空间技术的发展，"3S"技术在生态监测过程中的作用越来越突出，也体现了生态监测向更加宏观化发展的趋势。"3S"包括RS、GPS和GIS三项技术。RS技术包括航空遥感与卫星遥感两种技术，经过数十年的发展，它能提供不同几何精度级别的土地利用和覆盖信息、各种生物量信息、气象信息及大气环流等。未来，RS技术将会在生态监测中得到更加广泛的应用。GIS作为"3S"技术的核心也将会发挥更大的作用，它将各类信息经过计算机系统的存储、管理和分析，可测算生态指数，预测预报沙尘暴的具体危害路线和范围等。通过三种技术的结合，生态监测技术能在全球尺度上反映生态要素的关系及变化，提供环境影像的精确定位，从而为更大尺度研究各个圈层的关系提供技术依据。

然而，"3S"技术在环境上的应用较为分散，多种新技术联合作战的作用没有充分发挥出来。为了在更大尺度上掌握污染物的时空分布规律，有效监测非点源污染、无组织排放面源和实施宏观监控，需要建立健全生态监测网络，开展水陆空天地一体化监测。进一步从世界各国生态监测的发展看，未来需要从微观、宏观两种视角审视生态质量水平，要求空中监测技术和地面监测技术相结合，并进行一体化生态监测网络设计，加强国和国之间的合作交流，逐步转变生态质量现状评价为生态风险评价，增强生态质量早期预警的能力。

近些年，中国对生态环境变化和生态环境监测较为注重，参加了国际上的地圈-生物圈计划，同时成立了中国全球变化委员会（挂靠中国科学院），不断加强中国生态监测网络建设，并取得了很大的进步，初步建成了海陆一体化、天地一体化、协作共享的生态环境监测网络。该网络覆盖了全国环境质量监测、重点污染源监测及生态监测，把从子站到总站的各级各类数据上传到监测网络中共享，大大提升了信息处理及监测预警预报能力，形成了监测与监管的协同联动。2022年9月19日，环境卫星监测及航空遥感能力建设-国家生态保护红线监管平台项目信息系统通过验收，下一步，卫星中心将在做好国家生态保护红线监管平台上线和业务化运行基础上，结合"五基"（天基卫星、空基"卫星"、低空无人机、地面走航、定点观测）立体遥感监测技术体系和能力建设，升级国家生态保护红线监管平台至2.0版本，不断拓展生物多样性保护、全球气候变化和双碳监测评估等方面业务应用，把平台建设成为国家生态环境保护监管的综合性业务平台，为精准、科学、依法治污，全面实现生态环境监管能力现代化、保障国家和区域生态安全、推进生态文明建设和可持续发展发挥更大作用。

八、环境预警监测体系的构建

目前，我国环境预警监测体系存在监测预警信息不一致、技术规范不统一、体系建设不协调和预警能力发展不平衡等一系列问题，而且环境预警监测体系的构建对实现环境保护的顺利开展有着举足轻重的意义。时任总理温家宝在第六次全国环保大会上也强调我国需要建立现代化的环境监测预警系统，来反映全国范围内的环境质量水平及趋势，并能及时准确地预警突发污染事故。

国家环境保护部于2009年12月28日印发的《先进的环境监测预警体系建设纲要（2010-2020年）》指出，构建良性化环境预警监测体系必须统筹技术优势，充分利用监测手段的全天候、多门类、多层次、多地域的特点，凭借先进的网络通信资源，及时调动各种系统，例如先进的网络和计算支撑系统、高频的数据采集系统、安全迅速的数据传输系统，以及功能完备的业务联动预警响应对策，实现监测数据信息的代表性、准确性、精密性、完整性，全面反映环境质量状况和变化趋势，准确预警突发环境事件的目标。纲要还指出，到2020年，在国家环境宏观战略规划基本架构的基础上，全方面对我国环境监测网络、技术装备、人才队伍等薄弱方面进行改善，重点区域流域具备预警评价前瞻性和战略性监测的能力，要巩固好支撑环境监测技术发展的基础，显著提升环境质量的监管能力，全面实现环境监测管理和技术体系的定位、转型和发展。掌握环境质量状况及变化趋势，查明污染物排放情况，有效进行预警响应。当面对突发环境事件和潜在的环境风险时，形成监测管理全面一盘棋、监测队伍上下一条龙和监测网络天地一体化的现代化环境监测格局。

第二章　生物监测和生态监测

第一节　生物监测和生态监测概述

生物与其生存环境之间存在着相互影响、相互制约、相互依存的密切关系。受到污染的生物在生态、生理和生化指标等方面会发生变化，出现不同的症状或反应。生物监测与生态监测是在长期连续监测方面对物理和化学监测的重要补充，充分利用生物对污染物毒性反应的敏感性，更能较准确地反映真实的污染状况。生态环境监测是生态环境保护的基础，是生态文明建设的重要支撑。

生物监测与生态监测都是利用生命系统各层次对自然或人为因素引起环境变化的反应来判定环境质量，都是研究生命系统与环境系统的相互关系。生物监测系统利用生物反应以评价环境的变化，从生物学组建水平观点出发，各级水平上都可以有反应；生态监测是比生物监测更复杂、更综合的一种监测方法，重点放在对生态系统层次上的生物监测。

现代生物技术的快速发展，使捕捉生物信息的能力大大增强，正在给传统的生物监测和生态监测技术注入新的活力。监测手段上的变革，对于了解污染物的性质、分析污染的程度、追踪污染发生的历史、预测污染的影响及发展趋势等方面都具有十分重要的意义。

一、基本概念

（一）生物监测

生物监测与化学监测、物理监测一样，被广泛应用于环境保护。"生物监测"这一术语是在1977年4月由欧洲共同体、世界卫生组织、美国环境保护局组织的"关于生物样品在评价人体接触污染物方面的应用"的国际会议上正式提出并给予定义的。

生物监测是利用生物分子、细胞、组织、器官、个体、种群和群落等各层次对环境污染程度所产生的反应来阐明环境污染状况的环境监测方法，从生物学的角度为环境质量的监测和评价提供依据。在理论上，环境的物理、化学过程决定着生物学过程；反过来，生物学过程的变化也可以在一定程度上反映出环境的物理、化学过程的变化。因此，可以通过对生物的观察来评价环境质量的变化。从某种意义上讲，由环境质量变化所引起的生物学过程变化能够更直接地综合反映出环境质量对生态系统的影响，比用理化方法监测得到的参数更具有说服力。

生物监测的理论基础是生态系统理论。污染物进入环境后，会对生态系统在各级生物学水平上产生影响，引起生态系统固有结构和功能的变化。例如，在分子水平上，会诱导或抑制酶活性，抑制蛋白质、DNA和RNA等的合成。在细胞水平上，引起细胞膜结构和功能的改变，破坏像线粒体和内质网等细胞器的结构和功能。在个体水平上，对于动物，会导致死亡、行为改变、抑制生长发育与繁殖等；对于植物，表现为生长速度减慢、发育受阻、失绿黄化及早熟等。在种群和群落水平上，引起种群数量密度的改变、结构和物种比例的变化、遗传基础和竞争关系的改变，引起群落中优势种群、生物量、物种多样性等的改变。

（二）生态监测

生态监测是运用物理、化学或生物等方法对生态系统或生态系统中的生物因子、非生物因子状况及其变化趋势进行的测定、观察。在地球的全部或者局部范围内观察和收集生命支持能力的数据，并加以分析研究，以了解生态环境的现状和变化。所谓生命支持能力数据，包括生物（人类、动物、植物和微生物等）和非生物（地球的基本属性）的相关信息。通过不断监视自然和人工生态系统及生物圈其他组成部分（外部空气圈、地下水等）的状况，确定改变的方向和速度，并查明多种形式的人类活动在这种改变中所起的作用。

生态监测是一种综合技术，通过地面固定的监测站或流动观察队、航天摄影及太空轨道卫星获取包括环境、生物、经济和社会等多方面的数据。运用可比的方法，在时间或空间上对特定区域范围内生态系统或生态系统聚合体的类型、结构和功能及其组成要素等进行系统的测定和观察，监测的结果被用于评价和预测人类活动对生态系统的影响，为合理利用资源、改善生态环境和自然保护提供决策依据。与其他监测技术相比，生态监测是一种涉及学科多、综合性强和更复杂的监测技术。

从不同生态系统的角度出发，生态监测可分为城市生态监测、农村生态监测、森林生态监测、草原生态监测及荒漠生态监测等。从生态监测的对象及其涉及的空间尺度，可分为宏观生态监测和微观生态监测两大类。

1.宏观生态监测

宏观生态监测是对区域范围内生态系统的组合方式、镶嵌特征、动态变化和空间分布格局等及其在人类活动影响下的变化进行观察和测定，例如热带雨林、沙漠化、湿地等生态系统的分布及面积的动态变化。宏观监测的地域等级至少应在区域生态范围之内，最大可扩展到全球一级。其监测手段主要依赖遥感技术和地理信息系统。监测所得的信息多以图件的方式输出，将其与自然本底图和专业图件比较，评价生态系统质量的变化。

2.微观生态监测

微观生态监测是运用物理、化学和生物方法对某一特定生态系统或生态系统聚合体的结构和功能特征及其在人类活动影响下的变化进行监测。主要以大量的野外生态监测站为基础，每个监测站的地域等级最大可包括由几个生态系统组成的景观生态区，最小也应代表单一的生态系统。按照微观生态监测内容，可分为干扰性生态监测、污染性生态监测、治理性生态监测。

宏观生态监测和微观生态监测二者既相互独立，又相辅相成。一个完整的生态监测应包括宏观和微观监测两种尺度所形成的生态监测网。

（三）指示生物

指示生物，就是对环境中某些物质（包括污染物）的作用或环境条件的改变能较敏感和快速地产生明显反应，通过其反应来监测和评价环境质量的现状和变化的生物。生物监测中所应用的指示生物通常都具有以下基本特征：

（1）灵敏性和特异性指示生物的敏感性直接决定了生物监测方法的灵敏度。指示生物对胁迫的生物反应具有特异性，即对干扰作用反应敏感。在绝大多数生物对某种异常干扰作用尚未做出反应的情况下，指示生物中健康的个体却出现了可见的损害或表现出某种特征，有着"预警"的功能。由于生物种类很多，不同生物甚至同种生物不同品种和亚种对同一干扰的反应都不同。因此，要根据监测对象和监测目的挑选相应的敏感种类和指示生物。

（2）代表性从指示效果的角度要求，指示生物的适宜性越狭窄越好，但这样的生物在群落中的数量和分布区很小。因此，指示生物除具有敏感性强的特点外，还应是常见种，最好是群落中的优势种。

（3）较小的差异性表现在对干扰作用的反应个体间的差异小，重现性高。许多生物个体差异很大，若以此作为指示生物，往往会影响监测结果的准确性。指示生物应是个体间差异小的种类，方能保证监测结果的可靠性和重现性。用作指示生物的植物最好选用无性植物。这类植物在遗传性上差异甚小，可保证获得较为一致可比的监测结果。

（4）多功能性，即尽量选择除监测功能外还兼有其他功能的生物，达到一举多得的目的。如有的有经济价值，有的有绿化或观赏价值，等等。国内外在空气污染的监测上，常选用唐菖蒲、秋海棠、牡丹、兰花、玫瑰等，都达到了既可观赏和获得经济效益，又能

"报警"的目的。

二、生物和生态监测的特点

（一）生物监测的优点

与理化监测方法相比，生物监测具有理化监测所不能替代和不具备的一些优点。

（1）综合性。生物监测能较好地综合反映环境质量状况。环境问题是相当复杂的，因为某一生态效应常是几种因素综合作用的结果。如在受污染的水体中，通常是多种污染物并存，而每种污染物并非都是各自单独起作用，各类污染物之间也不都是简单的加减关系。理化监测仪器常常反映不出这种复杂的关系，而生物监测却具有这种特征。

（2）连续性。用理化监测方法可快速而精确地测得某空间内许多环境因素的瞬时变化值，但却不能以此来确定这种环境质量对长期生活于这一空间内的生命系统影响的真实情况。生物监测具有这种优点，因为它是利用生命系统的变化来"指示"环境质量；而生命系统各层次都有其特定的生命周期，这就使得监测结果能反映出某地区受污染或生态破坏后累积结果的历史状况。这有助于对某地区环境污染历史状况的分析，也是理化监测所无法比拟的。

（3）多功能性。一般理化监测仪器的专一性很强，测定O_3的仪器不能兼测SO_2，测SO_2的也不能兼测CH_4。生物监测却能通过指示生物的不同反应症状，分别监测多种干扰效应。例如，在污染水体中，通过对鱼类种群的分析就可获得某污染物在鱼体内的生物积累速度以及沿食物链产生的生物学放大情况等许多信息。植物受SO_2、PAN（过氧乙酰硝酸酯）和氟化物的危害后，叶的组织结构和色泽常表现出不同的受害症状。

（4）高灵敏性。生物监测灵敏度高，从物种的水平上说，是指有些生物对某种污染物的反应很敏感。如唐菖蒲在$0.01\mu l/L$的氟化氢下，20h就出现反应症状。

（5）整体性。对于宏观系统的变化，生物监测更能真实、全面地反映外干扰的生态效应。许多外干扰对生态系统的影响都因系统的功能整体性而产生连锁反应。如：空气污染可影响植物的初级生产力，生态系统的各组分对系统功能变化的反应也是很敏感的。因此，只有通过生物监测才能对宏观系统的复杂变化予以客观的反映。

另外，生物监测还具有价格低廉，不需购置昂贵的精密仪器，不需要烦琐的仪器保养及维修等工作，可以在大面积或较长距离内密集布点，甚至在边远地区也能布点进行监测等优点。

（二）生物监测的局限性

生态系统理论是生物监测的理论基础，生态系统具有维持一定地区的系统结构和功能的固有特性。环境污染必然引起生态系统固有结构和功能的变化，生物监测可以反映这种环境污染的生态效应，为环境控制与管理提供生物能动的反应信息。但生态系统的复杂性也为生物监测参数的选择带来了困难，主要有以下几个原因：

（1）污染的发生总是综合性的，相同强度的同种干扰对处于不同状态的生物常产生不同的生态效应。指示生物同一受害症状可由多种因素造成，增加了对监测结果判别的困难。如：许多植物的落叶、矮态、卷转、僵直和扭曲等，空气氟化物的污染和低浓度除草剂的施用均可造成上述异常现象；SO_2对植物的伤害往往与霜冻或无机盐缺乏的症状也很相似。

（2）生物在不同生活史阶段的反应不同，如水稻在抽穗、扬花、灌浆时期对污染反应最敏感，而成熟期的敏感性就明显降低。

（3）系统受污染后的效应往往在初期不易测出。

（4）由于影响生物学过程的不仅仅是环境污染，还有许多非污染因素，而外界各种因子容易影响生物监测结果和生物监测性能。如：利用菜豆监测O_3，其致伤率与光照强度密切相关；SO_2对植物的危害受气象条件影响很大；等等。

（5）生物监测的精度不高，有些场合只能半定量。它通常反映的只是环境中各污染物所反映出来的总体生物毒性水平。

尽管生物监测还存在着一定的局限性，但是它在环境监测中的地位和作用仍然是非常重要的。第一，通过生物监测可揭示和评价各类生态系统在某一时段的环境质量状况，为利用、改善和保护环境指出方向。第二，由于生物监测更侧重于研究人为干扰与生态环境变化的关系，可使人们搞清哪些活动模式既符合经济规律又符合生态规律，从而为协调人与自然的关系提供科学依据。第三，通过生物监测还能掌握对生态环境变化构成影响的各种主要干扰因素及每种因素的贡献。这既能为受损生态系统的恢复和重建提供科学依据，也可为制定相应的环保管理计划增强环保工作的针对性和主动性，进而提高措施的有效性服务。第四，由于生物监测可反馈各种干扰的综合信息，所以人们能依此对区域生态环境质量的变化趋势做出科学预测。

（三）生态监测的特点

（1）综合性。生态监测是一门涉及多学科（包括生物、地理、环境、生态、物理、化学、数学信息和技术科学等）的交叉领域，涉及农、林、牧、副、渔、工等各个生产领域。

（2）长期性。自然界中生态过程的变化十分缓慢，而且生态系统具有自我调控功能，一次或短期的监测数据及调查结果不可能对生态系统的变化趋势做出准确的判断，必须进行长期的监测，通过科学对比，才能对一个地区的生态环境质量进行准确的描述。

（3）复杂性。生态系统是自然界中生物与环境之间相互关联的复杂的动态系统，在时间和空间上具有很大的变异性。生态监测要区分人类干扰作用（如污染物质的排放、资源的开发利用等）和自然变异及自然干扰作用（如洪水、干旱和水灾）比较困难，特别是在人类干扰作用并不明显的情况下，许多生态过程在生态学的研究中也不十分清楚。

（4）分散性。生态监测台站的设置相隔较远，监测网络的分散性很大。同时，由于生态过程的缓慢性，生态监测的时间跨度也很大，所以通常采取周期性的间断监测。

第二节　生物和生态监测的基本方法

生物监测方法的建立是以环境生物学理论为基础的。目前，生物监测已经从传统的生物种类、数量和行为的描述发展到现代化的自动分析，从单纯的生态学方法扩展到与生理、生化、毒理学和生物体残留量分析等领域相结合的研究。根据监测生物系统的结构水平、监测指示及分析技术等，可以将生物监测的基本方法大致分为四大类，即生理学方法、生物化学成分分析法、毒理学方法（毒性测定、致突变测定等）和生态学方法（个体生态和群落生态）。从生物的分类法来分，主要包括动物监测、植物监测和微生物监测。

生态监测的方法有地面监测、空中监测、卫星监测以及一些新技术、新方法在生态监测中的应用。

一、生理和生化监测法

近年来，化学污染物所导致的生物有机体的生物化学和生理学改变越来越多地被运用于监测和评价化学污染物的暴露及其效应。许多环境科学家把这些生物化学和生理学改变称为生物标志物。

这类指标已被广泛应用于生物监测中，它比症状指标和生长指标更敏感、更迅速，常在生物未出现可见症状之前就已有了生理生化方面的明显改变。如空气污染对植物光合作用有明显影响，在尚未发现可见症状的情况下，测量光合作用能得到植物体短暂的或可逆的变化。植物呼吸作用强度、气孔开放度、细胞膜的透性、酶学指标（如硝酸还原酶、核糖核酸酶、过氧化氢酶等）以及某些代谢产物等也都能用作监测指标。用于水污染监测的生理生化指标也很多，采用得最普遍又比较成功的是鱼类脑胆碱酯酶对有机磷农药的反应。转氨酶、糖酵解酶和肝细胞的糖原等也是常用指标。生化指标的突出优点是反应敏感。但由于酶反应所具有的一些特点，同一种酶对不同污染物往往都能产生反应，所以多数生化指标只能用来评价环境的污染程度，而无法确定污染物的种类。

二、毒理学方法

（一）生物毒性的测定

毒性测定是生物监测中最重要的一个部分，常用生物测试的方法。生物测试是指系统地利用生物的反应测试一种或多种污染物，或环境因素单独或联合存在时，所导致的影响或危害。它利用生物受到污染物质危害或毒害后所产生的反应或生理机能的变化，评价环境污染状况，确定有毒有害物质的安全浓度。

经典的毒性测定根据染毒时间长短分为：①急性毒性试验——一次给予受试物后，动物所产生的毒性反应，观察时间一般为1周；②蓄积性毒性试验——对受试动物给予多次小剂量的受试物，观察蓄积和解毒的关系，观察时间为几天、几周或几个月；③亚急性毒性试验——研究试验动物在多次给以受试物时所引起的毒性作用。

不同的测试方法和不同生物的测试结果可有不同的表示方法。最常用的毒性测定项目包括：①致死浓度——能使受试生物中毒死亡的毒物的最低浓度；②效应浓度——引起受试生物特定的生物学效应的毒物浓度；③安全浓度——对受试生物不产生有害作用的毒物浓度；④毒物最高允许浓度——最大无影响浓度和最低有影响浓度之间的毒物浓度，统计学分析有显著影响的阈浓度，有一限定范围。

进行水生生物毒性试验可用鱼类、浮游植物、浮游动物、水生昆虫和甲壳动物等，其中鱼类毒性试验应用较广泛。鱼类对水环境的变化反应十分灵敏，当水体中的污染物达到一定浓度或强度时，就会引起系列中毒反应。同时，鱼是水生生态系统的重要组成部分，是人类主要的食物来源。所以，鱼类的急性毒理资料是常用的评价有毒化学物质和工业废水对水生生物危害的试验材料。

我国于1991年颁布了《水质物质对淡水鱼（斑马鱼）急性毒性测定方法》（GB/T 13267-91）。该方法是在确定的试验条件下，用斑马鱼作为试验生物测定毒物在48h或96h后引起受试斑马鱼群体中50%的鱼致死的浓度，从而判断水中物质的毒性。该标准适用于水中单一化学物质的毒性测定，工业废水的毒性测定也可以使用此方法。2019年，我国又颁布了《水质急性毒性的测定斑马鱼卵法》（HJ1069-2019）。该方法是在确定的试验条件下培养斑马鱼受精卵48h，根据鱼卵存活与死亡的统计数据计算LID（Lowest Ineffective Dilution，最低无效应稀释倍数）或EC_{50}，表征水样的急性毒性。该标准适用于地表水、地下水、生活污水和工业废水的急性毒性测定。下面介绍静水式鱼类毒性试验。

（1）供试鱼的选择。选择无病、行动活泼、鱼鳍完整舒展、食欲和逆水性强、体长约3cm、规格大小一致的幼鱼（斑马鱼或金鱼）。选出的鱼必须先在与试验条件相似的生活条件（温度、水质等）下驯养7d以上。

（2）试验条件。选择每一种浓度的试验溶液为一组，每组至少10尾鱼。试验容器用容积约10L的玻璃缸，保证每升水中鱼重不超过2g。试验浴液的温度要适宜，对于冷水鱼为12～28℃，对于温水鱼为20～28℃。同一试验中，温度变化为±2℃。试验溶液中不能含大量耗氧物质，要保证有足够的溶解氧，对于冷水鱼不少于5mg/L，对于温水鱼不少于4mg/L。试验溶液的PH值通常控制在6.7～8.5范围。

（3）试验步骤。为保证正式试验顺利进行，必须先进行预试验，以确定试验溶液的浓度范围。选用溶液浓度范围可大一些，每组鱼的尾数可少一些。观察24h（或48h）鱼类中毒的反应和死亡情况，找出不发生死亡、全部死亡和部分死亡的浓度。

设置7个浓度（至少5个），浓度间隔取等对数间距，例如10.0、5.6、3.2、1.8、1.0（对数间距为0.25）或10.0、7.9、6.3、5.0、4.0、3.6、2.5、2.0、1.6、1.26、1.0（对数间距为0.1），其单位可用体积百分比或mg/L表示。另设一对照组，对照组在试验期间鱼死亡超过10%，则整个试验结果不能采用。将试验用鱼分别放入盛有不同浓度溶液和对照水的玻璃缸中，并记录时间。前8h要连续观察并记录试验情况，如果正常，继续观察。记录第24h、48h和96h鱼的中毒症状和死亡情况，判断毒物或工业废水的毒性。

（4）数据计算。半数致死量（LD_{50}）或半致死浓度（LC_{50}）是评价毒物毒性的主要指标之一。LC_{50}可用概率单位图解法估算，以浓度对数作为横坐标，以死亡概率为纵坐标，在算术坐标纸上绘图，从而估算LC_{50}。

鱼类毒性试验的一个重要目的是根据试验数据估算毒物的安全浓度，为制定有毒物质在水中最高允许浓度提供依据。计算安全浓度的经验式有以下几种：

$$安全浓度 = （24hLC_{50} \times 0.3）/（24hLC_{50}/48hLC_{50}）^3 \tag{2-1}$$

$$安全浓度 = （48hLC_{50} \times 0.3）/（24hLC_{50}/48hLC_{50}）^2 \tag{2-2}$$

$$安全浓度 = 96hLC_{50} \times （0.1 \sim 0.01） \tag{2-3}$$

目前应用比较普遍的是最后一种。对于易分解、累计少的化学物质，一般选用的系数为0.05～0.1；对于稳定的能在鱼体内高累积的化学物质，一般选用的系数为0.01～0.05。

（二）遗传毒性测定

细胞遗传学是研究遗传基因的传递者染色体的行为、形态、结构、数目和组合，并进一步阐明生物遗传现象的科学。目前常采用细胞遗传学的方法来筛选化学诱变因子，监测环境中具有致癌、致畸、致突变的化学物质。目前常采用的方法主要有微核测定法、染色体畸变分析、姐妹染色体交换率及非预定DNA合成等。

1.微核监测技术

外源性诱变剂或物理诱变因素可以诱导生活细胞内染色体发生断裂，影响纺锤丝和中心粒的正常功能，造成有些染色体及其断片在细胞分裂后期滞后，不能够正常地分配并整合到细胞的细胞核上，形成所谓的微核。在一定污染物浓度范围内，污染物与微核率有很好的剂量-效应关系，而且灵敏度高、可靠性强。

高等植物被认为是进行环境化学物质的遗传毒性效应研究的极好材料。例如，紫露草和蚕豆非常适合作为检测遗传毒性物质的材料，它们对环境诱变因素很敏感。蚕豆根尖微核技术自创建以来，由于其简单易行且灵敏度高而一直受到广泛的应用。我国于2019年颁布了《水质致突变性的鉴别蚕豆根尖微核试验法》（HJ1016-2019），该标准适用于地表水、地下水、生活污水和工业废水的致突变性鉴别。将经过浸种催根后长出的蚕豆初生根在试样中暴露一定时间，经恢复培养、固定、染色后，制片镜检，统计蚕豆根尖初生分生组织区细胞微核率。致突变物可作用于细胞核物质，导致有丝分裂期染色体断裂形成断片，整条染色体脱离纺锤丝，纺锤丝牵引染色体移动的功能受损。这些移动受到影响的染色体断片或整条染色体不能随正常染色体移向细胞两极形成子细胞核，而是滞留细胞质中形成子细胞微核并引起其数量增加。比较试样与空白试样蚕豆根尖细胞微核率是否显著增加，可判定样品是否存在致突变性。

2.染色体畸变技术

染色体畸变技术研究在物理和化学因素影响下，染色体数目和结构的变化称为染色体畸变分析。染色体结构的畸变包括染色体单体断裂、双着丝点染色体、染色体粉碎化和染色单体互换等。染色体畸变率越高，说明污染越严重。在动物上常用蜊蚁肠细胞、小鼠外周血淋巴细胞和蟾蜍血液细胞等做材料，观察细胞染色体畸变情况。

3.非预定DNA合成技术

很多遗传毒理学试验所用的DNA修复测试方法是非预定DNA合成（unscheduled DNA synthesis，UDS）技术。它的原理是：如果细胞复制受阻，同时又暴露于受测药品和^{3}H标记的胸腺嘧啶核苷，那么此时如果受测物质不损伤DNA从而刺激修复系统，^{3}H标记就不会有明显的掺入。UDS是研究损伤修复的重要指标，紫外线、电离辐射、化学诱变剂和金属离子处理均能诱导UDS的产生。UDS试验在DNA水平上检测化学物质的损伤作用，现已广泛用于致癌物质的筛选并成为评价污染物遗传毒性的指标之一。

三、生态学方法

（一）个体生物监测法

1.典型受害症状监测法

本法主要是通过肉眼观察生物体受污染影响后发生的形态变化，如观察植物叶片伤害症状、动物器官畸形等。

处在空气环境中的敏感植物受污染物影响，叶片会表现出伤害症状。如果污染物浓度很高且暴露时间很短，那么植物表现为急性症状，如叶片坏死，颜色由绿变黄、变白等；当污染物浓度较低而且暴露时间较长时，则表现为慢性伤害，如叶片由绿变棕黄、脱绿和早熟落叶。这两种症状均为典型症状。不同植物对同种污染物的反应不同，同种植物对不同污染物的反应也不一样。因此，根据特定植物的典型症状（尤其是急性症状）可以指示空气中某种污染物的存在。利用这种方法监测空气污染时，必须尽量采用那些不会产生"混淆症状"的植物材料，以便得到植物对特定污染物影响的非常独特的反应。

在根据形态结构变化指标来监测水体污染时，最常见的生物材料是鱼类。如果见到鱼的体形变短变宽、背鳍颈部后方向上隆起，鳍条排列紧密、臀鳍基部上方的鳞片排列紧密，发生不规则错乱，侧线不明显或消失，等等，可认为水体已被严重污染。

土壤中的污染物对植物的根、茎、叶都可能产生影响，出现一定的症状。例如，铜、镍、钴会抑制新根伸长，形成狮子尾巴一样的形状。根据这些症状是否出现以及对症状表现程度等的观察，可以监测土壤污染状况。如果蚯蚓身体蜷曲、僵硬、缩短或肿大，体色变暗，体表受伤，甚至死亡，表明土壤受到了有机氯农药的污染。

2.个体生长发育影响

生物生长发育状况是各种环境因素作用的综合体现，即便是一些非致死的慢性伤害作用，最终也将导致生物生产量的改变。因此，对于植物而言，各类器官的生长状况观测值都可作为监测环境的指标。例如，植物的茎、叶、花、果实、种子发芽率、总收获量等，其中果树和乔木等木本植物还可采用小枝、茎干生长率、直径、叶面积、坐果率等。动物的指标也基本雷同，如生长速度、个体肥满度等。

3.生物体内污染物及其代谢产物含量分析法

生活于污染环境中的植物、动物、微生物都能够不同程度地吸收和积累一些污染物。通过分析这些生物体内的成分，可以监测环境污染物的种类、水平等。

（1）低等附生植物。附生植物具有比较好的监测空气污染的功能，原因是：附生植物地理分布广，出现在各种自然环境，甚至工业区和城市市区。附生植物无表皮和角质层，污染物容易通过。附生植物无真正意义上的根，也没有维管组织，其所需矿物质主要通过干湿沉降来获取。在这些植物体中发现的全部污染物是直接从空气中吸收或是吸收沉降在植物体上的污染物。因此，能够在附生植物体内污染物含量与其环境浓度及其沉积率之间建立起良好的相关关系，能够较客观地反映空气污染状况。附生植物大多分布在树干、枝、叶上，不受土壤污染的影响。鉴于上述原因，地衣和苔藓植物被大量用来指示和监测空气中粉尘、SO_2等污染。

（2）高等植物。植物体内污染物含量与空气中相应的污染物浓度有很大的相关性，并且它能够反映较长时间内空气中污染物的平均浓度，因此可以作为监测环境污染的指标。例如，大叶黄杨叶片含氟量与空气中氟化物的浓度有明显的正相关性。利用上述原理，采集并分析在不同地点生长的同一种植物的叶片污染物含量，就可以绘制出该污染物的分布图。

根据一个地区范围的污染源的分布情况以及地形、地貌等特点，在污染区不同污染地段采集一种或几种各地段都有的植物叶片（乔木、灌木）或全株（草本），在非污染区设对照点。各采样点植物叶片的采样应该同时进行，然后测定叶片中某些污染物的含量，根据式（2-4）求出各采样点的污染指数PI。根据污染指数对各点的空气污染程度进行分级。

$$PI=\omega_m/\omega_c \qquad (2-4)$$

式中：ω_m——采样点采样植物叶片中污染物质量分数，mg/kg。

ω_c——对照点采样植物叶片中污染物质量分数，mg/kg。

根据含污量指数对各监测点污染程度进行分级：Ⅰ级，清洁空气（≤1.2）；Ⅱ级，轻度污染（1.21～2.0）；Ⅲ级，中度污染（2.01～3.0）；Ⅳ级，严重污染（≥3.0）。

（3）水生生物。水中的污染物可以进入生物体内并富集。通过分析水生生物体内的某些成分，就能够了解水中污染物的种类、相对水平和危害程度。可以分析生物体的整体，如鱼类、贝类、虾类等；也可以分析生物体的一部分、排泄物、呕吐物等。

（二）群落生物监测法

1.群落结构分析法

由于植物群落与周围环境有着密切的关系，环境条件的变化可直接或间接影响植物群落的生长。环境污染的最终结果之一是敏感生物消亡，抗性生物旺盛生长，群落结构单一。各种植物对污染物敏感程度不同，其反应有明显的不同。因此，监测各种植物的受害症状和受害程度，分析植物群落中各种植物的反应，可以对该地区的大气污染程度做出评价。现以某磷肥厂附近林地在氟污染情况下地衣调查结果为例。

（1）严重污染。树干上没有梅衣属地衣，石蕊属地衣不能够形成子囊盘，甚至不能够形成柱体。粉状地衣只存在于地表及树干基部15cm以下。指裂梅衣含氟量大于570mg/kg。

（2）中等污染。梅衣属地衣出现在树干高度4m以下，但没有连片生长的梅衣原柱体。指裂梅衣大部分个体不产生粉芽。石蕊属的几个种虽然有柱体及子囊盘，但原植体不同程度小于正常生长者。粉状地衣在树干上可以分布到5m高处。指裂梅衣含氟量为270～570mg/kg。

（3）轻度污染。树花属地衣较多，梅花属叶状及粉状地衣分布高达树冠内部的主干上。指裂梅衣含氟量为67～270mg/kg。

（4）无污染。松萝属及树花属地衣在乔木和灌木上普遍出现，梅衣属等叶状地衣在树干上大片分布到树冠内部的小枝上。指裂梅衣含氟量小于67mg/kg。

2.生物指数法

生物指数是指运用数学公式反映生物种群或群落结构的变化以评价环境质量的数值。

（1）贝克（Beck）法。Beck于1955年提出以生物指数来评价水体污染的程度。该法按水体中大型无脊椎动物对有机污染的敏感和耐性分为两类，在环境条件相似、面积确定的河段采集底栖动物，进行种类鉴定。按式（2-5）计算生物指数：

$$生物指数（BI）=2A+B \qquad (2-5)$$

式中：A——敏感动物种类数。

B——耐污动物种类数。

以这种方法计算生物指数，要求调查采集的各监测点的环境因素力求一致，如水深、流速、底质、有无水草等。BI越大，水体越清洁，水质越好；BI越小，水体污染越严重。指数范围在0～40，BI与水质关系为：当$BI>10$时，水质清洁；$1 \leqslant BI \leqslant 6$，水质中度污染；$BI=0$，水质严重污染。

（2）生物多样性指数法。生物多样性指数又称差异指数，是根据生物多样性理论设计的一种指数。生物多样性是长期自然发展的结果，是自然生态系统保持相对平衡的重要因素。如香农-威纳（Shannon-Wiener）多样性指数H：

$$H=lnP_i \qquad (2-6)$$

式中：$P_i=n_i/N$。

n_i——第i种生物的个体数。

N——总个体数。

s——物种数。

对指标的评价是：H在0～1时为严重污染，1～3时为中度污染，大于3时为轻度污染。多样性指数的最大优点是具有简明的数值概念，可以直接反映环境的质量。指数值越大，表示多样性越高，生态环境状况越好。对于一个污染的水体，可以通过与类似的但未污染的水体进行比较，从而获得相对污染程度的环境质量参数，这是一种很好的环境监测方法。

（3）硅藻生物指数法。用河流中硅藻的种类数计算生物指数，其计算公式为：

$$硅藻生物指数=[（2A+B-2C）/（A+B-C）]×100 \qquad （2-7）$$

式中：A——不耐污藻类的种类数。

B——广谱性藻类的种类数。

C——仅在污染区才出现的藻类种类数。

硅藻生物指数值在0～50时为多污带，50～100时为$α$-中污带，100～150时为$β$-中污带，150～200时为轻污带。

（4）颤蚓生物指数。用颤蚓类与全部底栖动物个体数量的比例作为生物指数，其计算公式为：

$$颤蚓指数（I）=（颤蚓类个体数/底栖类动物个体数）×100 \qquad （2-8）$$

颤蚓指数为80～100时为严重污染水域，70～80时为中等污染水域，60～70时为轻度污染水域，0～60时为清洁水域。

（5）水生昆虫与寡毛类湿重的比值。此法由金（King）和鲍尔（Ball）于1964年提出，作为生物指数来评价水质。这种方法无须将生物鉴定到种，仅将底栖动物中昆虫和寡毛类检出，分别称重，按式（2-9）计算：

$$I=（昆虫湿重/寡毛类湿重）×100 \qquad （2-9）$$

此值越小，表示污染越严重；反之，此值越大，表示水质越清洁。

（6）特伦特（Trent）生物指数。该法是用简单数字表示河流污染的一种方法，它根据英国特伦特（Trent）河不同河段生物品种中有指示作用的几类无脊椎动物出现的种类数及个体数，分别记分，以分值的大小表示河流污染的程度。它是一种经验的生物指数，按照调查所得样本中大型底栖无脊椎动物的类群总数及属于6类关键性生物类群的种类数而确定其生物指数。生物指数值随污染程度的增加而下降，范围从10（指示为清洁水）直到0（指示水质严重污染）。这一方法中的生物类群鉴定并不要求鉴定到种，仅需统计种的数目。

3.污水生物系统法

污水生物系统是德国学者于20世纪初提出的。其理论基础是河流受到有机物污染后，在污染源下游的一段流程里会产生自净过程，即随河水污染程度的逐渐减轻，生物种类也发生变化，在不同的河段出现不同的生物种。据此，可将河流依次划为四个带：多污带、$α$-中污带、$β$-中污带和寡污带，每个带都有自己的物理、化学和生物学特征。20世纪50

年代以后，一些学者经过深入研究，补充了污染带的种类名录，增加了指示种的生理学和生态学描述。1964年，日本学者津田松苗等编制了一个污水生物系统各带的化学和生物特征，见表2-1。

表2-1　污水生物系统生物学和化学特征

项目	多污带	α-中污带	β-中污带	寡污带
化学过程	还原和分解作用明显开始	水和底泥里出现氧化作用	氧化作用更强烈	因氧化使无机化达到矿化阶段
溶解氧	没有或极微量	少量	较多	很多
BOD	很高	高	较低	低
硫化氢	具有强烈的硫化氢臭味	轻微的硫化氢臭味	无	无
有机物	蛋白质、多肽等高分子化合物大量存在	高分子化合物分解产生氨基酸、氨等	大部分有机物已完成无机化过程	有机物完全分解
底泥	常有黑色硫化铁存在，呈黑色	硫化铁氧化成氢氧化铁，不呈黑色	有Fe_2O_3存在	大部分氧化
细菌	大量存在，每毫升可达100万个以上	细菌较多，每毫升在10万个以上	数量减少，每毫升在10万个以下	数量少，每毫升在100个以下
栖息生物的生态学特征	动物都是摄食细菌者，且耐受PH强烈变化，耐低溶解氧的厌氧生物，对硫化氢、氨等毒物有强烈抗性	摄食细菌动物占优势，肉食性动物增加，对溶解氧和PH变化表现出高度适应性，对氨有一定耐性，对硫化氢耐性较弱	对溶解氧和PH变化耐性较差，并且不能长时间耐腐败性毒物	对PH和溶解氧变化耐性很弱，特别是对腐败性毒物如硫化氢等耐性很差
植物	无硅藻、绿藻、接合藻及高等植物	出现蓝藻、绿藻、接合藻、硅藻等	出现多种类的硅藻、绿藻、接合藻，且是鼓藻的主要分布区	水中藻类少，但着生藻类较多
动物	以微型动物为主，原生动物居优势	仍以微型动物占大多数	多种多样	多种多样
原生动物	有变形虫、纤毛虫，但无太阳虫、双鞭毛虫、吸管虫等	仍然没有双鞭毛虫，但逐渐出现太阳虫、吸管虫等	太阳虫、吸管虫中耐污性差的种类出现，双鞭毛虫也出现	鞭毛虫、纤毛虫有少量出现
后生动物	仅有少数轮虫、蠕形动物、昆虫幼虫，淡水海绵、苔藓动物、小型甲壳类、鱼类不能生存	没有淡水海绵、苔藓动物，有贝类、甲壳类、昆虫，鱼类中的鲤、鲫、鲃等可在此带栖息	淡水海绵、苔藓动物、水螅、贝类、小型甲壳类、两栖类动物、鱼类均有出现	昆虫幼虫种类很多，其他各种动物逐渐出现

4.PFU法

微型生物群落（Polyurethane Foam Unit，PFU）监测方法是应用泡沫塑料块作为人工基质收集水体中的微型生物群落，测定该群落结构与功能的各种参数，以评价水质。PFU法是美国Cairns等于1969年创立的，我国于1991年颁布了《水质微型生物群落监测PFU法》（GB/T 12990-91）。此外，还可以用毒性试验方法预报工业废水和化学品对受纳水体中微型生物群落的毒性强度，为制定其安全浓度和最高允许浓度提出群落级水平的基准。

（1）方法原理。微型生物群落是指水生态系统中显微镜下才能看见的微小生物，主要是细菌、真菌、藻类、原生动物和小型后生动物等。它们占据着各自的生态位，彼此间有复杂的相互作用，构成特定的群落。当水环境受到污染后，群落的平衡被破坏，种类数减少，多样性指数下降，随之结构、功能参数发生变化。

用PFU浸泡水中，暴露一定时间后，水体中大部分微型生物种类均可群集到PFU内，挤出的水样能代表该水体中的微型生物群落。已证明原生动物（包括植物性鞭毛虫、动物性鞭毛虫、肉足虫和纤毛虫）在群集过程中符合生态学上的MacArthur-Wilson岛屿区域地理平衡模型，由此可求出群集过程中的三个功能参数（Seq、G、$T_{90\%}$）。在生物组建水平中，群落水平高于种和种群水平，因而在群落水平上的生物监测和毒性试验比种和种群水平更具有环境真实性，为环境管理部门提供符合客观环境的结构和功能参数，使其做出科学的判断。

（2）测定要点。监测江、河、湖、塘等水体中微型生物群落时，用细绳沿腰捆紧并有重物垂吊的PFU（规格为50mm×65mm×75mm）块悬挂于水中采样，根据水环境条件确定采样时间；一般在静水中采样约需4周，在流水中采样约需2周。采样结束后，带回实验室，把PFU中的水全部挤于烧杯内，用显微镜进行微型生物种类观察和活体计数。依据GB/T12990-91的规定，镜检原生动物要求看到85%的种类；若要求种类多样性指数，需取水样于计数框内进行活体计数观察。

进行毒性试验时，可采用静态式，也可采用动态式。静态毒性试验是在盛有不同毒物浓度的试验盘中分别挂放空白PFU和种源PFU，将一块种源PFU放于盘中央，再将8块空白PFU均匀放置在周围。将试验盘置于光照培养箱中，每天控制12h光照，分别于1d、3d、7d、11d和15d取样镜检。动态毒性试验是用恒流稀释装置配制不同毒物浓度的试验液，分别连续滴流到各挂放空白PFU和种源PFU的试验槽中，在0.5d、1d、3d、7d、11d和15d取样镜检。

（3）结果表示。微型生物群落观察和测定结果可用表2-2所列结构和功能参数表示。表中分类学参数是通过种类鉴定获得的，非分类学参数是用仪器或化学分析法测定后计算出的。群集过程是根据MacArthur-Wilson岛屿区域平衡模型修订公式：

$$S_t=[S_{eq}(1-e^{-GT})]/(1+He^{-GT}) \tag{2-10}$$

式中：S_t——t时的种数。

S_{eq}——群落达到平衡时的种数。

G——微型生物群集速度常数。

T——达到90%S_{eq}所需时间。

H——污染强度。

利用这些参数即可评价污染状况。例如，干净水体的异养性指数在40以下，污染指数与群落达平衡时的种数呈负相关，与群集速度常数呈正相关，等等。在S_{eq}与毒物浓度之间能获得统计学的相关公式，根据此公式可获得EC_5、EC_{20}、EC_{50}。的效应浓度和预测最大毒物允许浓度（Maximum Acceptable Toxicant Concentration，MATC）。

表2-2 污水生物系统生物学和化学特征

结构参数		功能参数
分类学	种类数 指示种类 多样性指数	群集过程（S_{eq}、G、$T_{90\%}$） 功能类群（光合自养、食菌、食藻、食肉、腐生、杂食）
非分类学	异样性指数 叶绿素a	光合作用速度 呼吸作用速度

四、生态监测技术

（一）地面监测

地面监测是传统采用的技术，系统的地面测量可以提供最详细的情况。在所监测区域建立固定站，由人徒步或乘越野车等交通工具按规划的路线进行定期测量和收集数据。地面测量采样线一般沿着现存的地貌，如小路、家畜和野兽行走的小道。记录点放在这些地貌相对不受干扰一侧的生境点上，采样断面的间隔为0.5～1.0km。收集数据包括植物物候现象、高度、物种、物种密度、草地覆盖以及生长阶段、密度、木本物种的覆盖，观察动物活动、生长、生殖、粪便及食物残余物等。它只能收集几千米到几十千米范围内的数据，而且费用是最高的，但这是最基本也是不可缺少的手段。因为地面监测得到的是"直接"数据，可以对空中和卫星监测进行校核，而某些数据只能在地面监测中获得，例如降雨量、土壤湿度、小型动物、动物残余物（粪便、尿和残余食物）等。地面监测能验证并提高遥感数据的精确性并有助于对数据的解释。尽管遥感技术能提供有关土地覆盖和土地利用情况变化以及一些地表特征（如温度、化学组成）等综合性信息，但这些信息需要通过更细致的地面监测来补充。

（二）空中监测

空中监测首先绘制工作区域图，用坐标网覆盖研究区域，典型的坐标是 10km × 10km。飞行时，这个坐标用于系统地记录位置，以及发送分析获得的数据。

（三）卫星监测

利用地球资源卫星监测天气、农作物生长状况、森林病虫害、空气和地表水的污染情况等已经普及。卫星监测最大的优点是覆盖面宽，可以获得人工难以到达的高山、丛林的资料。由于资料来源增加，费用相对降低。这种监测对地面细微变化难以理解，因此地面监测、空中监测和卫星监测相互配合才能获得完整的资料。

（四）"3S"技术

生态监测是以宏观为主、宏观与微观监测相结合的工作。对结构与功能复杂的宏观生态环境进行监测，必须采用先进的技术手段。其中，生态监测平台是宏观监测的基础，它必须以"3S"技术作为支持。"3S"技术即遥感技术、全球定位系统与地理信息系统三项技术的集合。三项技术形成了对地球进行空间观测、空间定位及空间分析的完整的技术体系。它能反映全球尺度上生态系统各要素的相互关系和变化规律，提供全球或大区域精确定位的高频度宏观资源与环境影像，揭示岩石圈、水圈、气圈和生物圈的相互作用和关系。

遥感包括卫星遥感和航空遥感可以提供的生态环境信息、土地利用与土地覆盖信息、生物量信息（植被种类、长势、数量分布）、空气环流及空气沙尘暴信息、气象信息（云层厚度、高度、水汽含量、云层走向等）。

第三节　空气、水体、土壤污染的生物监测

利用生物手段进行环境污染监测工作始于20世纪初。自20世纪70年代以来，水污染生物监测、空气污染生物监测发展迅速，土壤污染生物监测近期有潜在的发展空间。由于环境系统的复杂性以及生物的适应性和变异性，使得生物监测的准确性受到一定的限制；只有将生物监测与理化监测相结合，才能全面反映环境质量。

一、空气污染

（一）植物监测

植物位置固定，管理方便且对空气污染敏感。植物受到污染后，常会在叶片上出现肉眼可见的伤斑，即可见症状。不同的污染物质和浓度所产生的症状及程度各不相同。污染物对植物内部生理代谢活动产生影响，如使蒸腾率降低、呼吸作用加强、叶绿素含量减少、光合作用强度下降，进一步影响植物的生长发育，使生长量减少、植株矮化、叶面积变小、叶片早落及落花落果等。植物吸收污染物后，内部某些成分的含量也会发生变化，因此可利用植物监测空气污染。目前，利用植物监测空气污染在指示植物选择与利用、根据植物受害症状确定空气污染物、根据叶片含污量估测环境污染程度等方面已经形成一套完整的监测方法体系。空气污染的植物监测有以下几种方法。

1.指示植物法

空气污染指示植物应具备的条件是：对污染物反应敏感，受污染后的反应症状明显，且干扰症状少；生长期长，能不断萌发新叶；栽培管理和繁殖容易；尽可能具有一定的观赏或经济价值，以起到美化环境与监测环境质量的双重作用。通常，敏感植物对空气污染反应最快，最容易受害，最先发出污染信息、出现污染症状。可以根据发出的各种信息来判断空气污染状况，对空气环境质量做出评价。指示植物能综合反映空气污染对生态系统的影响强度，能较早发现空气污染，监测出不同的空气污染，反映一个地区的污染历史。

指示植物的选择方法有以下几种：

（1）现场评比法。选取排放已知单一污染物的现场，对污染源影响范围内的各类植物进行观察记录，特别注意叶片上出现的伤害症状和受害面积，比较后评比出各自的抗性等级，凡敏感植物（即受害最重者）就可选作指示植物。相对来说，这种方法简单易行。其缺点是在野外条件下多种因子复杂作用的影响易造成个体间的不一致，从而影响选择结果。

（2）栽培比较试验法。将各种预备筛选的植物进行栽培，然后把这些植物放置在监测区内，观察并详细记录其生长发育状况及受害反应。经过一段时间后，评定多种植物反应，选出敏感植物。这种方法可避免现场评比法中因条件差异造成的影响。植物栽培试验包括盆栽和地栽。

（3）人工熏气法。将需要筛选的植物放置在人工控制条件的熏气室内，把所确定的单一或混合气体与空气掺混均匀后通入熏气室内，根据不同的要求控制熏气时间。该方法能较准确地把握植物反应症状和观察其他指标，确定受害的临床值（引起生物受害的最低浓度和最早时间）以及评比各类生物的敏感性等。

通过上述方法筛选出的比较常用的空气污染指示植物及其受害症状见表2-3。

表2-3　常用的空气污染指示植物及其受害症状

污染物	指示性植物	受害症状
SO_2	地衣、苔藓、紫花苜蓿、荞麦、金荞麦、芝麻、向日葵、大马蓼、土荆芥、藜、曼陀罗、落叶松等	叶脉间出现褐色或红棕色大小不等的点、块状伤斑，与正常组织间界限分明。单子叶植物沿平行叶脉出现条状伤斑
PAN	早熟禾、矮牵牛、繁缕、菜豆等	叶子下表面变光滑或呈银白色或青铜色
NO_2	悬铃木、向日葵、西红柿、秋海棠、烟草等	脉间组织和靠近叶缘边出现不规则的白色或褐色溃伤
O_3	烟草、矮牵牛、牵牛花、马唐、燕麦、洋葱、萝卜、马铃薯等	叶面出现白色或褐色不规则斑点或呈条斑分布，叶尖端变成褐色或坏死
HF	唐菖蒲、郁金香、金荞麦、杏、葡萄、梅、紫荆、雪松（幼嫩叶）等	叶尖和叶缘出现灼伤、退绿，伤区与健康组织区别明显
Cl_2	芝麻、荞麦、向日葵、大马蓼、藜、翠菊、万寿菊、鸡冠花、大白菜、萝卜等	叶脉间变白，叶尖和叶缘出现灼伤及落叶

2.空气污染植被调查法

在污染区内调查植物生长、发育及数量丰度和分布状况等，初步查清空气污染与植物之间的相互关系。具体方法和内容包括：①选择观察点；②调查污染区内空气中主要污染物的种类、浓度及分布扩散规律；③确定污染区内植物群落的观察对象、观察时间和观察项目等。也可采用样方和样线统计法进行调查。在调查分析的基础上，确定出各种植物对有害气体的抗性等级。在调查过程中，主要是利用污染区内现有植物的可见症状。通常在轻污染区可以观察到植物出现的叶部症状。在中度污染区，敏感植物可出现明显中毒症状，而抗性中等植物也可能会出现部分症状，抗性较强的植物一般不出现症状。在严重污染区，自然分布的敏感植物可能绝迹，而人工栽培的敏感植物可出现严重的受害症状，甚至死亡；中等抗性植物也可出现明显的症状，有的抗性较强的植物也可能出现部分症状。

对调查结果常采用一些指数加以量化，如污染影响指数（AI），其计算公式为：

$$AI=W_o/W_m \tag{2-11}$$

式中：AI——污染影响指数。

W_o——清洁未污染区植物生长量。

W_m——污染区监测植物生长量。

该指数越大，则表示空气污染程度越重。

3.植物群落监测法

植物群落监测法是分析监测区内植物群落中各种植物受害症状和程度以估测该地区空气污染程度的一种监测方法。根据植物叶片呈现的受害症状和受害面积百分数，可以判断该地区的主要污染物和污染程度。表2-4是对某化工厂附近植物群落调查的结果，可以看出该厂附近已被SO_2污染，而且一些对SO_2抗性强的种类，如构树、马齿苋等也受到伤害，表明该地区曾发生过明显的急性危害。

表2-4　某化工厂30～50m范围内植物群落受害情况

植物名称	受害情况
悬铃木、加拿大白杨	80%或全部叶片受害，甚至脱落
桧柏、丝瓜	叶片有明显大块伤斑，部分植物枯死
向日葵、葱、玉米、菊花、牵牛花	50%的叶面积受害，叶片脉间有点块状伤斑
月季、蔷薇枸杞、香椿、乌桕	30%的叶面积受害，叶片脉间有轻度点块状伤斑
葡萄、金银花、构树、马齿苋	10%的叶面积受害，叶片有轻度点块状伤斑
广玉兰、大叶黄杨、蜡梅	无明显症状

4.地衣、苔藓监测法

这两类植物对SO_2和氟化氢等反应敏感。1968年，在荷兰举行的空气污染对动植物影响讨论会上，推荐地衣和苔藓作为空气污染指示生物。根据这两类植物的多度、盖度、频度和种类、数量的变化，绘出污染分级图，以显示空气污染的程度、范围和污染历史。

（二）动物监测

利用动物监测空气污染虽不及植物那么普遍，但也能够起到指示、监测环境污染的作用。事实上，利用生物监测环境污染是从动物开始的。人们很早就懂得用金丝雀、金翅雀、老鼠及鸡等动物的异常反应（不安，甚至死亡）来探测矿井里的瓦斯毒气，利用对氰氢酸特别敏感的鹦鹉来监测用氰氧化物为原料的制药车间空气中氰氢酸的含量，以此确保工人的生命安全。美国的多诺拉事件调查表明，金丝雀对SO_2最敏感，其次是犬，再次是家禽。日本有人利用鸟类与昆虫的分布来反映空气质量的变化，利用鸟类羽毛、骨骼中的重金属含量来监测空气中的重金属污染物及污染程度。

蜜蜂是空气污染最理想的监测动物。早在19世纪末，就有科学家通过分析死蜂发现蜂受到砷、氟化物、铅及汞等的污染。1960年，加利福尼亚大学的科学家发现臭氧、氟化物缩短了蜜蜂的寿命；1970年初，北美和欧洲的科学家开始利用蜜蜂监测空气污染水平，评价空气环境质量。保加利亚一些矿区也用蜜蜂来监测金属污染物在空气中的浓度。一个蜂巢有5万只以上的蜜蜂，这群蜜蜂可以在约4km³以上的范围内觅食，每天要在数百万株植物上停留采花蜜，空气污染物会随着花粉、花蜜带回蜂巢。只要分析花粉、花蜜和蜂体就能够了解污染物的种类及污染水平。

一个区域中动物种群数量的变化也可监测该地空气污染状况。如一些大型哺乳类、鸟类、昆虫等，特别对空气污染敏感种类数量的变化很能够说明问题。如果发现上述动物迁离，不易直接接触污染物的潜叶性昆虫、虫瘿昆虫，以及体表有蜡质的蚧类等数量增加，说明该地区空气污染严重，环境恶化。

（三）微生物监测

微生物与环境污染关系密切，利用微生物区系组成及数量变化监测环境污染程度已完全可行。通过对空气中微生物的检测可以了解空气环境中微生物的分布情况，为地区性空气环境质量评价提供生物污染的依据。检测空气中的微生物有以下几种方法。

1.沉降平皿法

沉降平皿法是将盛有琼脂培养基的平皿置于一定地点，打开皿盖暴露一定时间，然后进行培养，计数其中生长的菌落数。暴露1min后每平方米培养基表面积上生长的菌落数相当于0.3m³空气中所含的细菌数。这种检验方法比较原始，一些悬浮在空气中的带菌小颗粒在短时间内不易降落到培养皿内，无法确切进行定量测定。但这种检测方法简便，可用于不同条件下的对比检验。

2.吸收液法

吸收液法是利用特制的吸收管将定量空气快速吸收到管内的吸收液内，然后再用吸收液培养，计数菌落数或分离病原微生物。

3.撞击平皿法

撞击平皿法是抽吸定量的空气，快速撞击在一个或数个转动或不转动的平皿内的培养基表面上，然后进行培养，计数生长的菌落数。

4.滤膜法

滤膜法是使定量空气通过滤膜，带微生物的尘粒会吸着在滤膜表面，然后将尘粒洗脱在适当的溶液中，再吸取一部分进行培养计数。

评价空气微生物污染状况的指标可用细菌总数和链球菌总数。目前对于空气中微生物数量的标准尚无正式规定。空气中细菌总数是1m³空气中各种细菌的总数。一般认为超过500~1000个/m³时，作为空气污染的指标。

二、水体污染

（一）植物监测

在水体污染的情况下，不仅水的物理和化学性质有所变化，而且水中的生物种类组成、数量及特征也将发生变化。因此，水生植被的组成变化可以用来监测水体污染状况。以浮游植物为例。在水体受到污染时，种类和数量即会明显减少，而且耐污染的种类也将出现。若对它们的特点进行调查研究，就可以对水体污染程度做出判断。以滇池为例，水生植被与水体污染程度的关系如下：

（1）严重污染。各种高等沉水植物全部死亡。

（2）中等污染。敏感植物如海菜花、轮藻、石龙尾等消失，篦齿眼子菜等敏感植物稀少，抗性强的如红线草、狐尾藻等相当繁茂。

（3）轻度污染。敏感植物如海菜花、轮藻等渐趋消失，中等敏感植物和抗污植物均有生长。

（4）无污染。轮藻生长茂盛，海菜花生长正常。上述各类植物均能够正常生长。

从上述结果可以看出，海菜花、轮藻等敏感植物可以用作监测植物。

浮游植物长期以来就被用作水质的指示生物，有些种类对有机污染或化学污染非常敏感。报道的浮游植物清水指示种类有冰岛直链藻、小球藻和锥囊藻属的一些种类，报道的污染指示种类有谷皮菱形藻、铜锈微囊藻和水花束丝藻。与浮游植物一样，一定水域内的浮游动物种群对评价水质是有用的。但由于浮游生物的不稳定性且常常集群分布，因而浮游生物作为水质指示生物的可靠性和准确性受到限制。

（二）动物监测

水污染指示生物一般采用底栖动物中的环节动物、软体动物、固着生活的甲壳动物以及水生昆虫等。它们个体大，在水中相对位移小，生命周期较长，能够反映环境污染特点，已经成为水体污染指示生物的重要研究对象。例如，颤蚓类普遍出现于污染水体中，特别在严重有机污染水体中数量多、种类单纯，其中以霍甫水丝蚓或颤蚓最为常见。可以用单位面积颤蚓数作为水体污染程度的指标，例如颤蚓类 <100 条/m^2（扁蛏幼虫 >100 条/m^2）为未污染，颤蚓类为 $100 \sim 999$ 条/m^2 属轻污染，颤蚓类为 $1000 \sim 5000$ 条/m^2 属中污染，颤蚓类 >5000 条/m^2 属严重污染。

耐有机污染种类常常也是对有毒物质抗性较强的种类。在工业严重污染的水体中，颤蚓类也能够大量发展，而且种类比较单纯。水蛭也是一种相当耐污染的无脊椎动物，有些种类仅在富含有机物的水域中生活。在有机污染的地方，水蛭数量可以多达惊人的地步。

如1925年，美国伊利诺斯河有机污染后，水蛭数量达29107条/m²、2800kg/hm²。水蛭对铅、铜和DDT等农药的忍耐能力也很强，有些水蛭能够把DDT分解成为毒性较小的DDE。此外，昆明滇池的尾鳃蚓绿眼虫、枝眼虫也可以作为污染水体的指示动物。

重金属污染也可以用动物来指示。Winner等（1980）调查了美国俄亥俄州受铜污染的两条河流，严重污染河段以摇蚊幼虫占优势，中污染河段以石蚕及摇蚊为主，轻污染河段或清洁河段以蜕与石蚕占优势。对金沙江调查的结果也符合上述结论，即石蚕和摇蚊幼虫是重金属污染河流的主要底栖动物，其中四节蚴科分布于轻度至中度污染河段，石蚕、扁蜉仅出现在轻污染至清洁水体，长角石蚕只见于清洁水体。

由于水体污染日益严重，鱼类大量死亡和数量急剧下降，因此鱼类可作为水体污染的监测生物。鱼类的呼吸系统是鱼体与水环境之间联系最广的界面，因此鱼的呼吸系统是受污染物影响最敏感的系统，可利用污染物对鱼类毒害前后呼吸频率的变化来判断污染物的毒性大小和污染程度。在用鱼来监测水体污染的方法中，监测参数包括耗氧量、运动类型、回避反应趋流性、游泳耐力、心跳速率和血液成分等。例如，鱼鳃组织很细嫩，所以对水中的污染物反应敏感。

（三）微生物监测

1.微生物的指示作用

有机污染物是微生物的良好生长物质。水体内有机质的含量高，则微生物的数量大。一般在清洁湖泊、池塘、水库和河流中，有机质含量少，微生物也很少，每毫升水中含有几十至几百个细菌，并以自养型为主。常见的种类有硫细菌、铁细菌、鞘杆菌和含有光合色素的绿硫细菌、紫色细菌以及蓝细菌，它们通常被认为是清洁水体中的微生物类群。

在停滞的池塘水、污染的江河水，以及下水道的沟水中，有机质含量高，微生物的种类和数量都很多，每毫升可达几千万至几亿个，其中以抗性强、能分解各种有机物的一些腐生型细菌、真菌为主。常见的细菌有变形杆菌、大肠杆菌、粪链球菌和合生孢梭菌等，以及各种芽孢杆菌、弧菌、螺菌等。真菌以水生藻状菌为主。另外，还有大量的酵母菌异养活细菌的数量也是水体营养状况的指示指标，富营养化的水体中异养活细菌的数量较多。

2.细菌学监测

水源受到带有致病菌的粪便污染后，可引起各种肠道疾病，甚至使某些水介传染病暴发流行。因此，水质的细菌学检验对于保护人群健康具有重要的意义。由于致病菌在水体中存在的数量较少，检测技术比较复杂，因此常常不是直接检测水中的致病菌，而是选用间接指标，即粪便污染的指示菌作为代表。由于大肠菌群在水中存在的数目与致病菌呈一定正相关，具有抵抗力略强、易于检查等特点，作为水体受粪便污染的指标，以大肠菌群最为理想。

我国现行饮用水卫生标准规定，1mL自来水细菌总数不得超过100个，大肠菌群数为不得检出。水体受到粪便污染时，细菌总数和大肠菌群数会相应增加。一般认为，1mL水中，细菌总数10～100个为极清洁水，100～1000个为清洁水，1000～10000个为不太清洁水，10000～100000个为不清洁水，多于100000个为极不清洁水。

3.发光细菌监测

用鱼或原生动物进行试验，费用昂贵且费时，如用细菌的生长状况或死亡率作为测定环境中毒物的指标，也需十多个小时才能完成。用发光细菌来监测有毒物质，由于毒物仅干扰发光细菌的发光系统，费时较少且敏感性好，操作简便，结果准确，所以利用发光细菌的发光强度作为指标测定有毒物质，在国内外越来越受到重视。目前，已开始在环境监测中运用此方法。

发光细菌是一类非致病性细菌，在正常的生理条件下能发出0.4nm的蓝绿色可见光，这种发光现象是细菌的新陈代谢过程。毒物具有抑光作用，毒物浓度与细菌发光强度呈负相关线性关系。凡能够干扰或破坏发光细菌呼吸、生长、新陈代谢等生理过程的任何有毒物质都可以根据发光强度的变化监测水体污染。

该法在环境监测中可用于水体中无机或有机的30多种污染物（如重金属、农药、除草剂、酚类化合物及氰化物等）的监测，如利用发光细菌快速测定工业废水综合毒性、水体甲氰化物浓度、污染水体生物毒性等。

三、土壤污染

（一）植物监测

植物监测是利用一些对特定污染物较为敏感的植物作为土壤污染物的预测和监测指示。一般来说，指示植物主要起到预警作用。目前，用于空气、水体污染物监测的植物种类较丰富，而用于土壤监测的植物种类相对较少。

土壤受到污染后，植物对污染物的作用所产生的反应主要表现为：产生可见症状，如叶片上出现伤斑；生理代谢异常，如蒸腾率降低、呼吸作用加强、生长发育受阻；植物化学成分发生改变。酚污染会使水稻根系发育不好，植株变矮小，分蘖减少，叶片变窄，叶色灰暗；严重时叶片枯黄，叶缘内卷，少数叶片主脉两侧有不明显的褐色条斑，根部变为褐色。砷污染使小麦叶片变得窄而硬，呈青绿色。铬使小麦植株生长矮小，下部叶片发黄，叶面出现铁锈样斑块。镉使大豆叶脉变成棕色，叶片退绿，叶柄变为淡红棕色。一些无机农药污染使植物叶柄基部或叶片出现烧伤的斑点或条纹，使幼嫩组织产生褐色焦斑或遭到破坏。有机农药污染严重使叶片相继变黄或脱落，花座少，延迟结果，果变小或籽粒不饱满，等等。因此，可以通过对指示植物观测确定土壤污染类型及污染程度。

（二）动物监测

土壤动物是反映环境变化的敏感指示生物，当某些环境因素的变化发展到一定限度时就会影响到土壤动物的繁衍和生存，甚至造成死亡。研究表明，在重金属污染的土壤中，土壤动物种类、数量随污染程度的减轻而逐渐增加，并且与重金属的浓度呈现显著的负相关。

农药对蚯蚓有很强的毒性，低剂量农药即可引起蚯蚓数量的减少。对有机磷农药废水污染区土壤动物调查表明，土壤动物种类和个体数随污染程度的增加而明显减少，群落结构发生显著变化。

蚯蚓对敌敌畏很敏感。在农药洒入培养缸的瞬间，即发现蚯蚓剧烈弹跳，隐伏在土层中的蚯蚓也纷纷涌出土面；浓度越大，蚯蚓的反应越剧烈。6h后，某些蚯蚓个体环带区有充血肿胀现象；12h后，蚯蚓呈现暗红色，活动能力大大减弱，甚至呈现麻痹、组织溃疡等病变，直至死亡。在高浓度时，24h后，已有大部分蚯蚓死亡；36h，已没有活体。蚯蚓可以用来作为农药环境污染的监测生物。

土壤中蚯蚓数量的测定方法是：在面积为1500m²的取样点随机选取5个小样点，小样点取土面积为30cm×30cm，取样深度为土壤表层处25cm；清除地被物后，用铁铲挖掘，小心破碎土块并置于白色塑料布上，拾取其上的蚯蚓并计算种群密度；带回实验室称其鲜重并分类鉴定。重复以上程序数次，计算单位面积土壤中蚯蚓种类及数量的平均值。

另外，也可以利用土壤中的原生动物、线虫、甲螨等监测土壤污染。

（三）微生物监测

工农业生产产生的废弃物对土壤的污染，导致了土壤微生物数量组成和种群组成的改变。污染物进入土壤后，首先受害的是土壤微生物。许多土壤微生物对土壤中重金属、农药等污染物含量的稍许提高就会表现出明显的不良反应。通过测定污染物进入土壤系统前后的微生物种类、数量、生长状况及生理生化变化等特征就可监测土壤污染的程度。

土壤微生物数量的改变与自身的耐药性有关，对农药有耐受性的微生物增加了，而敏感的却减少了。因此，使用农药的结果就是使土壤微生物群落趋于单一化。受五氯硝基苯污染的土壤中，敏感种减少了，具有耐受性的长蠕孢菌增殖并占据了主导地位；受五氯酚污染的土壤中，能够找到的菌种是具有耐受性的6种假单胞菌属细菌；受三氯乙酸或代森锰锌污染的土壤，真菌中只剩下青霉和曲霉。

不同农药引起微生物数量变化的情况是不完全相同的，如用5mg/L甲拌磷或特丁甲拌磷处理能使土壤细菌数增加，而用椒菊酯处理则使细菌数减少。同一种农药对不同类群微生物的影响也不完全一致，如用3mg/L二嗪农处理180d后，细菌和真菌数没有改变，而放线菌增加了300倍；用4mg/L阿拉特津处理，细菌总数与对照相比没有明显差异，但固氮菌增加了1倍，反硝化菌和纤维素分解菌则分别减少了80%和90%。

镉、铜、铅及铬对较为敏感的大芽孢杆菌和枯草杆菌均有明显的抑制作用，随金属浓度的升高，菌落数明显减少，其中大芽孢杆菌对金属污染物更为敏感。

（四）酶监测

土壤中植物的根系及其残体、土壤动物及其遗骸和微生物能够分泌具有生物活性的土壤酶。土壤酶的活性反映了土壤中进行的各种生物化学过程的强度和方向。土壤酶的活性易受环境中物理、化学和生物等因素的影响，尤其在土壤污染条件下，土壤酶的活性变化很大。因此，土壤酶活性在一定程度上可以反映土壤受污染的程度。经常测定的土壤酶为脱氢酶、过氧化氢酶、脲酶和磷酸酶。

第四节　生态监测

随着科学技术的发展，人们对环境问题的认识也不断深入。环境问题已不仅仅是污染物引起的人类健康问题，而是还包括自然环境的保护和生态平衡，以及维持人类繁衍、发展的资源问题。因此，环境监测正从一般意义上的环境污染向生态监测拓宽，生态监测已成为环境监测的重要组成部分。

一、生态监测的任务

生态监测的任务包括以下几个方面：

（1）对生态系统现状以及因人类活动所引起的重要生态问题进行动态监测。

（2）对人类的资源开发活动和环境污染物所引起的生态系统的组成、结构和功能变化进行监测。

（3）对被破坏的生态系统在人类的治理过程中生态平衡恢复过程进行监测。

（4）通过监测数据的积累，研究各种生态问题的变化规律及发展趋势，建立数学模型，为预测预报和影响评价打下基础。

（5）为政府部门制定有关环境法规、进行有关决策提供科学依据。

（6）寻求符合我国国情的资源开发治理模式及途径，以保证我国生态环境的改善及国民经济持续协调地发展。

二、生态监测方案的制订与实施

开展生态监测工作，首先要确定生态监测方案。其主要内容是明确生态监测的基本概念和工作范围，并制定相应的技术路线，提出主要的生态问题以便进行优先监测，制定我国主要生态类型和微观监测的指标体系，依据目前的分析水平选出常用的监测指标分析方法。

1.生态监测方案的制订

生态监测技术路线和方案的制订大体包含以下几点：资源、生态与环境问题的提出，生态监测台站的选址，监测的内容、方法及设备，生态系统要素及监测指标的确定，监测场地、监测频度及周期描述，数据的整理（观测数据、试验分析数据、统计数据、文字数据、图形及图像数据），建立数据库，信息或数据输出，信息的利用（编制生态监测项目报表，针对提出的生态问题建立模型、预测预报、评价和规划、政策规定）。

2.生态监测平台和生态监测站

生态监测平台是宏观生态监测工作的基础，它以遥感技术作支持，并具备容量足够大的计算机和宇航信息处理装置。生态监测站是微观生态监测工作的基础，它以完整的室内外分析、观测仪器作支持，并具备计算机等信息处理系统。生态监测平台和生态监测站的选址必须考虑区域内生态系统的代表性、典型性和对全区域的可控性。一个大的监测区域可设置一个生态监测平台和数个生态监测站。

3.生态监测频率

生态监测频率视监测的区域和目的而定。一般全国范围的生态环境质量监测和评价应1～2年进行1次，重点区域的生态环境质量监测每年1～2次；特定目的的监测，如监测沙尘天气和近岸海域赤潮要每天1次或每天数次，甚至采取连续自动监测的方式。

4.我国优先监测的生态项目

优先监测的生态项目主要有：（1）全球气候变暖引起的生态系统或动植物区系位移；（2）珍稀、濒危动植物种的分布及其栖息地；（3）水土流失面积及其时空分布和对环境的影响；（4）沙化面积及其时空分布和对环境的影响；（5）草场沙化退化面积及其时空分布和对环境的影响；（6）人类活动对陆地生态系统（森林、草原、农田、荒漠等）结构和功能的影响；（7）水环境污染对水生生态系统（湖泊、水库、河流和海洋等）结构和功能的影响；（8）主要环境污染物（农药、化肥、有机污染物和重金属）在土壤 – 植物 – 水体系统中的迁移和转化；（9）水土流失地、沙漠化地及草原退化地优化治理模式的生态平衡恢复过程；（10）各生态系统中微量气体的释放通量与吸收情况。

5.生态监测指标确定原则

生态监测指标主要指野外生态监测站的地面或水体监测项目。确定监测指标应遵循的原则是：（1）监测指标体系的确定应根据监测内容充分考虑指标的代表性、综合性及可操作性；（2）不同监测台站间同种生态类型的监测必须按统一的指标体系进行，尽量使监测内容具有可比性；（3）各监测台站可依监测项目的特殊性增加特定指标，以突出各自的特点；（4）指标体系应能反映生态系统的各个层次和主要的生态环境问题，并应以结构和功能指标为主；（5）宏观监测可依监测项目选定相应的数量指标和强度指标。微观生态监测指标应包括生态系统的各个组分，并能反映主要的生态过程。

三、生态监测指标体系

生态监测指标体系主要指一系列能敏感清晰地反映生态系统基本特征及生态环境变化趋势并相互印证的项目，是生态监测的主要内容和基本工作。生态监测指标的选择首先要考虑生态类型及系统的完整性。除自然指标外，指标体系的选择要根据生态站各自的特点、生态系统类型及生态干扰方式，同时兼顾以下三个方面：人为指标（人文景观、人文因素等）、一般监测指标（常规生态监测指标、重点生态监测指标等）和应急监测指标（包括自然因素和人为因素造成的突发性生态问题）。

地球上的生态系统从宏观角度可划分为陆地和水生两大生态系统。

（1）陆地生态系统包括森林生态系统、草原生态系统、荒漠生态系统、农田生态系统、城市生态系统等。陆地生态指标体系分为气象、水文、土壤、植物、动物和微生物六个要素，见表2-5。

表2-5 陆地生态系统监测指标

要素	常规指标	选择指标
气象	气温、湿度、风向、风速、降水量及其分布、蒸发量、地面及浅层地温、日照时数	大气干、湿沉降物及其化学组成，大气（森林、农田）或林间（森林）CO_2浓度及动态，林冠径流量及化学组成（森林）
水文	地表径流量、径流水化学组成，酸度、碱度、总磷、总氮及农药（农田），径流水总悬浮物，地下水位，泥沙颗粒组成及流失量，泥沙化学成分：有机质、总氮、总磷、总钾及重金属、农药（农田）	附近河流水质，泥沙流失量及颗粒组成，农田灌水量、入渗量和蒸发量（农田）

要素	常规指标	选择指标
土壤	有机质，养分含量：总氮、总磷、总钾、速效磷、速效钾、PH，交换性酸基及其组成，交换性盐基及其组成，阳离子交换量，颗粒组成及团粒结构，容重，含水量，孔隙度，透水率，等等	CO_2释放量（稻田测CH_4）、农药残留量、重金属残留量、盐分总量、水田氧化还原电位、化肥和有机肥施用量及化学组成（农田）、元素背景值、生命元素含量、沙丘动态（荒漠）
植物	种类及组成，种群密度，现存生物量，落物量及分解率，地上部分生产量，不同器官的化学组成：粗灰分、氮、磷、钾、钠、有机碳、水分和光能的收支	珍稀植物及其物候特征（森林），可食部分农药、重金属等残留量（农田），可食部分粗蛋白、粗脂肪含量
动物	动物种类及种群密度，土壤动物生物量，热值，能量和物质的收支，化学成分：灰分、蛋白质、脂肪、总磷、钾、钠、钙、镁	珍稀野生动物的数量及动态，动物灰分、蛋白质、脂肪、必需元素含量，体内农药、重金属等残留量（农田）
微生物	种类及种群密度、生物量热值	土壤酶类型、土壤呼吸强度、土壤固氮作用、元素含量与总量

（2）水生生态系统包括淡水生态系统和海洋生态系统。指标体系分为水文气象、水质、底质、浮游植物、浮游动物、游泳动物、底栖生物和微生物八个要素，见表2-6。

表2-6　水生生态系统监测指标

要素	常规指标	选择指标
水文气象	日照时数，总辐射量，降水量，蒸发量，风速、风向，气温，湿度，大气压，云量、云形、云高及可见度	海况（海洋），入流量和出流量（淡水），入流和出流水的化学组成（淡水），水位（淡水），大气干、湿沉降物量及组成（淡水）
水质	水温、颜色、气味、浊度、透明度、电导率、残渣、氧化还原电位、PH、矿化度、总氮、亚硝态氮、硝态氮、氨氮、总磷、总有机碳、溶解氧、化学需氧量、生化需氧量	重金属（总汞、镉、砷、铅、铬、铜、锌、镍）、农药、油类、挥发酚类
地质	氧化还原电位、PH、粒度、总氮、总磷、有机质	甲基汞、重金属（总汞、镉、砷、铅、铬、铜、锌、镍）、硫化物、农药
游泳动物	个体种类及数量，年龄和丰富度，现存量、捕捞量和生产力	体内农药、重金属残留量，致死量和亚致死量，酶活性（p-450酶）
浮游动物	群落组成、定量分类数量分布（密度），优势种动态、生物量、生产力	体内农药、重金属残留量，酶活性（p-450酶）

要素	常规指标	选择指标
微生物	群落组成定性分类、定量分类、数量分布、优势种动态、生物量	体内农药、重金属残留量
着生藻类和底栖动物	细菌总数、细菌种类、大肠杆菌群及其分类、生化活性	体内农药、重金属残留量

根据各类生态系统监测指标内容，所用监测方法分为水文气象参数观测法、理化参数测定法、生物调查和生物测定法等不同类型，可分别选用相应规范化方法测定。各生态监测站相同的指标应按统一的采样、分析和测定方法进行，以便站际间的数据具有可比性。

四、生态环境状况评价

生态环境质量是指生态环境的优劣程度，它以生态学理论为基础，在特定的时间和空间范围内，从生态系统层次上反映生态环境对人类生存及社会经济持续发展的适宜程度，是根据人类的具体要求对生态环境的性质及变化状态的结果来进行评定的。

生态环境状况评价利用一个综合指数——生态环境状况指数（Ecological Index，EI，数值范围为0～100）反映区域生态环境的整体状态。指标体系包括生物丰度指数、植被覆盖指数、水网密度指数、土地胁迫指数、污染负荷指数五个分指数和一个环境限制指数。五个分指数分别反映被评价区域内生物的丰贫、植被覆盖的高低、水的丰富程度、遭受的胁迫强度、承载的污染物压力。环境限制指数是约束性指标，指根据区域内出现的严重影响人居生产生活安全的生态破坏和环境污染事项对生态环境状况进行限制和调节。各项评价指标的权重见表2-7。

表2-7　各项评价指标的权重

指标	生物丰度指数	植被覆盖指数	水网密度指数	土地胁迫指数	污染负荷指数	环境限制指数
权重	0.35	0.25	0.15	0.15	0.10	约束性指标

生态环境状况指数（EI）=0.35×生物丰度指数+0.25×植被覆盖指数+0.15×水网密度指数+0.15×（100−土地胁迫指数）+0.10×（100−污染负荷指数）+环境限制指数。式中各项指数的计算方法见《生态环境状况评价技术规范》（HJ 192−2015）。

根据生态环境状况指数，将生态环境分为五级，即优、良、一般、较差和差，见表2-8。

表2-8　生态环境状况分级

级别	优	良	一般	较差	差
指数	EI≥75	55≤EI＜75	35≤EI＜55	20≤EI＜35	EI＜20
描述	植被覆盖度高，生物多样性丰富，生态系统稳定	植被覆盖度较高，生物多样性较丰富，适合人类生活	植被覆盖度中等，生物多样性一般水平，较适合人类生活，但有不适合人类生活的制约性因子出现	植被覆盖较差，重干旱少雨，物种较少，存在着明显限制人类生活的因素	条件较恶劣，人类生活受到限制

　　生态环境质量评价要根据特定的目的，选择具有代表性、可比性、可操作性的评价指标和方法，对生态环境质量的优劣程度进行定性或定量的分析和判别。我国的生态环境质量评价工作在不断地发展，对其相关的指标体系以及评价方法的研究也多种多样。如何建立合理的、具有普遍实用性而且指标信息容易获取的指标体系，并用恰当的方法进行评价，是生态环境质量评价的重要环节。

第三章　生态系统

第一节　生态系统的概念

生态系统是生态环境保护的重点。生态系统是生物及其生存的物质环境构成的复杂系统，是人类在地球上赖以生存和发展的条件。

一、什么是生态系统

生态系统是指在一定时间和空间内，生物与其生存环境以及生物与生物之间相互作用，彼此通过物质循环、能量流动和信息交换，形成的一个不可分割的自然整体。

生态系统的概念是英国生态学家坦斯利（Tansley）在20世纪30年代提出的，到了20世纪50年代得到了广泛的传播和承认，到20世纪60年代已发展成为一个综合性很强的研究领域。

生态系统是一个广义的概念，任何生物群体与其所处的环境组成的统一体都是生态系统。生态系统的范围可大可小，小至一滴水、一把土、一片草地、一个湖泊、一片森林，大至一座城市、一个地区、一条流域、一个国家乃至整个生物圈。现仅以鱼塘为例。鱼塘中有许多水生植物、浮游动物、微生物，还有许多食性不同的鱼类等。浮游动物以浮游植物为食，鱼类以浮游植物和浮游动物为食。鱼类和其他水生生物死亡后，在微生物参与下被分解成二氧化碳（CO_2）、氮、磷等基本物质，而这些物质又是水中浮游植物的基本营养物；微生物在分解过程中要消耗水中的氧，被水面大气复氧和浮游植物通过光合作用所产生的氧补充。水中各种生物与环境、生物与生物之间相互联系、相互制约，构成了一个处于相对稳定状态的池塘生态系统。

二、生态系统的分类

地球表面的生态系统多种多样，可以从不同角度把生态系统分成若干类型。

（一）按生态系统形成的原动力和影响力分类

按生态系统形成的原动力和影响力分类，其可分为自然生态系统、半自然生态系统和人工生态系统三类。

凡是未受人类干预和扶持，在一定空间和时间范围内，依靠生物和环境本身的自我调节能力来维持相对稳定的生态系统，均属自然生态系统，如原始森林、冻原、海洋等生态系统。

按人类的需求建立起来，受人类活动强烈干预的生态系统为人工生态系统，如城市、农田、人工林、人工气候室等。

经过了人为干预，但仍保持了一定自然状态的生态系统为半自然生态系统，如天然放牧的草原、人类经营和管理的天然林等。

（二）按生态系统的环境性质和形态特征分类

根据生态系统的环境性质和形态特征来划分，把生态系统分为水生生态系统和陆生生态系统。

水生生态系统又根据水体的理化性质不同分为淡水生态系统、海洋生态系统和湿地生态系统。淡水生态系统可划分为流水水生生态系统（如河流生态系统）和静水水生生态系统（如湖泊生态系统、水库生态系统），海洋生态系统可分为海岸生态系统、浅海生态系统、珊瑚礁生态系统和远洋生态系统，湿地生态系统实际上是介于水生生态系统与陆生生态系统之间过渡类型的生态系统。

陆生生态系统根据纬度地带和光照、水分、热量等环境因素，分为森林生态系统（如温带针叶林生态系统、温带落叶林生态系统、热带森林生态系统）、草原生态系统（如干草原生态系统、湿草原生态系统、稀树干草原生态系统）、荒漠生态系统、冻原生态系统（如极地冻原生态系统、高山冻原生态系统）、农田生态系统、城市生态系统等。

三、生态系统的三个共同特性

（一）具有能量流动、物质循环和信息传递功能

生态系统具有能量流动、物质循环和信息传递三大功能。地球上所有的生态系统所需要的能量都来自太阳。绿色植物通过光合作用，吸收太阳能并把它固定在它们所制造的有

机物中；草食动物食用植物后，从植物中获得部分能量，得以生长、发育和繁殖；肉食动物捕食草食动物后，使能量从草食动物部分传递到肉食动物。如此传递下去，便实现了能量从低级营养级到高级营养级的传递。

生态系统的物质循环是指组成生物体的碳、氢、氧、氮等基本元素在生物群落与无机环境之间反复的循环运动。由于物质循环带有全球性，故而又叫生物地球化学循环，简称生物地化循环。物质循环的特点是基本元素的循环和反复的循环运动。

生态系统的信息传递在沟通生物群落与其生活环境之间、生物群落内各种群生物之间的关系上有重要意义。生态系统的信息包括营养信息、化学信息、物理信息和行为信息。这些信息最终都是经由基因和酶的作用并以激素和神经系统为中介体现出来的，它们对生态系统的调节具有重要作用。

（二）具有自我调节能力

生态系统具有自动调节恢复稳定态的能力。系统的组成成分越多样，能量流动和物质循环的途径越复杂，这种调节能力就越强；反之，成分越单调，结构越简单，则其调节能力就越弱。然而这种调节能力也有一定的幅度，超过这个幅度就不再能起调节作用，生态系统就会遭到破坏。使生态系统失去调节能力的主要因素有三种：一是种群成分的改变。例如，由于人类的干预，一种控制草食动物的肉食动物消失，从而引起草食动物大量繁殖，最后可导致草原生态系统的破坏。此外，单一种植业的农田生态系统也正是由于缺乏多样性而易受昆虫破坏。二是环境因素的变化。例如，湖泊富营养化可使水质变坏，同时由于藻类过度生长所产生的毒素，以及藻类残体分解时消耗大量的溶解氧，使水中溶解氧大大减少，又会引起鱼类及其他水生生物死亡。三是信息系统的破坏。例如，石油污染导致洄游性鱼类的信息系统遭到破坏，无法溯流产卵，以致影响洄游性鱼类的繁殖，从而破坏了鱼类资源。

研究生态系统的自动调节能力能为人类制定环境标准和对环境实行科学管理提供依据。

（三）属于一种动态系统

生态系统是一个动态的开放系统，允许能量、物质和信息在系统内部或者在不同的生态系统之间传递。

第二节　生态系统的组成与结构

一、生态系统的组成

生态系统的组成可以分为两大部分，即生命成分（生物群落）和无生命成分。

（一）无生命成分

生态系统中的无生命成分包括生物代谢的能源——太阳辐射能、生物代谢材料——二氧化碳、水、氧、氮、无机盐、有机质等，以及气候（如温度、压力）等物理条件。

无生命成分在生态系统中的作用，一方面是为各种生物提供必要的生存环境，另一方面也为各种生物提供了生长发育所必需的营养元素。

生命成分和无生命成分在同一个时间和空间中，共同构成了一个有机的统一体。在这个有机整体中，能量和物质在不断地流动，并在一定条件下保持着相对平衡。

（二）生命成分

生态系统中的生命成分即生物群落。尽管地球上的生物种类有数百万种，但根据它们获取营养和能量的方式以及在能量流动和物质循环中所发挥的作用，可以概括为生产者、消费者和分解者三大类群。

1.生产者

生产者（producer）是指能利用简单的无机物质制造食物的自养生物（autotrophy），主要包括所有绿色植物、蓝绿藻和少数化能合成细菌等自养生物。

这些生物可以通过光合作用把水和二氧化碳等无机物合成碳水化合物、蛋白质和脂肪等有机化合物，并把太阳辐射能转化为化学能，贮存在合成有机物的分子键中。植物的光合作用只有在叶绿体内才能进行，而且必须是在阳光的照射下。但是当绿色植物进一步合成蛋白质和脂肪时，还需要有氮、磷、硫、镁等十五种或更多种元素和无机物参与。生产者通过光合作用不仅为本身的生存、生长和繁殖提供了营养物质和能量，而且它所制造的有机物质也是消费者和分解者唯一的能量来源。生态系统中的消费者和分解者是直接或间接依赖生产者的，没有生产者也就不会有消费者和分解者。可见，生产者是生态系统中最基本和最关键的生物成分。太阳能只有通过生产者的光合作用才能源源不断地输入生态系统，然后再被其他生物利用。

2.消费者

消费者（consumers）是针对生产者而言的，即它们不能把无机物质制造成有机物质，而是直接或间接地依赖生产者所制造的有机物质，因此属于异养生物。

消费者（直接取食植物或间接取食以植物为食的动物）归根结底都是以植物为食。直接以植物为食的动物叫作植食动物，又叫一级消费者，如蝗虫、兔、马等；以植食动物为食的动物叫肉食动物，也叫二级消费者，如捕食野兔的狐和猎捕羚羊的猎豹等。此外，还有三级消费者（或二级肉食动物）、四级消费者（或三级肉食动物），直到顶级肉食动物。消费者也包括那些既吃植物也吃动物的杂食动物。有些鱼类是杂食性的，它们吃水藻、水草，也吃水生无脊椎动物。也有许多动物的食性是随着季节和年龄而变化的，如麻雀在秋季和冬季以吃植物为主，但是到了夏季的生殖季节就以吃昆虫为主。食碎屑者也属于消费者，它们的特点是只吃死的动植物残体。另外，消费者还包括寄生生物。寄生生物靠取食其他生物的组织、营养物和分泌物为生。因此，消费者主要是指以其他生物为食的各种动物，包括植食动物、肉食动物、杂食动物和寄生动物等。

3.分解者

分解者（decomposers）是异养生物，它们分解动植物的残体、粪便和各种复杂的有机化合物，吸收某些分解产物，最终将有机物分解为简单的无机物，而这些无机物参与物质循环后可被自养生物重新利用。分解者主要是细菌和真菌，也包括某些原生动物及大型腐食性动物等。

分解者在生态系统中的基本功能是把动植物死亡后的残体分解为比较简单的化合物，最终分解为最简单的无机物并把它们释放到环境中去，供生产者重新吸收和利用。由于分解过程对于物质循环和能量流动具有非常重要的意义，所以分解者在任何生态系统中都是不可缺少的组成成分。如果生态系统中没有分解者，动植物遗体和残遗有机物很快就会堆积起来，影响物质的再循环过程，生态系统中的各种营养物质很快就会发生短缺并导致整个生态系统的瓦解和崩溃。由于有机物质的分解过程是一个复杂的逐步降解的过程，因此除了细菌和真菌两类主要的分解者，其他大大小小以动植物残体和腐殖质为食的各种动物在物质分解的总过程中都在不同程度地发挥着作用。例如，专吃兽尸的兀鹫，食朽木、粪便和腐烂物质的甲虫、白蚁、皮蠹、粪金龟子、蚯蚓和软体动物等。有人把这些动物称为大分解者，而把细菌和真菌称为小分解者。

生态系统中的无生命成分和生命成分是密切交织在一起、彼此相互作用的，土壤系统就是这种相互作用的一个很好的实例。土壤的结构和化学性质决定着什么植物能够在它上面生长、什么动物能够在它里面居住。植物的根系对土壤也有很大的固定作用，并能大大减缓土壤的侵蚀过程。动植物的残体经过细菌、真菌和无脊椎动物的分解作用而变为土壤中的腐殖质,增加了土壤的肥力,反过来又为植物根系的发育提供了各种营养物质。缺乏植物保护的土壤(包括那些受到人类破坏的土壤)很快就会遭到侵蚀和淋溶,变为不毛之地。

当然,不同类型的生态系统其具体的组成成分各不相同。例如,在陆生生态系统中生产者是各种陆生植物,消费者是各种陆生动物,分解者主要是土壤微生物。而水生生态系统中的生产者是各种浮游植物和水生植物,包括沉水植物、浮水植物、挺水植物,消费者是各种水生动物,包括浮游动物和底栖动物,分解者则是各种水生微生物。不同类型生态系统的无生命成分也存在较大的差异。

二、生态系统的结构

(一)生态系统的形态结构

生态系统中生物种类及各种生物的种群数量均有时间分布和空间配置,在一定时期内处于相对稳定的状态,从而使得生态系统能保持一个相对稳定的形态结构。

1.空间配置

在生态系统中,各种动物、植物和微生物的种类和数量在空间上的分布构成垂直结构和水平结构。

在各种类型的生态系统中,森林生态系统的垂直结构最为典型,具有明显的成层现象。在地上部分,自上而下有乔木层、灌木层、草本植物层和苔藓地衣层。乔木层上部的叶片受到全量的光照,灌木层只能利用从乔木层透射下来的残余光照。通过灌木层再次减弱的太阳光,被草本层利用的只相当于入射光的1%~5%。透过草本层到达苔藓地衣层的阳光一般只占入射光的1%左右。在地下部分,有浅根系、深根系及根际微生物。动物具有空间活动能力,但是它们的生活直接或间接地依赖于植物,因此在生态系统中,动物也依附于植物的各个层次而呈现出成层分布现象。例如,许多鸟类以其食性的不同而分别在林冠、树干、林下灌木和草本层中觅食和做巢,许多兽类在地面筑窝,许多鼠类在地下打洞,等等。

水平分布构成生态系统的水平结构。由于光照、土壤、水分、地形等生态因子的不均匀性及生物间生物学特性的差异,各种生物在水平方向上呈镶嵌分布。例如,在森林生态系统中,森林边缘与森林内部分布着明显不同的动植物种类。

2.时间配置

同一个生态系统,在不同时期或不同季节,表现出一定的周期性时间变化。例如,我国长白山森林生态系统,冬季满山白雪皑皑;春季冰雪消融,绿草如茵;夏季鲜花遍野,争芳斗艳；秋季硕果累累，一片金色。这一年四季有规律的变化就构成了长白山森林生态系统的"季相"。

生态系统的时间配置，除表现在季节周期性变化外，还表现为月相变化和昼夜周期性变化，如蝶类和蛾类在昼夜间的交替出现、鱼类在昼夜间的垂直迁移等。

（二）生态系统的营养结构

生态系统的营养结构是指生态系统的各组成成分以营养为纽带、通过营养联系构成的结构。生态系统的生产者分别向消费者和分解者提供营养，消费者也可向分解者提供营养，分解者分解生物残体把营养物质输送给环境，由环境再供给生产者吸收利用。不同生态系统因组成成分不同，其营养结构的具体表现形式也不尽相同。

1.食物链

食物链是指各种生物之间存在着取食和被取食的关系。通过食物链，实现能量在生态系统内传递。

按照生物与生物之间的关系，可将食物链分为以下四种类型：

（1）捕食食物链。捕食食物链是指一种活的生物取食另一种活的生物所构成的食物链。捕食食物链都以生产者为食物链的起点。例如，植物→植食性动物→肉食性动物，这种食物链既存在于水域，也存在于陆地环境。

（2）碎食食物链。捕食食物链是指以碎食（植物的枯枝落叶等）为食物链起点的食物链。这种食物链的最初食物源是碎食物。高等植物叶子的碎片经细菌与真菌的作用后，再加入微小的藻类，就构成碎屑性食物。其构成形式是：碎食物→碎食物消费者→小型肉食性动物→大型肉食性动物。在森林中，有90%的净生产是以食物碎食方式被消耗的。

（3）寄生性食物链。寄生性食物链由宿主和寄生物构成。它是由较大的生物逐渐到较小的生物，以大型动物为食物链的起点，继之为小型动物、微型动物、细菌和病毒。后者与前者是寄生性关系。例如：哺乳动物或鸟类→跳蚤→原生动物→细菌→病毒。

（4）腐生性食物链。腐生性食物链以动、植物的遗体为食物链的起点，腐烂的动、植物遗体被土壤或水体中的微生物分解利用，后者与前者是腐生性关系。

在生态系统中，各类食物链具有以下特点：

其一，在同一条食物链中，常包含有食性和其他生活习性极不相同的多种生物。

其二，在同一个生态系统中，可能有多条食物链，它们的长短不同，营养级数目不等。由于在一系列取食与被取食的过程中，每一次转化都有大量化学能变为热能消散，因此自然生态系统中营养级的数目是有限的。在人工生态系统中，食物链的长度可以人为调节。

其三，在不同的生态系统中，各类食物链的比重不同。

其四，在任一生态系统中，各类食物链总是协同起作用。

2.食物网

生态系统中的食物营养关系是很复杂的。由于一种生物常常以多种食物为食，而同一种食物又常常被多种消费者取食，于是食物链交错起来。多条食物链相连，形成了食物网。食物网不仅维持着生态系统的相对平衡，还推动着生物的进化，成为自然界发展演变的动力。不同区域生态系统的食物网是不同的。

一般来说，食物网越复杂，生态系统越稳定；食物网越简单，生态系统越不稳定。

3.营养级和生态金字塔

营养级即食物链中的一个环节。它是指处于食物链同一环节上所有生物的总和。食物链指明了生物之间的纵向营养关系，而营养级则进一步指出了食物链各个环节的横向联系。所以，营养级与生产者、各级消费者是不同的概念，是从不同的角度划分的。营养级概念的建立为生态系统中生物之间营养关系的研究和能量流分析提供了方便。

绿色植物和所有的自养生物都位于食物链的起点，即第一环节，它们构成了第一营养级。所有以植物为食的动物，如初级消费者——牛、兔、鼠、高嘴雀和蝗虫等都属于第二营养级，也称为植食动物营养级。以植食动物为食的小型肉食动物，如次级消费者——吃兔子的狐狸、捕食高嘴雀的雀鹰等为第三营养级。大型食肉动物，如三级消费者为第四营养级，以此类推。食物链有几个环节，就有几个营养级。

由于环节数目是受到限制的，所以营养级的数目也不可能很多，一般限于3~5个。营养级的位置越高，归属于这个营养级的生物种类和数量就越少；当少到一定程度时，就不可能再维持另一个营养级中生物的生存了。

有很多动物往往难以依据它们的营养关系而把它们放在某一个特定的营养级中，因为它们可以同时在几个营养级取食或随着季节的变化而改变食性，如螳螂既捕食植食性昆虫又捕食肉食性昆虫，野鸭既吃水草又吃螺虾。有些动物雄性个体和雌性个体的食性不相同，如雌蚊是吸血的，而雄蚊只吃花蜜和露水。还有一些动物，幼虫和成虫的食性也不一样，如大多数寄生昆虫的幼虫是肉食性的，而成虫则主要是植食性的。但为了分析的方便，生态学家常常依据动物的主要食性判定它们的营养级，因为在进行能流分析时，每一种生物都必须置于一个确定的营养级中。一般来说，离基本能源（即第一营养级中的绿色植物）越远的动物就越有可能对两个或更多的营养级中的生物捕食。离基本能源越近的营养级，其中的生物受到取食和捕食的压力也越大，因而这些生物的种类和数量也就越多，生殖能力也越强，这样可以补偿因遭强度捕食而受到的损失。

在每一个生态系统中，从绿色植物开始，能量沿着营养级转移流动时，每经过一个营养级，数量都要大大减少。这是因为对各级消费者来说，其前一级的有机物中由于有一部分不适于食用或已被分解等未被利用。在吃下去的有机物中，一部分又作为粪便排泄掉，另一部分才被动物吸收利用。而在被吸收利用的那部分中，大部分用于呼吸代谢，维持生命，并转化成热量损失掉，只有少部分留下来用于同化，形成新的组织。由于这些原因，第二营养级，即植食性动物的产量必然远小于第一营养级植物的产量。以此类推，第三营养级的产量远小于第二营养级的产量，第四营养级的产量远小于第三营养级的产量。后一营养级的生产量远小于前一级，其能量转化效率大约为10%，这就是林德曼（Lindeman）的百分之十率。于是，顺着营养级序列向上，生产量即能量急剧地、梯级般地递减，用图表示则得到生产力金字塔；有机体的个体数目一般也向上急剧递减构成数目金字塔，各营养级的生物量顺序向上递减构成生物量金字塔，总称生态金字塔。

第三节　生态系统的功能

生态系统具有三大功能：能量流动、物质循环、信息传递。

一、能量流动

能量是生态系统的动力，是一切生命活动的基础。一切生命活动都伴随着能量的变化，没有能量的转化，也就没有生命和生态系统。生态系统的重要功能之一就是能量流动，能量在生态系统内的传递和转化规律服从热力学的两个定律。

热力学第一定律可以表述如下：在自然界发生的所有现象中，能量既不能消灭也不能凭空产生，它只能以严格的当量比例由一种形式转变为另一种形式。因此，依据这个定律可知：一个体系的能量发生变化，环境的能量也必定发生相应的变化。如果体系的能量增加，环境的能量就要减少；反之亦然。对生态系统来说也是如此。生态系统通过光合作用所增加的能量等于环境中太阳所减少的能量，总能量不变。所不同的是，太阳能转化为潜能输入了生态系统，表现为生态系统对太阳能的固定。

热力学第二定律是对能量传递和转化的一个重要概括，通俗地说就是：在能量的传递和转化过程中，除了一部分可以继续传递和做功的能量（自由能），总有一部分不能继续传递和做功而以热的形式消散的能量，这部分能量使熵和无序性增加。以蒸汽机为例。煤燃烧时一部分能量转化为蒸汽能推动机器做了功，另一部分能量以热的形式消散在周围空间而没有做功，只是使熵和无序性增加。对生态系统来说也是如此，当能量以食物的形式在生物之间传递时，食物中相当一部分能量被降解为热量而消散掉（使熵增加），其余则用于合成新的组织作为潜能储存下来。所以，一个动物在利用食物中的潜能时常把大部分转化成了热量，只把一小部分转化为新的潜能。能量在生物之间每传递一次，一大部分的能量就被降解为热量而损失掉，这也就是为什么食物链的环节和营养级的级数一般不会多于5～6个，以及能量金字塔必定呈尖塔形的热力学解释。

任何生态系统要正常运转都需要不断地输入能量。生态系统中的能量来源于太阳，它通过绿色植物的固定而输入系统中，并保存在有机物质里。当植食动物摄取植物时，能量转移到第二营养级动物体中；当肉食动物捕食植食动物时，能量又转移到第三营养级的动物中，以此类推。最后，由腐生生物分解死亡的动、植物残体，将有机物中的能量释放到环境中。与此同时，各营养级由于生物呼吸作用都有一部分能量损失。所以，能量只是一次穿过生态系统，不能再次被生产者利用而进行循环；生态系统的能量流动是单向流动。

二、物质循环

生命的维持不仅依赖能量的供应，而且也依赖各种化学元素的供应。对于大多数生物来说，大约有20多种元素是它们生命活动所不可缺少的，另外还有大约10种元素虽然通常只需要很少的数量就够了，但是对某些生物来说却是必不可少的。生物体所需要的大量元素包括其含量超过生物体干重1%以上的碳、氧、氢、氮和磷等，也包括含量占生物体干重0.2%～1%的硫、氯、钾、钠、钙、镁、铁和铜等，以及在生物体内的含量一般不超过生物体干重0.2%的微量元素铝、硼、溴、铬、钴、氟、镓、碘、锰、钼、硒、硅、锶、锡、锑、钒和锌等。在生态系统中，存在着物质循环，这对于生态系统的生命活动起着重要作用。

生态系统中的物质循环又称为生物地化循环。能量流动和物质循环是生态系统的两个基本过程，正是这两个基本过程使生态系统各个营养级之间和各种成分（非生物成分和生物成分）之间组成一个完整的功能单位。但是能量流动和物质循环的性质不同，能量流经生态系统最终以热的形式消散。能量流动是单方向的，因此生态系统必须不断地从外界获得能量。而物质的流动是循环式的，各种物质都能以可被植物利用的形式重返环境。能量流动和物质循环都是借助生物之间的取食过程而进行的，但这两个过程是密切相关不可分割的，因为能量是储存在有机分子键内，当能量通过呼吸过程被释放出来用以做功时，该有机化合物就被分解并以较简单的物质形式重新释放到环境中去。

生物地化循环可分为三大类型，即水循环、气体型循环和沉积型循环。

（一）水循环

水和水的循环对于生态系统具有特别重要的意义，不仅生物体的大部分（约70%）是由水构成的，而且各种生命活动都离不开水。水在一个地方将岩石浸蚀，而在另一个地方又将浸蚀物沉降下来，久而久之就会带来明显的地理变化。水中携带着大量的多种化学物质（各种盐和气体）周而复始地循环，极大地影响着各类营养物质在地球上的分布。除此之外，水对能量的传递和利用也有着重要影响。地球上大量的热能用于将冰融化为水、使水温升高和将水化为水蒸气。因此，水有防止温度发生剧烈波动的重要生态作用。

水的主要循环路线是从地球表面通过蒸发进入大气圈，同时又不断从大气圈通过降水而回到地球表面。每年地球表面的蒸发量和全球降水量是相等的，因此这两个相反的过程就达成了一种平衡状态。蒸发和降水的动力都是来自太阳，太阳是推动水在全球进行循环的主要动力。地球表面是由陆地和海洋组成的，陆地的降水量大于蒸发量，而海洋的蒸发量大于降水量。因此，陆地每年都把多余的水通过江河源源不断地输送给大海，以弥补海洋每年因蒸发量大于降水量而产生的亏损。生物在全球水循环过程中所起的作用很小，虽然植物在光合作用中要吸收大量的水，但是植物通过呼吸和蒸腾作用又把大量的水送回了大气圈。

地球表面及其大气圈的水只有大约5%是处于自由的可循环状态。地球全年降水量约等于大气圈含水量的35倍，这说明大气圈含水量足够11天降水用，平均每过11天，大气圈中的水就得周转一次。降水和蒸发的相对数量和绝对数量及其周期性对生态系统的结构和功能有着极大影响，世界降水的一般格局与主要生态系统类型的分布密切相关。而降水分布的特定格局又主要是由大气环流和地貌特点决定的，具有显著的区域性特点。

水循环的另一个重要特点是，每年降到陆地上的雨雪大约有35%又以地表径流的形式流入了海洋。特别值得注意的是，这些地表径流能够溶解和携带大量的营养物质，因此它常常把各种营养物质从一个生态系统搬运到另一个生态系统，这对补充某些生态系统营养物质的不足起着重要作用。由于携带着各种营养物质的水总是从高处往低处流动，所以高地往往比较贫瘠，而低地比较肥沃。例如，沼泽地和大陆架就是这种最肥沃的低地，也是地球上生产力最高的生态系统之一。

水的全球循环也影响地球热量的收支情况，地球上最大的热量收支是在低纬度地区，而最小的热量收支是在北极地区。在纬度38°至39°地带，冷和热的进出达到一种平衡状态。高纬度地区的过冷会由于大气中热量的南北交流和海洋暖流而得以缓和。从全球角度看，水的循环表明了地球上物理和地理环境之间的相互密切作用。因此，在局部范围内考虑的水的问题实际上是一个全球性的问题。局部地区水的管理计划可以影响整个地球。问题的产生不是由于降落到地球上的水量不足，而是水的分布不均衡，这尤其与人类人口的集中有关。因为人类已经强烈地参与了水的循环，致使自然界可以利用的水资源已经减少，水的质量也已下降。现在，水的自然循环已不足以补偿人类对水资源的有害影响。

（二）气体型循环

在气体型循环中，物质的主要储存库是大气和海洋，其循环与大气和海洋密切相连，具有明显的全球性，循环性能最为完善。凡属于气体型循环的物质，其分子或某些化合物常以气体形式参与循环过程，属于这类的物质有氧、二氧化碳、氮、氯、溴和氟等。

1.碳循环

碳是构成生物有机体的最重要元素，生态系统中碳循环对生态系统的稳定起着非常重要的作用。

人类活动通过化石燃料的大规模使用，对碳循环造成了重大影响，这可能是引起当代气候变化的重要原因。大量的碳被固结在岩石圈中。在化石燃料中，煤和石油是地球上两个最大的碳储存库，约占碳总量的99.9%，仅煤和石油中的含碳量就相当于全球生物体含碳量的50倍。在生物学上有积极作用的两个碳库是水圈和大气圈（主要以二氧化碳的形式存在）。很多元素都与碳相似，有着巨大的不活动的地质储存库（如岩石圈等）和较小的但在生物学上积极活动的大气圈库、水圈库和生物库。物质的化学形式常随所在库而不同。例如，碳在岩石圈中主要以碳酸盐的形式存在，在大气圈中以二氧化碳和一氧化碳的形式存在，在水圈中以多种形式存在，在生物库中则存在着几百种被生物合成的有机物质。这些物质的存在形式受到各种因素的调节。

岩石圈中的碳借助岩石的风化和融解、化石燃料的燃烧和火山爆发等作用，重返大气圈和水圈。

植物通过光合作用从大气中摄取碳的速率与通过呼吸和分解作用把碳释放给大气的速率大体相等。大气中二氧化碳是含碳的主要气体，也是碳参与循环的主要形式。碳循环的基本路线是从大气储存库到植物和动物，再从动植物通向分解者，最后又回到大气中去。在这个循环路线中，大气圈是碳（以二氧化碳的形式存在）的储存库。由于有很多地理因素和其他因素影响植物的光合作用（摄取二氧化碳的过程）和生物的呼吸（释放二氧化碳的过程），所以大气中二氧化碳的含量有着明显的日变化和季节变化。例如，夜晚由于生物的呼吸作用，可使地面附近大气中二氧化碳的含量上升到0.05%；而白天由于植物在光合作用中大量吸收二氧化碳，可使大气中二氧化碳的含量降到平均浓度0.032%以下。夏季，植物的光合作用强烈，因此从大气中所摄取的二氧化碳超过了在呼吸和分解过程中所释放的二氧化碳；冬季则刚好相反。结果每年4—9月北方大气中二氧化碳的含量最低，冬季和夏季大气中二氧化碳的含量可相差0.002%，即相差20mg/m³。

除大气以外，海洋是另一个重要的碳储存库，它的含碳量是大气含碳量的50倍。更重要的是，海洋对于调节大气中的含碳量起着非常重要的作用。在植物光合作用中被固定的碳主要是通过生物（包括植物、动物和微生物）的呼吸以二氧化碳的形式又回到了大气。

除此之外，非生物的燃烧过程也使大气中二氧化碳的含量增加，如人类燃烧木材、煤炭以及森林和建筑物的偶然失火等。

碳在生态系统中的含量过高或过低，都能通过碳循环的自我调节机制而得到调整，并恢复到原有的平衡状态。如果大气中的二氧化碳发生局部短缺，就会引起一系列的补偿反应，水圈里的溶解态二氧化碳就会更多地进入大气圈。大气中二氧化碳的含量在人类干扰以前是相当稳定的，但人类生产力的发展水平已达到了可以有意识地影响气候的程度。从长远来看，大气中二氧化碳含量的持续增长将会给地球的生态环境带来什么后果，是当前科学家最关心的问题之一。

2.氮循环

氮是构成生物蛋白质和核酸的主要元素，因此它与碳、氢、氧一样在生物学上具有重要的意义。氮以多种形式存在于地球环境中，这些形式的转化过程便构成了氮的循环。氮的生物地化循环过程非常复杂，循环性能极为完善。氮的循环与碳的循环大体相似，但也有明显差别。

大气中有79%的氮，但一般生物不能直接利用。必须通过固氮作用将氮与氧结合成硝酸盐和亚硝酸盐，或者与氢结合形成氨以后，植物才能利用。

工业上，在高温高压下，将N_2和H_2合成NH_3。每年以工业方法固定的氮大约有$2.5 \times 10^7 t$。

自然界同样可以固氮，每年全球自然界的固氮量达10^8多吨，为工业固氮的四倍。自然界中的固氮作用10%是通过闪电或火山活动、工业燃烧、森林火灾等完成的，90%是通过微生物作用来完成的。某些微生物把空气中的游离氮固定转化为含氮化合物的过程，称为生物固氮作用。植物吸收铵盐或硝酸盐后将它们转变为许多含氮有机物（主要是蛋白质）。动植物和微生物的残骸及粪便是土壤中氮素的主要来源。不过，植物并不能直接利用这些占土壤含氮量90%的含氮有机物。土壤中含有少量的各种氨基酸，它们来源于某些微生物的腐败或植物根的分泌。植物根可以吸收这些氨基酸。土壤有机氮通过土壤微生物的氨化作用转化成NH_4^+。氨又可以通过细菌的硝化作用氧化成硝酸盐（NO_3^-）。NH_4^+和NO_3^-都可以被植物根系吸收和利用。土壤中的硝酸盐可以由某些嫌气细菌的反硝化作用转化成N，而从土壤中逸出。

据估计，全球每年的固氮量为92t（其中生物固氮54t、工业固氮30t、光化学固氮7.6t、火山活动固氮0.2t）。但是，借助反硝化作用，全球的产氮量只有83t（其中陆地43t、海洋40t、沉积层0.2t）。两个过程的差额为9t。这种不平衡主要是由工业固氮量的日益增长引起的，所固定的这些氮是造成水生生态系统污染的主要因素。大量有活性的含氮化合物进入土壤和各种水体以后对环境产生的影响，其范围可能从局域环境到全球变化，深至地下水，高达同温层，引起水体富营养化，进而藻类和蓝细菌种群大爆发。其尸体在分解过程中大量掠夺其他生物所必需的氧，造成鱼类、贝类大规模死亡。

3.硫循环

硫是蛋白质和氨基酸的基本成分，对于大多数生物的生命至关重要。人类使用化石燃料大大改变了硫循环，其影响远大于对碳和氮的影响，最明显的就是酸雨。

硫循环是一个复杂的元素循环，既属沉积型，也属气体型。硫的气态化合物（如二氧化硫）对硫的循环所起的作用很小，在硫的循环过程中，比气体型循环有更多的停滞阶段，其中海洋和大陆深水湖的沉积层就是最明显的停滞阶段。虽然少数生物可以从氨基酸（有机硫）中获得它们所需要的硫，但大多数生物都是从无机的硫酸盐中获得它们所需要的硫。化石燃料的不完全燃烧可使二氧化硫进入大气圈，这是大气遭受污染的一个主要原因。大气中的氧化硫、二氧化硫和元素硫可被进一步氧化形成三氧化硫，它与水结合便形成了硫酸，雨水中含有硫酸就会形成酸雨。

三、信息传递

生态系统中的各个组成成分相互联系成为一个统一体，它们之间的联系除了能量流动和物质交换，还有一种非常重要的联系，那就是信息传递。生物之间交流的信息是生态系统中的重要内容，通过它可以把同一物种之间以及不同物种之间的"意愿"表达给对方，从而在客观上达到自己的目的。

生态系统中的信息形式主要有以下四种。

（一）物理信息

物理信息包括声、光、颜色等。这些物理信息往往表达了吸引异性、种间识别、威吓和警告等作用。例如，毒蜂身上斑斓的花纹、猛兽的吼叫都表达了警告、威胁的意思，萤火虫通过闪光来识别同伴，红三叶草花的色彩和形状就是传递给当地土蜂和其他昆虫的信息。

（二）化学信息

生物依靠自身代谢产生的化学物质，如酶、生长素、性诱激素等来传递信息。非洲草原上的豹用小便划出自己的领地范围，正是其小便中独有的气味警告同类：小心，别进来，这是我的地盘。许多动物平常都是分散居住，在繁殖期依靠雌性动物身上发出的特别气息——性诱激素聚集到一起繁殖后代。值得一提的是，有些肉食性植物也是这样，如生长在我国南方的猪笼草就是利用叶子中脉顶端的"罐子"分泌蜜汁，来引诱昆虫进行捕食的。

（三）营养信息

食物和养分的供应状况也是一种信息。每一条食物链就是一个营养信息系统。例如，在食物链"草本植物→田鼠→老鹰"中，老鹰以田鼠为食，田鼠便是老鹰的营养信息。田鼠多的地方，老鹰也多；当田鼠少时，饥饿的老鹰便会飞到其他地方觅食。

（四）行为信息

行为信息是动物为了表达识别、威吓、挑战和传递情况，采用特有的动作行为表达的信息。例如，地甫鸟发现天敌后，雄鸟急速起飞，扇动翅膀为雌鸟发出信号。蜜蜂可用独特的"舞蹈动作"将食物的位置、路线等信息传递给同伴等。

信息传递对于生物种群和生态系统的调节具有重要作用。

第四节　生态平衡

生态平衡是现代生态学发展理论提出的新概念。当前，生物多样性减少、草原退化、自然资源过度开发、森林面积严重减少等，诸如此类的全球性环境问题的成因及其危害性都与生态平衡破坏有极大的关系。调控、恢复生态平衡是环境生态学研究的主要任务。

一、生态平衡的定义及其调节机制

（一）生态平衡的定义及内涵

在任何一个正常的生态系统中，物质循环和能量流动总是不断地进行着。但在一定时期内，生产者、消费者、分解者以及环境之间保护着一种相对的平衡状态，这种平衡状态就称为生态平衡。在平衡的生态系统中，平衡还表现为生物的种类和数量的相对稳定，系统的物质循环和能量流动在较长时间里保持稳定。

生态系统的平衡是动态的平衡，不是静止的平衡。动态平衡是指可在平均数周围一定范围内波动，而不是要求绝对等于某一数值。这个变的范围有一界限，称为阈值。变化超过了阈值，就会改变、伤害以致破坏生态平衡。系统内部的因素和外界因素的变化，尤其是人为的因素，都可能对系统发生影响，引起系统的改变，甚至破坏系统的平衡。所以，平衡是暂时的、相对的，不平衡是永久的、绝对的。为了保护生态系统的平衡，必须以阈值作为标准。根据生态系统的原理，应用系统分析手段，进行模型和模拟试验，能够得出阈值或预测预报系统的负载能力，这样就能够合理地开发、利用资源，并防止环境污染。

生态平衡的三个基本要素是系统结构的优化与稳定性、能流和物流的收支平衡以及自我修复和自我调节能力的保持。衡量一个生态系统是否处于生态平衡状态，其具体内容如下：

（1）时空结构上的有序性。表现在空间上的有序性是指结构有规则地排列组合，小至生物个体中各器官的排列，大至整个宏观生物圈内各级生态系统的排列，以及生态系统内部各种成分的排列都是有序的；时间上的有序性就是生命过程和生态系统演替发展的阶段性、功能的延续性和节奏性等。

（2）能流、物流的收支平衡。系统既不能入不敷出，造成系统亏空；又不能入多出少，导致资源浪费。

（3）自我修复、调节功能的保持，抗逆、抗干扰、缓冲能力强。

（二）生态平衡的调节机制

生态系统是一个动态系统，导致其稳定与平衡的上述种种因素也常常发生变化。然而，当生态系统达到动态平衡的最稳定状态时，它能够自我调节和维持自身的正常功能，并在极大程度上克服和消除外界干扰，保持自身的相对稳定性。生态平衡的调节主要是通过生态系统的反馈机制、抵抗力和恢复力实现的，详述如下。

1.反馈机制

在一个稳定的生态系统中，各物种、各环节之间都是相互制约、相互平衡的，当其中的某个环节发生变化时，与之相连的其他环节必定会受到影响，其他环节的这些影响反过来又作用于最开始发生变化的环节，这便称为反馈。反馈可以分为两个作用相对的情况，即正反馈和负反馈。无论对于什么系统来说，只有通过负反馈机制，才能维持其自身系统的平衡。负反馈机制可能会出现密度制约的现象，其中一种表现就是种群数量的变化。反馈调节机制对维持生态系统的稳定有重要的作用。有机体维持生存、生长必须要有正反馈，但是正反馈并不能维稳，主要原因是地球和生物圈是一个有限的系统。在有限的空间和有限的资源内，生物不可能无限制地生长，所以通过负反馈来调节生态平衡并以此来对生物圈内的资源进行管理是很有必要的。只有这样，生物圈才能真正造福人类。

2.抵抗力

抵抗力是维持生态平衡的重要途径之一，是生态系统抵抗外干扰并维持系统结构和功能原状的能力。抵抗力的强弱受系统发育阶段状况的影响，一般规律是：其发育越成熟、结构越复杂，其抵抗外干扰的能力就越强。例如，我国长白山红松针阔混交林生态系统，生物群落垂直层次明显、结构复杂，系统自身储存了大量的物质和能量，这类生态系统抵抗干旱和虫害的能力要大大超过结构简单的农田生态系统。系统抵抗力的表现形式有自净作用、环境容量等。

3.恢复力

恢复力是指生态系统遭受外干扰破坏后，系统恢复到原状的能力。例如，污染水域切断污染源后，生物群落的恢复就是系统恢复力的表现。生态系统恢复能力是由生命成分的基本属性决定的。一般来说，生物的生活世代短，结构比较简单，其恢复力就强。例如，杂草生态系统遭受破坏后其恢复速度要比森林生态系统快得多。生物成分（主要是初级生产者层次）生活世代越长、结构越复杂的生态系统，一旦遭到破坏则长期难以恢复。生态系统恢复力的表现形式是自净作用。对于生态系统而言，抵抗力和恢复力是矛盾的两个方面，抵抗力强的生态系统其恢复力一般比较低；反之，抵抗力弱的生态系统其恢复力一般比较高。生态系统是否能在受到干扰时保持平衡，除了与构成生态系统调节能力的几个方面有关，还与外干扰因素的性质、作用形式、持续时间长短有很大关系。通常把不使生态系统丧失调节能力或未超过其恢复力的外干扰及破坏作用的强度称为生态平衡阈值。生态平衡阈值的确定是自然生态系统资源开发利用的重要参量，也是人工生态系统规划与管理的理论依据之一。

生态系统具有一定的弹性，故而有一定的调节能力。生态系统内某一环节在允许的限度内如果产生变化，则整个系统可以进行适当调节，维持相对稳定的状态，受到轻度破坏后也可以自我修复。

一般来讲，人工建造的生态系统组分单纯，结构简单，自我调节能力较差，对于剧烈的干扰比较敏感，生态平衡通常是脆弱的，容易遭到破坏；反之，生物群落中的物种多样，食物链（网）复杂，能流和物流多渠道运行，则系统的自我调节能力就强，生态平衡就容易维护。

例如，在亚寒带针叶林生态系统中，根据加拿大的哈德逊公司收购动物毛皮的近百年的账目记载，猞猁和雪兔种群每十年左右就发生多与少的规律性变化，雪兔种群高峰早于猞猁种群的高峰1~2年，大体上是第一年雪兔多，第二年则猞猁数量也多。

二、生态平衡的失调及其对策

当外界干扰所施加的压力超过了生态系统自身的调节能力和补偿能力时，生态系统结构将被破坏，功能受阻，这种状态称为生态平衡失调。当今全球性自然生态平衡的破坏主要表现为森林面积大幅度减少，草原的退化，土地沙漠化、盐碱化，水土流失严重，动植物资源锐减，等等。

（一）生态平衡失调的标志

生态平衡失调的标志主要表现如下。

1.结构上的标志

生态平衡失调首先表现在结构上，一方面是结构缺损，即生态系统的某一个组成成分消失；另一方面是结构变化，即生态系统的组成成分内部发生了变化。

2.功能上的标志

功能上的标志包括两个方面：一方面是能量流动在生态系统某个营养层上受阻，初级生产者生产能力下降和能量转化率降低；另一方面表现为物质循环的正常途径中断。

（二）生态平衡失调的原因

生态平衡失调是各种因素的综合效应。其原因大体可分为自然原因和人为因素。自然原因主要指自然界发生的异常变化。人为因素主要指人类对自然资源的不合理开发利用，以及当代工农业生产的发展所带来的环境问题等。

人类对生态平衡的破坏主要包括以下三种情况。

1.物种改变造成生态平衡的破坏

人类在改造自然的过程中，为了一时的利益，采取一些短期行为，使生态系统中某一物种消失或盲目向某一地区引进某一生物，结果造成整个生态系统的破坏。

2.环境因素改变导致生态平衡的破坏

这主要是指环境中某些成分的变化导致失调。随着当代工农业生产的快速发展，大量的污染物进入环境。它们不仅会毒害甚至毁灭某些种群，导致食物链断裂，破坏系统内部的物质循环和能量流动，使生态系统的功能减弱甚至丧失，而且会改变生态系统的环境因素。

3.信息系统的改变引起生态平衡的破坏

因为信息传递是生态系统的基本功能之一，所以若信息通道堵塞，正常信息传递受阻，就会引起生态系统的改变，生态系统的平衡就会被破坏。生物都有释放出某种信息的本能，以驱赶天敌，排斥异种，取得直接或间接的联系以繁衍后代，等等。例如，某些昆虫在交配时，雌性个体会产生一种体外激素——性激素，以引诱雄性昆虫与之交配。当人类排放到环境中的某些污染物与这种性激素发生化学反应，使性激素失去了引诱雄性昆虫的作用，昆虫的繁殖就会受到影响，种群数量会下降，甚至消失。总之，只要污染物质破坏了生态系统中的信息系统，就会有因功能失调而引起结构改变的效应产生，从而破坏系统结构和整个生态的平衡。

因此，我们应该充分地认识自然，在生产实践中应用生态平衡的理论知识。注意做到：正确处理资源开发与生态平衡之间的关系，利用再生资源合理安排供需关系。当然还要注意生物间的相互制约作用，使生态系统处于相对平衡状态。

（三）解决生态平衡失调的对策

生态平衡失调最终给人类带来不利的后果，失调越严重，人类的损失也就越大。因此，时刻关注生态系统的表现，尽早发现失调的信号，及时扭转不利的情况至关重要。同时，以生态学原理为指导保护生态系统，预防生态失调，则可事半功倍。一般地，解决生态平衡失调的对策如下：

（1）自觉地调和人与自然的矛盾，以协调代替对立，实行利用和保护兼顾的策略。其原则如下：

①收获量要小于净生产量。例如，在森林采伐过程中应必须坚持每年采伐量小于当年生长量的原则，以维持森林生态系统的可持续发展。

②保护生态系统自身的调节机制。尽量减少对生态系统的人为干扰，保持并维护生态系统自身的结构及健康发展，在保护生态系统自身调节机制不受影响的前提下对生态系统适度利用。

③用养结合。在对生态系统适度利用的基础上，要建立科学机制对自然生态系统给予适当投入，并根据生态系统类型分别对待，真正实现用养结合，以维持其健康稳定地发展，并持续为人类提供更大的经济及生态效益。例如，我国的生态公益林补偿基金制度就是对自然生态系统利用的一种"反哺"投入。

④实施生物能源的多级利用。

（2）积极提高生态系统的抗干扰能力，建设高产、稳产的人工生态系统。

（3）注意政府的干预和政策的调节。

三、生态阈限

生态系统虽然具有自我调节能力，但只能在一定范围内、一定条件下起作用。如果外界干扰很大，超出了生态系统本身的调节能力，生态平衡就会被破坏，这个临界限度称为生态阈限。

生态阈限决定环境的质量和生物的数量。在阈限内，生态系统能承受一定程度的外界压力和冲击，具有一定程度的自我调节能力。超过阈限，自我调节不再起作用，系统也就难以回到原初的生态平衡状态。生态阈限的大小决定于生态系统的成熟程度。生态系统越成熟，它的种类组成越多，营养结构越复杂，稳定性越大，对外界的压力或冲击的抵抗能力也越大，即阈值高；相反，一个简单的人工的生态系统，则阈值低。

人是生态系统中最活跃、最积极的因素，人类活动愈来愈强烈地影响着生态系统的相对平衡。人类用强大的技术力量改变着生态系统的面貌，其目的是索取更多的资源，并且常常获得胜利。可是在不合理的开发和利用下，"对于每一次这样的胜利，自然界都报复了我们。每一次胜利，在第一步都确实取得了我们预期的结果，但是在第二步和第三步却有了完全不同的、出乎预料的影响，常常把第一个结果又取消了"。

当外界干扰远远超过了生态阈限，生态系统的自我调节能力已不能抵御，从而不能恢复到原初状态时，则称为"生态失调"。

生态失调的基本标志可以在生态系统的结构和功能这两方面的不同水平上表现出来，例如一个或几个组分缺损、生产者或消费者种群结构变化、能量流动受阻、食物链中断等。

总之，我们经营管理生态系统，虽然不是原封不动地保持生态系统的自然状态，但是也要严格地注意生态阈限，必须以阈值为标准，使具有再生能力的生物资源得到最好的恢复和发展。

第四章 生态系统保护举措及成效

第一节 生态系统保护举措

我国政府高度重视生态系统保护与生态恢复，启动了退耕还林、保护天然林、生态公益林建设等多项生态系统保护与恢复工程，采取了自然保护区建设、湿地保护等一系列有利于生态系统保护与恢复的重大举措，取得了显著成效，为遏制我国生态系统退化发挥了重要作用，也为经济社会的快速发展提供了生态环境基础和保障。

近40年来，中国进行了人类历史上规模最大的土地系统可持续性的干预活动，启动了一系列投资巨大、在国内甚至世界上都具有重要影响的生态系统保护与恢复工程：三北防护林体系建设工程、国家水土保持重点建设工程、长江中下游地区等重点防护林体系建设工程、农业综合开发项目、长江上中游水土保持重点防治工程、国家土地整治工程、天然林保护工程、退耕还林还草工程、重点地区速生丰产用材林基地建设工程、中央财政森林生态效益补偿基金工程、京津风沙源治理工程、全国野生动植物保护及自然保护区建设工程、中国–全球环境基金干旱生态系统土地退化防治伙伴关系项目、岩溶地区石漠化综合治理工程、草原生态保护补助奖励项目、耕地质量保护与提升工程等。

1997年的黄河断流、1998年的长江水灾、2000年的北京沙尘暴等系列事件之后，中国的可持续发展投资加速，中国启动了众多的生态建设工程，包括退耕还林还草工程和天然林保护工程，并且加速了旨在减缓和逆转荒漠化的三北防护林工程项目的投资，形成了一条4500km的绿色长城。1998—2015年，16个生态系统保护和恢复工程在约624万平方千米的土地（中国国土面积的65%）上共投资了3785亿美元，并调动了5亿个劳动力。这一努力在全球范围内都是史无前例的。这些工程给我国的自然环境与人民的生活环境带来了莫大的好处。联合国在2015年底才提出来17个可持续发展目标，而在中国的这一系列重大工程已经致力于解决众多的可持续发展问题。

这些生态系统保护与建设工程的环境目标包括缓解长江和黄河流域的土壤侵蚀及洪水灾害，在干旱的北方防治沙漠化，在西南地区治理石漠化，减少沙尘暴对首都北京及其附近地区的影响，保护天然林地，以及提高耕地生产力等。

减贫和经济发展同等重要，特别是在中国西部。这些工程通过支付或补偿农民和牧民的方式来改善他们的生计，使得他们愿意在土地上实施可持续发展的干预措施（如退耕还林）。同时，将一部分农村人口转移到城市从事非农职业，从而提高他们的家庭收入，并减轻土地的生态压力。

我国陆地生态系统保护的重要举措是，构建起陆地生态系统保护的法律法规体系，实现了从经济建设与自然保护"双赢"到生态保护优先的发展战略升级，实施了大规模的生态工程建设。

一、构建起陆地生态系统保护的法律法规体系

1978年至今，我国不断地颁布相关的法律法规条例和管理规定，构建起了陆地生态系统保护的法律法规体系。第一，重要的法律有《森林法》（1984）、《草原法》（1985）、《土地管理法》（1986）、《野生动物保护法》（1988）、《环境保护法》（1989）、《水土保持法》（1991）、《进出境动植物检疫法》（1991年）、《种子法》（2000年）、《防沙治沙法》（2001）、《畜牧法》（2006）。第二、重要的法规条例和管理办法是《陆生野生动物保护实施条例》（1992）、《城市绿化条例》（1992）、《自然保护区条例》（1994）、《野生植物保护条例》（1997）、《土地管理法实施条例》（1998）、《森林法实施条例》（2000）、《林木和林地权属登记管理办法》（2000）、《占用征用林地审核审批管理办法》（2001）、《退耕还林条例》（2004）、《濒危野生动植物进出口管理条例》（2006）、《国家级森林公园管理办法》（2011）、《湿地保护管理规定》（2013）等。第三，伴随着我国的社会经济发展和生态文明建设进程，对已出台的法律进行修正。例如：《森林法》于1998年和2009年进行了两次修正，在总则中强调发挥森林蓄水保土、调节气候、改善环境的作用；《环境保护法》于2014年修正，新增加了推进生态文明建设、促进经济社会可持续发展的总则。

二、实现发展与生态保护战略的提升

20世纪70年代末至今，我国陆地生态系统保护战略可以分为两个时代：经济建设与生态保护"双赢"发展战略时代、生态保护优先的发展战略新时代。

（一）经济建设与生态保护"双赢"发展战略时代

1978—2011年，一直是以发展为前提的生态保护时代，暗含的基本假设是通过追求发

展目标即可兼顾实现生态保护目标，可分为3个阶段。

1.以自然保护促经济建设阶段（1980—1993年）

标志性议程文件是1987年国务院环境保护委员会印发的《中国自然保护纲要》，其中对"自然资源和环境保护与经济持续稳定发展"的论述是：保护了自然资源和自然环境，经济就可以持续稳定地发展；经济发展了，就为自然资源和环境保护提供经济技术条件。

2.可持续发展的前提是发展阶段（1994—2000年）

标志性议程文件是1994年国务院通过的《中国21世纪议程——中国21世纪人口、环境与发展白皮书》，其中论述到：对于像中国这样的发展中国家，可持续发展的前提是发展。只有当经济增长率达到和保持一定的水平，才有可能不断地消除贫困，人民的生活水平才会逐步提高，并且提供必要的能力和条件，支持可持续发展。该文件明确提出了到2000年我国陆地生态系统保护目标。

3.扭转生态环境恶化趋势阶段（2000—2011年）

标志性议程文件是2000年国务院印发的《全国生态环境保护纲要》。该纲要提出：加大生态环境保护工作力度，扭转生态环境恶化趋势，为实现祖国秀美山川的宏伟目标而努力奋斗。

（二）生态保护优先的发展战略新时代

在生态文明战略布局下，我国将生态系统保护纳入生态文明制度中，明确提出生态保护优先的发展目标，确立"绿水青山就是金山银山"的理念和理论支撑。

1.将生态系统保护纳入生态文明制度

2012年，党的十八大提出把生态文明建设纳入中国特色社会主义事业"五位一体"总布局；十八届三中全会则对加快生态文明制度建设做出了进一步部署。2015年，我国发布《生态文明制度改革总体方案》，提出八项制度：自然资源产权、国土开发保护、空间规划体系、资源总量管理和节约、资源有偿使用和补偿、环境治理体系、市场体系、绩效考核和责任追究。

2.明确生态保护优先的发展战略

2015年发布的《中共中央国务院关于加快推进生态文明建设的意见》（以下简称《意见》）明确提出：在环境保护与发展中的基本原则是，把保护放在优先位置，在发展中保护、在保护中发展；在生态建设与修复中，以自然恢复为主，与人工修复相结合。《意见》中明确提出了2020年陆地生态系统保护的具体目标是：森林覆盖率达到23%以上，草原综合植被覆盖度达到56%，湿地面积不低于5333万公顷（8亿亩），50%以上可治理沙化土地得到治理，生物多样性丧失速度得到基本控制，全国生态系统稳定性明显增强。党的十九大报告指出："人与自然是生命共同体，人类必须尊重自然、顺应自然、保护自然。"

第二节 典型生态系统保护与恢复工程

一、天然林资源保护工程

天然林资源保护工程是我国针对生态环境不断恶化的趋势做出的果断决策，是我国六大林业重点工程之一。天然林资源保护工程从1998年开始试点，2000年10月国务院正式批准了《长江上游黄河上中游地区天然林资源保护工程实施方案》和《东北内蒙古等重点国有林区天然林资源保护工程实施方案》，标志着我国又一项重大生态建设工程正式实施。天然林资源保护工程实施范围包括以三峡库区为界的长江上游地区、以小浪底库区为界的黄河上中游地区和东北、内蒙古、新疆、海南重点国有林区，覆盖我国17个省（区、市），以国有森工企业为实施单位。

天然林资源保护工程以从根本上遏制生态环境恶化，保护生物多样性，促进社会、经济的可持续发展为宗旨；以对天然林的重新分类和区划，调整森林资源经营方向，促进天然林资源的保护、培育和发展为措施，以维护和改善生态环境，满足社会和国民经济发展对林产品的需求为根本目的。对划入生态公益林的森林实行严格管护，坚决停止采伐；对划入一般生态公益林的森林，大幅度调减森林采伐量。同时，加大森林资源保护力度，大力开展营造林建设；加强多资源综合开发利用，调整和优化林区经济结构；以改革为动力，用新思路、新办法广辟就业门路，妥善分流安置富余人员，解决职工生活问题；进一步发挥森林的生态屏障作用，保障国民经济和社会的可持续发展。

（一）工程范围

天然林资源保护工程的实施范围包括长江上游、黄河上中游地区和东北、内蒙古等重点国有林区，具体范围是：长江上游地区以三峡库区为界，包括云南、四川、贵州、重庆、湖北、西藏6省（区、市）；黄河上中游地区以小浪底库区为界，包括陕西、甘肃、青海、宁夏、内蒙古、山西、河南7省（区）；东北和内蒙古等重点国有林业包括吉林、黑龙江、内蒙古、海南、新疆5省（区）。工程区共涉及17个省（区、市）、734个县、167个森工局（场）。

（二）工程目标

（1）近期目标（到2000年）。以调减天然林木材产量、加强生态公益林建设与保护、妥善安置和分流富余人员等为主要实施内容。全面停止长江、黄河中上游地区划定的生态公益林的森林采伐，调减东北、内蒙古国有林区天然林资源的采伐量，严格控制木材消耗，杜绝超限额采伐。通过森林管护、造林和转产项目建设，安置因木材减产形成的富余人员，将离退休人员全部纳入省级养老保险社会统筹，使现有天然林资源初步得到保护和恢复，缓解生态环境恶化趋势。

（2）中期目标（到2010年）。以生态公益林建设与保护、建设转产项目、培育后备资源、提高木材供给能力、恢复和发展经济为主要实施内容。基本实现木材生产以采伐利用天然林为主向经营利用人工林方向的转变，人口、环境、资源之间的矛盾基本得到缓解。

（3）远期目标（到2050年）。天然林资源得到根本恢复，基本实现木材生产以利用人工林为主，林区建立起比较完备的林业生态体系和合理的林业产业体系，充分发挥林业在国民经济和社会可持续发展中的重要作用。

（三）工程实施的原则

天然林资源保护工程是一项庞大的、复杂的社会性系统工程。实施要坚持以下原则。

1.量力而行的原则

天然林保护工程的实施需要大量的财力和物力作保证，要根据我国国民经济发展状况和中央的财力来安排工程的进度和范围，并且各项基础工作要跟上工程进度，如种苗基地建设要跟上营林造林建设任务等；否则，就会因为资金不足或基础工作跟不上而影响整个工程进度和质量。各实施单位因木材停产或大幅度减产，使大批伐木工人成为富余人员，需要转产安置，并且对依靠木材生产经营作为财政收入主要来源的单位造成危机，使原本就负债累累的企业雪上加霜，所以各实施单位也要根据实际情况量力而行。

2.突出重点的原则

要把那些生态比较脆弱，天然林又相对集中，且正在受到破坏，对区域环境、经济和社会可持续发展具有重大影响的地区作为工程的重点。这样，首先就要对我国大江大河源头、库湖周围、水系干支流两侧及主要山脉脊部等地区实施重点保护。先期启动的省（区、市）有位于长江、黄河中上游的云南省、贵州省、四川省和重庆市，东北、内蒙古主要国有林区以及典型热带林的海南省林区。突出重点还体现在打破了现有行政区界限，以水系和山脉为重点单元。对集中连片、形成适度规模、便于集中管护和治理的地区，实施重点突破，整体推进。建立重点试验示范区，探索有效途径，积累实践经验，研究理论问题，推广实用科学技术。

3.事权划分的原则

事权划分就是指按照现行财政体制，根据实施主体的隶属关系和行业性质进行划分，主要体现在投资和相关配套政策上中央与地方的关系。工程实施的主体有3种类型：①实施主体隶属于地方，如南方许多工程县，投资和配套相关政策主要以地方为主；②实施主体隶属于中央，但利税等归地方，如东北、内蒙古国有森工企业局，在投资和相关配套政策上由中央和地方共同负责；③实施主体直属于中央，如大兴安岭森工集团，在投资和相关配套政策上由中央全部负责。

4.工程实施地方负全责的原则

国家林业主管部门受国务院委托，行使中央的监管权力，负责工程实施的指导、检查、监督、协调和调控。指导就是根据国家的大政方针，对工程实施的有关原则、政策、法规、办法、规程等进行指示和指点，并加以引导，从而保证工程顺利地进行；检查就是依据相关政策、法规和一定的办法、标准对工程实施任务完成的数量、质量和资金的使用等有关问题进行核查，及时纠正在工程实施中出现的问题，总结成功经验，及时推广；监督就是对工程实施进行察看和督促，保证工程按照规划和统一部署要求实施；协调就是使工程实施单位与中央要求配合得当，促进工程上下一致，全面推进；调控就是根据工程实施的情况，从政策、资金和项目上对工程实施单位进行调节控制，引导工程实施的重点，规范工程实施行为。国家林业主管部门作为工程实施的领导主体负有领导责任。地方林业部门负责工程的具体组织实施，包括工程实施的规划、任务的落实和完成、资金项目的管理等，地方工作的态度、方式、方法等直接影响到工程实施的效果。因此，地方作为工程实施的责任主体，应对工程的实施负全部责任。

5.森工企业由采伐森林向营造林转移的原则

国有林区的开发建设是与新中国建设和国民经济的发展紧密联系在一起的。森工企业的建立担负着满足国家建设对木材需要的重任，由于当时的国民经济建设的需要和对森林生态功能认识不足，多年来森工企业一直以森林采伐为主。天然林资源保护工程的实施使企业失去了劳动对象，因此要转变企业的经营思想，充分发挥森林的多种效益，由采伐森林向营造林转变，企业职工大多数由采伐转向森林管护与营造林。

二、退耕还林工程

1999年，退耕还林工程进行试点，2000年颁布的《中华人民共和国森林法实施条例》第二十二条规定：25度以上的坡耕地应当按照当地人民政府制定的规划，逐步退耕，植树种草。退耕还林工程主要包含水土流失、风沙危害严重的重点地区。试点范围涉及长江上游的云南、贵州、四川、重庆、湖北和黄河上中游地区的山西、河南、陕西、甘肃等12个省（区、市）及新疆生产建设兵团。退耕还林从1999年进行试点以来，到2002年工程正式全面启动，其范围扩大到湖南、黑龙江、四川、陕西、甘肃等25个省（区、市）和新疆生产建设兵团。1999—2006年，中央累计投入1303亿元，共安排退耕造林任务926.4万公顷、配套荒山荒地造林任务1367.9万公顷和封山育林任务133.3万公顷（国家林业局退耕还林办公室，2007）。退耕还林工程的全面实施是我国垦殖史上首次成功实现的重大转折，改写了"越垦越穷、越穷越垦"的历史，取得了显著的生态效益和一定的经济效益，并在解决"三农"问题和建设社会主义新农村中发挥了不可估量的作用，工程建设得到了各级政府和亿万农民的拥护和支持。目前，工程建设中还存在一些问题，特别是需要尽快完善政策，巩固工程建设成果，继续稳步推进工程建设，为构建和谐社会、建设社会主义新农村做出更大的贡献。

（一）背景与目标

20世纪90年代后期，我国粮食有节余，加上财政能力的增强，为实施退耕还林工程创造了条件（王闰平等，2006）。

退耕还林工程增加了植被覆盖3200万公顷，其中1470万公顷是有坡耕地还林还草的，其余1730万公顷是配套的荒地造林。退耕还林的准则是西北地区坡度大于15度、其他地区坡度大于25度的坡耕地可以纳入退耕还林范围。退耕还林工程除了恢复生态环境，还有扶贫和促进农村经济发展两个辅助目标。

1999年退耕还林工程在四川、陕西、甘肃开始试点，2000年扩大到17个省（区、市），2002年扩大到25个省（区、市），退耕还林工程的重点在西部。

（二）补偿标准

退耕还林工程在长江上游和黄河中上游地区分别给农户每年补偿粮食2250kg/hm² 和1500kg/hm²，或者分别为3150元/hm²和2100元/hm²。此外，每年补贴300元/hm²管理费，一次性补贴苗木750元/hm²。补偿期限取决于还林还草类型：退耕还草补偿2年，退耕造果树等经济林补偿5年，退耕造生态林补偿8年。对退耕地免征税。到2005年，退耕还林工程总完成投入900亿元。到2010年，退耕还林工程计划总投入达到2200亿元。

三、生态公益林保护工程

森林是陆地生态系统的主体，具有保持水土、防风固沙、涵养水源、改善环境、净化空气等巨大的生态效益，已举世公认。世界各国纷纷调整各自的发展战略，把以经营、培育和保护森林为主要对象的林业作为经济发展格局中具有举足轻重地位的公益事业，并被确定为优先发展和援助的领域。我国也于2001年建立了森林生态效益补偿基金，专项用于重点公益林的保护和管理。

（一）生态公益林建设

1.生态公益林的类型

生态公益林根据保护程度的不同划分为重点保护的生态公益林（简称重点公益林）和一般保护的生态公益林（简称一般公益林），并分别按照各自的特点和规律确定其经营管理体制和发展模式，以充分发挥森林的多种功效。

（1）重点公益林。将大江大河源头、干流、一级支流及生态环境脆弱的二级支流中的第一层山脊以内的范围，大型水库、湖泊周围和高山陡坡、山脉顶脊部位及破坏容易恢复难的森林划定为重点公益林，主要包括以水源涵养林和水土保持林等为主的防护林，以国防林、母树林、种子园和风景林为主的特种用途林。对重点公益林区实行禁伐，禁止对所有天然林及人工林的采伐。实行重点投入，集中治理区域内的水土流失，加快治理速度，优先安排坡耕地的还林建设，以封山育林为主，人工造林、人工促进天然更新多种方式相结合，加快宜林地的造林绿化进程。重点公益林管护要根据森林生态系统自身的生物学特性和在维持生态平衡中的作用，建立森林生态系统管护区，采取有效措施保持生态公益林系统的自然性和完整性。积极恢复和保护现有天然林资源，强化森林生态系统自身的调节能力，努力扩大生态公益林的防护能力，充分发挥其在自然环境中的平衡作用，不断减少自然灾害的危害，促进生态系统和生活环境的良性循环，以确保国土的长治久安和水利枢纽工程的长期效能。

（2）一般公益林。将集生态需求与持续经营利用于一体的生态公益林划定为一般公益林，实施一般性保护。根据可采资源状况，进行适度的经营择伐及抚育伐，以促进林木生长及提高林分质量。一般公益林管护要采取生物资源管护实验区的管理方式，坚持因地制宜、用地养地、丰富物种、综合治理、稳产高效的建设方针，在加强森林资源保护管理的同时，积极开展科学研究，大力发展生物资源，合理进行森林多资源的开发利用，实现林业经济社会和生态环境的可持续发展。

2.生态公益林重点保护体系

我国西南、西北、东北、内蒙古自治区的九大重点国有林区和海南省林区的天然林资源，集中分布于大江大河的源头和重要山脉的核心地带，占我国天然林资源总量的33%左右。这些森林是长江、黄河、澜沧江、松花江等大江大河的发源地，是三江平原、松嫩平原两大粮仓和呼伦贝尔草原牧业基地的天然屏障，是三峡水利枢纽工程等水利设施的天然蓄水库，是祁连山、阿尔泰山、天山地区农牧业生产和人民生活用水的源泉，是我国野生动植物繁衍栖息的重要场所和生物多样性保护重要的基因库。由此构成了我国生态公益林重点保护体系。

（1）长江中上游保护体系建设。该体系建设主要是加强长江中上游及其发源地周围和主要山脉核心地带现有天然林资源的保护，积极营造水源涵养林和水土保持林，以涵养和改善长江中上游的水文状况，减缓地表径流，护岸固坡，防止水土流失。该体系建设的重点是保护好三峡库区及其上游的原始林和生态脆弱地区的天然林资源，同时加强营造林工程建设，增加林草植被，以减轻水土流失、泥沙淤积对水利工程的危害和威胁，充分发挥三峡水利枢纽工程等水利设施的长期效能。

（2）黄河中上游保护体系建设。该体系建设主要是加强黄河中上游及其发源地周围现有天然林资源的保护，积极营造水源涵养林和水土保持林，以涵养和改善黄河中上游的水文状况，缩短黄河断流时间和减少断流次数，减缓地表径流，护岸固坡，防止水土流失。该体系建设的重点是保护好小浪底工程区及其上游的原始林和生态脆弱地区的天然林资源，同时加强营造林工程建设，增加林草植被，以减轻水土流失、断流、泥沙淤积对小浪底工程的危害和威胁，充分发挥小浪底水利枢纽工程等水利设施的长期效能。

（3）澜沧江、南盘江流域保护体系建设。该体系建设主要是转变国有林区森工采伐企业的生产经营方向，停止天然林资源的采伐利用，并加以恢复和保护，大力营造水源涵养林和水土保持林，以改善澜沧江、元江、南盘江等江河流域发源地的水文状况，减少水土流失，防灾减灾。

（4）秦巴山脉核心地带保护体系建设。该体系建设主要是保护好分布于黄河流域及秦岭山脉核心地带和巴颜喀拉山高山峡谷地带的天然林资源，大力营造水土保持林和水源涵养林。建设重点是在各支流的上游及沟头经营水源涵养林，在干流和支流两岸及陡峭的沟坡上营造护岸固坡林，以增强林草植被的蓄水保土功能，减缓雨水冲刷，减少泥沙含量，同时涵养水源，调节水的小循环，减少黄河断流次数和缩短断流天数。

（5）三江平原农业生产基地保护体系建设。该区域的森林主要分布在黑龙江、松花江、牡丹江等江河流域两岸及其发源地和小兴安岭、张广才岭、长白山等山脉的核心地带。其经营目标是在强化现有天然林保护的同时，积极营造水源涵养林和水土保持林，以调节地表径流，固土保肥，涵养水源，防止泥石流和山洪暴发，减少自然灾害的发生，提高粮食产量。

（6）松嫩平原农田保护体系建设。该体系建设主要是指松花江、嫩江冲积平原周围的生态公益林建设，以改善区域生态环境，减少水土流失，保护耕地，抵御水涝干旱、盐碱、干热风等自然灾害，提高粮食产量。

（7）呼伦贝尔草原基地保护体系建设。该体系建设主要经营目标是呼伦贝尔草原牧场的水源涵养和防风固沙。加强森林资源的保护与发展，提高林草植被覆盖率，保护草原，遏制土地沙化和荒漠化扩展，是提高和恢复土地生产力，保障该地区牧业稳产高产的一项重要措施。

（8）天山、阿尔泰山水源保护体系建设。该体系建设主要经营方向是保护和营造水源涵养林、水土保持林和防风固沙林，加强生态公益林建设，保障该地区农牧业生产和人民生活用水，改善生存环境，提高生活质量。

（9）海南省热带雨林保护体系建设。该体系建设经营目标是保护、恢复和发展现有的热带林，提高林分质量，同时起到防治风蚀和涵养水源的作用，保护岛屿特有基因资源，控制水土流失，提高抵御自然灾害的能力，为生态旅游和科学实验创造条件。

（二）森林生态效益补偿基金

2001年，中央财政建立森林生态效益补偿基金，专项用于重点公益林的保护和管理，试点范围包括河北、辽宁等11个省（区）。重点生态公益林是指生态地位极为重要或生态状况极为脆弱，对国土生态安全、生物多样性保护和经济社会可持续发展具有重要作用，以提供森林生态和社会服务产品为主要经营目的的重点防护林和特种用途林。重点生态公益林一般位于江河源头、自然保护区、湿地、水库等生态地位重要的区域。2004年，中央森林生态效益补偿基金正式建立，其补偿基金数额由10亿元增加到20亿元，补偿面积由0.13亿公顷增加到0.26亿公顷，纳入补偿范围的由11个省（区）扩大到全国。

中央补偿基金平均补助标准为每年75元/hm^2，其中67.5元用于补偿性支出，7.5元用于森林防火等公共管护支出。补偿性支出用于重点公益林专职管护人员的劳务费或林农的补偿费，以及管护区内的补植苗木费、整地费和林木抚育费；公共管护支出用于江河源头、自然保护区、湿地、水库等区域的重点公益林的森林火灾预防与扑救、林业病虫害预防与救治、森林资源的定期监测支出。

四、湿地保护工程

湿地是重要的国土资源和自然资源，具有多种生态功能。湿地是指不论其为天然或人工、长久或暂时之沼泽地、泥炭地或水域地带，带有或静止或流动，或为淡水、半咸水或咸水水体者，包括低潮时水深不超过6m的水域。此外，湿地可以包括邻接湿地的河湖沿岸、沿海区域以及湿地范围的岛屿或低潮时水深超过6m的水域。所有季节性或常年积水地段，包括沼泽、泥炭地、湿草甸、湖泊、河流及洪泛平原、河口三角洲、滩涂、珊瑚礁、红树林、水库、池塘、水稻田以及低潮时水深浅于6m的海岸带等，均属湿地范畴。湿地是自然界最富生物多样性的生态景观和人类最重要的生存环境之一，它不仅为人类的生产、生活提供多种资源，而且具有巨大的环境功能和效益，在抵御洪水、调节径流、蓄洪防旱、控制污染、调节气候、控制土壤侵蚀、促淤造陆、美化环境等方面有其他系统不可替代的作用，被誉为"地球之肾"，受到全世界的广泛关注。

为了实现我国湿地保护的战略目标，2003年国务院批准了由国家林业局等10个部门共同编制的《全国湿地保护工程规划》（2004—2030年），2004年2月由国家林业局正式公布。该《规划》打破了部门界限、管理界限和地域界限，明确了到2030年我国湿地保护工作的指导原则、主要任务、建设布局和重点工程，对指导开展中长期湿地保护工作具有重要意义。《规划》明确将依靠建立部门协调机制、加强湿地立法、提高公众湿地保护意识、加强湿地综合利用、加大湿地保护投入力度、加强湿地保护国际合作和建立湿地保护科技支撑体系，保证规划各项任务的落实。

（一）总体目标

到2030年，使全国湿地保护区达到713个，国际重要湿地达到80个，使90%以上的天然湿地得到有效保护。完成湿地恢复工程140.4万公顷，在全国范围内建成53个国家湿地保护与合理利用示范区。建立比较完善的湿地保护、管理与合理利用的法律、政策和监测科研体系，形成较为完整的湿地区保护管理、建设体系，使我国成为湿地保护和管理的先进国家。其中2004—2010年的7年间，要划建湿地自然保护区90个，投资建设湿地保护区225个，其中重点建设国家级保护区45个，建设国际重要湿地30个，油田开发湿地保护示范区4处，富营养化湖泊生物治理3处；实施干旱区水资源调配和管理工程2项，湿地恢复71.5万公顷，恢复野生动物栖息地38.3万公顷；建立湿地可持续利用示范区23处，实施生态移民13769人；进行科研监测体系、宣传教育体系和保护管理体系建设。

（二）建设布局和分区重点

《全国湿地保护工程规划》将全国湿地保护按地域划分为东北湿地区、黄河中下游湿地区、长江中下游湿地区、滨海湿地区、东南华南湿地区、云贵高原湿地区、西北干旱湿地区以及青藏高寒湿地区，共计8个湿地保护类型区域。根据因地制宜、分区施策的原则，充分考虑各区主要特点和湿地保护面临的主要问题，在总体布局的基础上，对不同的湿地区设置了不同的建设重点。同时，依据生态效益优先、保护与利用结合、全面规划、因地制宜等建设原则，《规划》安排了湿地保护、湿地恢复、可持续利用示范、社区建设和能力建设5个方面的重点建设工程。

1.东北湿地区

东北湿地区位于黑龙江、吉林、辽宁及内蒙古东北部，以淡水沼泽和湖泊为主，总面积约750万公顷。三江平原、松嫩平原、辽河下游平原、大兴安岭、小兴安岭山地、长白山山地等是我国淡水沼泽的集中分布区。该区域湿地面临的主要问题是过度开垦，使天然沼泽面积减少。该区建设重点为：①全面监测评估该天然湿地丧失和湿地生态系统功能变化情况；②通过湿地保护与恢复及生态农业等方面的示范工程，建立湿地保护和合理利用示范区，提供东北地区湿地生态系统恢复和合理利用模式；③加强森林沼泽、灌丛沼泽的保护；④建立和完善该区域湿地保护区网络，加强国际重要湿地的保护。

2.黄河中下游湿地区

黄河中下游湿地区包括黄河中下游地区及海河流域，主要涉及北京、天津、河北、河南、山西、陕西和山东。该区天然湿地以河流为主，伴随分布着许多沼泽、洼淀、古河道、河间带、河口三角洲等湿地。该区湿地保护的主要问题是水资源缺乏。由于上游地区的截留，河流中下游地区严重缺水，黄河中下游主河道断流严重，海河流域的很多支流已断流多年，失去了湿地的意义。该区建设重点为：加强黄河干流水资源的管理及中游地区的湿地保护，利用南水北调工程尝试性地开展湿地恢复的示范，加强该区域湿地水资源保护和合理利用。

3.长江中下游湿地区

长江中下游湿地区包括长江中下游地区及淮河流域，是我国淡水湖泊分布最集中和最具有代表性的地区，主要涉及湖北、湖南、江西、江苏、安徽、上海和浙江7省（市）。该区水资源丰富，农业开发历史悠久，为我国重要的粮、棉、油和水产基地，是一个巨大的自然–人工复合湿地生态系统。湿地保护面临的最大问题是围垦等导致天然湿地面积减少，湿地功能减弱，水质污染严重，湿地生态环境退化。该区建设重点为：通过还湖、还泽、还滩及水土保持等措施，使长江中下游湖泊湿地的面积逐渐恢复，改善湿地生态环境状况，该区域丰富的湿地生物多样性得到有效保护。

4.滨海湿地区

滨海湿地区涉及我国东南滨海的11个省（区、市），包括杭州湾以北环渤海的黄河三角洲、辽河三角洲、大沽河、莱州湾、无棣滨海、马棚口、北大港、北塘、丹东、鸭绿江口和江苏滨海的盐城、南通、连云港等湿地，杭州湾以南的钱塘江口—杭州湾、晋江口—泉州湾、珠江口河口湾和北部湾等河口与海湾湿地。该区域湿地面临的主要问题是过度利用和浅海污染等，导致赤潮频发、红树林面积下降、海洋生物栖息繁殖地减少、生物多样性降低。该区建设重点为：①评估开发活动对湿地的潜在影响和威胁，加强珍稀野生动物及其栖息地的保护，建立候鸟研究及环保基地；②建立具有良性循环和生态经济增值的湿地开发利用示范区；③以生态工程为技术依托，对退化海岸湿地生态系统进行综合整治、恢复与重建；④调查和评估我国的红树林资源状况，通过建立示范基地，提供不同区域红树林资源保护和合理利用模式，逐步恢复我国的红树林资源。

5.东南华南湿地区

东南华南湿地区包括珠江流域绝大部分、东南及其诸岛河流流域、两广诸河流域的内陆湿地，主要为河流、水库等类型湿地。该区面临的主要问题是湿地泥沙淤积，水质污染严重，生物多样性减少。该区建设重点为：加强水源地保护和流域综合治理，在河流源头区域及重要湿地区域开展植被保护和恢复措施，防止水土流失，加强湿地自然保护区建设。

6.云贵高原湿地区

云贵高原湿地区包括云南、贵州及川西高山区，湿地主要分布在云南、贵州、四川的高山与高原冰（雪）蚀湖盆、高原断陷湖盆、河谷盆地及山麓缓坡等地区。该区面临的主要问题是一些靠近城市的高原湖泊有机污染严重，对湿地不合理开发导致湖泊水位下降，流域缺乏综合管理，湿地生态环境退化。该区建设重点为：加强流域综合管理，保护水资源和生物多样性，进行生态恢复示范，对高原富营养化湖泊进行综合治理；通过实施宣教和培训工程，提高湿地资源及生物多样性保护公众意识。

7.西北干旱湿地区

本区湿地可分为两个分区：一是新疆高原干旱湿地区。其主要分布在天山、阿尔泰山等北疆海拔1000m以上的山间盆地和谷地及山麓平原—冲积扇缘潜水溢出地带。二是内蒙古中西部、甘肃、宁夏的干旱湿地区。其主要以黄河上游河流及沿岸湿地为主。该区湿地面临的最大问题是，由于干旱和上游地区的截流导致湿地大面积萎缩和干涸，原有的一些重要湿地如罗布泊、居延海等早已消失，部分地区成为"尘暴"源，荒漠干旱区的生物多样性受到严重威胁。该区建设重点为：加强天然湿地的保护区建设和水资源的管理与协调，采取保护和恢复措施缓解西部干旱荒漠地区由于人为和自然因素导致的湿地环境恶化、湿地面积萎缩甚至消失的趋势。

8.青藏高寒湿地区

青藏高寒湿地区分布于青海、西藏和四川西部等，这里地势高亢，环境独特，高原散布着无数湖泊、沼泽，其中大部分分布在海拔3500～5500m。我国几条著名的江河发源于本区，长江、黄河、怒江和雅鲁藏布江等河源区都是湿地集中分布区。该区面临的主要问题是区域生态环境脆弱，草场退化、荒漠化严重，湿地面积萎缩，湿地生态环境退化，功能减退。由于该区特殊的地理位置，该区湿地保护尤其是江河源区湿地的保护涉及长江、黄河和澜沧江中下游地区甚至全国的生态安全。该区建设重点为：加强保护区建设及植被恢复等措施，保护世界独一无二的青藏高原湿地。

五、草地保护工程

自2000年以来，全国先后启动了"京津风沙源治理""天然草原保护工程""退牧还草工程""牧草种子基地建设"等项目和工程，投资草原建设与保护经费达37.5亿元。国家资金的大量投入使全国各地草原保护与建设明显加快，局部生态环境恶化的趋势得到初步遏制。到2003年底，内蒙古自治区全区草原禁牧、休牧面积分别达1246万公顷和1086万公顷，实行划区轮牧面积达457.8万公顷。

"十五"生态建设和环境保护重点专项规划提出以草原保护为重点任务之一，带动我国生态建设和环境保护的全面展开。以北方牧区和青藏高原为重点的草原保护和建设，以内蒙古呼伦贝尔、锡林郭勒、鄂尔多斯，青海环湖、青南，甘肃甘南，西藏北部，四川甘孜、阿坝，新疆天山、阿尔泰等草原地区为重点，采取人工种草（灌）、飞播种草（灌）、围栏封育、划区轮牧和草地鼠虫害防治等措施，治理"三化"草地。建设节水灌溉配套设施，建立饲草饲料基地和牧草良种繁育体系，变草地粗放经营为集约经营。全面落实《草原法》和草地分户有偿承包责任制，调动广大牧民保护、建设和合理利用草场的积极性。建立草地动态监测体系和草原执法监理体系，切实禁止发菜采挖和贸易，制止毁草开荒，滥挖甘草、麻黄草等破坏植被的行为。同时，搞好南方草山、草坡的保护与建设。通过草地保护、建设和管理，提高牧业生产水平，实现草畜平衡和草场永续利用。

农业部根据《全国生态环境建设规划》编制了《全国草地生态环境建设规划》《西部天然草原植被恢复建设规划》和《全国已垦草原退耕还草规划》。"九五"期间，国家大力进行了草地建设和保护，每年人工种草、改良草场、飞播牧草近300万公顷，围栏封育超过60万公顷。

2000年6月14日，国务院发布《关于禁止采集和销售发菜制止滥挖甘草和麻黄草等有关问题的通知》。国家环境保护总局、监察部和农业部联合对宁夏和广东两省（区）进行了重点检查。

为了遏制我国由于长期过牧导致的草地退化势头，推进西部大开发，改善牧区生态环境，促进草原畜牧业和经济社会全面协调可持续发展，2002年，国家投资12亿元，在内蒙古、新疆、青海、甘肃、四川、宁夏、云南等省（区）和新疆生产建设兵团的96个重点县（旗、团场）启动了退牧还草工程。

退牧还草工程的目标原则是：①退牧还草工程是指通过围栏建设、补播改良以及禁牧、休牧、划区轮牧等措施，恢复草原植被，改善草原生态，提高草原生产力，促进草原生态与畜牧业协调发展而实施的一项草原基本建设工程项目。②各级农牧行政主管部门和工程项目建设单位应当加强草原资源保护利用和监督管理。通过工程项目的实施，进一步完善项目区草原家庭承包责任制，建立基本草原保护、草畜平衡和禁牧休牧轮牧制度；适时开展草原资源和工程效益的动态监测，搞好技术服务，积极开展饲草料贮备、畜种改良和畜群结构调整，提高出栏率和商品率，引导农牧民实现生产方式的转变；稳定和促进农牧民增加收入，使工程达到退得下、禁得住，恢复植被，改善生态的目标。③工程实施应坚持统筹规划，分类指导，先易后难，稳步推进。在生态脆弱区和草原退化严重的地区实行禁牧，中度和轻度退化区实行休牧，植被较好的草原实行划区轮牧，坚持依靠科技进步提高禁牧休牧、划区轮牧、舍饲圈养的科技含量。推广普及牲畜舍饲圈养的先进适用技术，加快草原畜牧业生产方式转变；坚持以县（市、旗、团场）为单位确定禁牧和休牧的区域，以村为基本建设单元，集中连片，形成规模；坚持以生态效益为主，经济效益和社会效益相结合。统筹人与自然的和谐发展，实现草原植被恢复与产业开发、农牧民增收的有机统一，促进经济社会全面协调可持续发展。④根据国务院西部办、国家发展和改革委、农业部、财政部、国家粮食局联合下发的《关于下达2003年退牧还草任务的通知》（国西办农〔2003〕8号）的规定：退牧还草实行"目标、任务、资金、粮食、责任"五到省，由省级政府对工程负总责。各省、自治区要将目标、任务、责任分别落实到市、县、乡各级人民政府，建立地方各级政府责任制。县级农牧部门负责具体实施。

退牧还草工程于2003年开始实施，工程实施的目的是让退化的草原得到基本恢复，天然草场得到休养生息，从而达到草畜平衡，实现草原资源的永续利用，建立起与畜牧业可持续发展相适应的草原生态系统。

六、对标SDGs的陆地生态系统保护目标

2015年，联合国发布《2030可持续发展议程》。这个纲领性文件再次专注到可持续发展，首次独立列出陆地生态系统主题。SDGs（Sustainable Development Goals，联合国可持续发展目标）陆地生态系统保护的总目标是：保护、恢复和促进可持续利用陆地生态系统，可持续地管理森林，防治荒漠化，制止和扭转土地退化，阻止生物多样性的丧失，并设定9个目标和13个识别指标（孙若梅，2017）。其目标和识别指标具体明确且有一定可监测性，彰显出陆地生态系统管理的重要性、独立性、融合性，以及实现的决心。将我国陆地生态系统保护成效对标SDGs目标，显示出具有一致性和挑战性，见表4-1所示。

表4-1 2030SDGs陆地生态系统保护目标和识别指标与我国的对标指标

	SDGs目标	SDGs识别指标	我国对标指标与目标
1	到2020年，根据国际协议规定的义务，养护、恢复和可持续利用陆地和内陆的淡水生态系统，特别是森林、湿地、山麓和旱地，以及它们提供的便利	指标：森林覆盖率、保护区内陆地和淡水生物多样性的重要场地地点按生态系统类型所占比例、湿地面积	对标指标：2020年和2035年森林覆盖率达到23.04%和26%（中国林业网，2018），不同生态系统自然保护区面积比例，2020年湿地面积为5333.33万公顷（8亿亩）
2	到2020年，推动对所有各类森林进行可持续管理，制止森林砍伐，恢复退化的森林，大幅增加全球植树造林和重新造林	指标：可持续管理下的森林覆盖、永久性森林净丧失	对标指标：2020年实现"把所有天然林都保护起来"，2035年天然林面积保有量稳定在2亿公顷左右（中国林业网，2019）
3	到2030年，防治荒漠化，恢复退化的土地和土壤，包括恢复受荒漠化、干旱和洪涝影响的土地，努力建立一个不再发生土地退化的世界	指标：已退化土地占土地总面积的比例	对标指标：2020年和2035年草原综合植被覆盖度分别达到56%和60%。2020年，50%可治理的沙地得到治理

	SDGs目标	SDGs识别指标	我国对标指标与目标
4	到2030年，养护山地生态系统，包括保护山地的生物多样性，提高山地可持续发展相关惠益的能力	指标：山区生物多样性的重要场地的保护面积的覆盖率、山区绿化覆盖率	对标指标：2025年，初步建成以国家公园为主的自然保护地体系，其中包括山区生物多样性重要场地保护的内容
5	紧急采取重大行动来减少自然生境的退化，阻止生物多样性的丧失，到2020年，保护受威胁物种，不让其灭绝	指标1：红色名录索引	对标指标：出台红色名录（2015年）
6	按国际社会的商定，促进公正和公平地分享利用遗传资源产生的惠益，促进适当获取这类资源	指标：已通过立法、行政和政策框架确保公正和公平分享惠益的国家数目	对标指标：构建起法律、行政管理和政策框架
7	紧急采取行动，制止偷猎和贩运受保护的动植物物种，解决非法野生动植物产品供求两方面的问题	指标：红色名录索引中贸易的物种、野生生物贸易中偷猎和非法贩运的比例	对标指标：《野生动物保护法》《野生植物保护条例》《濒危野生动植物进出口管理条例》
8	到2020年，采取措施防止引进外来入侵物种，大幅减少这些物种对土地和水域生态系统的影响，控制或去除需优先处理的物种	指标：通过有关国家立法和充分资源防止或控制外来入侵物种的国家的比例	对标指标：《外来物种管理办法》《国家重点管理外来入侵物种名录》
9	到2020年，在国家和地方的规划工作、发展进程、减贫战略和核算中列入生态系统和生物多样性的价值	指标：列入生物多样性和生态系统服务价值的国家发展规划和议程的数量	对标指标：《生态文明制度改革总体方案》、生态扶贫规划、生态系统服务价值核算

（一）高度一致性

我国陆地生态系统保护目标与SDGs的森林覆盖率、防治土地退化、阻止生物多样性丧失、生态系统服务价值纳入国家规划具有高度一致性。

第一，2020年森林可持续管理（目标1和目标2）指标：森林覆盖率、不同类型生态系统保护区面积比例、湿地面积、可持续管理的森林覆盖，与我国森林生态系统指标完全一致。

第二，2030年努力建造一个没有土地退化的世界（目标3和目标4）指标：已退化土地占土地面积的比例，我国的指标具体化为荒漠化面积、沙化面积。

第三，阻止生物多样性丧失（目标5～目标8）指标，2020年"阻止生物多样性和物种的丧失"，我国近年采取了一些重大行动来减少自然生境的退化，于2015年公布了生物多样性"红色名录"；在"制止偷猎和贩运受保护的动植物物种、采取措施防止引进外来入侵物种"方面正在积极采取行动。

第四，生态系统服务与生物多样性价值的实现（目标9）指标将陆地生态系统保护纳入国家发展议程。我国生态保护优先战略背景下，国家规划、减贫战略中将加快纳入生态系统服务和生物多样性价值。

（二）挑战性

我国陆地生态系统保护面临着土地退化、提升山区发展可持续性和实现自然保护地体系的挑战。

第一，土地退化的重大挑战是土地荒漠化和草原退化。土地荒漠化面积仍然很大，一些区域的荒漠化面积存在波动上升的现象，土地荒漠化缩减具有脆弱性和不稳定性特征，为此需要尽快建立起恢复受干旱和洪涝影响的土地的风险应对机制。2018年，全国重点天然草原平均牲畜超载率仍为10.3%，即局部性和季节性的超载问题始终存在。从总体上看，我国绝大部分草原存在不同程度的退化、沙化、石漠化、盐渍化等现象（刘加文，2018）。

第二，SDGs将养护山区生态系统单列出来，是惠及山区可持续发展相关利益和能力的重要方式。在我国实施陆地生态系统保护行动中，尚缺乏精准实施的山区保护和发展目标与战略，存在着先易后难的行为。为此，目前应抓住实施山水林田湖草系统治理和以落实SDGs为契机，提升山区发展的可持续性。

第三，建立以国家公园为主的自然保护地体制的挑战。我国一直把设立自然保护区作为生物多样性保护的重要举措，并建立起按行政级别的管理体制，但实践中非国家级自然保护区面临着诸多困境。

自2016年以来，我国加快构建以国家公园为主的自然保护地体系，以实现保护生态系统的完整性。但是，新体系如何与现行自然保护区管理体制衔接？在顶层设计和先行试点中面临着严峻挑战。

七、我国加强陆地生态系统保护与落实SDGs目标展望

经过几十年的努力，我国陆地生态系统保护取得了良好成效，对SGDs陆地生态系统保护目标的实现具有引用性。展望我国陆地生态系统保护与落实SDGs目标，应更加重视生态系统的自然恢复，重视生态系统与人类福利影响和惠益当地社区，重视生态系统保护与地方发展战略融合。

（一）我国陆地生态系统保护目标的引领性

在生态文明建设的新时代，对标SDGs的陆地生态系统保护目标，我国具有引领性。第一，我国森林覆盖率由1984年的12.98％增加到2018年的22.96％，并确定森林覆盖率2020年23.04％和2030年26％的目标；草原综合植被盖度由2011年的1％增加到2018年的55.7％，并确定2020年和2035年该目标值为56％和60％；2020年实现"把所有天然林都保护起来"的目标。第二，2020年湿地面积保持5333.33万公顷（8亿亩），沙化和荒漠化面积持续减少。第三，确定建立以国家公园为主的自然保护地体系，保护生态系统完整性。

（二）更加重视生态系统的自然恢复能力

土地退化是自然因素与人为因素共同作用的结果，如草地退化的重要起因是利用方式与生态系统特征的不匹配。为此，陆地生态系统保护应重视技术措施与自然恢复相配合。这意味着在陆地生态系统保护中不仅要重视项目和工程措施，同时要重视自然恢复；意味着要适当放弃当前的资源利用和调整利益格局，取而代之借助自然之力、顺应生态规律而实现保护目标。

（三）重视陆地生态系统和人类福利惠益当地社区

生态系统经济研究最新进展表明，功能良好的生态系统和人类福利的相关性、生态系统支持和维护人类福利的作用变得清晰（BrendaaFisher等，2011）。为此，生态系统保护应建立在对生态系统和生物多样性变化规律的准确认识之上，应进一步理解生态系统时间和空间尺度变化与人类社会经济发展变化的匹配性。这一过程需要包括政府、社区、企业家、科学工作者、居民等众多利益相关方的参与。我国陆地生态系统保护中政府发挥着重要且不可替代的作用，这是我国制度优势的体现，亦为国际社会提供了可借鉴的经验。但存在着利益相关方参与不足的弊端，影响到更好地实现惠益当地社区的目标。例如，在自然保护区管理中，主管部门对受保护的生态系统采取国有资产的管理方式，主要是通过立法和执法来制止各种利用资源的行为。展望未来，应更多地关注如何惠益因建立保护地而受到影响的当地社区和居民。例如，制定山区发展战略规划，使山区人口从生态系统保护和恢复中获得公平的收益和发展的机会，获得服务价值和再分配的回报，实现摆脱贫困和奔向小康的目标。

（四）重视陆地生态系统保护与国家和地方发展战略的融合

生态系统的研究已经从科学家专业视角进入经济、社会的广泛领域，生态系统保护从科学价值拓展到改善人类福祉的价值，这为制定和实施陆地生态系统保护与当地发展融合战略奠定了重要的理论基础。陆地生态系统服务价值将在提升当地社区居民生计中发挥日益重要的作用，包括土地退化与反贫困战略的融合、生态系统服务与山区发展战略融合等。改革开放的40多年，我国实施了一系列的生态保护项目，将生态系统服务价值纳入国家和地方规划中是新时代努力的方向，与我国生态保护优先战略一脉相承。

第三节　生态系统保护成效

生态保护与恢复工程的实施，使生态系统得到有效保护、生态问题得到遏制、生态功能显著提升。2018年9月17日，国家统计局发布《环境保护事业全面推进生态文明建设成效初显——改革开放40年经济社会发展成就系列报告之十八》（国家统计局，2018）。

报告指出，自改革开放以来，国家逐步加快造林绿化步伐，加强对自然保护区的保护力度，推进水土流失治理，重视建设和保护森林生态系统、保护和恢复湿地生态系统、治理和改善荒漠生态系统，全面加强生态保护和建设国家生态安全屏障的框架基本形成。2013年《全国生态保护与建设规划纲要（2013—2020年）》出台，提出到2020年，全国生态环境得到改善，增强国家重点生态功能区生态服务功能，生态系统稳定性加强，构筑"两屏带一区多点"的国家生态安全屏障。随着生态保护和监管强化，生态安全屏障逐步构建，我国自然生态系统有所改善，自然保护区数量增加，森林覆盖率逐步提高，湿地保护面积增加，水土流失治理、沙化和荒漠化治理取得初步成效。

中国陆地生态系统保护的效果是，森林覆盖率和蓄积量稳步提高，草原生态系统出现恢复态势，土地荒漠化和沙化面积持续扩展的趋势得以扭转，湿地面积增加，自然保护区数量和面积由快速增加趋向稳定。由此判断，中国陆地生态系统质量呈现出面上总体向好的态势。

一、森林覆盖率和森林蓄积量稳步提高

森林生态系统指标是森林覆盖率、森林蓄积量。其数据来源于我国第一次至第八次森林资源清查结果。比较第三次至第八次全国森林资源清查结果，主要特征是森林覆盖率和森林蓄积量呈现增加趋势。1984—2013年，森林覆盖率从12.98%增长到21.63%，30年间增加了8.65个百分点；1984—2013年，森林蓄积量从91.41亿立方米增长到151.37亿立方米，30年间增长了65.59%。

二、天然草原鲜草总产量和草原综合植被盖度波动上升

草原生态系统指标是天然草地产草量和草原综合植被盖度。自2010年以来，农业部草原监理中心（2018年起为国家林业和草原局）每年发布《中国草原监测报告》。从天然草原鲜草产量和综合植被盖度的变化判断，我国草原生态系统呈现出恢复的态势。我国草原生态实现了从全面退化到局部改善，再到总体改善的历史性转变（刘加文，2018）。2011—2018年，全国天然草原鲜草总产量从100248万吨增加到110000万吨（中国林业网，2019），草原综合植被盖度由51.0%提高到55.7%，两项监测指标均呈现波动上升的趋势。

三、土地沙化面积和荒漠化面积出现缩减

荒漠生态系统指标是沙化土地面积与荒漠化土地面积。数据来源于文献资料和《全国荒漠化监测报告》。从2000年起，我国荒漠化和沙化监测进入规范化阶段，第三次、第四次、第五次的监测数据具有了可比性，为可持续管理提供了依据。到2018年底，我国沙化土地和荒漠化土地面积使用第五次荒漠化监测数据。2018年，我国荒漠化土地面积和沙化土地面积分别为261.16万平方千米和172.12万平方千米，分别约占国土面积的1/4和1/5。自1999年以来，连续3个监测周期的数据显示，我国实现荒漠化和沙化面积的缩减，呈现整体遏制态势。

第一，土地沙化面积。20世纪80年代、20世纪90年代初期和末期，每年平均分别增加2100km²、2460km²和3436km²（杨维西，2013）；1999—2004年、2005—2009年、2010—2014年的3个监测周期中，年均分别减少1283km²、1717km²和1980km²。

第二，土地荒漠化面积。1980—2000年我国土地荒漠化呈现出加剧态势，从2000年开始出现缩减的态势，从20世纪末的年均扩展10400km²转变为目前的年均缩减2424km²。

四、湿地面积增加

湿地生态系统指标是湿地面积和湿地保护率。数据来源是第一次（1995—2003年）和第二次（2004—2013年）全国湿地资源调查。到2018年底，全国湿地数据使用第二次调查数据。

第一，比较两次湿地调查数据，第二次较第一次湿地面积增加38.81%，其中天然湿地面积增加28.93%，人工湿地增加195.23%，即人工湿地增幅大于天然湿地增幅。同期，在天然湿地中沼泽增加58.63%，河流增加28.57%，湖泊增加2.9%，海岸及近海湿地面积减少2.45%。

第二，全国湿地保护率快速增长。2016年、2017年和2018年分别增长43.51%、

49.03%和52.2%。

五、自然保护区数量和面积从快速增加到趋向稳定

生物多样性指标是自然保护区和不同生态系统类型的自然保护区的数量和面积。我国自然保护区分为国家级、省级、地市级和县级，是行政体制下具有行政级别的单位。

1956年，我国建立第一个自然保护区。1978年，自然保护区有34个，面积为126万平方千米，占国土面积的0.13%。1999年，我国自然保护区达到1149个，占国土面积的8.8%。2018年，我国已建立各级各类自然保护地超过1.18万个，保护面积覆盖我国陆域面积的18%、领海的4.6%。其包括森林公园3548个、地质公园650个、国家级湿地公园898个、自然保护区2750个、名胜风景区1051个、国家公园体制试点区10个（中国林业网，2019）。

第五章　水与废水监测

水是生命之源，但是其独特的理化性质使各种化学物质、致病微生物等都很容易进入水中，导致水体污染，严重影响饮水安全和水环境的生态安全。水中的污染物种类繁多，不同污染物浓度差异十分显著，水样的前处理和检测方法对于开展水环境监测非常重要。本章简要介绍水污染的类型和特点，重点介绍水样的监测方案的制订、水样的前处理方法和不同污染物的分析方法，并通过实际案例的分析，让读者充分了解水环境监测的全过程和关键要素，掌握水环境中不同污染物的监测方法。

第一节　水污染及监测

一、水体与水体污染

水体是指地表水、地下水及其包含的底质、水中生物等的总称。地表水包括海洋、江、河、湖泊、水库（渠）、沼泽、冰盖和冰川水。地下水包括潜水和承压水。地球上存在的总水量约为 $1.36 \times 10^{18} m^3$，其中海水约占97.3%，淡水约占2.7%。大部分淡水存在于地球的南极和北极的冰川、冰盖及深层地下，而人类可利用的淡水资源总计不到淡水总量的1%。水是人类赖以生存的主要物质之一。随着世界人口的不断增长和工农业生产的迅速发展，一方面用水量快速增加，另一方面污染防治不力，水体污染严重，使淡水资源更加紧缺。我国属于贫水国家，人均占有淡水资源量仅约 $2300 m^3$，低于世界人均量。因此，加强水资源保护的任务十分迫切。

水体污染一般分为化学型、物理型和生物型污染三种类型。化学型污染是指随废水及其他废物排入水体的无机和有机污染物所造成的水体污染，物理型污染是指排入水体的有色物质、悬浮物、放射性物质及高于常温的物质造成的污染，生物型污染是指随生活污水、医院污水等排入水体的病原微生物造成的污染。水体是否被污染、污染程度如何，需要通过其所含污染物或相关参数的监测结果来判断。

二、水质监测对象、目的和监测项目

（一）水质监测对象

水质监测对象分为水环境质量监测和水污染源监测。水环境质量监测包括对地表水（江、河、湖、库、渠、海水）和地下水的监测，水污染源监测包括对工业废水、生活污水、医院污水等的监测。

（二）水质监测目的

水质监测目的是及时、准确和全面地反映水环境质量现状及发展趋势，为水环境的管理、规划和污染防治提供科学的依据。具体可概括为以下几个方面：

（1）对江、河、湖、库、渠、海水等地表水和地下水中的污染物进行经常性的监测，掌握水质现状及其变化趋势。

（2）对生产和生活废水排放源排放的废水进行监视性监测，掌握废水排放量及其污染物浓度和排放总量，评价是否符合排放标准，为污染源管理提供依据。

（3）对水环境污染事故进行应急监测，为分析判断事故原因、危害及制订对策提供依据。

（4）为国家政府部门制定水环境保护标准、法规和规划提供有关数据和资料。

（5）为开展水环境质量评价和预测、预报及进行环境科学研究提供基础数据和技术手段。

（6）对环境污染纠纷进行仲裁监测，为判断纠纷原因提供科学依据。

（三）水质监测项目

水质监测项目是依据水体功能、水体被污染情况和污染源的类型等因素确定的。受人力、物力和经费等各种条件限制，一般选择环境标准中要求控制的危害大、影响广，并已有可靠的测定方法的项目。水体的常规监测项目见表5-1，海水的常规监测项目见表5-2，废水的常规监测项目见表5-3。

表5-1 水体的常规监测项目

水体	必测项目	选测项目
河流	水温、PH、溶解氧、高锰酸钾指数、电导率、生化耗氧量、氨氮、汞、铅、挥发酚、石油类（共11项）	化学耗氧量、总磷、铜、锌、氟化物、硒、砷、六价铬、镉、氰化物、阴离子表面活性剂、硫化物、大肠菌群（共13项）
湖泊、水库	水温、PH、溶解氧、高锰酸钾指数、电导率、生化耗氧量、氨氮、汞、铅、挥发酚、石油类、总氮、总磷、叶绿素a、透明度（共15项）	化学耗氧量、铜、锌、氟化物、硒、砷、六价铬、镉、氰化物、阴离子表面活性剂、硫化物、大肠菌群、微囊藻毒素-LR（共13项）
饮用水源地	水温、PH、溶解氧、高锰酸钾指数、氨氮、挥发酚、石油类、总氮、总磷、大肠菌群（共10项）	化学耗氧量、总磷、铜、锌、氟化物、铁、锰、硝酸盐氮、硒、砷、铅、汞、六价铬、氰化物、阴离子表面活性剂、镉、硫化物、硫酸盐（共18项）
地下水	PH、总硬度、溶解性固含量、氨氮、硝酸盐氮、亚硝酸盐氮、挥发酚、氰化物、高锰酸钾指数、砷、汞、镉、六价铬、铁、锰、大肠菌群（共16项）	色度、臭味、浑浊度、氯化物、硫酸盐、重碳酸盐、石油类、细菌总数、锡、铍、钡、镍、六六六、滴滴涕、总放射性、铅、铜、锌、阴离子表面活性剂（共19项）

表5-2 海水的常规监测项目

水体	常规监测项目
海水	水温、漂浮物、悬浮物、色、臭味、PH、溶解氧、化学需氧量、五日生化耗氧量、汞、镉、铅、六价铬、总铬、铜、锌、硒、砷、镍、氰化物、硫化物、活性磷酸盐、无机氮、非离子态氮、挥发酚、石油类、六六六、滴滴涕、马拉硫磷、甲基对硫磷、苯并[a]芘、阴离子表面活性剂、大肠菌群、病原体、放射性核素

表5-3 废水的常规监测项目

水体	常规监测项目
工业废水*	总汞、总铬、总镉、六价铬、总砷、总铅、总镍、苯并[a]芘、总铍、总银、总α放射性、总β放射性
工业废水**	PH、色度、悬浮物、化学需氧量、五日生化耗氧量、石油类、总氰化物、硫化物、氨氮、氟化物、磷酸盐、甲醛、苯胺类、硝基苯类、阴离子表面活性剂、总铜、总锌、总锰、彩色显色剂、显影剂及氧化物总量、元素磷、有机磷农药、乐果、对硫磷、马拉硫磷、甲基对硫磷、五氯酚及五氯酚钠、三氯甲烷、四氯化碳、三氯乙烯、四氯乙烯、苯、甲苯、乙苯、二甲苯、氯苯、二氯苯、对硝基氯苯、2,4-二硝基氯苯、苯酚、间甲酚、2,4-二氯酚、2,4,6-三氯酚、邻苯二甲酸二丁酯、邻苯二甲酸二辛酯、丙烯腈、总硒、大肠菌群、总余氯、总有机碳

★第一类污染物，在车间或车间处理设施排放口采集；★★第二类污染物，在排污单位排放口采集。

三、水质监测分析方法

（一）水质监测分析基本方法

按照监测方法所依据的原理，水质监测常用的方法有化学法、电化学法、原子吸收分光光度法、离子色谱法、气相色谱法、液相色谱法、等离子体发射光谱法等。其中，化学法（包括重量法、滴定法）和分光光度法是目前国内外水环境常规监测普遍采用的，各种仪器分析法也越来越普及。各种方法测定的项目列于表5-4。

表5-4　常用水环境监测方法测定项目

方法	测定项目
重量法	悬浮物、可滤残渣、矿化度、油类 SO_4^{2-}、Cl^-、Ca^{2+}等
滴定法	酸度、碱度、溶解氧、总硬度、氨氮、Ca^{2+}、Mg^{2+}、Cl^-、F^-、CN^-、SO_4^{2-}、S^{2-}、Cl_2、COD、BOD_5（五日生化需氧量）、挥发酚、Ag、Al、As、Be、Ba、Cd、CO、Cr、Cu、Hg、Mn、Ni、Pb、Sb、Se、Th、U、Zn、NO2-N、氨氮等
分光光度法	凯氏氮、PO_4^-、F^-、Cl^-、S^{2-}、SO_4^{2-}、Cl_2、挥发酚、甲醛、三氯甲烷、苯胺类、硝基苯类、阴离子表面活性剂等
荧光分光光度法	Se、Be、U、油类、BaP等
原子吸收法	Ag、Al、Be、Ba、Bi、Ca、Cd、CO、Cr、Cu、Fe、Hg、K、Na、Mg、Mn、Ni、Pb、Sb、U、Zn等
冷原子吸收法	As、Sb、Bi、Ge、Sn、Pb、Se、Te、Hg等
原子荧光法	As、Sb、Bi、Se、Hg等
火焰光度法	La、Na、K、Sr、Ba等
电极法	Eh、PH、DO、F^-、Cl^-、CN^-、S^{2-}、NO_3、K^+、Na^+、NH_4^+
离子色谱法	F^-、Cl^-、Br^-、NO_2^-、NO_3^-、SO_3^{2-}、SO_4^{2-}、$H_2PO_4^-$、K^+、Na^+、NH_4^+
气相色谱法	Be、Se、苯系物、挥发性卤代烃、氯苯类、六六六、滴滴涕、有机磷农药、三氯乙醛、硝基苯类、PCB等
液相色谱法	多环芳烃类
ICP-AES	用于水中基体金属元素、污染重金属及底质中多种元素的同时测定

（二）水质监测分析方法的选择

1.我国现行的监测分析方法分类

一个监测项目往往有多种监测方法。为了保证监测结果的可比性，在大量实践的基础上，世界各国对各类水体中的不同污染物都颁布了相应的标准分析方法。我国现行的监测分析方法按照其成熟程度可分为标准分析方法、统一分析方法和等效分析方法三类。

（1）标准分析方法。其包括国家和行业标准分析方法。这些方法是环境污染纠纷法定的仲裁方法，也是用于评价其他分析方法的基准方法。

（2）统一分析方法。有些项目的监测方法不够成熟，但这些项目又急需监测，因此经过研究作为统一方法予以推广，在使用中积累经验，不断完善，为上升为国家标准方法创造条件。

（3）等效分析方法。与前两类方法的灵敏度、准确度、精确度具有可比性的分析方法称为等效分析方法。这类方法可能是一些新方法、新技术，应鼓励有条件的单位先用起来，以推动监测技术的进步。但是，新方法必须经过方法验证和对比实验，证明其与标准分析方法或统一分析方法是等效的才能使用。

2.水质监测分析方法的选择

由于水质监测样品中污染物含量的差距大、试样的组成复杂，且日常监测工作中试样数量大、待测组分多、工作量较大，因此选择分析方法时应综合考虑以下几方面因素：

（1）为了使分析结果具有可比性，应尽可能采用标准分析方法。如因某种原因采用新方法时，必须经过方法验证和对比实验，证明新方法与标准分析方法或统一分析方法是等效的。在涉及污染物纠纷的仲裁时，必须用国家标准分析方法。

（2）对于尚无"标准"和"统一"分析方法的监测项目，可采用国际标准化组织（International Organization for Standardization，ISO）、美国环境保护署（EPA）和日本工业标准（(Japanese Industrial Standards，JIS）方法体系等其他等效分析方法，同时应经过验证，且检出限、准确度和精密度能达到质控要求。

（3）方法的灵敏度要满足准确定量的要求。对于高浓度的成分，应选择灵敏度相对较低的化学分析法，避免高倍数稀释操作而引起大的误差；对于低浓度的成分，则可根据已有条件采用分光光度法、原子吸收法或其他较为灵敏的仪器分析法。

（4）方法的抗干扰能力要强。方法的选择性好，不但可以省去共存物质的预分离操作，而且能提高测定的准确度。

（5）对多组分的测定应尽量选用同时兼有分离和测定的分析方法，如气相色谱法、高效液相色谱法等，以便在同一次分析操作中同时得到各个待测组分的分析结果。

（6）在经常性测定中，或者待测项目的测定次数频繁时，要尽可能选择方法稳定、操作简便、易于普及、试剂无毒或毒性较小的方法。

第二节　水质监测方案的制订

监测方案是监测任务的总体构思和设计，制订时必须首先明确监测目的，然后在调查研究的基础上确定监测对象，设计监测网点，合理安排采样时间和采样频率，选定采样方法和分析测定技术，提出监测报告要求，制订质量保证程序、措施和方案的实施计划等。

一、地表水质监测方案的制订

（一）资料的收集和实地调查

在制订监测方案前，尽可能全面收集欲监测水体及所在区域的相关资料，主要包括以下几方面：

（1）水体的水文、气候、地质和地貌资料，如水位、水量、流速及流向的变化，降雨量、蒸发量及历史上的水情，河流的宽度、深度、河床结构及地质状况，湖泊沉积物的特性、间温层分布、等深线等。

（2）水体沿岸城市分布、工业布局、污染源及其排污情况、城市给排水情况等。

（3）水体沿岸的资源现状和水资源的用途，饮用水源分布和重点水源保护区，水体流域土地功能及近期使用计划等。

（4）历年的水质资料等。

（5）实地调查所监测水体，熟悉监测水域的环境，了解某些环境信息的变化。

（二）监测断面和采样点的设置

在对调查结果和有关资料进行综合分析的基础上，根据监测目的和监测项目，同时考虑人力、物力等因素确定监测断面和采样点。

1.监测断面的设置原则

在总体和宏观上反映水系或所在区域水环境质量状况，各断面的位置能反映所在区域环境的污染特征；尽可能以最少断面获得足够有代表性的环境信息，同时考虑采样时的可行性和方便性。所设置的断面应包括以下方面：①废水流入口，工业区的上、下游。②湖泊、水库、河口的主要出、入口。③饮用水源区、水资源集中的水域、主要风景游览区、水上娱乐区及重大水力设施所在地等功能区。④主要支流汇入口。⑤河流、湖泊、水库代表性位置。

2.河流监测断面的设置

对于江、河水系或某一河段，要求设置四类断面，即背景断面、对照断面、控制断面和削减断面。

（1）背景断面。背景断面设在未受污染的清洁河段上，用于评价整个水系的污染程度。

（2）对照断面。对照断面是为了解流入监测河段前的水体水质状况而设置。对照断面应设在河流进入城市或工业区之前的地方，避开各种废水、污水流入或回流处。一个河段一般只设一个对照断面，有主要支流时可酌情增加。

（3）控制断面。控制断面是为评价、监测河段两岸污染源对水体水质影响而设置。控制断面的数目应根据城市的工业布局和排污口分布情况而确定。断面的位置与废水排放口的距离应根据主要污染物的迁移、转化规律，河水流量和河道水力学特征确定，一般设在排污口下游500～1000m处，因为在排污口下游500m横断面上1/2宽度处重金属浓度一般出现高峰值。对特殊要求的地区，如水产资源区、风景游览区、自然保护区、与水源有关的地方病发病区、严重水土流失区及地球化学异常区等的河段上也应设置控制断面。

（4）削减断面。削减断面是指河流受纳废水和污水后，经稀释扩散和自净作用，使污染物浓度显著下降，其左、中、右三点浓度差异较小的断面通常设在城市或工业区最后一个排污口下游1500m以外的河段上。水量小的小河流应视具体情况而定。

3.湖泊、水库监测断面的设置

对不同类型的湖泊、水库应区别对待。根据湖泊、水库是单一水体还是复杂水体，考虑汇入湖泊、水库的河流数量，水体的径流量、季节变化及动态变化，沿岸污染源分布及污染物扩散与自净规律、生态环境特点等，在以下地段设置监测断面：

（1）在进出湖泊、水库的河流汇合处分别设置监测断面。

（2）以各功能区（如城市和工厂的排污口、饮用水源、风景游览区、排灌站等）为中心，在其辐射线上设置弧形监测断面。

（3）在湖泊、水库中心，深、浅水区，滞流区，不同鱼类的洄游产卵区，水生生物经济区等设置监测断面。

4.采样点位的确定

设置监测断面后，应根据水面的宽度确定断面上的采样垂线，再根据采样垂线的深度确定采样点的位置和数目。

对于江、河水系的每个监测断面，当水面宽小于50m时，只设一条中泓线；水面宽50～100m时，在左、右近岸有明显水流处各设一条垂线；水面宽为100～1000m时，设左、中、右三条垂线（中泓、左、右近岸有明显水流处）；水面宽大于1500m时，至少要设置5条等距离采样垂线；较宽的河口应酌情增加垂线数。

在一条垂线上，当水深小于或等于5m时，只在水面以下0.3～0.5m处设一个采样点；水深5～10m时，在水面以下0.3～0.5m处和河底以上约0.5m处各设一个采样点；水深10～50m时，设三个采样点，即水面以下0.3～0.5m处一点，河底以上约0.5m处一点，1/2水深处一点；水深超过50m时，应酌情增加采样点数。

对于湖泊、水库监测断面上采样点位置和数目的确定方法与河流相同。如果存在间温层，应先测定不同水深处的水温、溶解氧等参数，确定成层情况后再确定垂线上采样点的位置。

监测断面和采样点的位置确定后，其所在位置应该有固定而明显的岸边天然标志。如果没有天然标志物，则应设置人工标志物，如竖石柱、打木桩等。若实在无法设置人工标志，应采用GPS准确定位并记录，后续采样严格按GPS定位点进行。每次采样要严格以标志物为准，使采集的样品取自同一位置，以保证样品的代表性和可比性。

（三）采样时间和采样频率的确定

为使采集的水样具有代表性，能够反映水质在时间和空间上的变化规律，必须确定合理的采样时间和采样频率。一般原则如下：

（1）对于较大水系的干流和中、小河流，全年采样不少于6次；采样时间为丰水期、枯水期和平水期，每期采样两次。流经城市工业区、污染较重的河流、游览水域、饮用水源地，全年采样不少于12次，采样时间为每月一次或视具体情况选定。底泥每年在枯水期采样1次。

（2）潮汐河流全年在丰水期、枯水期、平水期采样，每期采样两天，分别在大潮期和小潮期进行，每次应采集当天涨、退潮水样分别测定。

（3）排污渠每年采样不少于3次。

（4）设有专门监测站的湖泊、水库，每月采样1次，全年不少于12次。其他湖泊、水库全年采样两次，枯水期、丰水期各1次。有废水排入、污染较重的湖泊、水库，应酌情增加采样次数。

（5）背景断面每年采样1次。

二、地下水质监测方案的制订

储存在土壤和岩石空隙（孔隙、裂隙、溶隙）中的水统称地下水。相对地表水而言，地下水流动性和水质参数的变化比较缓慢。地下水质监测方案的制订过程与地表水基本相同。

（一）调查研究和收集资料

（1）收集、汇总监测区域的水文、地质、气象等方面的有关资料和以往的监测资料，如地质图、剖面图、测绘图、水井的成套参数、含水层、地下水补给、径流和流向，以及温度、湿度、降水量等。

（2）调查监测区域内城市发展、工业分布、资源开发和土地利用情况，尤其是地下工程规模应用等；了解化肥和农药的施用面积和施用量，查清污水灌溉、排污、纳污和地表水污染现状。

（3）测量或查知水位、水深，以确定采水器及泵的类型、所需费用和采样程序。

（4）在以上调查的基础上，确定主要污染源和污染物，并根据地区特点与地下水的主要类型把地下水分成若干个水文地质单元。

（二）采样点的设置

目前，地下水监测以浅层地下水为主，应尽可能利用各水文地质单元中原有的水井，还可对深层地下水的各层水质进行监测。孔隙水以监测第四纪为主，基岩裂隙水以监测泉水为主。

1.背景值监测点的设置

背景值监测点应设在污染区的外围不受或少受污染的地方。新开发区应在引入污染源之前设置背景值监测点。

2.监测井（点）的布设

监测井布点时，应考虑环境水文地质条件、地下水开采情况、污染物的分布和扩散形式，以及区域水的化学特征等因素。对于工业区和重点污染源所在地的监测井（点）布设，主要根据污染物在地下水中的扩散形式确定。例如，渗坑、渗井和堆渣区的污染物在含水层渗透性较大的地区易造成条带状污染，而含水层渗透小的地区易造成点状污染，前者监测井（点）应设在地下水流向的平行和垂直方向上，后者监测井（点）应设在距污染源最近的地方。沿河、渠排放的工业废水和生活污水因渗漏可能造成带状污染，宜用网状布点法设置监测井（点）。

一般监测井在液面下0.3～0.5m处采样。若有间温层或多含水层分布，可按具体情况分层采样。

（三）采样时间和采样频率的确定

（1）每年应在丰水期和枯水期分别采样监测，有条件的地方按地区特点分四季采样。对于长期观测点，可按月采样监测。

（2）通常每一采样期至少采样监测1次。对于饮用水源监测点，要求每一采样期采样监测两次，其间隔至少10天；对于有异常情况的监测井（点），应适当增加采样监测次数。

为反映地表水与地下水的联系，地下水的采样频次与时间尽量与地表水一致。

三、水污染源监测方案的制订

水污染源包括工业废水源、生活污水源、医院污水源等。在制订监测方案时，首先也要进行调查研究，收集有关资料，查清用水情况，废水或污水的类型，主要污染物及排污去向和排放量，车间、工厂或地区的排污口数量及位置，废水处理情况，是否排入江、河、湖、海，流经区域是否有渗坑，等等。然后进行综合分析，确定监测项目、监测点位，选定采样时间和频率、采样和监测方法及技术，制订质量保证程序、措施和实施计划等。

（一）采样点的设置

水污染源一般经管道或渠、沟排放，截面积较小，不需设置断面，直接确定采样点位。

1.工业废水

（1）在车间或车间设备废水排放口设置采样点监测第一类污染物，包括汞、镉、砷、铅的无机物，六价铬的无机物及有机氯化物和强致癌物质等。

（2）在工厂废水总排放口布设采样点监测第二类污染物，包括悬浮物，硫化物，挥发酚，氰化物，有机磷化合物，石油类，铜、锌、氟的无机物，硝基苯类，苯胺类，等等。

（3）对于已有废水处理设施的工厂，在处理设施的排放口布设采样点。为了解废水处理效果，可在进、出口分别设置采样点。

（4）在排污渠道上，采样点应设在渠道较直、水量稳定、上游无污水汇入的地方。

2.生活污水和医院污水

生活污水和医院污水的采样点设在污水总排放口。对于污水处理厂，应在进、出口分别设置采样点。

（二）采样时间和采样频率的确定

工业废水的污染物含量和排放量随工艺条件及开工率的不同而有很大差异，故而采样时间、周期和频率的选择是一个较复杂的问题。一般情况下，可在一个生产周期内每隔0.5h或1h采样1次，将其混合后测定污染物的平均值。如果取几个生产周期（如3～5个周期）的废水样监测，可每隔2h采样1次。对于排污情况复杂、浓度变化大的废水，采样时间间隔要缩短，有时需5~10min采样1次（连续自动采样）。对于水质和水量变化比较稳定或排放规律性较好的废水，待找出污染物浓度的变化规律后，采样频率可大为降低，如每月采样测定两次。

城市排污管道大多数受纳较多工厂排放的废水，由于废水已在管道内混合，故而在管道出水口可每隔1h采样1次，连续采集8h，也可连续采集24h，然后将其混合制成混合样，测定各个污染组分的平均浓度。

对于向国家直接报送数据的废水排放源，我国水环境监测规范中规定：工业废水每年采样监测2~4次，生活污水每年采样监测2次（春、夏季各1次），医院污水每年采样监测4次，每季度1次。

第三节　水样的采集、保存和预处理

一、水样的采集

保证样品具有代表性是水质监测数据具有准确性、精密性和可比性的前提。为了得到有代表性的水样，就必须选择合理的采样位置、采样时间和科学的采样技术。对于天然水体，为了采集有代表性的水样，应根据监测目的和现场实际情况选定采集样品的类型和采样方法；对于工业废水和生活污水，应根据监测目的、生产工艺、排污规律、污染物的组成和废水流量等因素选定采集样品的类型和采样方法。

（一）水样的类型

1.瞬时水样

瞬时水样是指在某一时间和地点从水体中随机采集的分散水样，适用于水质稳定、组分在相当长的时间或相当大的空间范围内变化不大的水体。当水体组分及含量随时间和空间变化时，应按照一定时间间隔进行多点瞬时采样，并分别进行分析，绘制出浓度–时间关系曲线，计算平均浓度和峰值浓度，掌握水质的变化规律。

2.综合水样

综合水样是指在不同采样点，同一时间采集的各个瞬时水样经混合后得到的水样，适用于多支流河流的采样及多个排污口的污水样品采集。综合水样是获得平均浓度的重要方式，可了解某一时间水体的综合（总体）情况。

3.平均混合水样

平均混合水样是指在某一时段内（一般为一昼夜或一个生产周期），在同一采样点按照等时间间隔采集等体积的多个水样，于同一容器中混合均匀得到的水样。此类采样方式适用于水量相对较稳定但水质随时间变化较大的水体，用于观察平均浓度。但平均混合水样不宜用于测定PH、溶解氧、BOD_5、挥发酚、细菌总数等在储存过程中组分会发生明显变化的指标。

4.平均比例混合水样

平均比例混合水样是指在某一时段内，在同一采样点按照等时间间隔，根据废水流量大小按比例采集多个不同体积的水样，置于同一容器中混合均匀得到的水样。该采样方式适用于水量和水质均随时间变化较大的水体。例如，对于生产工艺不稳定的工厂或车间，其废水的组分和浓度及废水的排放量均会随时间发生较大变化的水样的采集。但是，平均比例混合水样不宜用于测定在储存过程中组分会发生明显变化的指标。

5.流量比例混合水样

流量比例混合水样是指利用自动连续采样器，在某一段时间内按流量比例连续采集混合的水样，一般采用与流量计相连的自动采样器采样。该采样类型适用于水量和水质均不稳定的污染源样品的自动采集。

6.单独水样

在天然水体和废水监测中，对于组分分布很不均匀（如油类和悬浮物等），或组分在放置过程中很容易发生变化，需要加入不同的试剂进行现场固定（如溶解氧、BOD_5、细菌总数、硫化物等）的监测，必须采集单独水样，分别进行现场固定和后续测定。需要单独采样监测的指标包括PH、溶解氧、COD、BOD_5、有机物、余氯、粪大肠菌群、硫化物、油类、悬浮物、放射性和其他可溶性气体等。

（二）采样前的准备

1.制订采样计划

在监测方案的指导下，制订科学的采样计划，包括采样方法、容器洗涤、交通工具、样品保存及运输、安全措施、采样质量保证措施等，并进行任务分解、责任落实。

2.采样器的准备

采样前，要根据监测项目的性质和采样方法的要求，选择适宜材质和功能的采样器。采样器在使用前应先用洗涤剂洗去油污，并用自来水清洗干净，晾干待用。采样器的材质和结构应符合《水质自动采样器技术要求及检测方法》（HJ/T372—2007）中的规定。

3.容器的材料

常用储样容器材料有聚四氟乙烯、聚乙烯塑料、石英玻璃和硼硅玻璃，其稳定性依次递减。通常测定有机污染物项目及生物项目的储样容器应选用硬质（硼硅）玻璃容器，测定金属、放射性及其他无机污染物项目的储样容器可选用高密度聚乙烯或硬质（硼硅）玻璃容器，测定溶解氧及生化需氧量应使用专用储样容器。

4.容器的洗涤

容器在使用前应根据监测项目和分析方法的要求，采用相应的洗涤方法洗涤。清洗的目的是避免残留物对水样的污染，洗涤方法应根据待测组分性质和样品组成确定。《地表水和污水监测技术规范》（HJ/T91-2002）对不同监测项目的容器材质提出了明确要求，同时对洗涤方法也做了统一规定。一般先用洗涤剂将瓶洗净，经自来水冲洗后，用10%硝酸或盐酸浸泡数小时，再用自来水冲洗，最后用蒸馏水洗净。对于储存测定磷酸盐、总磷和阴离子表面活性剂水样的容器，先用铬酸洗液洗涤，再用自来水和蒸馏水冲洗。

（三）采样方法

1.地表水样的采集

（1）采集地表水样。常借助船只、桥梁、索道或涉水等方式，并选择合适的采样器采集水样。表层水样可用桶、瓶等盛水容器直接采集。一般将其沉至水面下 0.3 ~ 0.5m 处采集。

（2）采集深层水样。必须借助采样器，可用简易采样器、急流采样器、溶解气体采样器。

①简易采样器。采集深层水时，可使用带重锤的简易采样器沉入水中采集。将采样容器沉降至所需深度（可从绳上的标度看出），上提细绳打开瓶塞，待水样充满容器后提出。

②急流采样器。对于水流急的河段，宜采用急流采样器。急流采样器是将一根长钢管固定在铁框上，管内装一根橡胶管，上部用夹子夹紧，下部与瓶塞上的短玻璃管相连，瓶塞上另一根长玻璃管通至采样瓶底部。采样前塞紧橡胶塞，然后沿船身垂直伸入要求水深处，打开上部橡胶管夹，水样即沿长玻璃管流入样品瓶中，瓶内空气由短玻璃管沿橡胶管排出。由于采集的水样与空气隔绝，这样采集的水样也可用于测定水中溶解性气体。

③溶解气体采样器（也称双瓶采样器）。这种采样器可采集测定溶解气体（如溶解氧）的水样，常用专用的溶解气体采样器采集。将采样器沉入要求的水深处后，打开上部的橡胶管夹，水样进入小瓶（采样瓶）并将空气驱入大瓶，从连接大瓶短玻璃管的橡胶管排出，直到大瓶中充满水样，提出水面后迅速密封。

④其他采样器。此外，还有多种结构较复杂的采样器，如深层采水器、电动采水

器、自动采水器、连续自动定时采水器等。

（3）采样量。在地表水质监测中所需水样量参见表5-5。此采样量已考虑重复分析和质量控制的需要。

表5-5 部分测定项目水样的保存方法和保存期限

监测项目	容器材质	可保存时间	采样量*/mL	备注
浊度	P或G	12h	250	尽量现场测定
色度	P或G	12h	250	尽量现场测定
PH	P或G	12h	250	尽量现场测定
电导率	P或G	12h	250	尽量现场测定
悬浮物	P或G	14h	500	避光冷藏保存（0~4℃）
碱度	P或G	12h	500	水样充满容器，尽量现场测定
酸度	P或G	30d	500	水样充满容器，避光冷藏保存（0~4℃）
COD	G	48h	500	
高锰酸钾指数	G	48h	500	避光冷藏保存（0~4℃）
溶解氧	溶解氧瓶（G）	24h	250	水样充满容器，尽量现场测定
BOD$_5$	溶解氧瓶（G）	12h	250	使用专用溶解氧瓶采样，水样充满容器，避光冷藏保存（0~4℃）
总有机碳	G	7d	250	
氟化物	P	14d	250	避光冷藏保存（0~4℃）
氯化物	P或G	30d	250	
硫酸盐	P或G	30d	250	避光冷藏保存（0~4℃）
磷酸盐	P或G	7d	250	避光冷藏保存（0~4℃）
总磷	P或G	24h	250	
氨氮	P或G	24h	250	
亚硝酸盐氮	P或G	24h	250	避光冷藏保存（0~4℃），尽快测定
硝酸盐氮	P或G	24h	250	避光冷藏保存（0~4℃）
总氮	P或G	7d	250	

续表

监测项目	容器材质	可保存时间	采样量*/mL	备注
硫化物	P或G	24h	250	必须现场测定
总氰化物	P或G	12h	250	
酚类	G	24h	1000	避光冷藏保存（0~4℃）
油类	G	7d	250	建议用分析时的溶剂冲洗容器，采样后立即加入分析时所用萃取剂，或现场萃取
农药类	G	24h	1000	采样后立即加入分析时所用萃取剂，或现场萃取
阴离子表面活性剂	P或G	24h	250	避光冷藏保存（0~4℃）
汞	P或G	14d	250	保存方法取决于所用方法
镉	P或G	14d	250	保存方法取决于所用方法
铅	P或G	14d	250	酸化时不要用H_2SO_4，保存方法取决于所用方法
铜	P	14d	250	保存方法取决于所用方法
锌	P	14d	250	保存方法取决于所用方法
铁	P或G	14d	250	
锰	P或G	14d	250	
钾	P	14d	250	
钠	P	14d	250	
钙	P或G	14d	250	酸化时不要用H_2SO_4，酸化的样品可同时用于测定其他金属
镁	P或G	14d	250	
砷	D	14d	250	
硼	P或G	14d	250	
铍	P或G	14d	250	
六价铬	P或G	14d	250	
微生物	灭菌容器G	12h	250	避光冷藏保存（0~4℃），尽快测定
生物	P或G	12h	250	避光冷藏保存（0~4℃），尽快测定

*为单个项目监测的最少采样量，P为聚乙烯，G为硬质玻璃，DDTC法代表二乙基二硫代氨基甲酸钠法。

2.地下水样的采集

地下水的水质比较稳定，一般采集瞬时水样即可。

对于井水，常利用抽水机设备从监测井中采集水样。启动后，先放水数分钟，将积留在管道内的杂质及陈旧水排出，然后用采样容器接取瞬时水样。对于无抽水设备的水井，可选择合适的专用采水器采集水样。

对于自喷泉水，可在涌水口处直接采样。

对于自来水，要先将水龙头完全打开，放水数分钟，排出管道中积存的死水后再采样。

3.废水样品的采集

（1）浅水采样。浅水采样可用容器直接采集，或用聚乙烯塑料长把勺采集。

（2）深层采样。深层采样可使用特制的深层采水器采集，也可将聚乙烯筒固定在重架上，沉入要求深度采集。

（3）自动采样。自动采样采用自动采样器或连续自动定时采样器。例如，自动分级采样式采水器，可在一个生产周期内，每隔一定时间将一定量的水样分别采集在不同的容器中；自动混合采样式采水器可定时连续地将定量水样或按流量比采集的水样汇集于一个容器内。当污水排放量较稳定时可采用时间比例采样，否则必须采用流量比例采样。实际采样位置应在采样断面的中心。当水深大于1m时，应在表层下1/4深度处采样；当水深小于或等于1m时，在水深的1/2处采样。

（四）采样注意事项

（1）采样时应保证采样点的位置准确，采样时不可搅动水底的沉积物。

（2）在污染源监测中，采样时应除去水面的杂物及垃圾等漂流物，但随污水流动的悬浮物或细小固体微粒应看成污水样的一个组成部分，不应在测定前滤除。

（3）测定油类、BOD_5、DO、硫化物、余氯、粪大肠菌群、悬浮物、放射性等项目要单独采样。测定油类的水样应在水面至水面下300mm采集柱状水样，并单独采样，全部用于测定，且采样瓶（容器）不能用采集的水样冲洗。测溶解氧、BOD_5和有机污染物等项目时，水样必须注满容器，并有水封口。测定湖、库水的COD、高锰酸盐指数、叶绿素a、总氮、总磷时，水样静置30min后，用吸管一次或几次移取水样，吸管进水尖嘴应插至水样表层50mm以下位置，再加保存剂保存。

（4）采样时同步测定水文参数和气象参数。

（5）认真填写"水质采样记录表"，每个样品瓶上都要贴上标签，注明采样点编号、采样日期和时间、测定项目、采样人姓名及其他有关事项等。采样结束前，应核对采样计划，如有错误或遗漏，应立即补充或重采。

（6）凡需现场监测的项目，应进行现场监测。

（五）流量的测量

计算水体污染负荷是否超过环境容量和评价污染控制效果，掌握污染源排放污染物总量和排水量等，都必须明确相应水体的流量。

1.地表水流量测量

对于较大的河流，应尽量利用水文监测断面。若监测河段无水文测量断面，应选择一个水温参数比较稳定、流量有代表性的断面作为测量断面。水文测量应按《河流流量测验规范》（GB50179—93）进行。河流、明渠流量的测定方法有以下两种：

（1）流速-面积法。首先将测量断面划分为若干小块，然后测量每一小块的面积和流速并计算出相应的流量，再将各小断面的流量累加，即为测量断面上的水流量，计算公式如式（5-1）。

$$Q = S_1\bar{v}_1 + S_2\bar{v}_2 + \cdots + S_n\bar{v}_n \qquad (5-1)$$

式中：Q 为水流量，m^3/s；$\bar{v}_n$ 为各小断面上水平均流速，m/s；S_n 为各小断面面积，m^2。

（2）浮标法。浮标法是一种粗略测量小型河流、沟渠中流速的简易方法。测量时，选择一平直河段，测量该河段2m间距内起点、中点和终点三个水流横断面的面积并求出平均横断面面积。在上游投入浮标，测量浮标流经确定河段（L）所需时间，重复测量几次，求出所需时间的平均值（t），即可计算出流速（L/t），再按式（5-2）计算流量。

$$Q = K \cdot \bar{v} \cdot S \qquad (5-2)$$

式中：$\bar{v}$ 为浮标平均流速，m/s；S 为水流横断面面积，m^2；K 为浮标系数，K 与空气阻力、断面上水流分布的均匀性有关，一般需要流速仪对照标定，其范围为0.84～0.90。

2.废水、污水流量测量

（1）流量计法。用流量计直接测定，有多种商品流量计可供选择。流量计法测定流量简便、准确。

（2）容积法。将污水导入已知容积的容器或污水池、污水箱中，测量流满容器或池、箱的时间，然后用受纳容器的体积除以时间获得流量。本法简单易行，测量精度较高，适用于测量污水流量较小的连续或间歇排放的污水。

（3）溢流堰法。在固定形状的渠道上，根据污水量大小可选择安装三角堰、矩形堰、梯形堰等特定形状的开口堰板，过堰水头与流量有固定关系，据此测量污水流量。溢流堰法精度较高，在安装液位计后可实行连续自动测量。该法适用于不规则的污水沟、污水渠中水流量的测量。对于任意角θ的三角堰装置，流量Q计算公式如式（5-3）所示。

$$Q = 0.53K(2g)^{0.5}(\tan\frac{\theta}{2})H^{2.5} \qquad （5-3）$$

式中：Q为水流量，m³/s；K为流量系数，约为0.6；θ为堰口夹角；g为重力加速度，9.808m/s²；H为过堰水头高度，m。当$\theta=90°$时，为直角三角堰，在实际测量中较常应用。

当$H=0.002 \sim 0.2$m时，流量计算公式可以简化为

$$Q(m^3/s) = 1.41H^{2.5} \qquad （5-4）$$

此式称为汤姆逊（Tomson）公式。

利用该法测定流量时，堰板的安装可能造成一定的水头损失，且固体沉积物在堰前堆积或藻类等物质在堰板上黏附均会影响测量精度。

（4）量水槽法。在明渠或涵管内安装量水槽，测量其上游水位可以计量污水量，常用的有巴氏槽。与溢流堰法相比，用量水槽法测量流量同样可以获得较高的精度（$\pm2\% \sim \pm5\%$），并且可进行连续自动测量。该方法有水头损失小、壅水高度小、底部冲刷力大、不易沉积杂物的优点，但其造价较高，施工要求也较高。

二、水样的运输和保存

（一）水样的运输

水样采集后需要送至实验室进行测定，从采样点到实验室的运输过程中，由于物理、化学和生物的作用会使水样性质发生变化。因此，有些项目必须在采样现场测定，尽可能缩短运输时间和尽快分析测定。在运输过程中，特别需要注意以下几点：

（1）防止运输过程中样品溅出或震荡损失，盛水容器应塞紧塞子，必要时用封口胶、石蜡封口（测定油类的水样不能用石蜡封口）；样品瓶打包装箱，并用泡沫塑料或纸条挤紧减震。

（2）对于需冷藏、冷冻的样品，须配备专用的冷藏、冷冻箱或车运输；条件不具备时，可采用隔热容器，并放入制冷剂达到冷藏、冷冻的要求。

（3）冬季应采取保温措施，以免样品瓶冻裂。

（二）水样的保存

各种水质的水样从采集到分析测定需要一定时间。为了避免微生物的新陈代谢活动和各种物理、化学作用引起水样某些物理参数及化学组分的变化，根据监测项目的性质对水

样采取一些措施，以减少或延缓储存期水样成分的变化。常用的水样保存技术如下。

1.选择合适的容器

不同材质的容器对水样的影响不同。选择容器时应考虑：避免容器材料对水样的玷污，如玻璃能溶出少量K、Na、B、Si等，塑料则易溶出少量有机物；避免容器壁对待测成分的吸附作用，如玻璃瓶壁对痕量金属的吸附、塑料瓶壁对苯的吸附等；避免样品组分与容器材料发生化学反应，如F$^-$、NaOH易与玻璃反应而腐蚀玻璃。

2.采取适宜的保存方法

（1）冷冻或冷藏法。为抑制微生物，减缓物理挥发和化学反应速率，水样需要低温保存。冷藏温度一般为0～4℃，冷冻温度为-20℃，冷冻时不能将水样充满整个容器。

（2）加入化学试剂保存法

①加入生物抑制剂。在水样中加入适量的生物抑制剂可抑制生物作用。例如，在测氨氮、有机物的水样中加入$HgCl_2$，可抑制微生物的氧化还原作用。

②调节PH。加入酸或碱调节水样的PH，使待测组分以较稳定状态保存。例如，测金属离子的水样常用HNO_3酸化至PH值为1～2，防止金属离子水解沉淀及被器壁吸附；测定氰化物和挥发酚的水样，加入NaOH调节PH值≥12，使其生成稳定的盐。

③加入氧化剂或还原剂。加入氧化剂或还原剂可阻止或减缓某些组分氧化还原反应的发生。例如，为避免汞还原为金属汞而挥发损失，测汞的水样加入氧化剂使汞离子保持高价态；余氯能氧化水样中的CN$^-$，使酚类、烃类和苯系物氯化形成相应的衍生物，因此在采样时加入适量的$Na_2S_2O_3$还原水样中的余氯；测定溶解氧的水样，需加入适量$MnSO_4$和碱性KI固定等。

加入的水样保存剂不能干扰后续测定，应进行相应的空白实验，其纯度和等级必须达到分析的要求。常用保存剂的作用及其应用范围如表5-6所示。

表5-6　常用保存剂的作用和应用范围

保存剂	作用	应用范围
$HgCl_2$	抑制微生物生长	各种形式的氮和磷
HNO_3	防止金属沉淀	多种金属
H_2SO_4	抑制微生物生长，与碱作用	含有机物水样、胺类
NaOH	防止化合物的挥发	氰化物、有机酸、酚类

（3）过滤与离心分离。水样浑浊也会影响分析结果，还会加速水质的变化。如果测定溶解态组分，采样后用0.45微孔滤膜过滤，除去藻类和细菌等悬浮物，提高水样的稳定性；如果测定不可滤金属，则应保留滤膜备用；如果测定水样中某组分的总含量，采样后

直接加入保存剂保存，分析时充分摇匀后再取样。

（4）水样的保存期。原则上采样后应尽快分析。水样的有效保存期的长短依赖于待测组分的性质、待测组分的浓度和水样的清洁程度等因素。稳定性好的组分，如F^-、Cl^-、SO_4^{2-}、Na^+、K^+、Ca^{2+}、Mg^{2+}等的保存期较长；稳定性差的组分，保存期短，甚至不能保存，采样后应立即测定。一般待测物质的浓度越低，保存时间越短。水样的清洁程度也是决定保存期长短的一个因素，一般清洁水样保存时间不超过72h，轻度污染水样不超过48h，严重污染水样不超过12h为宜。

由于天然水体、废水（或污水）样品成分不同、采样地点不同，同样的保存条件难以保证对不同类型样品中待测组分都是可行的。迄今为止还没有找到适用于一切场合和情况的绝对保存准则。

综上所述，保存方法应与使用的分析技术相匹配，应用时应结合具体工作检验保存方法的适用性。我国现行的水样保存技术如表5-5所示，可作为水质监测样品保存的一般条件。

三、水样的预处理

环境水样的组成复杂，多数待测组分的含量低，存在形态各异，而且样品中存在大量干扰物质。因此，需要对水样进行预处理，使其中待测组分的形态和浓度符合分析方法的要求，并且减少或消除共存组分的干扰。常用的水样预处理方法有消解、分离和富集等。

（一）水样的消解

当测定含有机物水样中的无机元素时，需要进行消解处理。消解是为了破坏有机物和溶解悬浮固体，将各种价态的待测元素氧化成单一高价态或转变成易于分离的无机物。消解后的水样应清澈、透明、无沉淀。水样消解的方法有湿式消解法和干灰化法。

1.湿式消解法

（1）硝酸消解法。该法适用于较清洁地表水样的消解。

（2）硝酸-高氯酸消解法。该法适用于消解含悬浮物、有机质较多及含难氧化有机物的水样。

（3）硝酸-硫酸消解法。该法是常用的消解组合。但该法不适用于处理易生成难溶硫酸盐组分（如铅、钡、锶）的水样。

（4）硫酸-高锰酸钾消解法。该法常用于消解需要测定汞的水样。

（5）硫酸-磷酸消解法。二者组合消解水样，有利于消除Fe^{3+}等离子对测定的干扰。

（6）多元消解方法。为提高消解效果，在某些情况下需要采用三元及以上酸或氧化剂消解体系。例如，处理测量总铬含量的水样时，采用硫酸-磷酸-高锰酸钾三元消解体系。

（7）碱分解法。当用酸体系消解水样造成易挥发组分损失时，可用碱分解法。

2.干灰化法

干灰化法又称干式分解法或高温分解法，多用于底泥、沉积物等固态样品的消解，但不适用于处理测定易挥发组分（如砷、汞、镉、硒、锡等）的水样。

（二）富集与分离

在水质监测中，当待测组分的含量低于分析方法的检出限时，就必须进行富集；当有大量共存干扰组分时，就必须采取分离或掩蔽措施。富集和分离的目的是消除干扰、提高测定方法的灵敏度。富集与分离往往同时进行。常用的方法有过滤法、气提法、顶空法、蒸馏法、蒸发浓缩法、萃取法、挥发法、吸附法、离子交换法、层析法、低温浓缩法、沉淀与共沉淀法等。

1.气提、顶空与蒸馏法

利用共存组分的挥发性或沸点的差异，采用向水样中通入惰性气体或加热的方法，将被测组分吹出或蒸出，达到分离和富集的目的。

（1）气提法。该法是用氮气（空气或氩气）将易挥发待测组分从水样中吹出，直接送入仪器进行测定，或导入吸收液或吸附柱富集后再测定。例如：冷原子吸收测定水样中的汞时，先将汞离子用氯化亚锡还原为原子态汞，再利用汞易挥发的性质，通入惰性气体将其吹出并送入仪器测定；测定硫化物时，先使其在磷酸介质中生成硫化氢，再用惰性气体载入乙酸锌-乙酸钠溶液吸收，达到与母液分离和富集的目的。

（2）顶空法。顶空法又称上部空间法，常用于测定挥发性有机化合物（Volatile Organic Compounds，VOCs）或挥发性无机物（Volatile inorganic compounds，VICs）水样的预处理。测定时，先在密闭的容器中装入水样，容器上留有一定空间，再将容器置于恒温水浴中。经过一定时间，挥发性组分在容器内的气、液两相达到平衡，待测组分X在两相中的分配系数K和两相相比β可用式（5-5）和式（5-6）表示。

$$K = \frac{[X]_G}{[X]_L} \tag{5-5}$$

$$\beta = \frac{V_G}{V_L} \tag{5-6}$$

式中，$[X]_G$和$[X]_L$分别为平衡状态下待测组分X在气相和液相中的浓度，V_G和V_L分别为气相和液相的体积。

根据物料平衡原理，可以推导出待测组分在气相中的平衡浓度$[X]_G$与其在水样中原始浓度$[X]_L^0$之间的关系式。

$$[X]_G = \frac{[X]_L^0}{1/K + \beta} \qquad (5-7)$$

式中，K值用标准试样在相同条件下测得，而β为已知值，故测得气样$[X]_G$后，就可计算出$[X]_L^0$。

（3）蒸馏法。该法是利用水样中各种污染组分具有不同的沸点而使其彼此分离的方法。测定水样中的挥发酚、氰化物、氟化物时，均需先在酸性介质中进行预蒸馏分离。氟化物可用直接蒸馏装置，也可用水蒸气蒸馏装置；测定水中的氨氮时，需在微碱性介质中进行预蒸馏分离。此时蒸馏具有消解、富集和分离三种作用。

2.蒸发浓缩法

蒸发浓缩是指在电热板上或水浴中加热水样，使水分缓慢蒸发，达到缩小水样体积、浓缩被测组分的目的。此法简单易行，无须化学处理，但存在速度慢、易损失等缺点。

3.吸附法

吸附是利用多孔性的固体吸附剂将水样中一种或数种组分吸附于表面，以达到分离的目的。常用的吸附剂有活性炭、氧化铝、分子筛、多孔高分子聚合物等。被吸附富集于吸附剂表面的污染组分可用有机溶剂或加热解吸出来。

4.共沉淀法

共沉淀是指溶液中两种难溶化合物在形成沉淀过程中，将共存的某些痕量组分一起载带沉淀出来的现象。共沉淀的原理是基于表面吸附、包藏、形成混晶和异电核胶态物质相互作用等。

（1）利用吸附作用的共沉淀分离。该方法常用的无机载体有 $Fe(OH)_3$、$Al(OH)_3$、$Mn(OH)_2$ 及硫化物等。例如：分离含铜溶液中的微量铝，加氨水不能使铝以 $Al(OH)_3$ 沉淀析出；若加入适量 Fe^{3+} 和氨水，则利用生成的 $Fe(OH)_3$ 沉淀做载体，吸附 $Al(OH)_3$ 转入沉淀，达到与溶液中的 $Cu(NH_3)_4^{2+}$ 分离的目的。用分光光度法测定水样中的 $Cr(VI)$，当水样有色、浑浊、Fe^{3+} 含量低于 200mg/L 时，可于 PH 值为 8 ～ 9 条件下用 $Zn(OH)_2$ 做共沉淀剂吸附分离干扰物质。

（2）利用生成混晶的共沉淀分离。当欲分离微量组分及沉淀剂组分生成沉淀时，若具有相似的晶格，就可能生成混晶而共同析出。例如，$PbSO_4$ 和 $SrSO_4$ 的晶形相同，如分离水样中的痕量 Pb^{2+}，可加入适量 Sr^{2+} 和过量可溶性硫酸盐，则生成 $PbSO_4$–$SrSO_4$ 的混晶，将 Pb^{2+} 共沉淀出来。

（3）利用有机共沉淀剂进行共沉淀分离。有机共沉淀剂的选择性较无机沉淀剂多，得到的沉淀也较纯净，并且通过灼烧可除去有机共沉淀剂。例如，在含痕量Zn^{2+}的弱酸性溶液中，加入NH_4SCN和甲基紫，由于甲基紫在溶液中电离成带正电荷的阳离子B^+，它们之间发生如下的共沉淀反应：

$Zn^{2+}+4SCN^-=Zn（SCN）_4^{2+}$

$2B^++Zn（SCN）_4^{2+}=B_2Zn（SCN）_4$（形成缔合物）

$B^++SCN^-=BSCN$（形成载体）

$B_2Zn（SCN）_4$与$BSCN$发生共沉淀，将痕量Zn^{2+}富集于沉淀中。

5. 离子交换法

该法是利用离子交换剂与溶液中的离子发生交换反应进行分离的方法。离子交换剂分为无机离子交换剂和有机离子交换剂，其中有机离子交换剂应用广泛，也称为离子交换树脂。离子交换树脂一般为可渗透的三维网状高分子聚合物，在网状结构的骨架上含有可电离的或可被交换的阳离子或阴离子活性基团，与水样中的离子发生交换反应。强酸性阳离子树脂含有活性基团$-SO_3H$、$-SO_3Na$等，一般用于富集金属阳离子。强碱性阴离子交换树脂含有$-N（CH_3）_3^+X-$基团，其中$X-$为OH^-、Cl^-、NO_3^+等，能在酸性、碱性和中性溶液中与强酸或弱酸阴离子交换。离子交换技术在富集和分离微量或痕量元素方面得到较广泛的应用。

6. 萃取法

用于水样预处理的萃取方法有溶剂萃取法、固相萃取法、微波萃取法、超临界流体萃取法和超声波辅助萃取法等。

（1）溶剂萃取法。溶剂萃取也称液–液萃取，是基于物质在不同的溶剂相中分配系数不同，而达到组分的富集与分离。某物质在水相–有机相中的分配系数（K）可用分配定律[式（5–8）]表示。

$$K=\frac{[A]_{有}}{[A]_{水}} \qquad （5-8）$$

式中，$[A]_{有}$为溶质A在有机相中的平衡浓度，$[A]_{水}$为溶质A在水相中的平衡浓度。K与溶质和溶剂的特性及温度等因素有关。当溶液中某组分的K值大时，则容易进入有机相，而K值很小的组分仍留在水相中。在恒定的温度、压力及被萃取组分浓度不大时，值为常数。

分配定律只适用于溶质A的浓度较低且在两相中的存在形式相同，无解离、缔合等副反应过程的情况。但实际上，副反应的发生使得被测组分在两相中的存在形式有所不同，此时可用分配比来描述溶质在两相中的分配。分配比D是指溶质A在有机相中各种存在形式的总浓度$（c_A）_{有}$与在水相中各种存在形式的总浓度$（c_A）_{水}$之比。

$$D = \frac{\sum [A]_{\text{有}}}{\sum [A]_{\text{水}}} = \frac{(c_A)_{\text{有}}}{(c_A)_{\text{水}}} \qquad （5-9）$$

在萃取分离中，一般要求分配比在10以上。分配比反映萃取体系达到平衡时的实际分配情况，具有较大的实用价值。

被萃取物质在两相中的分配还可以用萃取率（E）来表示，其表达为

E（%）=有机相中被萃取物的量/水相和有机相中被萃取的总量×100　（5-10）

萃取率E和分配比D之间的关系为

$$E(\%) = \frac{100D}{D + \dfrac{V_{\text{水}}}{V_{\text{有}}}} \qquad （5-11）$$

为了达到分离的目的，不仅要求被萃取物质A具有较高的萃取效率，而且要求与共存组分有良好的分离效果。如果在同一体系中有两种溶质A和B，它们的分配比分别为D_A和D_B，可用分离系数β表示其分离效果。

$$\beta = \frac{D_A}{D_B} \qquad （5-12）$$

如果$\beta=1$，即$D_A=D_B$，表示A和B不能分离；β值越大（远大于1）或越小（远小于1），则A和B分离效果越好。

水相中的有机污染物可根据"相似相溶"原则选择适宜溶剂直接进行萃取。多数无机物在水相中以水合离子状态存在，不能用有机溶剂直接萃取；可先加入一种试剂，使其与水相中离子态组分结合，生成一种不带电荷、易溶于有机溶剂的物质，从而被有机溶剂萃取，以达到富集和分离的目的。加入的试剂与有机相、水相共同构成萃取体系。根据生成可萃取类型的不同，萃取体系又分为螯合物萃取体系、离子缔合物萃取体系、三元络合物萃取体系和协同萃取体系等，其中螯合物萃取体系应用最多，如用二硫腙与水中Cu^{2+}、Hg^{2+}、Zn^{2+}、Pb^{2+}等形成难溶于水的螯合物，再用CHCb（或CCU）萃取后用分光光度法测定。

（2）固相萃取法。固相萃取法（Solid-Phase Extraction，SPE）的萃取剂是固体，其工作原理是依据水样中待测组分与共存组分在固相萃取剂上作用力强弱不同，使它们彼此分离。常用的固相萃取剂是含C_{18}或C_8、腈基、氨基等基团的特殊填料。固相萃取装置分为柱型和盘型两种。例如，C_{18}键合硅胶是通过在硅胶表面做硅烷化处理而制得的一种颗粒物，将其装载在聚丙烯塑料、玻璃或不锈钢的短管中，即为柱型固相萃取剂。如果将C_{18}键合硅胶颗粒进一步加工制成以聚四氟乙烯为网络的膜片，即为膜片型固相萃取剂。

固相萃取法具有高效、可靠及溶剂消耗量少等优点，已逐渐取代传统的液-液萃取而成为环境样品预处理的有效方法。20世纪90年代出现固相微萃取（Solid Phase Microextraction，SPME）技术，可在无溶剂条件下一步完成取样、萃取和浓缩，与气相色谱仪、高效液相色谱仪等仪器联用，快速测定样品中痕量有机物。该装置类似微量注射器，由手柄和萃取头（纤维头）两部分组成。萃取头是一根长约1cm、涂有不同固定相涂层的熔融石英纤维。石英纤维一端连接不锈钢内芯，外套细的不锈钢针管（以保护石英纤维不被折断）。手柄用于安装和固定萃取头。通过手柄的推动，萃取头可以伸出不锈钢管。萃取时将萃取针头插入样品瓶内，吸附待测组分后，将萃取头缩回萃取器针头内，完成萃取过程。拔出萃取头，插入气相色谱的气化室进行解吸和测定，也可送入高效液相色谱仪经洗脱后测定。

（3）微波萃取法。微波萃取（Microwave Extraction，ME）也称微波辅助萃取，是利用微波能的特性来对待测组分进行选择性萃取，从而使试样中的某些有机成分达到与基体物质有效分离的目的。微波萃取过程中可以对萃取物质中不同组分进行选择性加热，使目标成分直接与基体分离，因而具有很好的选择性。与传统萃取法相比，微波萃取法具有萃取速度快、效率高、对萃取物具有高选择性、溶剂用量少、耗能低，且可实行温度、压力、时间的有效控制等优点。目前，微波萃取技术在食品萃取工业和化学工业上的应用较广。

四、水质分析结果的表示方法

水质分析结果的表示应符合以下要求：

（1）使用中华人民共和国法定计量单位及符号等。

（2）水质项目中除水温（℃）、电导率[μS/cm（25℃）]、氧化还原电位（mV）、细菌总数（个/mL）、大肠菌群（个/L）、透明度（cm）、色度（度或倍）、浊度（NTU）、总硬度（$CaCO_3$，mg/L），其余单位均为mg/L。

（3）底质分析结果用mg/kg（干基）或μg/kg（干基）表示。

（4）如果平行测定结果在允许误差范围内，则结果以平均值表示。

（5）当测定结果在检出限（或最小检出浓度）以上时，报实际测得结果值；当低于方法检出限时，用"ND"表示，并注明"ND"表示未检出，同时给出方法检出限值，统计污染总量时以零计。

（6）检出率、超标率用百分数（%）表示。

（7）校准曲线的相关系数只舍不入，保留到小数点后出现非9的一位，如0.99989保留为0.9998。如果小数点后都是9时，最多保留4位。校准曲线的斜率和截距有时小数点后位数很多，最多保留3位有效数字，并以幂表示，如0.0000234表示为2.34×10^{-5}。

第四节 物理性水质指标的测定

一、水的感官物理性状

（一）水温

水的许多物理化学性质与水温有关，如密度、黏度、盐度、PH、气体的溶解度、化学和生物化学反应速率及生物活动等。因此，水温是水质监测的一项重要指标。水温的测量对水体自净、热污染判断及水处理过程的运转控制等都具有重要意义。

水的温度因气温和来源不同而有很大差异。地下水温度通常为8～12℃。地表水随季节、气候变化较大，范围为0～30℃。工业废水温度因工业类型、生产工艺不同有很大差别。

水温的测量应在现场进行，分为表层水温和深层水温。常用的测量仪器有水温计、深水温度计、颠倒温度计和热敏电阻温度计等。各种温度计应定期校核。一般情况下，温度记录应准确至0.5℃，而当要求计算水中溶解氧或为科研需要时，则应测准至0.1℃。

1.表层水温测定

通常采用水温计测定表层水温。下端是一金属储水杯，温度表水银球部悬于杯中。测温范围通常为-6～40℃，最小分度为0.2℃。测量时将其插入待测深度的水中，放置5min后，迅速提出水面并读数。

2.深层水温测定

深层水温测定常采用深水温度计、颠倒温度计测定。深水温度计适用于水深40m以内的水温测量。其结构与水温计相似。盛水筒较大，并有上、下活门，利用其放入水中和提升时自动开启和关闭，使筒内装满所测温度的水样。测量范围为-2～40℃，分度为0.2℃。测量时，将深水温度计投入水中，与表层水温的测定步骤相同。

颠倒温度计用于测量水深在40m以上水体的各层水温，一般需装在颠倒采水器上使用。它由主温表和辅温表构成，装在厚壁玻璃套管内。主温表是双端式水银温度计，用于观测水温，测量范围为-2～32℃，分度为0.10℃；辅温表为普通水银温度计，用于观测读取水温时的气温，以校正因环境温度改变而引起的主温表读数的变化，测量范围为−20～50℃，分度为0.5℃。测量时，将颠倒温度计随颠倒采水器沉入一定深度的水层，放置10min后，提出水面后立即读数，并根据主、辅温度表的读数，经过校正后获得实际水温。

（二）色度

色度是水样颜色深浅的量度。某些可溶性有机物、部分无机离子和有色悬浮微粒均可使水着色。因而，水的颜色与其种类有关。

水的颜色分为真色和表色。真色指去除了水中悬浮物质以后水的颜色。表色指没有去除悬浮物质的水所具有的颜色。水质分析中水的色度是指真色。在测定前，水样要先静置澄清或离心取其上清液，也可用孔径为0.45pm的滤膜过滤去除悬浮物；但不可以用滤纸过滤，因滤纸可能会吸附部分真色。水的色度的测定方法有铂钴标准比色法和稀释倍数法。

1.铂钴标准比色法

该方法将一定量的氯铂酸钾（K_2PtCl_6）和氯化钴（$COCl_2 \cdot 6H_2O$）溶于水中配成标准色列，与水样进行目视比色法确定水样的色度。1L水中含1mg铂和0.5mg钴所具有的颜色定为1个色度单位。该法所配成的标准色列性质稳定，可较长时间存放。

由于氯铂酸钾价格较贵，可以用铬钴比色法代替进行色度的测定。该标准色列为黄色，只适用于较清洁的饮用水和天然水的测定。若水样为其他颜色，无法与标准色列比较时，则可用适当的文字描述其颜色和色度，如浅红色、深褐色等。

2.稀释倍数法

稀释倍数法主要用于生活污水和工业废水颜色的测定。将经预处理去除悬浮物后的水样用无色水逐级稀释，当稀释到接近无色时，记录其稀释倍数，以此作为水样的色度，单位是"倍"，同时用文字描述废水颜色的种类，如棕黄色、深绿色、浅蓝色等。

（三）臭

水中的异臭主要来源于工业废水和生活污水中的污染物、天然物质的分解或与之有关的微生物的活动等。由于大多数形成异臭的物质太复杂，常用定性描述和近似定量（阈值实验）进行测定。水样最好储存在玻璃瓶中，采样后6h内测定。

1.定性描述法

取100mL水置于250mL锥形瓶中，检验人员依靠自己的嗅觉，分别在20±2℃振荡（也称冷法）和煮沸（也称热法）稍冷后嗅其臭味，用适当的词语描述其臭味特征，并按表5-7等级报告臭强度。本方法适用于天然水、饮用水、生活污水和工业废水中臭味的检测。

表5-7　臭强度等级

等级	强度	说明
0	无	无任何气味
1	微弱	一般人难以察觉，嗅觉灵敏者可以察觉
2	弱	一般人刚能察觉
3	明显	已能明显察觉
4	强	有显著的臭味
5	很强	有强烈的恶臭和异味

2.阈值法

用无臭水稀释水样，直至刚好能检出最低可辨别臭气的浓度，称为臭阈浓度。水样稀释到刚好检出臭味时的稀释倍数称为"臭阈值"，计算公式为

$$臭阈值=（水样的体积+无臭水的体积）/水样的体积 \qquad （5-13）$$

测定臭阈值时，用水样和无臭无味水在锥形瓶中配制水样稀释系列，然后在水浴上加热至$60 \pm 1℃$，取出锥形瓶，振荡2～3次，去塞，闻其臭，与无臭水比较，确定刚好能闻出气味的稀释样，计算臭阈值。选择5～10位检验人员同时监测，取所有测得阈值的几何平均值作为最终结果。此外，要求检验人员测定前避免外来气味的刺激。

无臭水可用自来水或蒸馏水通过颗粒活性炭柱来制取。如果自来水中含有余氯，用硫代硫酸钠溶液滴定脱除。

（四）浊度

由于天然水和废水中含有泥土、细砂、有机物、无机物、浮游生物和微生物等悬浮物质，对进入水中的光线产生吸收或散射，从而表现出浑浊现象。水中悬浮物对光线透过时所产生的阻碍程度称为浊度。

浊度是天然水和饮用水的一项非常重要的水质指标，也是水可能受到污染的重要标志。在自来水厂的设计和运转中，浊度的测定也是处理设备选型和设计的重要参数，以及运转和投药量的重要控制指标。浊度与色度虽然都是水的光学性质，但它们是有区别的。色度是由水中溶解物质引起的，而浊度则是由水中不溶解物质引起的。浊度的测定方法有目视比浊法、分光光度法和浊度仪法。

1.目视比浊法

硅藻土（或白陶土）通过0.1mm筛孔（150目）过滤烘干后，用蒸馏水配制浊度标

准储备液。规定1L水中含1mg一定粒度的硅藻土所产生的浊度为一个浊度单位，简称"度"。视水样浊度高低，用浊度标准储备液和具塞比色管或具塞无色玻璃瓶配制系列浊度标准溶液。取与系列浊度标准溶液等体积的摇匀水样或稀释水样，置于与之同规格的比浊器皿中，与系列浊度标准溶液比较，选出与水样产生视觉效果相近的标准溶液，即为水样的浊度。若水样浊度超过100度，则先稀释后再测定，最终结果需乘其稀释倍数。用该法所测得的水样浊度单位也称为JTU（杰克逊浊度单位）。

2.分光光度法

取一定量的硫酸肼[（N_2H_4）$2H_2SO_4$]与六次甲基四胺[（CH_2）$_6N_4$]聚合，生成白色高分子聚合物，配制浊度标准溶液。用分光光度计在波长680nm处测定吸光度，并绘制标准曲线。在同样条件下测定水样吸光度，在标准曲线上查得水样浊度。若水样经过稀释，则要乘其稀释倍数。该法适用于测定天然水、饮用水的浊度，所测得的浊度单位为NTU（散射浊度单位）。

3.浊度仪法

浊度仪是依据浑浊液对光进行散射或透射的原理制成的测定水体浊度的专用仪器，一般用于水体浊度的连续自动测定。浊度仪可分为透射光式、散射光式、透射光-散射光式、表面散射光式。

透射光式浊度仪测定原理同分光光度法，其连续自动测量式采用双光束测量法（即测量光束与参比光束），以消除光源强度等条件变化带来的影响。

散射光式浊度仪的测定原理是基于光射入水样时，构成浊度的颗粒物对光发生散射，散射光强度与水样的浊度成正比。按照测量散射光位置的不同，仪器有两种形式：一种是在与入射光垂直的方向上测量。例如，根据ISO7027国际标准设计的便携式浊度计，以发射高强度890nm波长的红外发光二极管为光源，将光电传感器放在与发射光垂直的位置上，用计算机进行数据处理，可进行自检和直接读出水样的浊度值。另一种是水样从一个倾斜体顶部溢流，形成平整的光学表面，在溢流面上测定散射光强度以求得浊度，称为表面散射光式。

透射光-散射光式浊度仪可同时测量透射光和散射光强度，根据其比值测定浊度。这种仪器测定浊度受水样色度影响小。

二、水中的固体

水中固体的测定有着重要的环境意义。若环境水体中的悬浮固体含量过高，不仅影响景观，还会造成淤积，同时是水体受到污染的一个标志。溶解性固体含量过高，同样不利于水功能的发挥。如果溶解性的矿物质过高，既不适于饮用，也不适于灌溉，有些工业用水（如纺织、印染等）也不能使用含盐量高的水。

（一）水中固体的分类

水中的固体是指在一定的温度下将水样蒸发至干后残留在器皿中的物质，因此也称为"蒸发残渣"。

水中固体分为总固含量、悬浮固含量和溶解固含量。总固含量是将水样置于器皿中蒸发至近干，再放在烘箱中在一定温度下烘干至恒量所得的固体含量（也称总残渣）。一般将能通过2.0μm或更小孔径滤纸或滤膜的固体称为溶解固体，不能通过的称为悬浮固体。根据固体在水中溶解性的不同可分为溶解固体（也称过滤残渣）和悬浮固体（也称不可过滤残渣）。根据挥发性的不同，水中固体又可分为挥发性固体（也称挥发性残渣）和固定性固体（也称固定性残渣）。挥发性固体是指在一定温度（通常为550℃）下，将水样中固体物质灼烧一段时间后所损失的物质的质量，又称"灼烧减重"，灼烧后留存的物质的质量则称为"固定性固体"。固定性固体可以大体代表水中无机物的含量，挥发性固体可以大体代表水中有机物的含量。在废水和污水的固体测定中还有一个称为"可沉固体"的指标，它是指在一定条件下悬浮固体中所能沉下来的固体的质量。

（二）水中固体测定方法及原理

1.总固体

取适量振荡均匀的水样置于已恒量的蒸发皿中，在蒸汽浴或水浴上蒸干，移入103～105℃或者180±2℃烘箱内烘至恒量。蒸发皿两次恒量后，称量所增加的质量即为总残渣，计算公式为

$$总固体（mg/L）=（A～B）×1000×1000/V \qquad (5-14)$$

式中：A为总残渣+蒸发皿质量，g；B为蒸发皿质量，g；V为水样体积，mL。

2.溶解固体

溶解固体量是指过滤后的水样置于已恒量的蒸发皿内蒸干，然后在103～105℃下烘至恒量所增加的质量；有时要求测定180±2℃烘干的溶解性固体质量，在该条件下所得的结果与化学分析所计算的总矿物质含量接近。计算方法同总固体。

对于一个实际水样，溶解性固体与悬浮物是一个相对的值，与所用滤料的孔径有关，因此报告结果中必须注明所用滤料的孔径。

3.悬浮固体

水样经过滤后留在过滤器上的固体物质于103～105℃烘至恒量得到的物质称为悬浮固体（SS）。它包括不溶于水的泥沙、各种污染物、微生物及难溶无机物等。常用的滤器有滤纸、滤膜、石棉坩埚，报告结果时应注明。石棉坩埚通常用于过滤酸或碱浓度高的水样。

4.550℃灼烧损失

先将蒸发皿在升温至550℃的马弗炉中灼烧1h，干燥冷却后称其质量并用来测定水样的总固体，然后将含有总固体的蒸发皿再放入冷的马弗炉中，加热至550℃，灼烧1h，取出后在干燥器中冷却、称量，直至恒量。蒸发皿减少的质量即为挥发性固体的质量，所留存的质量即为固定性固体的质量，计算方法分别为

$$挥发性固体（mg/L）=（A-B）\times 1000 \times 1000/V \qquad （5-15）$$

$$固定性固体（mg/L）=（B-C）\times 1000 \times 1000/V \qquad （5-16）$$

式中：A为总固体+蒸发皿质量，g；B为固定性固体+蒸发皿质量，g；C为蒸发皿质量，g；V为水样体积，mL。

三、电导率

电导率表示水溶液传导电流的能力。电导率的大小取决于溶液中所含离子的种类、总浓度、迁移性和价态，还与测定时的温度有关。通常，电导率是指25℃时的测定值。因水溶液中绝大部分无机物都有良好的导电性，而有机化合物分子难以解离，基本不具备导电性。因此，电导率常用于推测水中离子的总浓度或含盐量。

（一）电导率

电解质溶液也能像金属一样具有导电能力，只不过金属的导电能力一般用电阻（R）表示，而电解质溶液的导电能力通常用电导（G）表示。电导是电阻的倒数，即$G=1/R$。

（二）电导率测定方法

溶液的电导值对照表5-8，查阅其对应的电导率值，并求得电导池常数Q。然后再用电导率仪测定待测水样的电导，即可求得水样的电导率。

表5-8　不同浓度氯化钾溶液的电导率

浓度/（mol/L）	电导率/（μs/cm）	浓度/（mol/L）	电导率/（μs/cm）
0.0001	14.94	0.01	1413
0.0005	73.90	0.02	2767
0.001	147.0	0.05	6668
0.005	717.8	0.1	12900

水样的电导率与温度、电极上的极化现象、电极分布、电容等因素有关，仪器上一般都采用了补偿或消除措施。常见的电导率仪经校正后可直接读出电导率值。

第五节　水中有机污染物的测定

水体中除含有无机污染物外，更大量的是有机污染物。目前，世界上有统计的有机物的数目已达千万种，与此同时，人工合成的新的有机物数量每年都在不断增加。如此大量的有机物不可避免地会通过各种方式进入环境水体中，它们以毒性和使水中溶解氧减少的形式对生态系统产生影响，危害人体健康。已经查明，绝大多数致癌物质是有毒有机物，因此有机污染物指标是一类评价水体污染状况极为重要的指标。

目前，多以化学需氧量（Chemical Oxygen Demand，COD）、生化需氧量（Biological Oxygen Demand，BOD）、总有机碳（Total Organic Carbon，TOC）等综合指标，或挥发酚类、石油类、硝基苯类等类别有机物指标，来表征水体中有机物含量。但是，许多痕量有毒有机物对上述指标贡献极小，其危害或潜在威胁却很大。因此，随着分析测试技术和仪器的不断发展和完善，正在加大对危害大、影响面宽的有机污染物的监测力度。例如：我国出版的《水和废水监测分析方法》（第四版）中的"有机污染物监测项目"部分与第三版（1989年出版）比较，有了大幅度增加；美国推出的《水和废水标准检验方法》（第二十版，1998年）中，可测定的有机污染物达175项，重点是有毒有机物的测定。

一、化学需氧量

化学需氧量是指在强酸并加热条件下，用重铬酸钾为氧化剂处理水样时消耗氧化剂的量，以氧的质量浓度（mg/L）表示。化学需氧量所测得的水中还原性物质主要是有机物和硫化物、亚硫酸盐、亚硝酸盐、亚铁盐等无机还原物质。但是水体中有机物的数量远多于无机还原物质的数量，因此化学需氧量可以反映水体受有机物污染的程度，可作为水中有机物相对含量的综合指标之一。

我国规定用重铬酸盐法（HJ828–2017）测定废（污）水的化学需氧量，其他方法有快速消解分光光度法、库仑滴定法、氯气校正法等。化学需氧量是一个条件性指标，其测定结果受到加入的氧化剂的种类、浓度、反应液的酸度、温度、反应时间及催化剂等条件的影响。重铬酸钾的氧化率可达90%左右，使得重铬酸钾法成为国际上广泛认定的化学需氧量测定的标准方法，适用于生活污水、工业废水和受污染水体的测定。

（一）重铬酸盐法

在强酸性溶液中，一定量的重铬酸钾在催化剂（硫酸银）作用下氧化水样中还原性物质，过量的重铬酸钾以试亚铁灵为指示剂，用硫酸亚铁铵标准溶液回滴，溶液的颜色由黄色经蓝绿色至红褐色即为滴定终点，记录硫酸亚铁铵标准溶液的用量，根据其用量计算水样中还原性物质的需氧量。重铬酸钾与有机物可进行下列反应：

$2K_2Cr_2O_7+8H_2SO_4+3C$（代表有机物）$\rightarrow 2Cr_2(SO_4)_3+2K_2SO_4+8H_2O+3CO_2\uparrow$

过量的重铬酸钾以试亚铁灵为指示剂，以硫酸亚铁铵溶液回滴，反应式为

$K_2Cr_2O_7+7H_2SO_4+6FeSO_4\rightarrow 3Fe_2(SO_4)_3+K_2SO_4+2Cr_2(SO_4)_3+7H_2O$

测定方法是：取20mL混合均匀的水样（或适量水样稀释至20mL）置于250mL磨口的回流锥形瓶中，准确加入10mL重铬酸钾标准溶液及数粒小玻璃珠，连接磨口回流冷凝管，从冷凝管上口慢慢地加入30mL硫酸-硫酸银溶液，轻轻摇动锥形瓶使溶液混匀，加热回流2h（自开始沸腾时计时）。冷却后，用90mL水冲洗冷凝管壁，取下锥形瓶。溶液总体积不得少于140mL，否则会因酸度太大使得滴定终点不明显。溶液冷却后，加3滴试亚铁灵指示液，用硫酸亚铁铵标准溶液滴定至溶液的颜色至红褐色即为终点，记录硫酸亚铁铵标准溶液的用量。同时取20mL重蒸馏水，按同样操作步骤做空白实验。记录滴定空白时硫酸亚铁铵标准溶液的量，按式（5-17）计算COD_{cr}的值。

$$COD_{Cr}(O_2,\text{mg}/L)=\frac{(V_0-V_1)\times c\times 8\times 1000}{V} \qquad (5-17)$$

式中：V_0为空白实验时硫酸亚铁铵标准溶液的用量，mL；V_1为测定水样时硫酸亚铁铵标准溶液的用量，mL；V为所取水样的体积，mL；c为硫酸亚铁铵标准溶液的浓度，mol/L；8为氧的摩尔质量，g/mol。

重铬酸钾氧化性很强，大部分直链脂肪化合物可有效地被氧化，而芳烃及吡啶等多环或杂环芳香有机物难以被氧化。但挥发性好的直链脂肪族化合物和苯等存在于气相，与氧化剂接触不充分，氧化率较低。氯离子也能被重铬酸钾氧化，并与硫酸银作用生成沉淀，干扰COD_{cr}的测定，可加入适量$HgSO_4$络合或采用$AgNO_3$沉淀去除。若水中含亚硝酸盐较多，可预先在重铬酸钾溶液中加入氨基磺酸便可消除其干扰。

重铬酸钾法测定化学需氧量存在操作步骤较烦琐、分析时间长、能耗高，所使用的银盐、汞盐及铬盐还会造成二次污染等问题。为了解决这些问题，国内外学者相继提出了一些改进方法与装置，取得了较好的效果。例如，用空气冷凝回流管取代传统的水冷凝管，同时实现多个样品的批量消解，节省了水资源的消耗，使操作更加安全。还有研究用Al^{3+}、MnO_4^{2-}等助催化剂部分取代Ag_2SO_4，既可以节约成本，又可以缩短反应时间。在定量方面，近年来利用分光光度法和库仑滴定法取代传统的容量滴定法。

（二）库仑滴定法

在强酸性溶液中，一定量的重铬酸钾在催化剂（硫酸银）作用下氧化水样中的还原性物质，利用电解法产生所需的 Fe^{2+} 滴定溶液中剩余的重铬酸钾，并用电位指示终点。依据电解消耗的电量和法拉第电解定律按照式（5-18）计算被测物质的含量。

$$W = \frac{Q}{96847} \cdot \frac{M}{n} \qquad (5-18)$$

式中：Q 为电量，C；M 为被测物质的相对分子质量；n 为滴定过程中被测离子的电子转移数；W 为被测物质质量，g。

库仑池由电极对及电解液组成，其中工作电极为双钼片工作阴极和铂丝辅助阳极（内置 $3mol/1H_2SO_4$），用于电解产生滴定剂；指示电极为铂片指示电极（正极）和钨棒参比电极（负极，内充饱和 K_2SO_4 溶液）。以其点位的变化指示库仑滴定终点。电解液为 $10.2mol/L$ 硫酸、重铬酸钾和硫酸铁混合液。

库仑滴定法测定水样的COD值的要点是分别在空白溶液（蒸馏水加硫酸）和样品溶液（水样加硫酸）中加入等量的重铬酸钾标准溶液，分别进行回流消解15min。冷却后加入等量的硫酸铁溶液，在搅拌下进行库仑滴定。设样品COD值为 c_x（mg/L），取样量为 V（mL），因为 $W = c_x \dfrac{V}{1000}$，而 $Q = I \cdot t$，氧的相对分子质量为32，电子转移数为4，将以上各项代入方程式（5-18），整理得计算式

$$c_x = \frac{8000}{96487} \cdot \frac{I(t_0 - t_1)}{V} \qquad (5-19)$$

式中：I 为电解电流，mA；t_0 为空白实验时电解产生亚铁离子滴定重铬酸钾的时间，s；t_1 为水样实验时电解产生亚铁离子滴定剩余重铬酸钾的时间，s。

库仑滴定法简单、快速、试剂用量少，不需要标定亚铁标准溶液，不受水样颜色干扰，尤其适合于工业废水的控制分析。

（三）分光光度法

分光光度法是根据重铬酸钾中橙色的 Cr^{6+} 与水样中还原性物质反应后生成绿色的 Cr^{3+} 从而引起溶液颜色变化这一特征，建立在一定波长下溶液的吸光度值与反应物浓度之间的定量关系，通过标准工作曲线得到未知水样所对应的COD值。其中，快速消解分光光度法是光度法测定水样COD含量的典型方法（HJ/T399-2007）。

快速消解分光光度法是：在试样中加入已知量的重铬酸钾溶液，在强酸介质中，以硫酸银作为催化剂，经高温消解2h后用分光光度法测定COD值。

当试样中COD值在100~1000mg/L时，在600±20nm波长处测定重铬酸钾被还原产生的Cr^{3+}的吸光度，试样中还原性物质的量与Cr^{3+}的吸光度成正比例关系，从而可以根据Cr^{3+}的吸光度对试样的COD值进行定量。

当试样中COD值在15~250mg/L时，在440±20nm波长处测定重铬酸钾未被还原的Cr^{6+}和被还原产生的Cr^{3+}两种铬离子的总吸光度，试样中还原性物质的量与Cr^{6+}吸光度的减少值和吸光度的增加值分别成正比，与总吸光度的减少值成正比，从而可以将总吸光度换算成试样的COD值。

该法所规定的各种试剂的浓度与标准法类似，但试剂用量和水样量都要小得多，多采用在消解管中预装混合试剂的方法。消解温度为165±2℃，消解时间为15min，加热器具有自动恒温和计时鸣叫等功能。有透明通风的防消解液飞溅的防护盖，加热孔的直径应与消解管匹配，使之紧密接触。可以使用普通光度计，用长方形比色皿盛装反应液测量；也可以采用专用光度计，直接将消解比色管放入光度计中在一定波长下进行测量。

二、高锰酸盐指数

高锰酸盐指数是指在酸性或碱性介质中，以高锰酸钾为氧化剂处理水样时所消耗的氧的量，以（O_2，mg/L）来表示。水中的亚硝酸盐、亚铁盐、硫化物等还原性无机物和在此条件下可被氧化的有机物均可消耗高锰酸钾。因此，该指数常被作为地表水受有机物和还原性无机物污染程度的综合指标。为避免Cr^{6+}的二次污染，日、德等国家也用高锰酸盐作为氧化剂测定废水的化学需氧量。高锰酸盐指数的测定方法有酸性法和碱性法两种。

（1）酸性法高锰酸盐指数的测定。取100mL水样（原样或经稀释），加入（1+3）硫酸使呈酸性，加入10mL浓度为0.01mol/L的高锰酸钾标准溶液，在沸水浴中加热反应30min。剩余的高锰酸钾用过量的草酸钠标准溶液（10mL，0.0100mol/L）还原，再用高锰酸钾标准溶液回滴过量的草酸钠，溶液由无色变为微红色即为滴定终点，记录高锰酸钾标准溶液的消耗量。测定过程中，高锰酸钾与有机物的反应式为

$4KMnO_4+6H_2SO_4+5C \rightarrow 2K_2SO_4+4MnSO_4+6H_2O+5CO_2\uparrow$

高锰酸钾与草酸的反应式为

$2KMnO_4+5H_2C_2O_4+3H_2SO_4 \rightarrow K_2SO_4+2MnSO_4+8H_2O+10CO_2\uparrow$

水样不稀释时，按式（5-20）计算高锰酸盐指数。

$$高锰酸盐指数（O_2，mg/L）=\frac{[(10+V_1) \times K-10] \times c \times 8 \times 1000}{100} \quad （5-20）$$

式中：V_1为回滴时所消耗高锰酸钾标准溶液的体积，mL；K为高锰酸钾校正系数；c为草酸钠标准溶液的浓度，mol/L；8为氧的摩尔质量，g/mol。

由于高锰酸钾溶液不是很稳定，应该保存在棕色瓶中，并要求每次使用前进行重新标定，即准确移取10mL草酸钠溶液（0.0100mol/L），立即用高锰酸钾溶液滴定至微红色，记录消耗的高锰酸钾溶液体积（V_2），并利用式（5-21）计算K。

$$K = \frac{10}{V_2} \qquad （5-21）$$

若水样测定前用蒸馏水稀释，则需同时做空白实验，高锰酸盐指数计算公式为

高锰酸盐指数（O_2，mg/L）

$$= \frac{\left\{ [(10+V_1) \times K - 10] - [(10+V_0) \times K - 10] \times f \right\} \times c \times 8 \times 1000}{100} \qquad （5-22）$$

式中：V_0为空白实验中所消耗高锰酸钾标准溶液的量，mL；f为蒸馏水在稀释水样中所占比例。其他符号同不稀释水样的公式。

当水中含有的氯离子<300mg/L时，不干扰高锰酸盐指数的测定；当水中氯离子含量超过300mg/L时，在酸性条件下，氯离子可与硫酸反应生成盐酸，再被高锰酸钾氧化，从而消耗过多的氧化剂，影响测定结果。此时，需采用碱性法测定高锰酸盐指数，在碱性条件下高锰酸钾不能氧化水中的氯离子。

氯离子干扰反应的反应式为

$2NaCl + H_2SO_4 \rightarrow Na_2SO_4 + 2HCl$

$2KMnO_4 + 16HCl \rightarrow 2KCl + 2MnCl_2 + 5Cl_2 \uparrow + 8H_2O$

（2）碱性法高锰酸盐指数的测定。碱性法高锰酸盐指数的测定步骤与酸性法基本一样，只不过在加热反应之前将溶液用氢氧化钠溶液调至碱性，在加热反应之后先加入硫酸酸化，然后再加入草酸钠溶液。高锰酸盐指数计算方法同酸性法。

化学需氧量和高锰酸盐指数是采用不同的氧化剂在各自的氧化条件下测定的，难以找出明显的相关关系。一般来说，重铬酸盐法的氧化率可达90%，而高锰酸盐法的氧化率为50%左右，两者均未将水样中还原性物质完全氧化，因而都只是一个相对参考数据。

三、生化需氧量

生化需氧量（Biochemical Oxygen Demand，BOD）是指在有溶解氧的条件下，好氧微生物在分解水中有机物的生物化学氧化过程中所消耗的溶解氧量，同时包括如硫化物、亚铁等还原性无机物氧化所消耗的氧量，但这部分通常占很小比例。因此，BOD可以间接表示水中有机物的含量。BOD能相对表示出微生物可以分解的有机污染物的含量，比较符合水体自净的实际情况，因而在水质监测和评价方面更具有实际操作意义。

有机物在微生物作用下，好氧分解可分两个阶段：第一阶段为含碳物质的氧化阶

段。此阶段主要是将含碳有机物氧化为二氧化碳和水。第二阶段为硝化阶段。此阶段主要是将含氮有机物在硝化菌的作用下分解为亚硝酸盐和硝酸盐。这两个阶段并非截然分开，只是各有主次。在通常条件下，要彻底完成水中有机物的生化氧化过程历时需超过100天，即使可降解的有机物全部分解也需要超过20天的时间，用这么长时间来测定生化需氧量是不现实的。目前，国内外普遍规定在20℃下培养5天所消耗的溶解氧作为生化需氧量的数值，也称为五日生化需氧量，用BOD_5表示，这个测定值一般不包括硝化阶段。

BOD_5测定方法有稀释与接种法（HJ505-2009）、微生物传感器快速测定法（HJAT86—2002）、压力传感器法、减压式库仑法和活性污泥曝气降解法等。

（一）五天培养法

五天培养法也称稀释与接种法。其原理是，水样经稀释后在20±1℃下培养5天，求出培养前后水样中溶解氧的含量，两者之差即为BOD_5。若水样$BOD_5 \leqslant 7mg/L$，则不必稀释，可直接测定，清洁的河水属于此类。对于不含或少含微生物的废水，如酸性废水、碱性废水、高温废水及经过氯化处理的废水，在测定BOD时应进行接种，以引入能降解废水中有机物的微生物。对于某些地表水及大多数工业废水，因含有较多的有机物，需要稀释后再培养测定，以保证在五天培养过程中有充足的溶解氧。其稀释比例应使培养中所消耗的溶解氧大于2mg/L，而剩余溶解氧大于1mg/L。具体包括如下。

1.稀释水的配制

一般采用蒸馏水配制稀释水，并对其中的溶解氧、温度、PH、营养物质和有机物含量有一定的要求。首先，向蒸馏水中通入洁净的空气曝气2～8h，使水中溶解氧含量接近饱和，为五天内微生物氧化分解有机物提供充足的氧，然后于20℃下放置一定时间使其达到平衡。其次，用磷酸盐缓冲溶液调节稀释水PH值为7.2，以适合好氧微生物的活动。此外，再加入适量的硫酸镁、氯化钙、氯化铁等营养溶液，以维持微生物正常的生理活动。稀释水的PH为7.2，其BOD_5应小于0.2mg/L。

2.稀释水的接种

一般情况下，生活污水中有足够的微生物。而工业废水，尤其是一些有毒工业废水，微生物含量甚微，应在稀释水中接种微生物，即在每升稀释水中加入生活污水上层清液1～10mL，或表层土壤浸出液20～30mL，或河水、湖水10～100mL。接种后的水也称为接种稀释水。在分析含有难于生物降解或剧毒物质的工业废水时，可以采用该种废水所排入的河道的水作为接种水，也可用产生这种废水的工厂、车间附近的土壤浸出液接种，或者进行微生物菌种驯化。接种液可事先加入稀释水中，但稀释水样中的微生物浓度要适量，其含量过大或过小都将影响微生物在水中的生长规律，从而影响BOD_5的测定值。

3.稀释倍数

废水样用接种稀释水稀释，一般可采用经验值法对稀释倍数进行估算。

对于地表水等天然水体，可根据其高锰酸盐指数来估算稀释倍数，即

$$稀释倍数 = 高锰酸盐指数 \times 稀释系数 \qquad （5-23）$$

稀释系数的选择参见表5-9。

表5-9 由高锰酸盐指数估算稀释倍数的系数

高锰酸盐指数/（mg/L）	稀释系数	高锰酸盐指数/（mg/L）	稀释系数
<5	—	10～20	0.4、0.6
5～10	0.2、0.3	>20	0.5、0.7、1.0

对于生活污水和工业废水，其稀释倍数可由COD_{Cr}值分别乘稀释系数0.075、0.15和0.25获得。通常同时做三个稀释比的水样。对于高浓度的工业废水，可根据废水样总有机碳进行预估，也可以先粗测几个大稀释倍数，基本了解COD_{Cr}大致范围，再进行多个稀释倍数的测定。

4.水样BOD_5的计算

测定结果可按式（5-24）计算水样的BOD_5，即

$$BOD_5(mg / L) = \frac{(c_1 - c_2) - (B_1 - B_2)f_1}{f_2} \qquad （5-24）$$

式中：c_1、c_2分别为稀释水样在培养前、后的溶解氧浓度，mg/L；B_1、B_2分别为稀释水在培养前、后的溶解氧浓度，mg/L；f_1为稀释水在培养液中所占比例；f_2为水样在培养液中所占比例。

水样含有铜、铅、镉、铬、砷、氰等有毒物质时，对微生物活性有抑制，可使用经驯化微生物接种的稀释水，或提高稀释倍数，以减小毒物的影响。如果含少量氯，一般放置1～2h可自行消散；对于游离氯短时间不能消散的水样，可加入一定量亚硫酸钠去除。

该方法适用于测定BOD_5大于或等于2mg/L、最大不超过6000mg/L的水样；对于大于6000mg/L的水样，会因稀释带来更大误差。

（二）微生物电极法

微生物电极是一种将微生物技术与电化学检测技术相结合的传感器，其结构主要由溶解氧电极和紧贴其透气膜表面的固定化微生物膜组成。响应BOD物质的原理为：当将微生物电极插入恒温、溶解氧浓度一定的不含BOD物质的底液时，由于微生物的呼吸活性一

定，底液中的溶解氧分子通过微生物膜扩散进入溶解氧电极的速率一定，微生物电极输出一个稳定电流；如果将BOD物质加入底液中，则该物质的分子与氧分子一起扩散进入微生物膜，因为膜中的微生物对BOD物质发生同化作用而耗氧，导致进入氧电极的氧分子减少，即扩散进入的速率降低，使电极输出电流减小，并在几分钟内降至新的稳态值。在适宜的BOD物质浓度范围内，电极输出电流降低值与BOD物质浓度之间呈线性关系，而BOD物质浓度又和BOD值之间有定量关系。

微生物膜电极BOD测定仪由测量池（装有微生物膜电极、鼓气管及被测水样）、恒温水浴、恒电压源、控温器、鼓气泵及信号转换和测量系统组成。恒电压源输出0.72V电压，加于Ag-AgCl电极（正极）和黄金电极（负极）上。黄金电极将因被测溶液BOD物质浓度不同产生的极化电流变化送至阻抗转换和微电流放大电路，经放大的微电流再送至A/D转换电路（或A/V转换电路），转换后的信号进行数字显示或记录仪记录。仪器经用标准BOD物质溶液校准后，可直接显示被测溶液的BOD值，并在20min内完成一个水样的测定。该仪器适用于多种易降解废水的BOD监测。

BOD是一个能反映废水中可生物氧化的有机物数量的指标。根据废水的BOD_5/COD比值，可以评价废水的可生化性及是否可以采用生化法处理等。一般若BOD_5/COD比值大于0.3，认为此种废水适宜采用生化处理方法；若BOD_5/COD比值小于0.3，说明废水中不可生物降解的有机物较多，需先寻求其他处理技术。

四、总有机碳

TOC是以碳的含量表示水体中有机物总量的综合指标。由于TOC的测定采用燃烧法，能将有机物全部氧化，它比BOD或COD更能直接表示有机物的总量，因此常被用来评价水体中有机物污染的程度。当然，由于它排除了其他元素，如含N、S、P等元素的有机物，这些有机物在燃烧氧化过程中也参与氧化反应，但TOC以C计，结果中并不能反映出这部分有机物的含量。

TOC的测定方法有燃烧氧化-非分散红外吸收法、电导法、气相色谱法、湿法氧化-非分散红外吸收法等。其中，燃烧氧化-非分散红外吸收法只需一次性转化，流程简单、重现性好、灵敏度高，因此被广泛使用。

燃烧氧化-非分散红外吸收法测定TOC又分为差减法和直接法。由于个别含碳有机物在高温下也不易被燃烧氧化，因此所测得的TOC值常略低于理论值。

（一）差减法

将一定体积的水样连同净化氧气或空气（干燥并除去二氧化碳）分别导入高温炉（900~950℃）和低温炉（150℃）中，经高温炉的水样在催化剂（铂和二氧化钴或三氧化二铬）和载气中氧的作用下，使有机物转化为二氧化碳；经低温炉的水样受酸化而使无机碳酸盐分解成二氧化碳。其所生成的二氧化碳依次进入非色散红外线检测器。由于一定波长的红外线被二氧化碳选择吸收，并在一定浓度范围内，二氧化碳对红外线吸收的强度与二氧化碳的浓度成正比，故而可对水样中的总碳（Total Carbon，TC）和无机碳（Inorganic Carbon，IC）进行分别定量测定。总碳与无机碳的差值为总有机碳。

（二）直接法

将水样加酸酸化使其PH值<2，通入氮气曝气，使无机碳酸盐转变为二氧化碳并被吹脱而去除。再将水样注入高温炉，便可直接测得总有机碳；除需要先吹脱去除水样中的无机碳之外，其他原理同差减法。

五、总需氧量

总需氧量（Total Oxygen Demand，TOD）是指水中的还原性物质，主要是有机物在燃烧中变成稳定的氧化物所需要的氧量，结果以（O_2，mg/L）表示。

用TOD测定仪测定TOD的原理是：将一定量水样注入装有铂催化剂的石英燃烧管，通入含已知氧浓度的载气（氮气）作为原料气，则水样中的还原性物质在900℃下被瞬间燃烧氧化。测定燃烧前后原料气中氧浓度的减少量，便可求得水样的总需氧量值。

TOD值能反映几乎全部有机物经燃烧后变成CO_2、H_2O、NO、SO_2等所需要的氧量。它比BOD、COD和高锰酸盐指数更接近于理论需氧量值。但它们之间也没有固定的相关关系。有研究指出，BOD_5/TOD=0.1 ~ 0.6，COD/TOD=0.5 ~ 0.9，具体比值取决于废水的性质。

根据TOD和TOC的比例关系可粗略判断有机物的种类。对于含碳化合物，因为一个碳原子消耗两个氧原子，即O_2/C=2.67，因此从理论上说，TOD=2.67TOC。若某水样的TOD/TOC为2.67左右，可认为主要是含碳有机物；若TOD/TOC>4.0，则应考虑水中有较大量含S、P的有机物存在；若TOD/TOC<2.6，就应考虑水样中硝酸盐和亚硝酸盐可能含量较高，它们在高温和催化条件下分解放出氧，使TOD测定呈现负误差。

六、挥发酚

根据能否与水蒸气一起蒸出，酚类化合物分为挥发酚和不挥发酚。挥发酚通常是指沸点在230℃以下的酸类，通常属一元酚。沸点在230℃以上的酚类为不挥发酚。

酸类属高毒物质，人体摄入一定量时，可出现急性中毒症状；长期饮用被酚污染的水，可引起头昏、出疹、瘙痒、贫血及各种神经系统症状。水中含低浓度（0.1 ~ 0.2mg/L）酚类时，可使生长鱼的鱼肉有异味；水中含有高浓度（＞5mg/L）酚时，则造成鱼中毒死亡。含酚浓度高的废水不宜用于农田灌溉，否则会使农作物枯死或减产。水中含微量酚类，在加氯消毒时可产生特异的氯酚臭。

酸类主要来自炼油、煤气洗涤、炼焦、造纸、合成氨、木材防腐和化工生产等废水。酚类的分析方法有溴化滴定法、分光光度法和色谱法等，目前使用较多的是4-氨基安替吡啉分光光度法。当水样中挥发酚浓度低于0.5mg/L时，采用4-氨基安替吡啉萃取光度法；当浓度高于0.5mg/L时，采用4-氨基安替吡啉直接光度法。高浓度含酸废水可采用溴化滴定法，此法适用于车间排放口或未经处理的总排污口废水。

无论是分光光度法还是溴化滴定法，当水样中存在氧化剂、还原剂、油类及某些金属离子时，均应设法消除并进行预蒸馏。例如：对游离氯加入硫酸亚铁还原；对硫化物加入硫酸铜使之沉淀，或者在酸性条件下使其以硫化氢形式逸出；对油类可用有机溶剂萃取除去；等等。蒸馏可以分离出挥发酚，同时消除颜色、浑浊和金属离子等的干扰。

（一）4-氨基安替吡啉分光光度法

酚类化合物于PH值为10.0±0.2的介质中，在铁氰化钾的存在下，与4-氨基安替吡啉（2-AAP）反应生成橙红色的吲哚酚安替吡啉染料，在510nm波长处有最大吸收，用比色法定量分析。

显色反应受酚环上取代基的种类、位置、数目等影响，如对位被烷基、芳香基、酯、硝基、苯酰、亚硝基或醛基取代，而邻位未被取代的酚类与4-氨基安替吡啉不产生显色反应。这是上述基团阻止酚类氧化成醌型结构所致。但对位被卤素、磺酸、羟基或甲氧基取代的酚类与4-氨基安替吡啉发生显色反应，邻位硝基酚和间位硝基酚与4-氨基安替吡啉发生的反应又不相同，前者反应无色，后者反应有点颜色。所以，本法测定的酚类不是总酚，而仅仅是与4-氨基安替吡啉反应显色的酚，并以苯酚为标准，结果以苯酚计算含量。

用20mm比色皿测定，该方法检出限为0.1mg/L。如果显色后用三氯甲烷萃取，于460nm波长处测定，其检出限可达0.002mg/L，测定上限为0.12mg/L。此外，在直接光度法中，有色络合物不够稳定，应立即测定；氯仿萃取法中，有色络合物可稳定3h。

（二）溴化滴定法

在含过量溴（由溴酸钾和溴化钾产生）的溶液中，酚与溴反应生成三溴酚，并进一步生成溴代三溴苯酚。剩余的溴在酸性条件下与碘化钾作用释放出游离碘。同时，溴代三溴苯酚也与碘化钾反应置换出游离碘。用硫代硫酸钠标准溶液滴定释放出的游离碘，并根据其消耗量计算出以苯酚计的挥发酚含量。反应式为：

$$KBrO_3 + 5KBr + 6HCl \rightarrow 3Br_2 + 6KCl + 3H_2O$$

C$_6$H$_5$OH+3Br$_2$→C$_6$H$_2$Br$_3$OH+3HBr

C$_6$H$_2$Br$_3$OH+Br$_2$→C$_6$H$_2$Br$_3$OBr+HBr

Br$_2$+2KI→2KBr+I$_2$

C$_6$H$_2$Br$_3$OBr+2KI+2HCl→C$_6$H$_2$Br$_3$OH+2KCl+HBr+I$_2$

2Na$_2$S$_2$O$_3$+I$_2$→2NaI+Na$_2$S$_4$O$_6$

结果按式（5-25）计算：

$$挥发酚（以苯酚计，mg/L）= \frac{(V_1 - V_2) \times c \times 15.68 \times 1000}{V}$$ （5-25）

式中：V_1为空白（以蒸馏水代替水样，加同体积溴酸钾和溴化钾溶液）实验滴定时硫代硫酸钠标准溶液用量，mL；V_2为水样滴定时硫代硫酸钠标准溶液用量，mL；c为硫代硫酸钠标准溶液的浓度，mol/L；V为水样体积，mL；15.68为1/6的苯酚（C$_6$H$_5$OH）的摩尔质量，g/mol。

七、石油类

石油类是指在规定条件下能被特定溶剂萃取并被测量的所有物质，包括被溶剂从酸化的样品中萃取并在实验过程中不挥发的所有物质。环境水中石油类物质来自工业废水和生活污水的污染。工业废水中石油类（各种烃类的混合物）污染物主要来自原油的开采、加工、运输及各种炼制油的使用等行业。石油类物质在水中有三种存在状态：一部分吸附于悬浮微粒上，一部分以乳化状态存在于水体中，还有少量溶解于水中。飘浮于水体表面的油会在水面形成油膜，影响空气与水体界面氧的交换，使水中浮游生物的生命活动受到抑制，甚至死亡；分散于水中的油则会被微生物氧化分解，消耗水中的溶解氧，使水质恶化。此外，矿物油中所含的芳烃类具有较大的毒性。

测定石油类物质的水样要单独采样，不允许在实验室内再分样。采样时，应连同表层水一并采集，并在样瓶上做一标记，用以确定样品体积。每次采样时，应装水样至标线。当只测定水中乳化状态和溶解性石油类物质时，应避开漂浮在水体表面的油膜层，在水面下20～50cm处取样。当需测一段时间内石油类物质的平均浓度时，应在规定的时间间隔分别采样而后分别测定。样品如不能在24h内测定，采样后应加盐酸酸化至PH值<2，并于2～5℃下冷藏保存。

测定水中石油类物质的方法有重量法、非色散红外吸收法、红外分光光度法、紫外分光光度法、荧光法等。

（一）重量法

该方法以硫酸酸化水样，用石油醚萃取矿物油，蒸发除去石油醚，称量残渣质量，计算矿物油含量。

该方法能测定水中可被石油醚萃取的物质总量，石油的较重组分中可能含有不被石油醚萃取的物质。另外，蒸发除去溶剂时也会使轻质油产生明显损失。若废水中动、植物性油脂含量大，需用层析柱分离。重量法不受油品种类的限制，但操作繁杂、灵敏度低，只适用于测定油含量大于10mg/L的水样。

（二）非色散红外吸收法

该方法利用石油类物质的甲基（–CH₃）、亚甲基（–CH₂–）在近红外区（3.4nm）有特征吸收，用非色散红外吸收测油仪测定。标准油可采用受污染地点水中石油醚萃取物。根据我国原油组分特点，也可采用混合石油烃作为标准油，其组成（体积比）为十六烷：异辛烷：苯=65：25：10。

测定时，先用硫酸将水样酸化，加氯化钠破乳化；再用三氯三氟乙烷萃取，萃取液经无水硫酸钠层过滤，定容，注入非色散红外吸收测油仪中测定。

所有含甲基、亚甲基的有机物都将产生干扰。如水样中有动、植物油脂及脂肪酸，应预先将其分离。此外，石油中有些较重的组分不溶于三氯三氟乙烷，致使测定结果偏低。

非色散红外吸收法适用于测定0.02mg/L以上的含油水样，当油品的比吸光系数较为接近时，测定结果的可比性较好；但当油品相差较大，测定的误差也较大，尤其当油样中含芳烃时，误差要更大些。

（三）红外分光光度法

用四氯化碳萃取水中的石油类物质，测定总萃取物，然后将萃取液用硅酸镁吸附，经脱除动植物油等极性物质后，测定石油类的含量。总萃取物和石油类的含量均由波数分别为2930cm⁻¹（CH₂基团中C–H键的伸缩振动）、2960cm⁻¹（CH₃基团中C–H键的伸缩振动）和3030cm⁻¹（芳香环中C–H键的伸缩振动）谱带处的吸光度A_{2930}、A_{2960}和A_{3030}进行计算。动植物油的含量按总萃取物与石油类含量之差计算，计算公式为

$$c_{总石油类}(\text{mg/L}) = \left[X \times A_{2930} + Y \times A_{2960} + Z \left(A_{3030} - \frac{A_{2930}}{A_{3030}} \right) \right] \times \frac{V_0 \times D \times l}{V_W \times L} \quad （5\text{-}26）$$

式中：$c_{总石油类}$为测得石油类物质的浓度，mg/L；X、Y、Z为与各种C–H键吸光度相对应的系数；A_{2930}/A_{3030}为烷烃对芳烃影响的校正系数，是正十六烷在2930cm⁻¹及芳烃在

3030cm⁻¹处吸光值之比，即$F=A_{2930}$（H）$/A_{3030}$（H）；V_0为萃取溶剂定容体积，mL；V_w为水样体积，mL；D为萃取液稀释倍数；l为测定校正系数时所用比色皿光程，cm；L为测定水样时所用比色皿的光程，cm。

计算公式中校正系数X、Y、Z、F的确定步骤是：以四氯化碳为溶剂，分别配制一定浓度的正十六烷、姥鲛烷和甲苯溶液。用红外分光光度计分别测量它们在2930cm⁻¹、2960cm⁻¹和3030cm⁻¹处的吸光度A_{2930}、A_{2960}和A_{3030}。以上三种溶液在上述波数处的吸光度服从式（5-27），由此所得联立方程式求解后，可得到相应的校正系数X、Y、Z和F。

$$c = X \times A_{2930} + Y \times A_{2960} + Z\left(A_{3030} - \frac{A_{2930}}{F}\right) \qquad （5-27）$$

式中：c为各标准油品的已知浓度，mg/L。

正十六烷和姥鲛烷的芳香烃含量为零，即

$$A_{3030} - \frac{A_{2930}}{F} = 0$$

红外分光光度法适用于0.01mg/L以上的含油水样。该方法不受油品种的影响，适用范围广，所得结果可靠性好，能比较准确地反映水中石油类的污染程度。该方法已成为我国的国家标准分析方法（HJ637-2018）。

八、特定有机物的测定

特定有机物指的是毒性大、蓄积性强、难降解、被列入优先污染物的有机物。

（一）苯系物

苯系物通常包括苯，甲苯，乙苯，邻、间、对位的二甲苯，异丙苯和苯乙烯八种化合物。已查明苯是致癌物质，其他七种化合物对人体和生物均有不同程度的毒害作用。苯系物污染物主要来源于石油、化工、焦化、油漆、农药和医药等行业排放的废水。

根据样品的特点，可选用直接进样法、溶剂萃取法、吹扫捕集法或顶空法等进样分析方式进行色谱分析。其色谱条件可如下：色谱柱：HP-624石英毛细管柱（30m×0.53mm×3.0μm）；检测器：FID；载气：He或高纯N₂；柱温程序：35℃（10min）→4℃/min→220℃（4min）；进样口温度：110℃；检测器温度：250℃。

（二）挥发性卤代烃

挥发性卤代烃主要是指三卤代烃、四氯化碳等。各种卤代经均有特殊气味和毒性，可通过皮肤接触、呼吸和饮用水进入人体。挥发性卤代烃广泛应用于化工、医药及实验室，其废水排入环境而污染水体；饮用水氯化消毒过程也可能产生三氯甲烷。

挥发性卤代烃的测定一般采用带有ECD检测器的气相色谱法，进样方式为溶剂萃取法、吹扫捕集法或顶空法。以三卤甲烷（THMs）为例，色谱条件可如下：色谱柱：HP-1石英毛细管柱（30m×0.53mm×2.65μm）；检测器：ECD；载气：H_2或高纯N_2；柱温程序：50℃→10℃/min→150℃；进样口温度：200℃；检测器温度：300℃。

（三）氯苯类化合物

氯苯类化合物有12种异构体，其化学性质稳定，在水中溶解度小，具有强烈气味，对人体的皮肤和呼吸器官产生刺激，进入人体后可在脂肪和某些器官中蓄积，抑制神经中枢，损害肝脏和肾脏。氯苯类化合物主要来源于染料、制药、农药、油漆和有机合成等工业废水。各种氯苯类化合物可用气相色谱法分别进行定性和定量分析。

测定水样中氯苯的方法是：用二硫化碳萃取水样中的氯苯。萃取液经脱水后浓缩并定容，取适量注入气相色谱中分离，用FID检测，用峰高或峰面积外标法定量。其色谱条件如下：色谱柱：3mm×2000mm玻璃填充柱，内装2%有机皂土和2%DC-200固定液涂渍在80～100目白色硅烷化担体上的固定相；载气：高纯N_2；柱温：120℃；气化室和检测器温度：150℃。

（四）有机氯农药

如六六六、滴滴涕属于高毒性、高生物活性有机氯农药，物理化学性质稳定，不易分解，且难溶于水，通过生物富集和食物链进入人体，危害人体健康，多数属于持久性有机污染物（Persistent Organic Pollutants，POPs）。用气相色谱法分析有机氯农药，一般采用ECD检测器。该检测器对有机氯农药具有很高的灵敏度和选择性，检出限可达10^{-11}～10^{-14}。其色谱条件可如下：色谱柱：HP-5（交联5%苯甲基硅酮）石英毛细管柱（25m×0.32mm×0.52μm）；检测器：ECD；载气：高纯氮气（≥99.99%）；柱温程序：100℃（2.0min）→20.0℃/min→210℃→2.0℃/min→230℃（4.0min）；检测器温度：300℃；进样口温度：240℃。

（五）有机磷农药

有机磷农药因药效高、残留期短的特点而成为农药中品种最多、使用最广的杀虫剂。但是有些有机磷农药对人、畜毒性较大，易发生急性中毒；有些品种在环境中仍有一定的残留期。有机磷农药生产厂排放的废水常含有较高浓度的有机磷农药原体和中间产物、降解产物等，当排入水体或渗入地下后极易造成环境污染。有机磷农药大多不溶于水，易溶于有机溶剂中。

采用二氯甲烷分三次萃取水样，用毛细柱气相色谱火焰光度检测器（GC-FPD）分析测定有机磷农药含量，其色谱条件可如下：色谱柱：HR-1701石英毛细管色谱柱[25m×0.25mm（内径）×0.25μm]；检测器：火焰光度检测器；载气：高纯氮气（>99.99%）；柱温程序：170℃（2.0min）→15℃/min→210℃（2min）→10℃/min→220℃→15℃/min→240℃（5min）；检测器温度：250℃；进样口温度：240℃。

本方法适用于有机磷农药厂排放的废水、地表水及地下水中13种有机磷的测定，检出限为0.01μg/L。

《水和废水监测分析方法》（第四版）中还介绍了半挥发性有机物、酚类化合物、苯胺类化合物、硝基苯类化合物、邻苯二甲酸酯类化合物、阿特拉津、丙烯腈和丙烯醛、三氯乙醛、多环芳烃、二噁英类、多氯联苯、有机锡化合物的监测方法，涉及100多种有机物及异构体。监测它们的方法主要是气相色谱法和气相色谱-质谱法。

上述几类挥发性与半挥发性有机物的测定都是采用相对专属的检测器，但定性与定量的基础必须建立在有标准样品上，这在实际环境样品分析中往往存在困难，因环境污染物较多，很难都有标准样品对应。因此，质谱检测器成为最受欢迎的检测器，因其可以对检测物进行结构鉴定，而且根据同系物，也可以对没有标准样品的检测化合物进行定量或半定量分析。

第六章 大气与废气监测

第一节 大气和废气监测概述

一、大气和大气污染

（一）大气的组成和垂直分布

1.大气的组成

大气是由多种气体组成的机械混合物。低层大气是由干洁空气、水汽和固体杂质三部分组成的。

（1）干洁空气主要由氮（78.6%）、氧（20.95%）、氩（0.93%）组成，它们的体积和约占总体积的99.94%，此外还有二氧化碳、氖、氢、氦、氙、氪、臭氧等其他气体，占不到0.1%。其中：氧、氮、二氧化碳、臭氧对生命活动具有重要意义：氧是人类和一切生物维持生命活动所必需的物质。氮是地球上生物体的基本成分。二氧化碳是绿色植物进行光合作用的基本原料，并对地面起保温作用。臭氧大量吸收太阳紫外线，保护地球上的生物免受过多紫外线的伤害。

（2）水汽和固体杂质，含量虽少，却是天气变化的重要角色。水汽的相变，产生了云、雨、雪、雾等一系列天气现象。固体杂质作为凝结核，是成云致雨的必要条件。

2.大气的垂直分布

根据温度、密度和大气运动状况，可将大气划分为以下几个层次：

（1）对流层。贴近地面的大气最低层，其平均厚度为12km。该层是大气中最活跃、与人类关系最密切的一层。因为对流层内大气的重要热源是来自地面长波辐射，故而离地面越近，气温越高。其特点如下：①气温随高度增加而降低。在不同地区、不同季节和不同高度，降低的数值并不相同。每升高1km气温平均下降6℃。②空气具有强烈的对流运动。③气体密度随高度增高而减小。④风、雪、雨、霜、雾、雷电都发生在这一层，大气污染主要发生在这一层，特别是近地层。

（2）平流层。平流层高度在17～50km。该层内气体状态稳定。在25km以下，随高度增加，气温保持不变或稍有上升。从25km开始，气温随高度增加而增高；到平流层顶时，气温接近0℃。在15～35km高度存在一臭氧层，其浓度在25km处最大。臭氧能吸收来自太阳的紫外线，氟利昂、氮氧化物等可与臭氧作用破坏臭氧层。其特点如下：①大气稳定，污染物不易排出，臭氧空洞就出现在这一层；②平流层内垂直对流运动很小；③大气透明度高，利于高空飞行。

（3）中间层。从平流层顶到80～85km的一层称为中间层。其显著特点是气温随高度增加而降低，顶部可达-92℃左右，垂直温度分布和对流层相似，层内热源靠其下部的平流层提供，因而下热上冷，气体垂直运动相当强烈。

（4）热层。80～500km称为热层。该层内空气极稀薄，在太阳紫外线和宇宙射线的辐射下，空气处于高度电离状态，因而也称电离层。其特点如下：①气温随高度增高而普遍上升，温度最高可升至1200℃；②空气处于高度电离状态。

（二）大气污染

1.大气污染

大气中有害物质浓度超过环境所能允许的极限并持续一定时间后，会改变大气特别是空气的正常组成，破坏自然的物理、化学和生态平衡体系，从而危害人们的生活、工作和健康，损害自然资源及财产、器物等，这种情况称为大气污染。大气污染是随着产业革命的兴起、现代工业的发展、城市人口的密集、煤炭和石油燃料使用量的迅猛增长而产生的。

2.大气污染事件

近百年来，西欧、美国、日本等工业发达国家大气污染事件日趋增多，世界上由大气污染引起的公害事件接连发生。例如，英国伦敦的烟雾事件、日本四日市的哮喘事件、美国洛杉矶的烟雾事件、印度博帕尔的毒气泄漏事件等，不仅严重危害居民健康，甚至造成数百人、数千人死亡。

二、大气污染物和大气污染源

（一）大气污染物

大气污染物的种类不下数千种，已发现有危害作用而被人们注意到的有100多种，其中大部分是有机物。具体划分如下。

1.依据大气污染物的形成过程

（1）一次污染物。它是直接从各种污染源排放到大气中的有害物质。其特点是组分单一。

常见的主要有二氧化硫、氮氧化物、一氧化碳、碳氢化合物、颗粒性物质等。颗粒性物质中包含苯并[a]芘等强致癌物质、有毒重金属、多种有机化合物和无机化合物等。

（2）二次污染物。它是一次污染物在大气中相互作用或它们与大气中的正常组分发生反应而产生的新污染物。

其特点是：多为气溶胶、颗粒小，毒性一般比一次污染物大。

常见的主要有硫酸盐、硝酸盐、臭氧、醛类（乙醛和丙烯醛）、过氧乙酰硝酸酯（PAN）等。

二次污染物常出现在下列两种烟雾中：伦敦型烟雾和光化学烟雾（洛杉矶烟雾）。

2.依据大气污染物的存在状态

大气中的污染物质的存在状态是由其自身的理化性质及形成过程决定的，气象条件也起到一定的作用。根据存在状态一般将它们分为两类。

（1）分子状态污染物。它是在常温常压下以气体或蒸汽形式（苯、苯酚）分散在大气中的污染物质。根据化学形态，可将其分为以下五类：

①含硫化合物。如SO_2、H_2S、SO_3、硫酸、硫酸盐。

②含氮化合物。如NO、NO_2、NH_3、硝酸、硝酸盐。

③碳氢化合物。如$C_1 \sim C_5$化合物、醛、酮、PAN。

④碳氧化合物。如CO、CO_2。

⑤卤素化合物。如HF、HCl。

其特点是：运动速度较快、扩散快、在大气中分布比较均匀。

（2）粒子状态污染物。它是分散在大气中的微小液体和固体颗粒，粒径多在 0.01 ~ 100μm，是一个复杂的非均匀体系。通常根据颗粒物在重力作用下的沉降特性将其分为降尘和飘尘。

①降尘。粒径大于10μm的颗粒物能较快地沉降到地面上，称为降尘，如水泥粉尘、金属粉尘、飞灰等。降尘一般颗粒大，比重也大，在重力作用下易沉降，危害范围较小。

②飘尘。粒径小于10μm的粒子，粒径小，比重也小，可长期飘浮在大气中，具有胶体性质，称为飘尘，又称气溶胶。飘尘易随呼吸进入人体，危害健康，因此也称为可吸入颗粒物（IP或PM10）。通常所说的烟、雾、灰尘均是用来描述飘尘存在形式的。

a.烟。某些固体物质在高温下由于蒸发或升华作用变成气体逸散于大气中，遇冷后又凝聚成微小的固体颗粒悬浮于大气中构成烟。烟的粒径一般为0.01 ~ 1μm。

b.雾。雾是由悬浮在大气中微小液滴构成的气溶胶，按其形成方式可分为分散型气溶胶和凝聚型气溶胶。常温状态下的液体由于飞溅、喷射等原因被雾化而形成微小雾滴分散在大气中，构成分散型气溶胶。液体因加热变成蒸汽逸散到大气中，遇冷后又凝集成微小液滴形成凝聚型气溶胶。雾的粒径一般在10μm以下。

通常所说的烟雾是烟和雾同时构成的固、液混合态气溶胶，如硫酸烟雾、光化学烟雾等。

硫酸烟雾是由燃煤产生的高浓度二氧化硫和煤烟形成的，而二氧化硫经氧化剂、紫外光等因素的作用被氧化成三氧化硫，三氧化硫与水蒸气结合形成硫酸烟雾。

当汽车污染源排放到大气中的氮氧化物、一氧化碳、碳氢化合物达到一定浓度后，在强烈阳光照射下，经发生一系列光化学反应，形成臭氧、PAN和醛类等物质悬浮于大气中而构成光化学烟雾。

（二）大气污染源

1.自然污染源

自然污染源是由自然原因造成的。如火山爆发时喷射出大量粉尘、二氧化硫气体等，森林发生火灾时会产生大量二氧化碳、碳氢化合物、热辐射等。

2.人为污染源

人为污染源是由人类的生产和生活活动形成的，是大气污染的主要来源。

（1）工业企业排放的气体，如SO_2、NO_x、TSP、HF等，见表6-1所示。

表6-1 各类工业企业向大气排放的主要污染物

部门	企业类别	排出主要污染物
电力	火力发电厂	烟尘、SO_2、NO_x、CO、苯并[a]芘等
冶金	钢铁厂	烟尘、SO_2、CO、氧化铁尘、氧化锰尘、锰尘等
	有色金属冶炼厂	烟尘（Cu、Cd、Pb、Zn等重金属）、SO_2等
	焦化厂	烟尘、SO_2、CO、H_2S、酚、苯、萘、烃类等

部门	企业类别	排出主要污染物
化工	石油化工厂	SO_2、H_2S、NO_x、氰化物、氯化物、烃类等
	氮肥厂	烟尘、NO_x、CO、NH_3、硫酸气溶胶等
	磷肥厂	烟尘、氟化氢、硫酸气溶胶等
	氯碱厂	氯气、氯化氢、汞蒸汽等
	化学纤维厂	烟尘、H_2S、NH_3、CS_2、甲醇、丙酮等
	硫酸厂	SO_2、NO_x、砷化物等
	合成橡胶厂	烯烃类、丙烯腈、二氯乙烷、二氯乙醚、乙硫醇、氯化甲烷
	农药厂	砷化物、汞蒸汽、氯气、农药等
	冰晶石厂	氟化氢等
机械	机械加工厂	烟尘等
	仪表厂	汞蒸汽、氰化物等
化工	灯泡厂	烟尘、汞蒸汽等
	造纸厂	烟尘、硫醇、H_2S等
建材	水泥厂	水泥尘、烟尘等

（2）交通运输工具排放的废气主要有氮氧化合物、一氧化碳、碳氢化合物等。汽车减速时比定速时排出的废气更多，所以城市交通拥堵加速了空气污染。

（3）室内空气污染源包括物理、化学、生物和放射性污染源，主要有消费品和化学品的使用、建筑和装饰材料以及个人活动。如各种燃料燃烧、烹调、油烟机吸烟产生的SO_2、NO_2等各种有害气体，建筑、装饰材料及家具和家用化学品释放的甲醛、氨、苯、氡和挥发性有机化合物等，家用电器和某些用具导致的电磁辐射等物理污染，室内用具和宠物产生的生物性污染，人体生理代谢排出的内源性、外源性污染，通过咳嗽、打喷嚏等喷出的流感病毒、结核杆菌、链球菌等生物污染物，通过门窗进入、人为活动带入的污染物，如干洗过的衣物释放出三氯乙烯、四氯乙烯等。

三、大气污染物的特点

大气污染物的时空分布及其浓度与污染物排放源的分布、排放量及地形、地貌、气象等条件密切相关。

同一污染源在同一地点、不同时间所造成的地面空气污染浓度往往相差数倍至数十倍，同一时间不同地点也相差甚大。

一次污染物和二次污染物在大气中的浓度由于受气象条件的影响，它们在一天内的变化也不同。一次污染物因受逆温层、气温、气压等的限制，在清晨和黄昏时浓度较高，中午时降低；而二次污染物（如光化学烟雾等）由于是靠太阳光能形成的，故在中午时浓度增加，清晨和夜晚时降低。

四、大气监测目的

科学家发现，至少有100种大气污染物对环境产生危害，我们不可能逐项测定。因此，我们把污染物分级排队，从中筛选出潜在危害性大，在环境中出现频率高，难以降解，具有生物积累性、"三致"物质及现在已有检出方法的污染物（即优先监测原则）。

（1）通过对大气环境中主要污染物质进行定期或连续的监测，判断大气环境质量是否符合国家制定的环境空气质量标准，并为编写大气环境质量状况评价报告提供数据。

（2）为研究大气环境质量的变化规律和发展趋势，开展大气污染的预测预报工作提供依据。

（3）为政府部门执行有关环境保护法规，开展环境质量管理、环境科学研究及修订大气环境质量标准提供基础数据和依据。空气污染常规监测项目见表6-2所示。

表6-2　空气污染常规监测项目

类别	必测项目	按地方情况增加的必测项目	选测项目
空气污染物监测	SO_2、NO_x、TSP、PM10、硫酸盐化速率、灰尘自然沉降量	CO、总氧化剂、烃、F_2、HF、B（a）P、Pb、H_2S、光化学氧化剂	CS_2、Cl_2、氯化氢、硫酸雾、HCN、NH、Hg、Be、铬酸雾、非甲烷烃、芳香烃、苯乙烯、酚、甲醛、甲基对硫磷、异氰酸甲酯
空气降水监测	PH、电导率	K^+、Na^+、Ca^{2+}、Mg^{2+}、NH^+、SO_4^{2-}、NO_3^-、Cl^-	

第二节　大气污染监测方案的制订

制订大气污染监测方案的程序，首先要根据监测的目的进行调查研究，收集必要的基础材料，然后经过综合分析，确定监测项目，设计布点网络，选定采样频率、采样方法和监测技术，建立质量保证程序和措施，提出监测结果报告要求及进度计划。

一、基础资料的收集

收集的基础资料主要有污染源分布及排放情况、气象资料、地形资料、土地利用和功能分区情况、人口分布及人群健康情况等。

（一）污染源分布及排放情况

通过调查，将监测区域内的污染源类型、数量、位置、排放的主要污染物及排放量调查清楚，同时还应了解所用原料、燃料及消耗量。特别注意排放高度低的小污染源，它对周围地区地面、大气中污染物浓度的影响要比大型工业污染源大。

（二）气象资料

污染物在大气中的扩散、输送和一系列的物理、化学变化在很大程度上取决于当时当地的气候条件。因此，要收集监测区域的风向、风速、气温、气压、降水量、日照时间、相对湿度、温度的垂直梯度和逆温层底部高度等资料。

（三）地形资料

地形对当地的风向、风速和大气稳定情况等有影响。因此，设置监测网点时应该考虑地形的因素。例如，一个工业区建在不同的地区对环境的影响会有显著的差异，不同的地理环境会有不同。在河谷地区出现逆温层的可能性较大，在丘陵地区污染物浓度梯度会很大，在海边、山区影响也是不同的。所以，监测区域的地形越复杂，要求布设的监测点越多。

（四）土地利用和功能分区情况

监测地区内土地利用情况及功能区划分也是设置监测网点应考虑的重要因素之一，不同功能区的污染状况是不同的，如工业区、商业区、混合区、居民区等。

（五）人口分布及人群健康情况

环境保护的目的是维护自然环境的生态平衡，保护人群的健康，因此掌握监测区域的人口分布、居民和动植物受大气污染危害情况及流行性疾病等资料，对制订监测方案、分析判断监测结果是有益的。

对于相关地区以及周边地区的大气资料，如有条件也应收集、整理，供制订监测方案参考。

二、监测项目的确定

存在于大气中的污染物质多种多样，应根据优先监测的原则，选择那些危害大、涉及范围广、已建立成熟的测定方法并有标准可比的项目进行监测。美国提出空气中43种优先监测污染物，有关部门规定了34种有害物质的极限。对于大气环境污染例行监测项目，各国大同小异。为向国际标准靠拢，我国在2012年修订公布了《环境空气质量标准》（GB 3095-2012），进一步明确了对环境空气质量的要求，见表6-3所示。例行监测项目见表6-4所示。

表6-3　各种污染物的浓度限值

序号	污染物项目	平均时间	浓度限值mg/立方米	
			一级	二级
1	二氧化硫（SO_2）	年平均	20	60
		24h平均	50	150
		1h平均	150	500
2	二氧化氮（NO_2）	年平均	40	40
		24h平均	80	80
		1h平均	200	200
3	一氧化碳（CO）	24h平均	4	4
		1h平均	10	10

序号	污染物项目	平均时间	浓度限值mg/立方米	
			一级	二级
4	臭氧（O₂）	日最大8h平均	100	160
		1h平均	160	200
5	颗粒物（≤10μm）	年平均	40	70
		24h平均	50	150
6	颗粒物（≤2.5μm）	年平均	15	35
		24h平均	35	75
7	总悬浮颗粒物（TSP）	年平均	80	200
		24h平均	120	300
8	氮氧化物（NOₓ）	年平均	50	50
		24h平均	100	100
		1h平均	250	250
9	铅（Pb）	年平均	0.5	0.5
		季平均	1	1
10	苯并芘（BaP）	年平均	0.001	0.001
		24h平均	0.0025	0.0025

表6-4　例行监测项目表

类型	必测项目	选测项目
连续采样实验室分析项目	二氧化硫、氮氧化物、总悬浮物、硫酸盐化速度、灰尘自然降尘量	一氧化碳、降尘、光化学氧化剂、氟化物、铅、汞、苯并芘、总烃及非甲烷烃
大气环境自动监测系统监测项目	二氧化硫、氮氧化物、总悬浮物、一氧化碳	臭氧、总碳氢化合物

三、采样点的布设

环境空气中污染物的监测是大气污染物监测的常规监测。为了获得高质量的大气污染物数据，必须考虑多种因素采集有代表性的试样，然后进行分析测试。主要因素有采样点的选择、采样物理参数的控制数据处理报告等。

（一）采样点布设原则

环境空气采样点（监测点）的位置主要依据规定要求布设。常规监测的目的：一是判断环境大气是否符合大气质量标准，或改善环境大气质量的程度；二是观察整个区域的污染趋势；三是开展环境质量识别，为环境科学提供基础资料和依据。监测（网）点的布设方法有经验法、统计法、模式法等。监测点的布设要使监测大气污染物所代表的空间范围与监测站的监测任务相适应。

经验法布点采样的原则和要求是：①采样点应选择整个监测区域内不同污染物的地方。②采样点应选择在有代表性区域内，按工业密集的程度、人口密集程度、城市和郊区，增设采样点或减少采样点。③采样点要选择开阔地带，要选择风向的上风口。④采样点的高度由监测目的而定，一般为离地面1.5～2m处，连续采样例行监测采样口高度应距地面3～15m，或设置于屋顶采样。⑤各采样点的设置条件要尽可能一致，或按标准化规定实施，使获得的数据具有可比性。⑥采样点应满足网络要求，便于自动监测。

（二）采样布点方法

采样点的设置数目要与经济投资和精度要求相应的一个效益函数适应，应根据监测范围大小、污染物的空间分布特征、人口分布及密度、气象、地形及经济条件等因素综合考虑确定。世界卫生组织和世界气象组织提出按城市人口多少设置城市大气地面自动监测站（点）的数目，见表6-5所示。我国对大气环境污染例行监测采样点规定的设置，见表6-6所示。

表6-5　世卫推荐城市大气自动监测站（点）数目

市区人口（万人）	飘尘	SO_2	NO_x	氧化剂	CO	风向、风速
≤100	2	2	1	1	1	1
100～400	5	5	2	2	2	2
400～800	8	8	4	3	4	3
>800	10	10	5	4	5	3

表6-6　我国大气环境污染例行监测采样点设置数目

市区人口（万人）	SO_2、NO_x、TSP	灰尘自然降尘量	硫酸盐化速度
<50	3	≥3	≥6
50～100	4	4～8	6～12
100～200	3	8～11	12～18
200～400	6	12～20	18～30
>400	7	20～30	30～40

1.功能区布点法

这种方法多用于区域性常规监测。布点时，先将监测地区按环境空气质量标准划分成若干功能区，再按具体污染情况和人力、物力条件，在各功能区设置一定数量的采样点。各功能区的采样点不要求平均，一般在污染较集中的工业区和人口较密集的区域多设点。

2.网格布点法

这种方法是将监测区域地面划分成均匀网状方格，采样点设在两条线的交叉处或方格中心。网格大小视污染源强度、人口分布及人力、物力条件等确定，如主导风向明显，下风向设点应多一些，一般约占采样总数的60%。网格划分越小，检测结果越接近真值，监测效果越好。网格布点法适用于有多个污染源且污染分布比较均匀的地区。

3.同心圆布点法

这种方法主要用于多个污染源构成污染群且大污染源较集中的地区。先找出污染群的中心，以此为圆心在地面上画若干个同心圆，再从圆心作若干条放射线，将放射线与圆周的交点作为采样点。不同圆周上的采样数目不一定相等或均匀分布，常年主导风向的下风向比上风向多设一些点。例如，同心圆半径分别取4km、10km、20km、40km，由里向外各圆周上分别设4、8、8、4个采样点。

4.扇形布点法

该法适用于主导风向明显的地区，或孤立的高架点源，以点源为顶点，呈45°扇形展开，采样点在距点源不同距离的若干弧线上。扇形布点主要用于大型烟囱排放污染物的取样，烟囱高度越高，污染面越大，采样点就要越多。

四、采样时间和频率

采样时间系指每次采样从开始到结束所经历的时间，也称采样时段。采样频率系指在一定时间范围内的采样次数。这两个参数要根据监测目的、污染物分布特征及人力、物力等因素决定。

（一）采样时间

采样时间短，试样缺乏代表性，监测结果不能反映污染物浓度随时间的变化，仅适用于事故性污染、初步调查等情况的应急监测。为增加采样时间，目前采用的方法是使用自动采样仪器进行连续自动采样；若再配上污染组分连续或间歇自动监测仪器，其监测结果能更好地反映污染物浓度的变化，得到任何一段时间（如1h、1d、1个月、1个季度、1年）的代表值（平均值）。这是最佳采样和测定方式。

（二）采样频率

采样频率安排合理、适当，积累足够多的数据，则具有较好的代表性。增加采样频率，即每隔一定时间采样测定一次，取多个试样测定结果的平均值为代表值。例如，每个月采样一天，而一天内又间隔相等时间采样测定一次，求出日平均、月平均监测结果。这种方法适用于受人力、物力限制而进行人工采样测定的情况，是目前进行大气污染常规监测、环境质量评价现状监测等广泛采用的方法。

显然，连续自动采样监测频率可以选得很高，采样时间很长，如一些发达国家为监测空气质量的长期变化趋势，要求计算年平均值的累积采样时间在6000h。我国监测技术规范对大气污染例行监测规定的采样时间和采样频率见表6-7所示。

在《环境空气质量标准》（GB 3095—2012）中，要求测定日平均浓度和最大一次浓度。若采用人工采样测定，应满足以下条件：在采样点受污染最严重的时期采样测定，最高日平均浓度全年至少监测20天，最大一次浓度不得少于25个，每日监测次数不少于3次。

表6-7　采样时间和频率

监测项目	
二氧化硫	隔日采样，每日连续采24±0.5h，每月14~16d，每年12个月
氮氧化物	隔日采样，每日连续采24±0.5h，每月14~16d，每年12个月
总悬浮颗粒物	隔双日采样，每日连续采24±0.5h，每月5~6d，每年12个月
灰尘自然降尘量	每月30±2d，每年12个月
硫酸盐化速度	每月30±2d，每年12个月

第三节　大气样品的采集

一、采集方法

根据被测物质在空气中存在的状态和浓度，以及所用分析方法的灵敏度，可选择不同的采样方法。采集空气样品的方法一般分为直接采样法和富集采样法两大类。

（一）直接采样法

直接采样法一般用于空气中被测污染物浓度较高，或者所用的分析方法灵敏度高，直接进样就能满足环境监测的要求。如用氢焰离子化监测器测定空气中的苯系物、置换汞法测定空气本底中的一氧化碳等。用这类方法测得的结果是瞬时或者短时间内的平均浓度，它可以比较快地得到分析结果。直接采样法常用的采样容器有注射器、塑料袋、真空瓶（管）和一些固定容器等。这种方法具有经济、轻便的特点。

1.注射器采样法

注射器采样法即将空气中被测物采集在100mL注射器中的方法。采样时，先用现场空气抽洗2～3次，然后抽取空气样品100mL，密封进样口，带回实验室进行分析。采集的空气样品要立即进行分析，最好当天处理完毕。注射器采样法一般用于有机蒸汽的采样。

2.塑料袋采样法

塑料袋采样法即将空气中被测物质直接采集在塑料袋中的方法。此种方法需要注意所用塑料袋不应与所采集的被测物质起化学反应，也不应对被测物质产生吸附和渗漏现象。常用塑料袋有聚乙烯袋、聚四氟乙烯袋及聚酯袋等。为减少对待测物质的吸附，有些塑料袋内壁衬有金属膜，如衬银、铝等。采样时打入现场空气，冲洗2～3次，然后再充满被测样品，夹住进气口，带回实验室进行分析。

3.采气管采样法

采气管是两端具有旋塞的管式玻璃容器，其容积为100～500mL。采样时，打开两端旋塞，将二联球或抽气泵接在管的一端，迅速抽进比采气管体积大6～10倍的欲采气体，使气管中原有气体完全被置换出。关上两端旋塞，采气体积即为采气管的容积。

4.真空瓶（管）采样法

真空瓶（管）采样法即将空气中被测物质采集到预先抽成真空的玻璃瓶或玻璃采样管中的方法。所用的采样瓶（管）必须是用耐压玻璃制成，一般容积为500～2 000mL。

抽真空时，瓶外面应套有安全保护套，一般抽至剩余压力为1.33kPa左右即可；如瓶中预先装好吸收液，可抽至溶液冒泡时为止。采样时，在现场打开瓶塞，被测空气即充进瓶中；关闭瓶塞，带回实验室分析。采样体积为真空采样瓶（管）的体积。如果真空度达不到1.33kPa时，那么采样体积的计算应扣除剩余压力。

（二）富集采样法

当空气中被测物质浓度很低，而所用分析方法又不能直接测出其含量时，需用富集采样法进行空气样品的采集。富集采样的时间一般都比较长，所得的分析结果是在富集采样时间内的平均浓度，这更能反映环境污染的真实情况。

富集采样的方法有溶液吸收法、填充柱阻留法（固体阻留法）、滤料阻留法、低温冷凝法及自然积集法等。在实际应用时，可根据监测目的和要求、污染物的理化性质、在空气中的存在状态，以及所用的分析方法来选择。

1.溶液吸收法

溶液吸收法是用吸收液采集空气中气态、蒸汽态物质以及某些气溶胶的方法。当空气样品进入吸收液时，气泡与吸收液界面上的监测物质的分子由于溶解作用或化学反应，很快进入吸收液中。同时，气泡中间的气体分子因存在浓度梯度、运动速度极快，能迅速地扩散到气-液界面上。因此，整个气泡中被测物质分子很快地被溶液吸收。各种气体吸收管就是利用这个原理而设计的。

理想的吸收液应是理化性质稳定，在空气中和在采样过程中自身不会发生变化，挥发性小，并能够在较高温度下经受较长时间采样而无明显的挥发损失，有选择性地吸收，吸收效率高，能迅速地溶解被测物质或与被测物质起化学反应。最理想的吸收液中就含有显色剂，边采样边显色，不仅采样后即可比色定量，而且可以控制采样的时间，使显色强度恰好在测定范围内。常用的吸收液有水溶液和有机溶剂等。吸收液的选择是根据被测物质的理化性质及所用的分析方法而定。

吸收液的选择原则是：

（1）与被采集的物质发生化学反应快或对其溶解度大。

（2）污染物质被吸收液吸收后，要有足够的稳定时间，以满足分析测定所需时间的要求。

（3）污染物质被吸收后，应有利于下一步分析测定，最好能直接用于测定。

（4）吸收液毒性小，价格低，易于购买，且应尽可能回收利用。

2.填充柱阻留法

填充柱是用一根长6～10cm、内径为3～5mm的玻璃管或塑料管内装颗粒状填充剂制成。采样时，让气样以一定流速通过填充柱，欲测组分因吸附、溶解或化学反应等作用被阻留在填充剂上，达到浓缩采样的目的。采样后，通过解吸或溶剂洗脱，使被测组分从填充剂上释放出来进行测定。根据填充剂阻留作用的原理，可分为吸附型、分配型和反应型三种类型。

吸附型填充柱的填充剂是颗粒状固体吸附剂，如活性炭、硅胶、分子筛、高分子多孔微球等。在选择吸附剂时，既要考虑吸附效率，又要考虑易于解吸测定。

分配型填充柱的填充剂是表面涂有高沸点有机溶剂（如异十三烷）的惰性多孔颗粒物（如硅藻土），类似于气液色谱柱中的固定相，只是有机溶剂的用量比色谱固定相大。当被采集气样通过填充柱时，在有机溶剂（固定液）中分配系数大的组分保留在填充剂上而被富集。

反应型填充柱的填充剂是由惰性多孔颗粒物（如石英砂、玻璃微球等）或纤维状物（如滤纸、玻璃棉等）表面涂渍能与被测组分发生化学反应的试剂制成。气样通过填充柱时，被测组分在填充剂表面因发生化学反应而被阻留。

3.滤料阻留法

该方法是将过滤材料（滤纸、滤膜等）放在采样夹上，用抽气装置抽气，则空气中的颗粒物被阻留在过滤材料上。称量过滤材料上富集的颗粒物质量，根据采样体积，即可计算出空气中颗粒物的浓度。

4.低温冷凝法

空气中某些沸点比较低的气态污染物质，如烯烃类、醛类等在常温下用固体填充剂的方法富集效果不好，而低温冷凝法可提高采集效率。低温冷凝采样法是将U形或蛇形采样管插入冷阱中，当空气流经采样管时，被测组分因冷凝而凝结在采样管底部。如用气相色谱法测定，可将采样管与仪器进气口连接，移去冷阱，在常温或加热情况下汽化，进入仪器测定。

制冷的方法有半导体制冷器法和制冷剂法。常用的制冷剂有冰（0℃）、冰-食盐（-10℃）、干冰-乙醇（-72℃）、干冰（-78.5℃）、液氮（-196℃）等。

5.自然积集法

这种方法是利用物质的自然重力、空气动力和浓差扩散作用采集空气中的被测物质，如自然降尘量、硫酸盐化速率、氟化物等空气样品的采集。采样不需要动力设备，简单易行，且采样时间长，测定结果能较好地反映空气污染状况。

二、采样仪器

用于空气采样的仪器种类和型号颇多，但它们的基本构造相似，一般由收集器、流量计和采样动力三部分组成。

（一）收集器

收集器是阻留捕集空气中欲测污染物的装置，包括前面介绍的气体吸收管（瓶）、填充柱、滤料、冷凝采样管等。

（二）流量计

流量计是采样时测定气体流量的装置。常用的流量计有皂膜流量计、孔口流量计、转子（浮子）流量计、湿式流量计、临界孔稳流量计和质量流量计等。皂膜流量计常用于校正其他流量计。转子流量计具有简单、轻便、较准确等特点，常为各种空气采样仪器所采用。

（三）采样动力

空气监测中除少数项目（如降尘等）不需动力采样外，绝大部分项目的监测采样都需采样动力。采样动力为抽气装置，最简易的采样动力是人工操作的抽气筒、注射器、双联球等。而通常所说的采样动力是指采样仪器中的抽气泵部分。抽气泵有真空泵、刮板泵、薄膜泵和电磁泵等。

三、采样效率及评价

采样方法或采样器的采样效率是指在规定的采样条件（如采样流量、污染物浓度范围、采样时间等）下所采集到的污染物量占总量的百分数。采样效率评价方法通常与污染物在空气中的存在状态有很大关系。不同的存在状态有不同的评价方法。

（一）采集气态和蒸汽态污染物质效率的评价方法

采集气态和蒸汽态的污染物常用溶液吸收法和填充柱阻留法。效率评价有绝对比较法和相对比较法两种。

1.绝对比较法

精确配制一个已知浓度为c的标准气体，然后用所选用的采样方法采集标准气体，测定其浓度，比较实测浓度c_1和配气浓度c_0，其采样效率K为

$$K = \frac{c_1}{c_0} \times 100\% \qquad (6\text{-}1)$$

用这种方法评价采样效率虽然比较理想，但是配制已知浓度的标准气体有一定困难，实际应用时受到限制。

2.相对比较法

配制一个恒定浓度的气体，而其浓度不一定要求准确已知。然后用2～3个采样管串联起来采集所配制的样品。采样结束后，分别测定各采样管中污染物的含量，计算第一个采样管含量占各管总量的百分数，其采样效率K为

$$K = \frac{c_1}{c_1 + c_2 + c_3} \times 100\% \qquad (6\text{-}2)$$

式中，c_1、c_2、c_3分别为第一、第二和第三个采样管中污染物的实测浓度。

用此法计算采样效率时，要求第二管和第三管的浓度之和与第一管比较是极小的，这样三个管所测得的浓度之和就近似于所配制的气样浓度。一般要求K值在90%以上。有时还需串联更多的吸收管采样，以期求得与所配制的气样浓度更加接近。采样效率过低时，应更换采样管、吸收剂或降低抽气速度。

（二）采集颗粒物效率的评价方法

采集颗粒物的效率评价有两种表示方法：一种是颗粒采样效率，即所采集到的颗粒数占总颗粒数的百分数；另一种是质量采样效率，即所采集到的颗粒物质量占颗粒物总质量的百分数。只有当全部颗粒大小相同时，这两种采样效率才在数值上相等。但是，实际上这种情况是不存在的。粒径几微米以下的极小颗粒在颗粒数上总是占绝大部分，而按质量计算却只占很小部分。所以，质量采样效率总是大于颗粒采样效率。在空气监测中，评价采集颗粒物方法的采样效率多用质量采样效率表示。

评价采集颗粒物方法的效率与评价气态和蒸汽态的采样方法有很大不同。一是由于配制已知浓度标准颗粒物在技术上比配制标准气体要复杂得多，而且颗粒物粒度范围也很大，所以很难在实验室模拟现场存在的气溶胶各种状态；二是用滤料采样就像一个滤筛一样，能漏过第一张滤料的细小颗粒物，也有可能会漏过第二张或第三张滤料，所以用相对比较法评价颗粒物的采样效率就有困难。鉴于以上情况，评价滤料的采样效率一般用另一个已知采样效率高的方法同时采样，或串联在其后面进行比较得出。颗粒采样效率常用一个灵敏度很高的颗粒计数器测量进入滤料前后的空气中的颗粒数来计算。

四、采气量、采样记录和浓度表示

（一）采气量的确定

每一个采样方法都规定了一定的采气量。采气量过大或过小都会影响监测结果。一般来讲，分析方法灵敏度较高时，采气量可小些；反之，则需加大采气量。如果现场污染物浓度不清楚时，采气量和采样时间应根据被测物质在空气中的最高允许浓度和分析方法的检出限来确定。最小采气量是保证能够测出最高允许浓度范围所需的采样体积，最小采气量可用式（6-3）进行估算。

$$V = \frac{V_t \times D_L}{c} \tag{6-3}$$

式中：V——最小采气体积，L；

V_t——样品溶液的总体积，mL；

D_L——分析方法的检出限，μg/mL；

c——最高允许浓度，mg/m³。

（二）采样记录

采样记录与实验室分析测定记录同等重要。在实际工作中，若不重视采样记录，往往会由于采样记录不完整而使一大批监测数据无法统计而报废，所以必须给予高度重视。采样记录的内容有：所采集样品被测污染物的名称及编号，采样地点和采样时间，采样流量、采样体积及采样时的温度和空气压力，采样仪器、吸收液及采样时天气状况及周围情况，采样者、审核者的姓名。

（三）空气中污染物浓度的表示方法

1.浓度的表示方法

空气中污染物浓度的表示方法有两种：一种是以单位体积内所含的污染物的质量数来表示，常用mg/m³或μg/m³来表示；另外一种是污染物体积与气样总体积的比值。

2.空气体积的换算

根据气体状态方程式可知，气体体积受温度和空气压力影响。为了使计算出的浓度具有可比性，要将采样体积换算成标准状态下的采样体积。体积换算式如下：

$$V_o = V_t \times \frac{273}{273+t} \times \frac{p}{101.325}$$

（6-4）

式中：V_0——标准状态下的采样体积，L或m³；

V——采样体积，L或m³；

t——采样时的温度，℃；

P——采样时的大气压力，kPa。

第四节　气态和蒸汽态污染物质的测定

一、二氧化硫的测定

SO_2是主要空气污染物之一，为例行监测的必测项目。它来源于煤和石油等燃料的燃烧、含硫矿石的冶炼、硫酸等化工产品生产排放的废气。SO_2是一种无色、易溶于水，有刺激性气味的气体，能通过呼吸进入气管，对局部组织产生刺激和腐蚀作用，是诱发支气管炎等疾病的原因之一。特别是当它与烟尘等气溶胶共存时，可加重对呼吸道黏膜的损害。

测定空气中SO₂常用的方法有分光光度法、紫外荧光光谱法、电导法、定电位电解法和气相色谱法。其中，紫外荧光光谱法和电导法主要用于自动监测，下面主要介绍其他方法。

（一）分光光度法

1.甲醛吸收-副玫瑰苯胺分光光度法

用甲醛吸收-副玫瑰苯胺分光光度法测定SO₂，避免了使用毒性大的四氯汞钾吸收液，在灵敏度、准确度诸方面均可与四氯汞钾溶液吸收法相媲美，且样品采集后相当稳定，但操作条件要求较严格。

（1）原理。气样中的SO₂被甲醛缓冲溶液吸收后，生成稳定的羟基甲基磺酸加成化合物，加入氢氧化钠溶液使加成化合物分解，释放出SO₂与盐酸副玫瑰苯胺反应，生成紫红色络合物。其最大吸收波长为577nm，用分光光度法测定。

（2）测定要点。对于短时间采集的样品，将吸收管中的样品溶液移入10mL比色管中，用少量甲醛吸收液洗涤吸收管，洗液并入比色管中并稀释至标线。加入0.5mL氨基磺酸钠溶液，混匀，放置10min以除去氮氧化物的干扰。随后将试液迅速地全部倒入盛有盐酸副玫瑰苯胺显色液的另一支10mL比色管中，立即加塞混匀后放入恒温水浴中，显色后测定。显色温度与室温之差不应超过3℃。测定空气中SO₂的检出限为0.007mg/m³，测定下限为0.028mg/m³，测定上限为0.667mg/m³。

对于连续24h采集的样品，将吸收瓶中样品移入50mL容量瓶中，用少量甲醛吸收液洗涤吸收瓶后再倒入容量瓶中，并用吸收液稀释至标线。吸取适当体积的试样于10mL比色管中，再用吸收液稀释至标线，加入0.5mL氨基磺酸钠溶液混匀，放置10min除去氮氧化物干扰后测定。显色操作同短时间采集样品。测定空气中SO₂的检出限为0.004mg/m³，测定下限为0.014mg/m³，测定上限为0.347mg/m³。

用分光光度计测定由亚硫酸钠标准溶液配制的标准色列、试剂空白溶液和样品溶液的吸光度，以标准色列SO₂含量为横坐标，相应吸光度为纵坐标，绘制标准曲线，并计算出斜率和截距，按式（6-5）计算空气中SO₂的质量浓度：

$$\rho = \frac{A - A_0 - a}{b \times V_s} \times \frac{V_t}{V_a} \qquad (6-5)$$

式中：ρ——空气中SO₂的质量浓度，mg/m³；

A——样品溶液的吸光度；

A_0——试剂空白溶液的吸光度；

a——标准曲线的截距（一般要求小于0.005）；

b——标准曲线的斜率，μg^{-1}；

V_t——样品溶液的总体积，mL；

V_a——测定时所取样品溶液的体积，mL；

V_s——换算成标准状态下（101.325kPa，273K）的采样体积，L。

（3）注意事项。①在测定过程中，主要干扰物为氮氧化物、臭氧和某些重金属元素；②可利用氨基磺酸钠来消除氮氧化物的干扰；③样品放置一段时间后臭氧可自行分解；④利用磷酸及环己二胺四乙酸二钠盐来消除或减少某些金属离子的干扰；⑤当样品溶液中的二价锰离子浓度达到1μg/mL时，会对样品的吸光度产生干扰。

2.四氯汞盐吸收-副玫瑰苯胺分光光度法

空气中的SO_2被四氯汞钾溶液吸收后，生成稳定的二氯亚硫酸盐络合物。该络合物再与甲醛及盐酸副玫瑰苯胺作用，生成紫红色络合物，在575nm处测量吸光度。当使用5mL吸收液、采样体积为30L时，测定空气中SO_2的检出限为0.005mg/m³，测定下限为0.020mg/m³，测定上限为0.18mg/m³；当使用50mL吸收液、采样体积为28mL时，测定空气中SO_2的检出限为0.005mg/m³，测定下限为0.020mg/m³，测定上限为0.19mg/m³。该方法具有灵敏度高、选择性好等优点，但吸收液毒性较大。

3.针试剂分光光度法

该方法也是国际标准化组织推荐的测定SO_2的标准方法。它所用吸收液无毒，采集样品后稳定，但灵敏度较低，所需气样体积大，适合于测定SO_2日平均浓度。

方法测定原理基于：空气中SO_2用过氧化氢溶液吸收并氧化成硫酸。硫酸根离子与定量加入的过量高氯酸钡反应，生成硫酸钡沉淀，剩余钡离子与针试剂作用生成紫红色的针试剂——钡络合物，据其颜色深浅，间接进行定量测定。有色络合物最大吸收波长为520nm。当用50mL吸收液采气2m³时，最低检出质量浓度为0.01mg/m³。

（二）定电位电解法

1.原理

定电位电解法是一种建立在电解基础上的监测方法，其传感器为一由工作电极、对电极、参比电极及电解液组成的电解池（三电极传感器）。当在工作电极上施加一大于被测物质氧化还原电位的电压时，被测物质在电极上发生氧化反应或还原反应。

2.定电位电解SO_2分析仪

定电位电解SO_2分析仪由定电位电解传感器、恒电位源、信号处理及显示、记录系统组成。

定电位电解传感器将被测气体中的SO_2浓度信号转换成电流信号，经信号处理系统进行I/V转换、放大等处理后，送入显示、记录系统指示测定结果。恒电位源和参比电极是为了向传感器工作电极提供稳定的电极电位，这是保证被测物质单一在工作电极上发生电化学反应的关键因素。为消除干扰因素的影响，还可以采取在传感器上安装适宜的过滤器等措施。用该仪器测定时，也要先用零气和SO_2标准气分别调零和进行量程校正。

这类仪器有携带式和在线连续测量式，后者安装了自动控制系统和微型计算机，将自动定期调零、校正、清洗、显示、打印等。

二、氮氧化物的测定

空气中的氮氧化物以一氧化氮（NO）、二氧化氮（NO_2）、三氧化二氮（N_2O_3）、四氧化二氮（N_2O_4）、五氧化二氮（N_2O_5）等多种形态存在，其中NO_2和NO是主要存在形态，为通常所指的氮氧化物（NO_x）。它们主要来源于化石燃料高温燃烧和硝酸、化肥等生产排放的废气，以及汽车尾气。

NO为无色、无臭、微溶于水的气体，在空气中易被氧化成NO_2。NO_2为棕红色、具有强刺激性臭味的气体，毒性比NO高4倍，是引起支气管炎、肺损害等疾病的有害物质。目前，NO_2为我国环境空气质量标准中的基本监测项目之一，NO_x为其他监测项目之一。

空气中NO、NO_2常用的测定方法有盐酸萘乙二胺分光光度法、化学发光分析法及原电池库仑滴定法等，其中化学发光分析法为自动监测方法，这里不进行介绍。

（一）盐酸萘乙二胺分光光度法

该方法采样与显色同时进行，操作简便，灵敏度高，可直接测定空气中的NO_2，是国内外普遍采用的方法。测定NO_x或单独测定NO时，需要将NO氧化成NO_2，主要采用高锰酸钾氧化法。当吸收液体积为10mL，采样4~24L时，NO_x（以NO_2计）的最低检出质量浓度为0.005mg/m³。

1.原理

用无水乙酸、对氨基苯磺酸和盐酸萘乙二胺配成吸收液采样，空气中的NO_2被吸收转变成亚硝酸和硝酸。在无水乙酸存在条件下，亚硝酸与对氨基苯磺酸发生重氮化反应，然后再与盐酸萘乙二胺偶合，生成玫瑰红色偶氮染料，在波长540nm处的吸光度与气样中NO_2浓度成正比，因此可用分光光度法测定。

吸收液吸收空气中的NO_2后，并不是100%的生成亚硝酸，还有一部分生成硝酸。

2.酸性高锰酸钾溶液氧化法

该方法使用空气采样器采集气样。如果测定空气中NO_x的短时间浓度，使用10.0mL吸收液和5~10mL酸性高锰酸钾溶液，以0.4L/min流量采气4~24L；如果测定NO_x的日平均浓度，使用25.0mL或50.0mL吸收液和50mL酸性高锰酸钾溶液，以0.2L/min流量采气288L。在流程中，酸性高锰酸钾溶液氧化瓶串联在两支内装显色吸收液的多孔玻板吸收瓶之间，可分别测定NO_2和NO的浓度。使用棕色吸收瓶或者采样过程中吸收瓶外罩黑色避光罩。采样的同时，将装有吸收液的吸收瓶放置于采样现场，作为现场空白。采样后在暗处放置20min，若室温在20℃以下时，放置40min以上再进行吸光度的测定。

测定时，首先配制亚硝酸盐标准溶液色列和试剂空白溶液，同样于暗处放置20min；若室温在20℃以下时，放置40min以上，在波长540nm处，以蒸馏水为参比测量吸光度。根据标准色列扣除试剂空白溶液后的吸光度和对应的NO_2浓度（μg/mL），用最小二乘法计算标准曲线的回归方程。然后于同一波长处测量样品的吸光度，扣除试剂空白的吸光度后，分别计算NO_2、NO和NO_x的浓度。

（二）原电池库仑滴定法

这种方法与常规库仑滴定法的不同之处是库仑滴定池不施加直流电压，而依据原电池原理工作。库仑滴定池中有两个电极，一是活性炭阳极，二是铂网阴极，池内充0.1mol/L的磷酸盐缓冲溶液（PH值=7）和0.3mol/L的碘化钾溶液。当进入库仑池的气样中含有NO_2时，则NO_2与电解液中的I⁻反应，将其氧化成I_2，而生成的I_2又立即在铂网阴极上被还原为I⁻，此过程产生微小电流。如果电流效率达100%，则在一定条件下，微电流大小与气样中NO_2浓度成正比，故而可根据法拉第电解定律将产生的电流换算成NO_2浓度，直接进行显示和记录。测定总氮氧化物时，需先让气样通过三氧化铬–石英砂氧化管，将NO氧化成NO_2。

该方法的缺点是NO_2在水溶液中还发生副反应，造成20%～30%的微电流损失，使测得的电流仅为理论值的70%～80%。此外，这种仪器连续运行能力较差，维护工作量也较大。

三、一氧化碳的测定

一氧化碳（CO）是空气中的主要污染物之一，它主要来自石油、煤炭燃烧不充分的产物和汽车尾气，以及一些自然灾害，如火山爆发、森林火灾等。

CO是一种无色、无味的有毒气体，燃烧时呈淡蓝色火焰。它容易与人体血液中的血红蛋白结合，形成碳氧血红蛋白，降低血液输送氧的能力，造成缺氧症。人中毒较轻时，会出现头痛、疲倦、恶心、头晕等感觉；中毒严重时，则会发生心悸、昏睡、窒息，甚至造成死亡。

测定空气中CO的方法有非色散红外吸收法、气相色谱法、定电位电解法、汞置换法等。其中，非色散红外吸收法常用于自动监测，这里不进行介绍。

（一）气相色谱法

用该方法测定空气中CO的原理基于空气中的CO、CO_2和CH_4经TDX-01碳分子筛柱分离后，于氢气流中在镍催化剂（$360 \pm 10℃$）作用下，CO、CO_2皆能转化为CH_4，然后用火焰离子化检测器分别测定上述三种物质，其出峰顺序为CO、CH_4、CO_2。

（二）汞置换法

汞置换法也称间接冷原子吸收光谱法。该方法基于气样中的CO与活性氧化汞在$180 \sim 200℃$发生反应，置换出汞蒸汽，带入冷原子吸收测汞仪测定汞的含量，再换算成CO的浓度。

汞置换法CO测定仪的工作流程是：空气经灰尘过滤器、活性炭管、分子筛管及硫酸亚汞硅胶管等净化装置除去尘埃、水蒸气、二氧化硫、丙酮、甲醛、乙烯、乙炔等干扰物质后，通过流量计、六通阀，由定量管取样送入氧化汞反应室，被CO置换出的汞蒸汽随气流进入测量室，吸收低压汞灯发射的253.7nm紫外线，用光电倍增管、放大器及显示、记录仪表测出吸光度，以实现对CO的定量测定。测量后的气体经碘-活性炭吸附管由抽气泵抽出排放。

空气中的甲烷和氢在净化过程中不能除去，和CO一起进入反应室。其中，CH_4在这种条件下不与氧化汞发生反应，而H_2则与之反应，干扰测定，可在仪器调零时消除。校正零点时，将霍加特氧化管串入气路，将空气中的CO氧化为CO_2后作为零气。

四、臭氧和光化学氧化剂的测定

臭氧是氧化性最强的氧化剂之一，它是空气中的氧在太阳紫外线的照射下或受雷击形成的。臭氧具有强烈的刺激性，在紫外线的作用下，参与烃类和NO_x的光化学反应。同时，臭氧又是高空大气的正常组分，能强烈吸收紫外线，保护人和生物免受太阳紫外线的辐射。但是，臭氧超过一定浓度，对人体和某些植物生长会产生一定危害。近地面层空气中可测到$0.04 \sim 0.1mg/m^3$的臭氧。

目前，测定空气中的臭氧广泛采用的方法有靛蓝二磺酸钠分光光度法、硼酸碘化钾分光光度法、化学发光分析法和紫外吸收法。其中，化学发光分析法和紫外吸收法多用于自动监测，这里不进行介绍。

（一）靛蓝二磺酸钠分光光度法测定臭氧

1.原理

用含有靛蓝二磺酸钠的磷酸盐缓冲溶液做吸收液采集空气样品，则空气中的臭氧与蓝色的靛蓝二磺酸钠发生等摩尔反应，生成靛红二磺酸钠，使之褪色，于610nm波长处测其吸光度，根据蓝色减退的程度定量空气中的臭氧浓度。当采样体积为30L时，臭氧的检出限为0.010mg/m³，测定下限为0.040mg/m³；吸收液质量浓度为2.5μg/mL或5.0μg/mL时，测定上限分别为0.50mg/m³或者1.00mg/m³。

2.测定要点

装有靛蓝二磺酸钠吸收液的多孔玻板吸收管需罩黑色避光套，以0.5L/min的流速采气5~30L，同时设置两个现场空白样品。当吸收液褪色约60%时，立即停止采样。

用靛蓝二磺酸钠标准溶液和磷酸盐缓冲溶液配制已知臭氧浓度的标准色列，用20mm比色，用水做参比，在610nm波长下测定吸光度，绘制标准曲线。

采样后的吸收管入气口接一尖嘴玻璃管，在出气口用洗耳球加压，使吸收液通过尖嘴移入容量瓶中，再用水洗涤吸收管、容量瓶定容后，按照与标准色列相同的方法，进行吸光度的测定。

（二）硼酸碘化钾分光光度法测定光化学氧化剂

总氧化剂是空气中除氧以外的那些表现有氧化性的物质，一般指能氧化碘化钾析出碘的物质，主要有臭氧、过氧乙酰硝酸酯、氮氧化物等。光化学氧化剂是指除去氮氧化物以外的能氧化碘化钾的物质。

测定空气中光化学氧化剂常用硼酸碘化钾分光光度法，其原理基于用硼酸碘化钾吸收液吸收空气中的臭氧及其他氧化剂。

碘离子被氧化析出碘分子的量与臭氧等氧化剂有定量关系，于352nm波长处测定游离碘的吸光度，与标准色列吸光度比较，可得总氧化剂的浓度；扣除NO_x参加反应的部分后，即为光化学氧化剂的浓度。

实际测定时，以硫酸酸化的碘酸钾（准确称量）–碘化钾溶液做O_3标准溶液（以O_3计）配制标准系列，在352nm波长处以蒸馏水为参比测其吸光度，以吸光度对相应的O_3的浓度绘制标准曲线，或者用最小二乘法建立标准曲线的回归方程式，然后在同样操作条件下测定气样吸收液的吸光度。

五、挥发性有机物和甲醛的测定

挥发性有机物（VOCs）是指室温下饱和蒸汽压超过133.32Pa的有机物，如苯、卤代烃、氧烃等。VOCs和甲醛是人们关注的室内空气污染的主要有机物，具有毒性和刺激性，有的还有致癌作用，主要来自燃料的燃烧、烹调油烟和装饰材料、家具、日用生活化学品释放的蒸汽，以及室外污染空气的扩散。这些有机物浓度虽低，但释放时间长，对人体健康的潜在危害大。

（一）挥发性有机化合物的测定

通常采用吸附管采样–热脱附/气相色谱–质谱法测定VOCs，该方法可测定环境空气中二氯乙烯、三氯甲烷、甲苯等35种VOCs。

测定方法是：用装有活性炭为主的吸附剂的吸附管采样后，将吸附剂进行热脱附，通过氦气的载气流，样品中的目标物随脱附气进入气相色谱分离后，用质谱进行检测。通过与待测目标物标准质谱图相比较和对保留时间进行定性，用外标法或内标法定量。

（二）甲醛的测定

测定空气中甲醛常用的方法有酚试剂分光光度法、乙酰丙酮分光光复法、气相色谱法、离子色谱法等。

1.酚试剂分光光度法

方法原理基于：空气中的甲醛与酚试剂反应生成嗪，在高铁离子存在下，嗪与酚试剂的氧化产物反应生成蓝绿色化合物，在630nm波长处用分光光度法测定。采样10L时，最低检出质量浓度为0.01mg/m³。

测定时，将装有吸收液（酚试剂溶液）的气泡吸收管接在空气采样器上采样，用吸收液配制甲醛标准溶液系列和试剂空白溶液，用分光光度计于630nm波长处测定标准溶液系列、试剂空白溶液和气样吸收液的吸光度。绘制标准曲线，计算空气中甲醛的浓度。

2.乙酰丙酮分光光度法

方法原理基于：空气中的甲醛被水吸收后，在PH值为6的乙酸–乙酸铵缓冲溶液中与乙酰丙酮发生反应，在沸水浴条件下，迅速生成稳定的黄色化合物，用分光光度法于413nm波长处测定。其测定过程与其他分光光度法大同小异。当采气0.5～10.0L时，测定范围为0.5～800mg/m³。

3.气相色谱法

方法原理基于：空气中的甲醛在酸性条件下被涂有2,4–二硝基苯肼的6201担体吸附并发生反应，生成稳定的甲醛腙。用二硫化碳洗脱后，经OV–1色谱柱分离，用氢火焰离子化检测器测定，对照标准样，以色谱峰高定量。

该方法采气50L时，最低检出质量浓度为0.01mg/m³。如果使用填充3%硅油OV–17的红色硅藻土的色谱柱和电子捕获检测器，灵敏度可提高4～5倍。

4.离子色谱法

方法原理基于：空气中的甲醛经活性炭富集后，在碱性介质中，用过氧化氢氧化成甲酸。用具有电导检测器的离子色谱仪测定。根据甲酸的峰高间接测定甲醛浓度。

六、氟化物的测定

空气中的气态氟化物主要是氟化氢，也可能有少量氟化硅（SiF）和氟化碳（CFA）。含氟粉尘主要是冰晶石（Na_3AlF_6）、萤石（CaF_2）、氟化铝（AlF_2）、氟化钠（NaF）及磷灰石$[3Ca_3（PO_4）_2·CaF_2]$等。氟化物污染主要来源于铝厂，冰晶石和磷肥厂，用硫酸处理萤石及制造和使用氟化物、氢氟酸等部门排放或逸散的气体和粉尘。氟化物属高毒类物质，由呼吸道进入人体，会引起黏膜刺激、中毒等症状，并能影响各组织和器官的正常生理功能，对植物的生长也会产生危害，因此人们已利用某些敏感植物监测空气中的氟化物。

测定空气中氟化物的方法有分光光度法、离子选择电极法等。离子选择电极法具有简便、准确、灵敏和选择性好等优点，是目前广泛采用的方法。

（一）滤膜-氟离子选择电极法

用在滤膜夹中装有磷酸氢二钾溶液浸渍的玻璃纤维滤膜的采样器采样，则空气中的气态氟化物被吸收固定，颗粒态氟化物同时被阻留在滤膜上。采样后的滤膜用盐酸浸取后，用氟离子选择电极法测定。

如需要分别测定气态、颗粒态氟化物时，第一层采样滤膜用孔径为0.8μm、经柠檬酸溶液浸渍的纤维素酯微孔滤膜先阻留颗粒态氟化物，第二、三层用磷酸氢二钾溶液浸渍过的玻璃纤维滤膜采集气态氟化物。用水浸取滤膜，测定水溶性氟化物；用盐酸溶液浸取滤膜，测定酸溶性氟化物；用水蒸气热解法或者超声波方法处理滤膜，可测定总氟化物。采样滤膜均应分张测定。

（二）石灰滤纸-氟离子选择电极法

用浸渍氢氧化钙溶液的滤纸采样，则空气中的氟化物与氢氧化钙反应而被固定，用总离子强度调节剂浸取后，以氟离子选择电极法测定。

该方法将浸渍吸收液的滤纸自然暴露于空气中采样，对比前一种方法，不需要采样动力，并且由于采样时间长（七天到一个月），测定结果能较好地反映空气中氟化物平均污染水平。

七、其他污染物的测定

空气中气态和蒸汽态污染物是多种多样的。由于不同地区排放污染物种类不尽相同，评价环境空气质量时，往往还需要测定其他污染组分。下面再简要介绍几种有机污染物的测定。

（一）苯系物的测定

苯系物包括苯、甲苯、乙苯、邻二甲苯、对二甲苯、间二甲苯等，可经富集采样、解吸，用气相色谱法测定。常用活性炭吸附或低温冷凝法采样，二硫化碳洗脱或热解吸后进样，经PEG-6000柱分离，用火焰离子化检测器检测。根据保留时间定性，根据峰高（或峰面积）标准曲线法定量。

（二）挥发酚的测定

常用气相色谱法或4-氨基安替比林分光光度法测定空气中的挥发酚（苯酚、甲酚、二甲酚等）。

气相色谱法测定挥发酚用GDX-502采样管吸附采样，三氯甲烷解吸后进样，经液晶PBOB色谱柱分离，用火焰离子化检测器检测，根据保留时间定性，根据峰高（或峰面积）利用标准曲线法定量。

4-氨基安替比林分光光度法用装有碱性溶液的吸收瓶采样，经水蒸气蒸馏除去干扰物。馏出液中的酚在铁氰化钾存在下，与4-氨基安替比林反应，生成红色的安替比林染料，于460nm波长处测其吸光度，以标准曲线法定量。当酚浓度低时，可用三氯甲烷萃取安替比林染料后测定。

（三）甲基对硫磷和敌百虫的测定

甲基对硫磷（甲基1605）是国内广泛应用的杀虫剂，属高毒物质。常用的测定方法有气相色谱法和盐酸萘乙二胺分光光度法，后者干扰因素较多。

气相色谱法用硅胶吸附管采样，丙酮洗脱，DC550和OV-210/Chromosorb WHP色谱柱分离，火焰光度检测器测定，据峰高（或峰面积）标准曲线法定量。也可以用酸洗101白色担体采样管采样，乙酸乙酯洗脱，经OV-17Shimalite WAW DMCS柱分离，用火焰离子化检测器测定。

敌百虫的化学名称为O，O-二甲基（2，2，2-三氯-1-羟基乙基）磷酸酯，是一种低毒有机磷杀虫剂，常用硫氰酸汞分光光度法测定。测定原理基于：用内装乙醇溶液的多孔玻板吸收管采样，在采样后的吸收液中加入碱溶液，使敌百虫水解，游离出氯离子。再在高氯酸、高氯酸铁和硫氰酸汞存在的条件下，使氯离子与硫氰酸汞反应，置换出硫氰酸根离子，并与铁离子生成橙红色的硫氰酸铁，于470nm波长处用分光光度法间接测定敌百虫浓度。空气中的氯化氢、颗粒物中的氯化物及水解后生成氯离子的其他有机氯化合物干扰测定，可另测定在中性水溶液中不经水解的样品中氯离子的含量，再从水解样品测得的总氯离子含量中扣除。

第五节　颗粒物的测定

空气中颗粒物的测定项目有可吸入颗粒物（PM10）、细颗粒物（PM2.5）、总悬浮颗粒物（Total suspended particles，TSP）、降尘量及其组分、颗粒物中化学组分含量等。

一、可吸入颗粒物和细颗粒物的测定

测定PM10和PM2.5的方法是：首先用符合规定要求的切割器将采集的颗粒物按粒径分离，然后用重量法、β射线吸收法、微量振荡天平法测定。本节主要介绍用于手工监测的重量法，其余方法用于自动监测，不进行详细介绍。

采样前的准备工作包括切割器的清洗、环境温度和大气压的测定、采样器的气密性检查、采样流量检查、滤膜检查，并经恒温恒湿平衡处理24h以上至恒重后称重。

采样时，用无锯齿镊子将滤膜放入洁净的滤膜夹内，并注意滤膜毛面应朝向进气方向。采样结束后，用镊子将滤膜放入滤膜保存盒中，尽快进行恒温恒湿平衡处理，确保采样前后平衡条件一致，平衡后进行称重计算。

二、总悬浮颗粒物的测定

测定总悬浮颗粒物，国内外广泛采用滤膜捕集–重量法。原理为：用采样动力抽取一定体积的空气通过已恒重的滤膜，则空气中的悬浮颗粒物被阻留在滤膜上，根据采样前后滤膜质量之差及采样体积，即可计算TSP。滤膜经处理后，可进行化学组分分析。

根据采样流量不同，采样分为大流量、中流量和小流量采样法。

采样器在使用期内，每月应将标准孔口流量校准器串接在采样器前，在模拟采样状态下，进行不同采样流量值的校验。依据标准孔口流量校准器的标准流量曲线值标定采样器的流量曲线，以便由采样器压力计的压差值（液位差，以cm为单位）直接得知采气流量。有的采样器设有流量记录器，可自动记录采气流量。

三、降尘量及其组分的测定

降尘量是指在空气环境条件下，单位时间靠重力自然沉降落在单位面积上的颗粒物质量（简称降尘）。自然降尘量主要取决于自身质量和粒度大小，但风力、降水、地形等自然因素也起着一定的作用，因此把自然降尘和非自然降尘区分开是很困难的。

降尘量用重量法测定。有时还需要测定降尘中的可燃性物质，水溶性和非水溶性物质、灰分，以及某些化学组分。

（一）降尘量的测定

测定降尘量首先要按照有关布点原则和采样方法进行布点采样。采样结束后，剔除集尘缸中的树叶、小虫等异物，其余部分定量转移至500mL烧杯中，加热蒸发浓缩至10～20mL后，再转移至已恒重的瓷坩埚中。用水冲洗黏附在烧杯壁上的尘粒，并入瓷坩埚中。在电热板上蒸干后，于105±5℃烘箱内烘至恒重，按式（6-6）计算降尘量：

$$降尘量\left[t/(km^2\cdot30d)\right]=\frac{m_1-m_0-m_a}{A\cdot t}\times30\times10^4 \qquad（6-6）$$

式中：m_1——降尘瓷坩埚和乙二醇水溶液蒸干并在105±5℃恒重后的质量，g；

m_0——在105±5℃烘干至恒重的瓷坩埚的质量，g；

m_a——加入的乙二醇水溶液经蒸发和烘干至恒重后的质量，g；

A——集尘缸口的面积，cm²；

t——采样时间，精确到0.1d。

（二）降尘中可燃物的测定

将上述已测降尘量的瓷坩埚于600℃的马弗炉内灼烧至恒重，减去经600℃灼烧至恒重的该坩埚质量及等量乙二醇水溶液蒸干并经600℃灼烧后的质量，即为降尘中可燃物燃烧后剩余的残渣量。根据它与降尘量之差和集尘缸面积、采样时间，便可计算出可燃物量[t/（km²·30d）]。

四、颗粒物中污染组分的测定

（一）水溶性阴阳离子的测定

颗粒物中常需测定的水溶性阴阳离子多以气溶胶形式存在。目前，可通过离子色谱法进行测定的阴离子为F^-、Cl^-、Br^-、NO_2^-、NO_3^-、PO_4^{3-}、SO_3^{2-}、SO_4^{2-}，阳离子为Li^+、Na^+、NH_4^+、K^+、Ca^{2+}、Mg^{2+}。

采集颗粒物样品后，以去离子水超声提取，阴离子用阴离子色谱柱分离，阳离子用阳离子色谱柱分离，用抑制型或非抑制型电导检测器检测，根据保留时间定性，根据峰高或峰面积标准曲线定量。

（二）金属元素的测定

金属元素的测定方法分为不需要样品预处理和需要样品预处理两类。不需要样品预处理的方法，如中子活化法、X射线荧光光谱法、等离子体发射光谱法等。这些方法灵敏度高，测定速度快，且不破坏试样，能同时测定多种金属及非金属元素，但所用仪器价格昂贵，普及使用尚有困难。需要对样品进行预处理的方法，如分光光度法、原子吸收分光光度法、荧光光谱法、催化极谱分析法等，所用仪器价格较低，是目前广泛应用的方法。

1.样品预处理方法

样品预处理方法因组分不同而异，常用的方法有以下几种：

（1）湿式分解法。湿式分解法即用酸溶解样品，或将二者共热消解样品。常用的酸有盐酸、硝酸、硫酸、磷酸、高氯酸等。消解试样常用混合酸。

（2）干式灰化法。干式灰化法将样品放在坩埚中，置于马弗炉内，在400~800℃下分解样品，然后用酸溶解灰分，测定金属或非金属元素。为防止高温灰化导致某些元素损失，可使用低温灰化法，如高频感应激发氧灰化法等。

（3）水浸取法。该法用于硫酸盐、硝酸盐、氯化物、六价铬等水溶性物质的测定。

2.测定方法简介

（1）铍。可用原子吸收光谱法、桑色素荧光光谱法或气相色谱法测定。

原子吸收光谱法的测定原理是：用过氯乙烯滤膜采样，经干灰化法或湿式消解法分解样品并制成样品溶液，用高温石墨炉原子吸收分光光度计测定。当将采集$10m^3$气样的滤膜制备成$10mL$样品溶液时，最低检出质量浓度一般可达$3 \times 10^{-10}mg/m^3$。

桑色素荧光光谱法测定原理：将采集在过氯乙烯滤膜上的含铍颗粒物用硝酸-硫酸消解，制成样品溶液。在碱性条件下，铍离子与桑色素反应生成络合物，在430nm激发光照射下产生黄绿色荧光（530nm），用荧光分光光度计测定荧光强度进行定量。当采气$10m^3$的滤膜制成$25mL$绿色荧光（530nm），用荧光分光光度计测定荧光强度进行定量。当采气$10m^3$样品溶液，取$5mL$测定时，最低检出质量浓度为$5 \times 10^{-7}mg/m^3$。

气相色谱法的测定原理是：采样滤膜用酸消解后，在一定PH条件下，以三氟乙酰丙酮萃取生成三氟乙酰丙酮铍，经SE-30色谱柱分离，用电子捕获检测器检测，以峰高定量。

（2）六价铬。广泛应用分光光度法或原子吸收光谱法测定。

二苯碳酰二肼分光光度法的测定原理是：用热水浸取采样滤膜上的六价铬，在酸性介质中，六价铬与二苯碳酰二肼反应，生成紫色络合物，用分光光度法测定。当采样$30m^3$、取1/4张滤膜（直径8~10cm）测定时，最低检出质量浓度为$4 \times 10^{-5}mg/m^3$。

原子吸收光谱法的测定原理是：滤膜上的六价铬用三辛胺、甲基异丁基酮络合提取，于357.9nm波长处用原子吸收分光光度计测定。

（3）铁。用过氯乙烯滤膜采样，经干灰化法或湿式消解法分解样品并制成样品溶液。在酸性介质中将高价铁还原为亚铁离子，与4，7-二苯基-1，10-菲罗啉生成红色螯合物，对535nm波长有特征吸收，用分光光度法测定。当将采集8.6m³气样的滤膜制成100mL样品溶液、取5mL测定时，最低检出质量浓度为2.3×10⁻⁴mg/m³。

第六节 大气降水监测

大气降水监测的目的是：了解在降雨（雪）过程中从大气中沉降到地球表面的沉降物的主要组成、性质及有关组分的含量，为分析大气污染状况和提出控制污染途径、方法提供基础数据和依据。

一、采样点的布设

（一）采样点的数目

降水采样点的设置数目应视区域具体情况确定。人口50万以上的城市布3个采样点，50万以下的城市布2个点。采样点位置要兼顾城市、农村或清洁对照区。

（二）采样地点的选择

采样点设置位置应考虑区域的环境特点，如地形、气象、工农业分布等。采样点应尽可能避开排放酸、碱物质和粉尘的局地污染源、主要街道交通污染源的影响，四周应无遮挡雨、雪的高大树木或建筑物。

二、采样

（一）采样器

采集雨水使用聚乙烯塑料桶或玻璃缸，其上口直径为20cm，高为20cm，也可采用自动采样器。

APSA-1降水自动监测仪仪器机壳采用不锈钢喷塑、滑板平移开关（门）结构，能适用于露天的各种恶劣环境；独特的梳状雨水传感器，感雨灵敏可靠；PC机数据处理，仪器单片机现场监测；具有降水采集过滤装置及冰箱低温保存样品等特点，保证仪器工作的可靠性、样品监测的实时性及准确性。

现场能显示出年、月、日、星期、时、分、降水日期、每场降水起止时间、实时监测PH值、电导率值、降雨量。

仪器有三种独立的工作模式：

F0——逢雨必测模式。每场降水测量一组相应数据。

F1——连续监测模式。每两分钟测量一组相应数据。

F2——收集混合样模式。当需要收集混合样品进行离子测量时，用户可任意设置当月的采样日期，收集当日样品；仪器同时对混样进行一次PH、电导率等数据的测量。

（二）采样方法

（1）每次降雨（雪）开始，立即将清洁的采样器放置在预定的采样点支架上，采集全过程（开始到结束）雨（雪）样。如遇连续几天降雨（雪），每天上午8时开始，连续采集24h为一次样。

（2）采样器应高于基础面1.2m以上。

（3）样品采集后，应贴上标签，编好号，记录采样地点、日期、采样起止时间、雨量等。

降雨起止时间、降雨量、降雨强度等可使用自动雨量计测量。这类仪器由降雨量或降雨强度传感器、变换器（变为脉冲信号）、记录仪等组成。

（三）水样的保存

降水中的化学组分含量一般都很低，易发生物理变化、化学变化和生物作用，故而采样后应尽快测定；如需要保存，一般不主张添加保存剂，而是密封后放于冰箱中。

三、降水中组分的测定

（一）测定项目

监测项目应根据监测目的确定。对大气降水例行监测要求的测定项目如下：

Ⅰ级测点为PH值、电导率、SO_4^{2-}、NO_3^-、Cl^-、NH_4^+、K^+、Na^+、Ca^{2+}、Mg^{2+}。每月选一个或几个随机降水样品分析上述十个项目。

省、市监测网络中的Ⅱ、Ⅲ级测点视实际需要和可能决定测定项目。

（二）测定方法

十个项目的测定方法与"水和废水监测"中这些项目的测定方法相同。

（1）PH值的测定。这是酸雨调查最重要的项目，常用PH玻璃电极法测定。

（2）电导率的测定。用电导率仪或电导仪测定。通过电导率的测定，能快速推测雨水中溶解物质总量（成正比）。

（3）SO_4^{2-}的测定。可用铬酸钡–二苯碳酰二肼分光光度法、硫酸钡比浊法、离子色谱法等。

（4）NO_3^-的测定。可反映大气被NO_x污染状况，也是导致降水PH值降低的因素之一。测定方法有镉柱还原–偶氮染料染色分光光度法、紫外分光光度法及离子色谱法等。

（5）Cl^-的测定。氯离子是衡量大气中氯化氢（HCl）导致降水PH值降低的标志，也是判断海盐粒子影响的标志。可用硫氰酸汞–高铁分光光度法、离子色谱法等测定。

（6）NH_4^+的测定。铵离子的存在可抑制酸雨，但可能会导致水体富营养化。可用钠氏试剂分光光度法或次氯酸钠–水杨酸分光光度法测定。

（7）K^+、Na^+、Ca^{2+}、Mg^{2+}的测定。降水中K^+、Na^+浓度多在几毫克每升以下，常用空气–乙炔（贫焰）原子吸收分光光度法测定。Ca^{2+}是降水中主要的阳离子之一，其浓度多在几至数十毫克每升，可用原子吸收分光光度法、络合滴定法、偶氮氯膦Ⅲ分光光度法等测定。Mg^{2+}在降水中的含量一般在几毫克每升以下，常用原子吸收分光光度法测定。

第七节　污染源监测

污染源是大气中污染物的发生源，常指向大气环境排放有害物质或对环境产生有害影响的场所、设备和装置。其中：固定污染源是工业生产和居民生活产生的废气通过烟道、烟囱和排气筒等向空气中排放的污染源，它们排放的污染物既包含烟尘、粉尘，也包含气态和颗粒态的多种有害物；流动污染源是指船舶、汽车、飞机等交通工具，其排放的废气中也含烟尘和CO_2、CO、NO_2、醛、乙炔、碳氢化合物等有害物质。

一、固定污染源

（一）监测目的

检查污染源排放的废气中有害物质的浓度是否符合排放标准的要求，评价废气净化装置的性能和运行情况，以了解所采取的污染防治措施效果如何，以及为空气质量管理与评价提供依据。

（二）监测要求

监测时，生产设备必须处于正常运转状态；对于随生产过程不同而废气排放情况不同的污染源，应根据生产过程的变化特点和周期进行系统监测；测定工业锅炉烟尘浓度时，锅炉应在稳定的负荷下运转，工作负荷不能低于额定负荷的75%。对于手烧炉，测定时间不得少于2个加煤周期。

（三）采样点的布设

由于烟道内同一断面上各点的气流速度和烟尘浓度分布通常是不均匀的，因此应按照一定原则进行多点采样。

采样点的数目主要根据烟道断面的形状、大小和气流流速等情况确定。

1.采样位置

（1）采样位置应选在气流分布均匀的平直管道，优先选择在垂直管段，应避开弯头、变径管、阀门等易产生涡流的阻力构件，还应特别注意要避开危险位置。距弯头、阀门、变径管下游方向大于6倍直径处，或在其上游方向大于3倍直径处。对于矩形烟道，其当量直径为$D=2AB/(A+B)$，式中A、B为边长。

（2）现场条件难以满足上述要求时，采样断面距弯头等的距离应至少是烟道直径的1.5倍，并应适当增加测点的数量且采样断面的气流最好在5m/s以上。

（3）对于气态污染物，其采样位置不受上述规定限制，但应避开涡流区。若同时测定排气流量，仍按第（1）条选取。

（4）应考虑操作点的方便安全，必要时应设置采样平台。

2.样点数目

（1）圆形烟道。在选定的采样断面上设两个相互垂直的采样孔，将烟道断面分成一定数量的同心等面积圆环，沿着2个采样孔中心线设4个采样点。若采样断面上气流流速较均匀，可设一个采样孔，采样点数减半。当烟道直径小于0.3m，且气流流速均匀时，可在烟道中心设一个采样点。当水平烟道内积灰时，应尽可能清除积灰，原则上应将积灰部分的面积从断面内扣除，按有效断面布设采样点。不同直径圆形烟道的等面积圆环数、测量直径数及采样点数不同，原则上采样点不超过20个。

（2）矩形烟道。将烟道断面分成适当数量的等面积小块，各块中心即为采样点位置。小块的数量按表的规定选取，原则上测点不超过20个。

（四）排气参数的测定

1.排气温度的测定

对于直径小、温度不高的烟道，可使用长杆水银温度计，测量时应将温度计球部放在靠近烟道中心的位置，读数时不要将温度计抽出烟道。

对于直径大、温度高的烟道，采用热电偶温度计测量。测量原理是将两根不同的金属导线连成闭合回路，当两接点处于不同温度环境时，便产生热电势，两接点温差越大，热电势越大。如果热电偶一个接点温度保持恒定（自由端），则产生的热电势完全决定于另一个接点的温度（工作端），用毫伏计或数字式温度计测出热电偶的热电势就可得到工作端的温度。

镍铬–康铜热电偶适用于800℃以下的烟气，镍铬–镍铝热电偶适用于1300℃以下的烟气，铂–铂铑热电偶适用于1600℃以下的烟气。热电偶插入烟道后，须使热电偶工作端位于烟道中心位置。

2.压力测定烟气压力

（1）静压。静压是指单位体积气体所具有的势能，其测定值是相对于大气压而言的，比大气压力大时为正值，比大气压力小时为负值。

（2）动压。动压是单位体积气体具有的动能，是气体流动的压力，为正值。

（3）全压。全压是气体在管道中流动具有的总能量。全压=静压＋动压，有正、负之分。所以，只要测出三项中任意两项，即可求出第三项。

测量烟气压力常用测压管和压力计。

（1）测压管。常用的测压管有标准皮托管和S形皮托管。

标准型皮托管的构造是一个弯成90°的双层同心圆管，前端呈半圆形，正前方有一开孔，与内管相通，用来测定全压。在距前端6倍直径处外管壁上开有一圈孔径为1mm的小孔，通至后端的侧出口，用来测定排气静压。标准型皮托管的测孔很小，当烟道内颗粒物浓度大时，易被堵塞。它适用于测量较清洁的排气。

S形皮托管是由两根相同的金属管并联组成。测量端有方向相反的两个开口。测定时，面向气流的开口测得的压力为全压，背向气流的开口测得的压力小于静压。制作尺寸与上述要求有差别的S形皮托管的修正系数需进行校正。其正、反方向的修正系数相差应不大于0.01。S形皮托管的测压孔开口较大，不易被颗粒物堵塞，且便于在厚壁烟道中使用。

（2）压力计。当U形管压力计没有与测压点连通前，U形玻璃管内两侧的液面在零刻度线处相平。当U形管的一端与测压点连通后，U形管内的液面会发生变化。若与测压点连通一侧的液面下降，说明测压点处的压力为正压；反之，则为负压。

斜管微压计是根据液体静力学原理，利用液柱高度差来测量气体的压力。其结构是一个体积较大的盒状正压容器和一根细长的玻璃斜管负压容器相连。盒内盛液体，与正压相通。斜管的一端接负压，在外力的作用下，盒内液体流向斜管。由于盒内液体水平面积比斜管截面积大很多，因而盒内液面只要有微小的下降，则斜管液柱要上升很多。利用斜管这一放大原理，可以准确地测量气体的微小压力。

（3）压力测量方法

①用橡皮管将皮托管面向气流方向的接嘴连接到仪器主机面板上的"＋"端，背向气流方向的接嘴连接到"－"端。

②在皮托管上标出各测点应插入采样孔的位置。

③将皮托管插入采样孔。使用S形皮托管时，应使开孔平面垂直于测量断面插入。

④在各测点上，使皮托管的全压测孔正对着气流方向，其偏差不得超过10°，测出各点的压力。

3.流速和流量测定

由于气体流速与气体动压的平方根成正比，可根据测得的动压计算气体的流速。在选定的采样点上测量各点的动压。

4.含湿量的测定

与空气相比，烟气中的水蒸气往往含量较高，而且变化范围较大。为便于比较，监测方法规定以标准状态下的干烟气为基准表示烟气中有害物质的测定结果，以使各种测量状态下的测定结果具有可比性。

（1）重量法。从烟道采样点抽取一定体积的烟气，使之通过装有吸湿剂的吸收管，则排气中的水分被吸湿剂吸收，吸湿管的增量即是所采烟气的水分含量。

（2）干湿球法。使气体在一定的速度下流经干、湿球温度计。根据干、湿球温度计的读数和测点处排气的压力，计算出排气的水分含量。以体积百分数表示。

测量步骤是：检查湿球温度计的湿球表面纱布是否包好，然后将水注入盛水容器中；打开采样孔，清除孔中的积尘，将采样管插入烟道中心位置，封闭采样孔；当排气温度较低或水分含重较高时，采样管应保温或加热数分钟后，再开动抽气泵，以15L/min的流量抽气；当干、湿球温度计温度稳定后，记录干球和湿球温度；记录真空压力表的压力。

171

5.烟尘浓度的测量

按等速采样原则从烟道中抽取一定体积的烟气，通过已知重量的滤筒，烟气中的尘粒被捕集，根据滤筒在采样前后的重量差和采气体积，计算出排气中烟尘排放浓度。

6.烟气黑度的测定

烟气黑度是一种视觉方法监测烟气中排放的有害物质情况的指标。尽管难以确定这一值与烟气中有害物质含量之间的精确对应关系，也不能取代污染物排放量和排放浓度的实际监测，但其测定方法简便易行，成本低廉，适合反映燃煤类烟气中有害物质排放的情况。测定烟气黑度的主要方法有格林曼黑度图法、测烟望远镜法、光电测烟仪法等。

7.烟气组分测定

烟气组分分为主要气体组分（N_2、O_2、CO_2、水蒸气）和有害气体组分（CO、NO_x、硫氧化物、H_2S等）。

（1）样品采集。由于气态、蒸汽态分子在烟道内分布均匀，采样不需要多点采样，烟道内任何一点的气样都具有代表性。采样时可取靠近烟道中心的一点作为采样点。

与大气相比，烟道气的温度高、湿度大，烟尘及有害气体浓度大并具有腐蚀性。烟气采样装置需设置烟尘过滤器（在采样管头部安装阻挡尘粒的滤料）、保温和加热装置（防止烟气中的水分在采样管中冷凝，使待测污染物溶于水中产生误差）、除湿器。为防止腐蚀，采样管多采用不锈钢制作。

（2）烟气主要气体组分的测定。烟气中的N_2、O_2、CO_2、CO等主要组分可采用奥氏气体吸收仪或其他仪器进行测定。

奥氏气体吸收法的基本原理是：采用不同的气体吸收液对烟气中的不同组分进行吸收，根据吸收前后烟气体积的变化计算待测组分的含量。

（3）微量有害气体组分的测定。对于含量较低的有害气体组分，其测定方法和原理大多与空气中有害气体组分相同。

二、流动污染源监测

汽车、火车、飞机、轮船等流动污染源排放的废气主要是燃烧后排出的尾气。废气主要含有烟尘（碳烟）、一氧化碳、氮氧化物（NO_x）、碳氢化合物（HC）和二氧化碳、醛类、二氧化硫、3，4-苯并芘等有害物质。

特别是汽车，数量多，排放量大，是造成环境空气污染的主要流动污染源。汽车排气是石油体系燃料在内燃机内燃烧后的产物，含有NO_x、碳氢化合物、CO等有害组分，是污染大气环境的主要流动污染源。

（一）污染物来源及排放量

污染物主要来自排气污染、窜缸混合气、汽油蒸发。污染物排放量情况如下：

（1）怠速。当汽车处于怠速工况时，CO、HC排放量较多。

（2）匀速。HC排放量随发动机转速的升高很快下降。对于CO的排放量，当转速增加时很快降低，至中速后变化不大。

（3）加速。加速时，会产生大量的NO_x、CO、HC，排放量增加。

（4）减速。减速时，CO、HC生成量增加，但几乎无NO_x排放。

（二）汽车尾气的采样

汽车尾气的采样一般分高浓度采样和低浓度采样两种情况。低浓度采样是指尾气排放经大气扩散后采样分析，这种采样分析受环境条件影响大，结果稳定性差，且时间性强。高浓度采样是指发生源在高浓度状况的采样。目前，常以汽车怠速状态，高浓度采样监测尾气中的CO和HC。

（三）汽车怠速排气中CO、HC的测定

怠速指汽车发动机无负载运转状态下，以最低供油量进行运转的工况。当汽车处于怠速工况时，汽车发动机运转而汽车是静止的。此时汽车的状态是：发动机旋转。离合器处于接合位置。油门（脚踏板和手油门）位于松开位置。安装机械式或半自动式变速器时，变速杆应位于空挡位置；当安装自动变速器时，选择器应在停车或空挡位置。阻风门全开。

对于污染气体测定，目前可采用非色散红外气体分析仪进行测定。测定时，先将汽车发动机由怠速加速至中等转速，维持30s以上，再降至怠速状态，将取样探头插入排气管中（深度不少于300mm）测定，维持10s后，在30s内读取最大指示值和最低值。如果为多个排气管，应取各排气管测定值的算术平均值。

（四）汽车尾气中NO_x的测定

在汽车尾气排气管处用取样管将废气引出（用采样泵），经冰浴（冷凝除水）玻璃棉过滤器（除油污、烟尘），抽取到100mL注射器中，然后将抽取的气样经氧化管注入冰乙酸-对氨基苯磺酸-盐酸萘乙二胺吸收显色液，显色后用分光光度法测定，测定方法同空气中NO_x的测定。

（五）柴油车排气烟度的测定

尾气中的烟尘（碳烟）是机动车燃料不完全燃烧的产物。碳烟组分复杂，但主要是碳的聚合体，还有少量氧、氢、灰分和多环芳烃化合物等。由于燃料混合和燃烧机理不同，汽油机产生的碳烟比柴油机少。

烟度是使一定体积排气透过一定面积的滤纸后，滤纸被染黑的程度。烟度常用滤纸烟度法测定，烟度值单位用R_b（波许）表示。

1.测定原理

用一台活塞式抽气泵在规定的时间内从柴油机排气管中抽取定量容积的排气气体，使它通过一张一定面积的白色滤纸，则排气中的炭粒被阻留附着在滤纸上，使滤纸染黑，其烟度与滤纸被染黑的强度有关。

2.滤纸式烟度计

滤纸式烟度计的工作原理是：由取样探头、抽气装置及光电检测系统组成。当抽气泵活塞受脚踏开关的控制而上行时，排气管中的排气依次通过取样探头、取样软管及一定面积的滤纸被抽入抽气泵，排气中的黑烟被阻留在滤纸上，然后用步进电机将已抽取黑烟的滤纸送到光电检测系统测量，由指示电表直接指示烟度值。一定时间间隔内测量3次，取其平均值。

烟度计的光检测系统原理是：采集排气后的滤纸经光源照射，其中一部分被滤纸上的炭粒吸收；另一部分被滤纸反射至环形硒光电池，产生相应的光电流，送入测量仪表测量。指示电表刻度盘上已按烟度单位标明刻度。

第七章　土壤环境监测

　　土壤是地球上动植物和人类赖以生存的物质基础，但污水灌溉，酸雨侵蚀及大量化肥、农药的使用导致土壤污染日益加剧，土壤质量直接影响人类的生产、生活和发展。开展土壤污染的监测，评价土壤环境质量，对于合理利用土壤、保护土壤环境意义重大。本章简要介绍土壤的基本知识、土壤的性质及土壤污染物的种类和来源，重点介绍土壤污染物的监测方案、土壤样品的前处理方法和分析方法，通过土壤环境监测实例让读者掌握土壤污染物的监测方法、熟悉土壤环境质量标准，并能通过监测数据开展土壤环境质量的评价。

第一节　土壤的基础知识

　　不同学科、不同行业对土壤的认识和定义不同。传统的土壤学及农业科学认为，土壤是地球陆地表面能生长绿色植物的疏松表层，是大气圈、岩石圈、水圈和生物圈相互作用的产物，即由地球表层的岩石经过风化，在母质、生物、气候、地形、时间等多种因素作用下形成和演变而来的。土壤是动植物、人类赖以生存的物质基础，土壤质量的优劣直接影响人类的生产、生活和发展。

一、土壤的基本组成和特性

　　土壤是由固、液、气三相物质组成的复杂体系，其基本组成可分为矿物质、有机质、微生物、水和空气等。不同组成的土壤具有不同的理化性质及生物学性质。

（一）土壤矿物质

1.土壤矿物质的矿物组成

土壤矿物质是岩石经过风化作用形成的，是土壤固相的主要组成部分。土壤矿物质是植物营养元素的重要来源，按其成因可分为原生矿物和次生矿物。

（1）原生矿物。原生矿物是各种岩石经物理风化而形成的碎屑，其化学组成和晶体结构都未发生改变。这类矿物主要有硅酸盐类（如石英、长石、云母等）、氧化物类、硫化物类和磷酸盐类。

（2）次生矿物。次生矿物大多是由原生矿物质经过化学风化后形成的新矿物，包括简单盐类、三氧化物和次生铝硅酸盐类等。简单盐类呈水溶性，易被淋失，多存于盐渍土中。次生铝硅酸盐和铁硅酸盐，如高岭土、蒙脱土、多水高岭土和伊利石等，其粒径一般小于0.25μm，为土壤黏粒的主要成分，又称为黏土矿物。

不同的土壤矿物质形成的土壤颗粒形状和大小不同。原生矿物一般形成砂粒，次生矿物多形成黏粒，介于二者之间的则形成粉粒，各粒级的相对含量称为土壤的机械组成。

根据机械组成可将土壤分为不同的质地，土壤质地的分类主要有国际制、美国农业部制、卡钦斯基制和中国制。各质地制之间虽有差异，但都将土壤粗分为砂土、壤土和黏土三大类。

土壤中物质的很多重要的物理、化学性质和物理、化学过程都与土壤质地密切相关。

2.土壤矿物质的化学组成

土壤矿物质元素的相对含量与地球表面岩石圈的平均含量及其化学组成相似。氧、硅、铝、铁、钙、钠、钾和镁八大元素的含量约占96%；其余元素含量甚微，含量多在千分之一以下，甚至低于百万分之一或更低，称为微量元素或痕量元素。

（二）土壤有机质

土壤有机质是指土壤中所有含碳的有机物，包括动植物残体、微生物体及其分解合成的各种有机物，约占土壤干重的1%～10%，在土壤肥力、环境保护和农业可持续发展等方面都有着重要的作用和意义。

土壤有机质按其分解程度分为新鲜有机质、半分解有机质和腐殖质。腐殖质是指新鲜有机质经过微生物分解转化而形成的具有多种功能团、芳香族结构的酸性高分子化合物，一般占土壤有机质总量的70%～90%，具有表面吸附、离子交换、络合缓冲作用、氧化还原作用及生理活性等性能，对污染物在土壤中的迁移、转化都有深刻的影响。

（三）土壤微生物

土壤微生物的种类很多，有细菌、真菌、放线菌、藻类和原生动物等。土壤微生物不仅是土壤有机质的重要来源，更重要的是对进入土壤的有机污染物的降解及无机污染物的形态转化起着主导作用，是土壤净化功能的主要贡献者。土壤微生物数量巨大，1g土壤中就有几亿到几百亿个。土壤受到污染时，土壤微生物数量、组成和代谢将受到影响，可作为反映土壤质量的指标。

（四）土壤水

土壤水是土壤中各种形态水分的总称，存在于土壤孔隙中，影响着土壤中许多化学、物理和生物学过程，对土壤形成、物质的迁移转化过程起着极其重要的作用。

土壤水并非纯水，而是含有复杂溶质的稀溶液，溶质包括可溶性无机盐、可溶性有机物、无机胶体及可溶性气体等。土壤溶液是植物生长所需水分和养分的主要供应源。

土壤水来源于大气降雨、降雪、地表径流和农田灌溉；若地下水位接近地表面（2~3m），也是土壤水的来源之一。

（五）土壤空气

土壤空气是存在于未被水占据的土壤孔隙中的气体，来源于大气、生化反应和化学反应产生的气体（如甲烷、硫化氢、氢气、氮氧化物等）。

土壤空气成分与近地表大气有一定的区别：一般土壤空气含氧量比大气少，二氧化碳含量高于大气；而土壤通气不良时，还会含有较多的还原性气体，如CH_4等。

二、土壤污染概述

土壤污染是指进入土壤的污染物超过土壤的自净能力或在土壤中的积累量超过土壤基准量，给土壤生态系统造成危害的现象。

土壤污染物种类繁多，按其性质大体可分为无机污染物和有机污染物。无机污染物主要是重金属（如汞、镉、铜、锌、铬、铅、镍、砷、硒等）、放射性元素（如锶、铯和铀等）、营养物质（氮、磷、硫、硼等）和其他无机污染物（氟、酸、碱、盐等）。有机污染物主要有有机农药、多环芳烃（PAHs）、多氯联苯（PCBs）、多氯二苯并二噁英/呋喃（PCDD/Fs）、矿物油、废塑料制品等。

土壤污染物的来源有自然源和人为源。自然源包括矿床中元素和化合物的自然扩散、火山爆发、森林火灾等。人为源是土壤污染物的主要来源，包括工业"三废"的排放、化肥农药不合理的使用、污（废）水灌溉、大气沉降等。

根据土壤发生的途径，可将土壤污染分为水体污染、大气污染、农业污染和固体废弃物污染等几种类型。

土壤污染具有以下特点：

（1）隐蔽性和潜伏性。

（2）持久性和难恢复性。

（3）判定的复杂性等。

第二节　土壤样品的采集与制备

土壤监测通常是指土壤环境监测，一般包括布点、采样、样品制备、分析方法、结果表征、资料统计和质量评价等内容。土壤监测可以分为土壤背景调查、农田土壤环境、建设项目土壤环境评价、土壤污染事故监测等类型。

一、监测方案的制订

土壤环境监测方案的制订与大气和水环境质量监测方案类似，本节将根据《土壤环境监测技术规范》（HJ/T166-2004）对布点、采样、样品处理、样品测定、环境质量评价、质量保证等内容进行介绍。

（一）监测目的

1.土壤质量现状监测

土壤质量现状监测的目的是判断土壤是否被污染及污染状况并预测发展变化趋势。我国现行的《土壤环境质量标准》（GB15618-1995）将土壤环境质量分为3类，分别规定了10种污染物和PH的最高允许浓度或范围。Ⅰ类土壤，指国家规定的自然保护区、集中式生活饮用水源地、茶园、牧场和其他保护地区的土壤，其质量基本上保持自然背景水平。Ⅱ类土壤，指一般农田、蔬菜地、茶园、果园、牧场等土壤，其质量基本上对植物和环境不造成危害和污染。Ⅲ类土壤，指林地土壤及污染物容量较大的高背景值土壤和矿产附近等地的农田土壤（蔬菜地除外），其质量基本上对植物和环境不造成危害和污染。Ⅰ、Ⅱ、Ⅲ类土壤分别执行一、二、三级标准。

2.土壤污染事故监测

由于废气、废水、废物、污泥对土壤造成了污染，或者使土壤结构与性质发生了明显的变化，或者对作物造成了伤害，需要调查分析主要污染物，确定污染的来源、范围和程度，为行政主管部门采取对策提供科学依据。

3.污染物土地处理的动态监测

在进行废（污）水、污泥土地利用及固体废物土地处理的过程中，把许多无机和有机污染物带入土壤，其中有的污染物残留在土壤中，并不断积累，其含量是否达到了危害的临界值，需要进行定点长期的动态监测，以做到既能充分利用土壤的净化能力，又能防止土壤污染，保护土壤生态环境。

4.土壤背景值调查

通过分析测定土壤中某些元素的含量，确定这些元素的背景值水平和变化，了解元素的丰缺和供应状况，为保护土壤生态环境、合理施用微量元素及地方病病因的探讨与防治提供依据。

（二）采样前期准备

由具有野外调查经验且掌握土壤采样技术规程的专业技术人员组成采样组，采样前组织学习有关技术文件，了解监测技术规范。

1.资料收集

收集包含监测区域的交通图、土壤图、地质图、大比例尺地形图等资料，供制作采样工作图和标注采样点位用。

（1）自然环境方面的资料。监测区域土类、成土母质等土壤信息资料，监测区域气候资料（温度、降水量和蒸发量）、水文资料，监测区域遥感与土壤利用及其演变过程方面的资料，等等。

（2）社会环境方面的资料。工农业生产布局，工程建设或生产过程对土壤造成影响的环境研究资料，土壤污染事故的主要污染物的毒性、稳定性及如何消除等资料，土壤历史资料和相应的法律（法规），监测区域工农业生产及排污、污灌、化肥农药施用情况资料。

2.现场信息调查

现场踏勘，将调查得到的信息进行整理和利用。

3.采样器具准备

（1）工具类。例如，铁锹、铁铲、圆状取土钻、螺旋取土钻、竹片及适合特殊采样要求的工具等。

（2）器材类。例如，全球定位系统、罗盘、照相机、卷尺、铝盒、样品袋、样品箱等。

（3）文具类。例如，样品标签、采样记录表、铅笔、资料夹等。

（4）安全防护用品。例如，工作服、工作鞋、安全帽、手套、药品箱等。

（5）采样用车辆。

（三）监测项目与频次选择

土壤监测项目根据监测目的确定。背景值调查研究的监测项目较多，而污染事故调查仅测定可能造成土壤污染的项目。监测项目分常规项目、特定项目和选测项目，监测频次与其相应。

（1）常规项目。常规项目包括基本项目和重点项目，原则上为《土壤环境质量标准》（GB15618–1995）中所要求控制的污染物。为了适应新形势下土壤污染管控的需求，我国环境保护部陆续颁布了《土壤环境质量农用地土壤污染风险管控标准（试行）》（GB15618–2018）、《土壤环境质量建设用地土壤污染风险管控标准（试行）》（GB36600–2018）等具体质量或管控标准。对土壤质量提出了更为有针对性的标准，内容比《土壤环境质量标准》（GB15618–1995）更多，对土壤监测也提出了更高的要求。在本节以（GB15618–1995）为主介绍。

（2）特定项目。根据当地环境污染状况，确认在土壤中积累较多、对环境危害较大、影响范围广、毒性较强的污染物，或者污染事故对土壤环境造成严重不良影响的物质，具体项目由各地自行确定。

（3）选测项目。选测项目包括影响产量项目、污水灌溉项目、POPs与高毒类农药和其他项目，一般包括新纳入的在土壤中积累较少的污染物、环境污染导致土壤性状发生改变的土壤性状指标及生态环境指标等，由各地自行选择测定。选测项目包括铁、锰、钾、有机质、氮、磷、硒、硼、氟化物、氰化物、苯、挥发性卤代烃、有机磷农药、PAHs、全盐量等。

（四）布点采样与样品测定原则

1.布点原则

（1）随机原则。为了达到采集的监测样品具有好的代表性，必须避免一切主观因素，使组成总体的个体有同样的机会被选入样品，即组成样品的个体应当是随机地取自总体。

（2）等量原则。在一组需要相互之间进行比较的样品应当由同样的个体组成，否则样本大的个体组成的样品，其代表性会大于样本少的个体组成的样品。

（3）坚持"哪里有污染就在哪里布点"的原则，优先布设在污染重、影响大的地方。

（4）避开人为干扰大、土壤失去代表性的点，如田边、路边、沟边、粪坑（堆）周围，以及土壤流失严重或表层土被破坏处。

2.样品测定方法的选择

样品测定分析应按照规定的方法进行。分析方法包括标准方法（即仲裁方法）、土壤环境质量标准中选配的分析方法、由权威部门规定或推荐的方法和自选等效方法。选用自选等效方法时应做标准样品验证或对比实验，其检出限、准确度、精密度不低于相应的通用方法要求水平或待测物准确定量的要求。

（五）土壤环境质量评价与质量保证

土壤环境质量评价涉及评价因子、评价标准和评价模式。评价因子数量与项目类型取决于监测的目的和条件。评价标准常采用国家土壤环境质量标准、区域土壤背景值或部门（专业）土壤质量标准。评价模式常用污染指数法或与其有关的评价方法。

1.评价参数

用于评价土壤环境质量的参数有土壤单项污染指数、土壤综合污染指数、土壤污染积累指数、土壤污染物超标倍数、土壤污染样本超标率、土壤污染面积超标率和土壤污染分级标准等。各参数计算公式如下：

$$土壤单项污染指数 = 污染物实测值/污染物质量标准值 \qquad （7-1）$$

$$土壤污染积累指数 = 污染物实测值/污染物背景值 \qquad （7-2）$$

$$土壤污染物超标倍数 = （污染物实测值 - 污染物质量标准值）/污染物质量标准值 \qquad （7-3）$$

$$土壤污染样本超标率（\%） = （超标样本总数/监测样本总数）\times 100\%$$

$$土壤污染面积超标率（\%） = （超标点面积之和/监测总面积）\times 100\%$$

$$土壤污染分级标准（\%） = （某项污染指数/各项污染指数之和）\times 100\% \qquad （7-4）$$

2.评价方法

土壤环境质量评价一般以土壤单项污染指数为主，但当区域内土壤质量作为一个整体与区域外土壤质量比较时，或一个区域内土壤质量在不同历史阶段比较时，应用土壤综合污染指数评价。土壤综合污染指数全面反映了各污染物对土壤的不同作用，同时又突出了高浓度污染物对土壤环境质量的影响，适用于评价土壤环境的质量等级。表7-1为《农田土壤环境质量监测技术规范》划定的土壤污染分级标准。

表7-1 土壤污染分级标准

土壤级别	土壤综合污染指数 $(P_{综})$	污染等级	污染水平
1	$P_{综} \leq 0.7$	安全	清洁
2	$0.7 < P_{综} \leq 1.0$	警戒线	尚清洁
3	$1.0 < P_{综} \leq 2.0$	轻污染	土壤污染已超过背景值，作物开始受到污染
4	$2.0 < P_{综} \leq 3.0$	中污染	土壤、作物均受到中度污染
5	$3.0 < P_{综}$	重污染	土壤、作物受污染已相当严重

此外，可以根据《土壤环境质量标准》（GB15618-2018）等新标准的某一单项指标对其直接评价，确认是否存在风险，以及风险的高低。

3.质量保证

质量保证和质量控制的目的是保证所产生的土壤环境质量监测资料具有代表性、准确性、精密性、可比性和完整性。质量控制涉及监测的全部过程。

（六）分析记录及监测报告要求

分析记录要求内容齐全，填写翔实，字迹清楚。

记录测量数据要采用法定计量单位，土壤样品测定一般保留三位有效数字，含量较低的镉和汞保留两位有效数字，并注明检出限数值。分析结果的有效数字的位数不可超过方法检出限的最低位数。

监测报告应包含报告名称，监测单位或实验室名称，报告编号，报告每页和总页数标识，采样地点名称，采样时间，分析时间，检测方法，监测依据，评价标准，监测数据，单项评价，总体结论，监测仪器型号和生产地，检出限（未检出时需列出），采样点示意图（或照片），采样（委托）者，分析者，报告编制、复核、审核和签发者及时间等内容。

二、土壤样品采集

样品采集一般按三个阶段进行。

（1）前期采样。根据背景资料与现场考察结果，采集一定数量的样品分析测定，用于初步验证污染物空间分异性和判断土壤污染程度，为制订监测方案（选择布点方式和确定监测项目及样品数量）提供依据。前期采样可与现场调查同时进行。

（2）正式采样。按照监测方案实施现场采样。

（3）补充采样。正式采样测试后，发现布设的样点没有满足总体设计需要，则要进行增设采样点补充采样。

面积较小的土壤污染调查和突发性土壤污染事故调查可直接采样。

（一）基础样品数量

1.由均方差和绝对偏差计算样品数

用式（7-5）可计算所需的样品数。

$$N = t^2 s^2 / D^2 \qquad （7-5）$$

式中：N为样品数；t为选定置信水平（土壤环境监测一般选定为95%）一定自由度下的t值（从有关统计学书中查获）；s^2为均方差，可从先前的其他研究或者从极差$R=[s^2=（R/4）^2]$估计；D为可接受的绝对偏差。

2.由变异系数和相对偏差计算样品数，式（7-5）可变为

$$N = t^2 (\text{CV})^2 / m^2 \qquad （7-6）$$

式中：CV为变异系数，%，可从先前的其他研究资料中估计；m为可接受的相对偏差，%，土壤环境监测一般限定为20%~30%。对于没有历史资料的地区、土壤变异程度不太大的地区，一般CV可用10%~30%粗略估计，有效磷和有效钾的变异系数CV可取50%。

（二）采样点布设

1.合理划分采样单元

在污染调查的基础上，选择一定数量能代表被调查地区的地块作为采样单元（0.13~0.2hm²）。

土壤环境背景值监测一般根据土壤类型和成土母质划分采样单元。土壤质量监测或土壤污染监测可按照土壤接纳污染物的途径（如大气污染、农灌污染或综合污染等），参考土壤类型、作物种类和耕作制度等因素划分采样单元，并设对照采样单元。

2.采样点

由于土壤在空间分布上具有一定的不均匀性，所以在同一采样单元内应多点采样，并均匀混合，使之具有代表性。一般要求每个采样单元不得少于3个采样点。

3.采样网格

区域土壤环境调查按调查的精度不同，可从2.5km、5km、10km、20km、40km中选择网距布点，区域内的网格结点数即为土壤采样点数量。

网格间距L按式（7-7）计算。

$$L = (A / N) / 2 \qquad\qquad (7\text{-}7)$$

式中，L为网格间距，A为采样单元面积，N为采样点数。

A和L的量纲要相匹配，如A的单位是km^2，则L的单位就为km。根据实际情况可适当减小网格间距，适当调整网格的起始经纬度，避开过多网格落在道路或河流上，使样品更具代表性。

对于大气污染物引起的土壤污染，采样点应以污染源为中心，并根据风向、风速及污染强度系数等选择在某一方向或某几个方向上进行。采样点的数量和间距一般是按照"近密远疏"设置。对照点应设在远离污染源、不受其影响的地方。对于由城市污水或被污染的河水灌溉而引起的土壤污染，采样点应根据水流的路径和距离来考虑。

4.布点方法

（1）随机布点法

①简单随机。将监测单元分成网格，每个网格编上号码。决定采样点样品数后，随机抽取规定的样品数的样品，其样本号码对应的网格号即为采样点。随机数的获得可以利用掷骰子、抽签、查随机数表的方法。简单随机布点是一种完全不带主观限制条件的布点方法。

②分块随机。如果监测区域内的土壤有明显的几种类型，则可将区域分成几块，每块内污染物较均匀，块间的差异较明显。将每块作为一个监测单元，在每个监测单元内再随机布点。在正确分块的前提下，分块随机布点的代表性比简单随机布点好。

③系统随机。将监测区域分成面积相等的几部分（网格划分），每网格内布设一采样点。如果区域内土壤污染物含量变化较大，系统随机布点比简单随机布点所采样品的代表性要好。

（2）对角线布点法。此法适宜面积小、地势平坦的污水灌溉或受污染的水灌溉的田块。对角线至少三等分，以等分点为采样点。若土壤差异性大，可增加等分点。

（3）梅花形布点法。此法适用于面积小、地势平坦、土壤较均匀的田块，中心点设在两对角线相交处，一般设5～10个采样点。

（4）棋盘式布点法。此法适用于中等面积、地势平坦、地形开阔，但土壤较不均匀的田块，一般设10个以上的采样点；也适用于受固体废物污染的土壤，因为固体废物分布不均匀，采样点应设20个以上。

（5）蛇形布点法。此法适用于面积较大、地势不是很平坦、土壤不够均匀的田块，布设采样点数目较多。

（三）采样深度与采样量

1.采样深度

采样深度根据监测目的来确定。一般了解土壤污染状况，只需取15cm表层土壤和表层以下15~30cm的土样；如果要了解土壤污染深度，则应按土壤剖面层次分层采样。土壤剖面指地面向下的垂直土体的切面。典型的自然土壤剖面分为A层（表层、淋溶层）、B层（亚层、淀积层）、C层（风化母岩层、母质层）和底岩层。土壤剖面采样时，需在特定采样地点挖掘一个1m×1.5m的长方形土坑，深度在2m以内（一般为1m），一般要求达到母质或潜水处。然后根据土壤剖面的颜色、结构、质地、松紧度、温度、植物根系分布等划分土层，并进行仔细观察，将剖面形态、特征自上而下逐一记录。然后在各层最典型的中部自下而上逐层皆切取一片片土壤样品，每个采样点的取土深度和取样量应一致，根据监测目的可取分层试样或混合样。用于重金属项目分析的样品需将接触金属采样器的土壤弃去。

对污染场地的土壤监测要特别注意可能的污染源所在位置、可能的污染物穿透深度与扩散范围，需要了解地下水流动方向、各土层的厚度、污染物本身性质等，从而制定采样深度与采样点位，有时需要采样深度达10m以上，以确定污染物的扩散深度。污染场地土壤采样非常复杂，需要根据污染场地实际情况制订采样方案。

2.采样量

采样量视分析测定项目而定，一般只需要1~2kg土样。多点采集的混合土壤样品可在现场或实验室内反复按四分法弃取，留至所需土样量，装入塑料袋或布袋中，贴上标签（地点、土壤深度、日期、采样人姓名），做好记录。

（四）采样时间

采样时间随测定项目而定。为了解土壤污染情况，可随时采样测定；如需要掌握土壤上植物受污染的情况，可依季节或作物收获期采集土壤和植物样品，一年中在同一地点采集两次进行对照。对于环境影响跟踪监测项目，可根据生产周期或年度计划实施土壤质量监测。每次采样尽量保持采样点位置的固定，以确保测试数据的有效性和可比性。

（五）土壤背景值样品采集

土壤背景值调查采样前要摸清当地土壤类型和分布规律。采样点选择应包括主要类型土壤，并远离污染源。同一类型土壤应有3~5个采样点。同一样点并不强调采集混合样，而是选取发育典型、代表性强的土壤采样，同时应考虑母质对土壤背景值的影响。

土壤背景值样品需挖掘剖面进行采集，每个剖面采集A、B、C层土样，在各层中心部位自下而上采样。对于剖面发育不完整的土壤，采集表土层（0~20cm）、中土层（20~50cm）和底土层（50~100cm）附近的样品。

污染场地的土壤监测较为复杂，需按照《场地环境调查技术导则》（HJ25.1-2014）执行。

三、土壤样品前处理及其保存

（一）土壤样品的干燥与保存

1.土样的风干

采集的土样应及时摊铺在塑料薄膜上或瓷盘内于阴凉处风干。在风干过程中，应经常翻动，压碎土块，除去石块、残根等杂物；要防止阳光直射和尘埃落入，避免酸、碱等气体的污染。测定易挥发或不稳定项目需用新鲜土样。

2.磨碎和过筛

风干后的土样用有机玻璃或木棒碾碎后，过2mm孔径筛，去除较大沙砾和植物残体，用作土壤颗粒分析及物理性质分析。若沙砾含量较多，应计算它占整个土壤的百分数。若用作化学分析，则需使磨碎的土样全部通过孔径为1mm或0.5mm的筛子。分析有机质、全氮项目，应取部分已过2mm筛的土样，用玛瑙研钵继续研细，使其全部通过60目（0.25mm）筛。测定Cd、Cu、Ni等重金属的土样，必须全部过100目尼龙筛。将研磨过筛后的样品混合均匀、装瓶、贴上标签、编号、储存。

3.土样的保存

将风干土样或标准土样等储存于洁净的玻璃或聚乙烯容器内，在常温、阴凉、干燥、避阳光、石蜡密封条件下保存。一般土样保存期为半年至一年，标样或对照样品则需长期妥善保存。

（二）土样的预处理

土样的预处理主要有消解法和提（浸）取法。前者一般适用于元素的测定，后者适用于有机污染物和不稳定组分的测定，以及组分的形态分析。

1.土样的消解法

（1）碱熔法。将土样与碱混合，在高温下熔融。常用的有碳酸钠熔融法或偏硼酸锂（$LiBO_2$）溶融法。该法操作简便快速，样品分解完全。但有些重金属如Cd、Cr等在高温下易损失，引入了大量可溶盐，在原子吸收仪的喷燃器上会有结晶析出并导致火焰的分子吸收，使结果偏高。

（2）酸溶法。酸溶法又称酸分解法、酸消解法，是测定土壤重金属最常选用的方法。土样消解常用的混合酸体系有王水、硝酸-硫酸、硝酸-高氯酸、硝酸-硫酸-高氯酸、硝酸-硫酸-磷酸、盐酸-硝酸-氢氟酸-高氯酸等。其中，盐酸-硝酸-氢氟酸-高氯酸体系能破坏土壤矿物质，消解较为彻底，但在消解的过程中应控制好温度和时间。

2.土样的提（浸）取法

（1）有机污染物的提取。根据相似相溶的原理，尽量选择与待测物极性相近的有机溶剂作为提取剂。提取剂必须能将土样中待测物充分提取出来，且与样品能很好地分离，不影响待测物的纯化与测定；不能与样品发生作用，毒性低，沸点在45~80℃为好。当单一溶剂提取效果不理想时，可用两种或两种以上溶剂配成混合提取剂。

常用有机溶剂有丙酮、二氯甲烷、甲苯、环己烷、正己烷、石油醚等。

①振荡提取。称取一定量的土样于标准口三角瓶中加入适量的提取剂振荡，静置分层或抽滤、离心分出提取液，样品再重复提取2次，分出提取液，合并，待净化。

②超声波提取。称取一定量的土样置于烧杯中，加入适量提取剂，超声提取，真空过滤或离心分出提取液，固体物再用提取剂提取2次，分出提取液合并，待净化。

③索氏提取。适用于从土壤中提取非挥发及半挥发有机污染物。准确称取一定量土样放入滤纸筒中，再将滤纸筒置于索氏提取器中。在有1~2粒干净沸石的150mL圆底烧瓶中加入100mL提取剂，连接索氏提取器，加热回流一定时间即可。

④加速溶剂萃取法。加速溶剂萃取是在温度50~200℃和压力1000~3000psi（1psi=6.89476×10³Pa）或10.3~20.6MPa下用溶剂萃取固体或半固体样品的新颖样品前处理方法。加速溶剂萃取法有机溶剂用量少、速度快、效率高、选择性好和基体影响小，已被美国环境保护署（EPA）列为标准方法。

近年来，吹扫蒸馏法（用于提取易挥发性有机化合物）、超临界流体提取法（Supercritical Fluid Extraction，SFE）都发展很快。尤其SFE法由于其快速、高效、安全（不需有机溶剂），是具有很好发展前途的提取法。

（2）无机污染物的提取。土壤中易溶无机物组分和有效态组分可用酸或水提取。

3.土样的净化和浓缩

使待测组分与干扰物分离的过程为净化。当用有机溶剂提取样品时，一些干扰杂质可能与待测物一起被提取出来，将会影响检测结果，甚至使定性定量无法进行，因而提取液必须经过净化处理。

土样经提取后，常采用的净化浓缩方法有柱层析法、蒸馏法、氮吹浓缩或K-D浓缩法。

四、土壤样品含水率和PH测定

（一）含水率

无论风干土样还是新鲜土样，测定污染物含量时都需要测定土壤含水率，以便计算按照烘干土样为基准的测定结果。

1.风干土样水分的测定

取小型铝盒在105℃恒温箱中烘烤约2h，移入干燥器内冷却至室温，称量，准确至0.001g。用角勺将风干土样拌匀，舀取约5g，均匀地平铺在铝盒中，盖好，称量，准确至0.001g。将铝盒盖揭开，放在盒底下，置于已预热至105±2℃的烘箱中烘烤6h。然后取出，盖好，移入干燥器内冷却至室温（约20min），立即称量。风干土样水分的测定应做两份平行测定。

2.新鲜土样水分的测定

将盛有新鲜土样的大型铝盒在分析天平上称量，准确至0.01g。揭开盒盖，放在盒底下，置于已预热至（105±2）℃的烘箱中烘烤12h。然后取出，盖好，移入干燥器内冷却至室温（约30min），立即称量。新鲜土样水分的测定应做三份平行测定。

$$水分（\%）=\frac{m_1-m_2}{m_1-m_0}\times100\% \tag{7-8}$$

式中：m_0为烘干空铝盒质量，g；m_1为烘干前铝盒及土样质量，g；m_2为烘干后铝盒及土样质量，g。

（二）PH测定

土壤PH是土壤酸碱度的强度指标，是土壤的基本参数之一，对土壤养分及重金属的形态和有效性有重要的影响。土壤PH过高或过低，均影响植物的生长。

采用电位法测定土壤PH是将PH玻璃电极和甘汞电极（或复合电极）插入土壤悬浮液或浸出液中构成一原电池，测定其电动势值，再换算成PH值。在酸度计上测定，经过标准溶液校正后则可直接读取PH值。

水土比例对PH影响较大，尤其是石灰性土壤，稀释效应的影响更为显著，水土比以2.5：1较为适宜。酸性土壤除测定水浸土壤PH外，还应测定盐浸PH，即以1mol/L的KCl溶液浸提土壤H+后用电位法测定。

测定PH值的土壤样品应保存于密闭玻璃瓶中，防止空气中的氨、二氧化碳及酸、碱性气体的影响。风干土壤和潮湿土壤测得的PH有差异，尤其是石灰性土壤，风干作用使得土壤中大量二氧化碳损失，导致PH值偏高，因此风干土壤的PH值为相对值。

第八章 土壤环境污染

　　土壤是一个开放的生态系统，它与外界不断地进行着物质和能量交换。随着人类社会对土壤环境利用的不断增加，土壤的开发强度越来越大，向土壤中排放的污染物质也成倍增加。在进入土壤的物质中，植物枯枝落叶和动物残骸等在土壤微生物的作用下可以被分解，成为土壤组成的一部分，而有些化学物质，如重金属、农药等可以被土壤颗粒吸附或降解，但其在土壤中积累达到一定的量就会对土壤环境造成危害。当前，农田土壤受到有害物质的污染已经十分普遍，并由此产生农作物产量降低、品质下降，威胁人体健康，造成大气、水环境的次生污染等问题，已成为当今世界上人们普遍关注的环境问题。只有掌握土壤污染的现状、污染过程机理、污染物质来源以及污染物质在土壤环境中的化学行为，才能提出切实可行的土壤污染防治措施与对策。

第一节　土壤环境污染概述

　　随着经济的快速发展、工业化步伐的加快和城市化进程的推进，土壤污染问题日益严重。

一、土壤环境污染的概念

　　目前对土壤污染的概念有3种阐述：第一种认为，由于人类活动向土壤中添加有害物质或能量，此时称为土壤污染。可是，土壤对外来污染物质具有一定的吸附-固定能力、氧化-还原作用及土壤微生物分解作用，能够缓冲外来污染物质造成的危害，降低外来污染物对生态系统的风险，只有外来污染物质进入的量超过土壤的自净作用能力，在土壤中积聚进而影响土壤的理化性质才能造成污染。这个定义的关键在于强调是否人为添加污染物，可视为"绝对性"定义。第二种是以特定的参照数据来加以判断的，以某种物质土壤背景值加2倍标准差为临界值，如超过此值，则称为土壤污染，可视为"相对性"定义。第三种定义是不但要看含量的增加，还要看后果，即当进入土壤的污染物超过土壤的自净能力，污染物在土壤中积累，对生态系统造成了危害，此时才能称为土壤污染，这可视为"综合性"定义。第三种定义更具有实际意义，得到了当前学术界的认可。这3种定义均指出，由于人类活动导致土壤中某种物质的含量明显高于该物质的土壤背景值即构成了污染。

综上所述，土壤污染是指人类活动产生的物质或能量通过不同途径输入土壤环境中，其数量和速度超过了土壤的自净能力，从而使该种物质或能量在土壤中逐渐累积并达到一定的量，破坏土壤原有生态平衡，导致土壤环境质量下降，自然功能失调，影响作物生长发育，致使产量和质量下降，或产生一定的环境次生污染效应，危及人体健康和生态系统安全的现象。农田土壤污染最明显的标志是土壤生产力下降，直观表现为农作物产量降低、品质下降。

二、土壤环境污染的特点

土壤处于大气、水和生物等环境介质的交汇处，是连接自然环境中无机界、有机界、生物界和非生物界的中心环节。环境中的物质和能量不断地输入土壤体系，并且在土壤中转化、迁移和积累，影响土壤的组成、结构、性质和功能。土壤因其具有特殊的结构和性质在生态系统中起着重要的净化、稳定和缓冲作用。因此，土壤污染相对于其他环境介质污染具有其自身的特点。

（一）隐蔽性与滞后性

大气、水体和废弃物污染比较直观，容易被人们发现，而土壤污染则往往要通过对土壤中污染物监测、农产品产量测定和品质分析、植物生态效应及环境效应监测，从而判断土壤是否污染，其危害要通过农作物的产量和质量以及长期摄食这些农作物的人或动物的健康状况来反映，从污染物进入土壤、在土壤中累积、土壤污染危害被发现通常会滞后较长时间，所以土壤污染具有污染的隐蔽性和危害的滞后性。如日本发生的"痛痛病"事件，就是一个典型的例证，该事件是由当地居民长期食用含镉废水灌溉农田生产的"镉米"所致，这种污水灌溉造成的危害经历了10~20年后才显现出来。据报道，当时日本发生"痛痛病"重病地区大米的含镉量平均为0.527mg/kg。

（二）累积性与地域性

污染物质在大气和水体中随着大气运动和水体的流动容易扩散和稀释，而污染物进入土壤后，由于土壤环境介质流动性很小，加之土壤颗粒对污染物的吸附和固定，这使得污染物质在土壤中不像在大气或水体中那样容易扩散和稀释，因此容易在土壤中不断积累而超标，尤其重金属类等无机污染物在土壤中的累积性更强，污染物来源和性质的不同，也导致土壤污染具有明显的地域性。例如，在有色金属矿的开采和冶炼厂周围的土壤往往是被重金属污染，在石油开采和炼油厂周围的土壤往往是被石油烃污染。

（三）不可逆性与长期性

污染物进入土壤环境后，在土壤中迁移、转化，同时与土壤组分发生复杂的物理化学过程，使污染物的数量和形态发生变化，有些污染物最终形成难溶化合物沉积在土壤中，并且长久地保存在土壤里。土壤一旦遭到污染后，很难将污染物彻底地从土壤中去除，尤其重金属元素和持久性有机污染物对土壤的污染不仅具有不可逆性，而且在土壤中存留时间很长，如果不进行人为治理的话，这些污染物能够长期地存留在土壤中，即使一些非持久性有机污染也需要一个较长的降解时间。例如，沈阳-抚顺污水灌溉区发生的石油、酚类污染以及后来沈阳张士灌区发生的镉污染，造成大面积的土壤毒化，致使水稻矮化、稻米异味、水稻含镉量超过食品卫生标准。另外，因土壤污染产生的土地荒芜、寸草不生，水和大气环境污染，生物体畸形等对生态系统和人体健康造成的影响和危害，是不可逆的和长期的。

（四）后果的严重性

奥地利人W.M.Stigliani根据环境污染的延缓效应及其危害，用"化学定时炸弹"（Chemical Time Bomb，CTB）的概念形象化地描述土壤污染严重后果，其含义是在一系列因素的影响下，使长期储存于土壤中的化学物质活化，而导致突然爆发的灾害性效应。化学定时炸弹包括两个阶段，即累积阶段（往往历经数十年或数百年）和爆炸阶段（往往在几个月、几年或几十年内造成严重灾害）。

土壤污染不但直接表现为土壤生产力的下降，而且污染物容易通过植物、动物进入食物链，使某些微量和超微量的有害污染物质在农产品中富集起来，达到危害生物的含量水平，从而会对动植物和人类产生严重的危害。即便污染物质在土壤中没有达到危害的水平，但在其上生长的植物被人、畜食用后，大部分污染元素在人或动物体内排出率较低，也可以日积月累，最后引起生物病变。大量资料研究表明，土壤污染与居民肝肿大之间有着明显的剂量-效应关系，污灌时间长、土壤污染严重地区的人群肝肿大发病率高。土壤污染严重影响了土地生产力，导致粮食产量下降、品质降低。例如，由于施用含有三氯乙醛的废硫酸生产的过磷酸钙肥料，造成小麦、花生、玉米等十多种农作物轻则减产，重则绝收，损失十分惨重。另外，土壤污染还会危害其他环境要素。例如，土壤污染后通过雨水淋洗和灌溉水的入渗作用，可导致地下水的污染，污染物随地表径流迁移造成地表水污染，污染物通过风刮起的尘土或自身的挥发作用可造成大气的污染。所以，污染的土壤又是水体和大气的污染源。

三、土壤环境问题

土壤环境问题主要包括土壤环境污染和土壤生态破坏两个方面。土壤环境污染主要是由于输入土壤环境的污染物的数量和速度超过了土壤环境对该物质的承载和容纳能力，使土壤原有功能性质发生变化。随着现代农业的发展，为提高单位面积产量而不断增加的化肥和农药的投入量、为缓解水资源紧缺而采用的污水灌溉、为提高土壤有机质含量而施用的污泥和生活垃圾等，这些过程和措施都使土壤环境中污染物质的累积量逐渐增加，最终导致土壤环境污染。土壤环境污染由于具有渐进性、隐蔽性、不可逆性和复杂性等特点，使其危害不像大气和水环境污染那样易被人们直观察觉，土壤污染对生物和人体的影响通过食物链逐级积累方能显示出来，从而影响到人类对土壤污染问题的认识程度，同时增加了人们对土壤污染问题研究的难度。

土壤生态破坏是由于自然和人为活动的原因，对土壤生态环境造成的影响和破坏，其中人类活动是主要原因。随着土壤资源面积和承载力的有限性与人口增加而不断增长的需求之间的矛盾日益增大，人类过度利用土壤，对土壤资源的压力增大，导致土壤的经济肥力不但不会提高，而且对土壤自然肥力的掠夺式利用增加，土壤的生态平衡破坏、土壤微生物区系失调、水土流失、土壤沙化、次生盐渍化、潜育化和肥力下降等土壤退化现象加剧，耕地土壤资源锐减。它使人们认识到，土壤环境问题不能仅限于治理污染土壤，还应当注意土壤生态系统的健康与保护。

四、土壤环境的地位与生态功能

（一）土壤环境是自然生态环境要素的中心环节

土壤圈处在地球表面5个圈层的中心位置和交接处。它支持和调节生物圈中生物过程，提供植物生长的必要条件，影响大气圈的化学组成、水分与热量平衡，影响水圈的化学组成及降水在陆地和水体的重新分配。土壤作为地球的皮肤，对岩石圈有一定的保护作用，而它的性质又受到岩石圈的影响。

土壤圈物质循环是土壤圈内各种元素的迁移与物质交换过程，其中包括：①土壤圈与生物圈的养分元素循环，主要表现为元素被植物吸收的生物迁移与交换；②土壤圈与岩石圈的物质循环，主要表现为以岩石为基础的成土过程中金属与非金属元素的迁移与物质循环；③土壤圈与水圈的物质循环，主要表现在水分运动及其对土壤圈元素的迁移作用以及土壤中化学元素的迁移对地表水、地下水的影响；④土壤圈与大气圈的大量气体及痕量气体的交换。

（二）土壤环境对控制水、气环境质量的作用

一般，人们对于水体环境和大气环境比较重视，这是因为水、气环境的污染比较直观，严重时通过人的感官即能发现。但人们往往忽视了土壤环境对水体和大气环境质量的制约作用以及污染物由土壤到植物通过食物链污染的危害。从某种意义上说，水环境的质量主要取决于土壤，因为土壤可控制水中有害物质的浓度。土壤与有害物质的反应包括：①土壤是一种含有固体和水的不均匀活性物质，这些固体具有独特的物理和化学性质，有一定的化学活性，从而影响水中有害物质的浓度。②土壤是具有较大表面积的固体，可作为多种物理和化学反应的媒介，如水解、氧化、还原、键合残留及多种固定反应，水始终与土壤表面紧密接触，因而不难理解水、土环境质量之间的相互关系。③土壤含有大量的水，因而在土壤中亦可发生许多水化学反应。多氯联苯（PCB_s）等在土-水体系中往往在土壤颗粒表面吸附得十分牢固，但在油性溶剂中却难以吸附。④土壤含有大量的微生物，它们所具有的各种各样的酶可催化有机和无机分子的转化与降解。⑤土壤具有一定的孔隙，是许多挥发性有害物质的通路。⑥土壤体系中可能有多种反应同时出现，对许多有害物质来说，土壤是一个复杂的缓冲体系，它缓冲了水中许多有害物质的浓度。物理、化学和生物反应首先抑制了水中有害物质的浓度，但如果有害物质保持在土壤的交换位和有机质与矿物质的吸附位上，则有可能重新释放到水中。土壤承担着环境中来自各方面大约90%的污染物。要做好大气和水环境的保护工作，必须同时做好土壤环境的防治与研究。

（三）土壤环境与农业发展有着十分密切的关系

土壤既是生态环境的重要组成要素，又是农业生产最基本的生产资料，全球97%的粮食产自土壤，绝大多数林牧产品和部分燃料也主要依赖于土壤，可以说，没有土壤就没有农业，一定数量和质量的土壤是农业得以持续发展的基础。土壤是植物生长的基地，植物生长发育所需要的基本条件包括光能、热量、空气、水分和养分，其中水分和养分是通过植物根系从土壤中吸收的，土壤在对植物生长提供机械支撑的同时，不断地供应和协调植物生长发育所需要的水、肥、气、热等肥力因素和土壤环境条件。实际上，土壤以其肥力养育着陆地上的植物，通过植物又养育动物与微生物。正是土壤为绿色植物提供了吸收、固定和转化太阳辐射能为化学能的条件，从而为农业生态系统中物质和能量的转化与流动

奠定了基础。

土壤是维系人类生存的物质基础，水体环境污染、生态破坏、粮食危机等问题最终大都集中在对土壤环境的侵害上。我国目前的土壤资源承载力已经大大超过其合理的人口承载量，土壤环境面临着更大的压力。土壤一旦受到污染，不仅很难得到恢复，而且很有可能造成食物链的污染，从而危害人体健康，如汞、镉等通过这种途径致害的事例颇多。"八大公害事件"中的"骨痛病事件"就是由于土壤受到重金属镉污染，生产出含镉大米，通过食物链进入人体后造成数百人死亡的典型事件。

五、土壤环境污染的危害

土壤是人类农业生产的基地和珍贵的自然资源，是维持人类生存发展的必要条件，是社会经济发展最基本的物质基础，土壤遭受污染必然会给农业和人类健康带来一系列的危害。从已调查的资料来看，我国土壤污染主要是由污灌引起的，其次是大气污染物引起的氟污染、矿区的重金属污染以及农田的化肥与农药所致的土壤污染。

土壤污染可使土壤的性质、组成及性状等发生变化，破坏了土壤原有的自然生态平衡，从而导致土壤自然功能失调、土壤质量恶化，影响作物生长发育。土壤污染的危害不仅导致农产品的质量、产量下降，降低农业生产的经济效益，而且造成生态环境破坏，威胁人类的健康和生存。

（一）土壤污染对农业的危害

土壤是农业最重要的生产资料，农产品是人类的食物来源，因此，农田土壤污染直接影响植物生长、人类健康与生存，所以农田土壤污染历来备受人们的关注。

根据土壤污染定义可知，只有当污染物浓度达到一定水平时，农作物才会遭受毒害，导致农作物大量减产甚至死亡。例如，铅被植物根系吸收后难以向地上部分输送，90%以上仍留在根系，过多的铅抑制或不能正常地促进某些酶的活性，从而影响光合作用和呼吸作用，不利于植物对养分的吸收。我国每年因重金属污染而减产粮食逾 1000×10^4t，被重金属污染的粮食每年多达 1200×10^4t，合计经济损失至少200亿元。

土壤化学肥料和农药污染是重要的土壤环境问题。在农业生产中使用农药必不可少，一部分农药经挥发、淋溶、降解会逐渐消失，但仍有一部分残留在土壤中，通过植物根系吸收进入植物体，并逐渐积累。同时，肥料的长期施入也会对土壤环境造成很大的影响。例如，施入氮肥可造成土壤中硝酸盐不断积累，通过地表径流、淋溶等使N、P等植物营养元素进入海洋、河流、湖泊中，造成水体富营养化。

对于一些固体废弃物，其在堆放或处理过程中都会伴随污染物的迁移，从而从多方面影响土壤环境。大量固体废弃物的堆放不仅占用大量土地，对土壤也会造成严重污染，且对大气和水体的污染经由自然循环亦会对土壤的性质和功能造成一定影响。

如果土壤污染物质在植物可以忍受的限度之内，植物仍可以成熟，但植物的细胞、组织或某一器官已经遭到毒害，食用后会直接对人体产生毒害。

（二）土壤环境污染对人类健康的危害

土壤环境污染一旦形成，对人类健康就会产生很大的影响，有的危害是直接的，有的是间接的。一方面，土壤中有机污染物分解时可能产生一些恶臭气体，而且有些有机物降解时会产生危害动植物和人类的有毒气体；另一方面，土壤中的重金属和某些有机物可以在植物体内富集，通过食物链影响动物和人类健康。例如，镉的化学毒性极大，对人体危害的典型症状是骨痛病，铅对人体神经系统、血液和血管有毒害作用，有机农药的残留具有严重的人体毒害效应等。目前应用的低毒、高效、低残留农药对污染问题有所缓解，但是随农药带入土壤中的重金属仍是一个不容忽视的问题。一些放射性金属对人类健康的危害非常严重，会引发一系列病症发生。

综上所述，造成土壤污染原因主要是重金属、农药、化肥、固体废弃物、工业"三废"等以各种形式进入土壤，化肥和农药在发挥农业效益的同时也污染了土壤和农业环境，造成了对植物、动物和人体的显著危害。

第二节　土壤环境背景值和环境容量

当人类发现环境受到污染和自身健康受到威胁时才意识到环境保护的重要性，而了解某种元素土壤环境背景值与环境容量是做好环境保护工作的前提和基础。土壤元素环境背景值和土壤环境容量的研究是确定土壤污染、预测环境效应和制定土壤环境质量标准的重要内容和基础性研究资料。土壤环境背景值的研究是随着环境污染的出现而发展起来的，美国、英国、德国、加拿大、日本等国已做了大量深入的研究工作，并公布了土壤某些元素背景值。我国在全国范围内组织多家单位协作研究，先后开展了多个地区土壤背景值的研究，同时还开展了土壤背景值的应用及环境容量研究，以正常条件下的物质浓度为背景状况，异常者为污染状况。土壤中从背景状况到引起动植物受害时的污染状况之间，其含量差异就是土壤对该污染的环境容量。土壤的环境背景值与环境容量是土壤环境质量的两个重要参数，是保护土壤环境必备的基础知识。

一、土壤环境背景值

土壤环境背景值在理论上应该是土壤在自然成土过程中，构成土壤自身的化学元素的组成和含量，即未受人类活动影响的土壤本身的化学元素组成和含量。但是，土壤环境背景值不是一个不变的量，而是随土壤因素、气候条件和时间因素的变化而变化，地球上的土壤几乎不同程度地受到人类活动直接或间接的影响，目前已很难找到绝对不受人类活动影响的土壤。土壤环境背景值与土壤自然背景值有所不同，它既包括自然背景部分，也包括微量外源污染物（如大气污染物输送沉降等）；或者说它是土壤当前的环境背景值或本底值，是维持当前土壤环境质量的目标。因此，土壤环境背景值一般是相对的和具有历史范畴的一组值，即严格按照土壤背景值研究方法所获得的尽可能不受或少受人类活动影响的土壤化学元素的原始含量。土壤环境背景值是在一定地理位置，一定时期内相对稳定的、保证生态条件正常的土壤元素含量及其赋存状态。

（一）土壤环境背景值的概念

在环境科学兴起之前，地球化学家和地球物理学家已对地壳中各种元素的含量进行了研究。A.R.Wallace就指出，地壳变动是生物进化的诱因和动力，其中化学元素的变化是根本原因。背景值调查起源于地球化学研究，在地球化学中，把自然客体物质含量的自然水平称为地球化学背景，当某种化学元素的含量与地球化学背景有重大偏离时，称为地球化学异常。可以说，在地球化学研究中已包含了土壤环境背景值的内容。

土壤环境背景值是指在很少受人类活动影响和不受或未明显受到现代工业污染破坏的情况下，土壤原来固有的化学组成和元素含量水平。但是人类活动的影响已遍及全球，很难找到绝对不受人类活动影响的土壤，现实中只能去寻找影响尽可能少的地方，因此土壤环境背景值在时间上与空间上都是一个相对的概念。

在环境问题遍及全球的今天，人类活动已经污染了包括土壤圈在内的各个圈层，要了解某一区域是否受到污染以及其发展的程度，只有在了解原有环境背景值的条件下才能实现，因此土壤环境背景值研究作为土壤环境保护研究的一项基础性工作，在理论上和实践上都有重要意义。

（1）土壤污染防治和土壤环境质量评价都必须以土壤环境背景值作为基础。土壤环境背景值研究还可促进土壤元素丰度和分布、土壤元素迁移转化规律以及土壤元素的区划等的研究，从而也丰富和促进了土壤学、化学地理学、地球化学、环境生态学的发展。

（2）土壤环境背景值研究可为农业生产服务，可从土壤环境背景条件和植物生长的关系寻找适合作物生长发育的最佳土壤环境背景条件和背景区，在更大的范围内实现因土种植，还可根据微量营养元素的背景值丰缺程度指导微量元素肥料的施用。

（3）土壤环境背景值研究可为防治地方病和环境病服务。环境中某一种或几种化学元素含量显著不足或过剩，是造成某些地方病和环境病的原因，了解地方病的土壤环境病因，可为地方病防治提供科学依据。

（4）土壤环境背景值研究可为地球化学找矿提供依据，因为地表残积层中元素的异常直接指示矿物或矿体赋存的位置。

（5）土壤环境背景值研究可为工农业生产布局提供依据。工业建设项目选址、大区域种植结构调整，必须了解该区域的土壤环境背景特征，对于某一元素背景值高的区域，就不应该新建排放该元素的工业企业。

（二）土壤环境背景值的形成与影响因素

成土因素：伴随着土壤的形成，母质中各元素参与了地质大循环和生物小循环，经历了复杂的淋溶、迁移、淀积和再分配，因此土壤背景值的形成与成土条件、成土过程密切相关，必然受到气候、母质、地形地貌、生物和时间五大成土因素的综合影响。

1.气候

气候条件不同，土壤中物质的迁移、淋溶、富集状况也不同，水热条件的差异将直接影响母岩的风化程度和化学元素的释放。有关气候因子对土壤背景值影响的研究较少，为研究气候对土壤背景值的影响程度和各气候指标的作用大小，我们选择南北狭长地跨越7个纬度（34°～41°），海拔高度变化也较大，不同区域水量热量供应不同，整个区域成土母质相对单一，以黄土母质为主体的山西省为研究区域，分析气候因子对土壤元素背景值的影响。

不同的水热状况决定着成土母质风化过程，进而影响土壤中各元素的释放及其背景含量，一般有效风化天数多，降雨量大，风化作用强，各元素释放多，其背景值则较大。就山西省的土壤背景值水平分布特征看，其与气候的分布基本吻合。

2.母质

母质是土壤物质的来源，母质的矿物成分和化学组成可直接影响土壤中化学作用进程和土壤化学成分。事实上，土壤元素在成土过程中的行为在一定程度上继承了母质的地球化学特征。有关成土母质对土壤元素背景值影响的研究较多，已有的论述表明，影响土壤元素背景值的主导因素是成土母质，但仅用变异系数大小来判断影响因素的主次，其依据还不够充足，因为统计不同母质土壤元素背景值变异系数未能排除其他因素的影响。不同母质的土壤元素背景值差异十分显著，如发育于海洋沉积物母质的土壤汞背景值是发育于风沙母质的9倍，石灰岩母质和海洋沉积物母质的Pb、Cu的背景值是风沙母质土壤背景值的2倍，Mn、Ni的背景值均以发育于沉积石灰岩母质的土壤最高，所有5种金属元素背景值均以风沙母质背景值最低。总之，不同母质的土壤中，各种元素的含量差别较大，而母质相同的土壤中元素含量差别较小，这为土壤元素背景值分区提供了重要依据。

3.地形地貌

在成土过程中，地形地貌是影响土壤和环境之间进行物质能量交换的一个重要条件，它通过各成土因素间接对土壤起作用，已有研究表明，地貌通过成土母质时间等成土因素制约着土壤成土过程，造成土壤元素含量区域差异。实际上，地形地貌的起伏变化虽然不能直接增添新的物质和能量，但它控制着地下水的活动情况，能引起水、土、光、热的重新组合与分配。因此土壤元素的背景含量也必然受地形地貌的影响，在母质均一的情况下，土壤的性状和分布就直接受地形地貌的控制，根据采自同一区域不同地形部位的土壤中各元素背景含量大小就可以证明。

4.生物因素

在由母岩母质发育形成土壤的过程中，生物的作用特别是微生物的作用十分重要，其中土壤腐殖质的分解、累积与生物（动植物和微生物）密切相关，可以说土壤表层有机质含量的多少主要受生物因素的影响，而有机质对各种化学元素的络合、吸附和螯合作用又影响土壤中元素的淋溶、迁移、累积，最终也就影响土壤元素环境背景值的形成。

5.时间因素

土壤的形成过程是一个十分漫长的过程，从母岩母质发育形成1cm厚的土壤需要300～400年甚至更长的时间。虽然母质是土壤最初的物质来源，但时间长短决定着土壤发育的阶段，影响着母岩中各种元素分解释放的速度和数量，一般发育时间短、发育程度低的土壤其元素背景含量也相对较低。

（三）土壤理化性质对土壤环境背景值的影响

土壤有机质、酸碱度（pH值）和土壤质地对土壤中元素的含量都有不同程度的影响。土壤中的有机质对重金属元素的吸附和络合显著地影响元素的迁移能力，从而影响土壤元素的背景值。随着pH值的升高，土壤中Pb、Zn等元素的活动性降低，在低pH值条件下，多数重金属元素迁移性增强。许多研究表明，土壤质地对金属元素含量起着重要作用，一般黏粒含量越高，质地越细，多数重金属含量就越高，甚至在母质相同、地貌平坦的地区，可根据土壤不同粒级的颗粒含量组成来推测土壤中重金属元素的含量。

（四）土壤背景值的测定

由于地球上很难找到绝对不受人类活动影响的土壤，因此要获得一个尽可能接近自然土壤化学元素含量的真值是相当困难的。土壤背景值的测定应建立在包括情报检索、野外采样、样品处理和保存、实验室分析质量控制、数据分析统计与检索、制图技术等在内的工作系统上。土壤背景值的测定是一项相当复杂的系统工程，从情报收集、样品采集到数据处理都有着严格的要求。

1.土壤环境特征资料收集

要了解待测区域土壤成土因素（包括气候、生物、母质、水文等）、土地利用类型、土壤剖面层次结构，这是做好区域土壤环境背景值测定的基本资料。进一步掌握目标土壤区域的面积、地理位置、气候、水文、地形地貌、地质、植被以及卫星照片等，相关资料全面、准确、翔实，有助于研究工作的顺利开展。

2.土壤样品的采集与制备

对于土壤样品的采集，所研究的对象应具有足够的代表性，以客观地反映土壤总体的实际情况。土壤样品采集要尽可能地远离已知的污染源，特别是污染源的下风口。土壤样品应代表研究区域主要土壤类型，根据区域面积大小要选取合适的采样点布置方法。所采集的样品应在通风的室内尽快自然风干，然后用木棒或塑料棍压碎，用四分法取样、过筛后装入广口玻璃瓶或塑料袋中贮存。贮存容器内外均应标明采样地点、土壤名称、深度、采样日期和采样者等。

3.土壤背景值的分析

土壤背景值的分析除常规分析元素外，更主要的是微量元素。由于微量元素的含量很低，多为10^{-6}数量级和10^{-9}数量级，甚至更低，土壤背景值的分析应在精确度、灵敏度和误差控制范围方面给予保证。同时，必须带有标准样品和必要数量的空白样品进行平行测定和回收检验，以及对空白值控制图、精密度控制图和准确度控制图的监控，以保证分析结果的精准性。按照各元素分析结果的频数分布规律进行统计，确定背景值。当数据分布符合正态分布时，可采用算术平均值与标准方差作为背景值。对于偏态分布的元素，须经过正态化处理后才能计算平均值和标准差。同时，为了保证土壤背景值的代表性和精确性，需要进行一系列的检验，包括样点数的检验、分析化验的质量检验、背景值结果的频数分布类型检验、含量分级的差异显著性检验等多角度分析与考证，方可确定背景值的可靠性。具体方法可参阅有关统计书籍。

（五）土壤背景值的影响因素

1.成土母岩和成土过程的影响

各种岩石的元素组成和含量不同是造成土壤背景值差异的根本原因。母岩在成土过程中的各种元素重新分配，是造成土壤背景值差异的重要原因。

2.地理、气候条件的影响

地形条件对成土物质、水分等的重新分配有重要影响，影响着土壤中元素的聚集和流失。气候条件对母岩风化、淋溶作用的影响导致在不同条件下形成的土壤元素背景值存在着差异。

3.人类活动的影响

人类的各种活动，特别是农业生产中的耕作方式和习惯、种植作物的品种、施入土壤的肥料等农业措施，都对土壤中某些元素或组分的含量和形态有显著影响。

（六）土壤背景值与地方病的关系

土壤中各元素与生命活动的密切关系是通过食物链（网）组建起来的。根据土壤元素含量及其对生物的作用，可将土壤元素分为两大类：生物必需元素与非必需元素。必需元素含量过低时，生命活动不能正常进行；含量过高时，对生命活动又不利，只能维持在一定浓度范围内。非必需元素在土壤环境中含量较低时，对生命尚无明显不利作用，但稍微升高就可导致严重的后果，如汞、镉等重金属。土壤中某些元素含量的巨大变化已经引起了明显的病变，即所谓的地方性疾病。目前已经基本明确病因的地方性疾病有甲状腺病、氟病、大骨节病及克山病等，这些病都是因土壤中某一种或几种元素背景含量过高或过低所引起的。甲状腺病是由地区性土壤中碘元素含量异常造成的，地方性氟病包括龋齿（主因缺氟）与氟中毒。由于氟的水迁移性强，所以高温多雨与淋溶性地区易于产生缺氟病。克山病为一种地方性心肌病，据研究这是与钼和硒有关的病害，尤其与缺硒关系最大。

（七）土壤背景值的应用

土壤背景值为土壤环境质量评价，农、林、牧业生产的合理规划，微量元素肥料的合理施用，土壤环境污染评价，追踪污染源等提供基础数据和科学依据；同时在土壤环境质量评价、指导农田施肥、土地资源评价与国土规划以及环境医学和食品卫生等方面均有重要的实用意义。

1.土壤背景值是土壤环境质量标准制定和土壤环境污染评价的基础

土壤环境质量标准是指保护土壤环境质量，保障土壤生态平衡，维护人体健康而对污染物在土壤环境中的最大容许含量。在制定土壤环境质量标准时，首先要明确的就是该区域土壤环境背景值。在土壤环境质量评价和土壤环境污染等级划分上也必须以土壤环境背景值作为基础参数和标准，以此为基础标准，进而对土壤环境质量进行分析、预测、调控及制定相应的防治措施等。

2.土壤背景值可作为挥发性污染物来源及其污染途径追踪的依据

当发现植物和动物因污染受到危害时，或是某些组分异常时，不能直接归咎于土壤污染。例如植株体内汞浓度的增高，很多情况下都不是由土壤中汞直接污染造成的。如何来判断污染源呢？首先掌握该区域土壤汞元素背景值及其浓度分布与植物体内汞浓度的关系，再根据植株各个器官汞含量的分布状况来判断汞元素的来源。研究发现，通过作物根系从土壤中吸收进入植株体内的汞，其分布为根＞茎＞叶；而通过叶片气孔进入植株体内的汞，其分布为叶＞茎＞根，就可以判断汞的污染来源与迁移渠道。

除汞之外，还有许多金属、挥发性化合物都有可能通过大气传播迁移到农田与植物体上，只有应用此法才能判断污染物的来源，从而提出防治对策。

3.土壤背景值反映区域土壤生物地球化学元素的组成和含量，是地方病诊断的基础

土壤元素背景值与人类健康密切相关。由于成土母质和成土条件等的影响，一些土壤元素表现异常，从而影响人类健康，引起地方性疾病。已证实，低硒土壤背景区域，是克山病、大骨病及动物白肌病的发病区，这是由于土壤缺硒，使整条食物链缺硒，最终导致人体内硒营养失常，从而危害人体健康。

4.土壤背景值可以指导农业施肥

土壤环境背景值反映了土壤化学元素的丰度，是研究土壤化学元素，特别是研究微量和超微量化学元素有效性的基础，也是预测元素含量丰缺，制定施肥规划、施肥方案的基础，在农业生产上有着广泛的应用价值。土壤背景值作为一个"基准"数据，不仅仅在土壤学、环境科学上有重要意义，而且在农业、医学、国土规划等方面也都有重要的应用价值。

5.土壤环境背景值分区

（1）分区目的

土壤背景值分区是土壤背景值研究工作的进一步深化，其目的是使获得的土壤背景值基础科学资料充分应用于生产生活实际，为更好地保护土壤环境，合理利用土壤环境容量，为各种产业的合理布局、微肥施用、国土规划、区域环境评价等提供科学依据。

（2）分区原则

一是土壤环境背景影响因素的综合性原则。土壤元素环境背景值受气候、水文地质、地形地貌、母质母岩、土壤类型、生物、时间、土壤有机质、pH值、质地、土地利用方式等多方面因素的影响，因而土壤环境背景值分区必须全面考虑这些因素的综合作用特征。

二是土壤元素环境背景值区内的一致性和区间差异性原则。这是土壤背景值分区的一项基本原则，因为区内元素背景值含量的一致性决定了利用土壤资源保护土壤环境对策的相似性，而对策和措施的区内相似和区间差异性也正是分区的目的和依据所在。

三是适当考虑行政区划的完整性原则。这可为各区的综合区划开发利用和管理提供方便。

（3）分区单位命名原则

一级地区：地理位置名称+土壤背景值。二级地区：地貌名称+最低或最高背景元素名+背景地区，未在名称中体现的元素其背景值居中。

6.利用土壤环境背景值制定土壤环境标准

土壤环境质量标准是以保护土壤环境质量、保障土壤生态平衡、维护人体健康为依据，对土壤中有害物质含量的限制也是环境法规的一部分。土壤环境标准与一般以单一目的为基础的建议限制浓度不同，它是一整套具有法律性的技术指标和准则。

迄今为止，世界上80多个国家都有自己的大气和水的环境标准体系，却尚未有一个国家有完善的土壤环境标准。制定土壤环境标准的主要困难，首先在于土壤是一种非均质的复杂体系，与空气、水体两种流体环境要素不同，土壤受5种成土因素的综合影响，存在地区、类型间自然差异；其次，土壤的物理、化学性质的不同使有害物质在土壤迁移转化、毒性表现出显著的差异。因此，在国际上，土壤环境标准的制定仍属未解决的问题。但鉴于日益严峻的土壤环境问题，为了保护土壤这种几乎无再生能力的人类生存资源，不少国家近十余年来都特别重视土壤环境标准的研究工作。目前大都对毒性显著的几种重金属和有机物做出（或试行）某些暂时规定，以部分地满足防止土壤环境恶化和实施土壤环境保护政策的需要。

目前，国内外研究土壤环境标准的方法可分为两大类：生态效应方法和地球化学方法。生态效应方法分为以下5种：土壤卫生学和土壤酶学指标方法、食品卫生标准方法、作物生态效应方法、人体效应指标方法、综合生态方法。

地球化学方法：主要利用土壤元素地球化学背景值和高背景值来推断土壤环境标准的方法，又可分为以下几种。

（1）X+S体系

荷兰的专家组通过对荷兰118个无污染土壤元素含量加二倍标准差作为相应土壤中元素含量的上限，并以此值作为土壤元素含量的基础值，用以判别土壤元素含量的基准值，用以判别土壤是否污染。俄罗斯颁布的土壤卫生标准用土壤铅的背景值加20mg/kg作为土壤铅的允许含量。

（2）GM体系

英格兰和威尔士表土含铅的几何均值（GM）正好是欧盟推荐的铅的基准值。

（3）K、X体系

加拿大安大略省农业食品部和环境部特设委员会规定土壤中镉、镍和钼的环境基准值分别等于土壤背景值，而铜、铅、锌是背景值的3倍，铬放宽要求是背景值的7倍。

（4）高背景区土壤平均值体系

以高背景区土壤中元素含量平均值作为该元素最大允许浓度，金矿和碱金属矿附近土壤汞含量最高达2mg/kg，这正好与德国、意大利土壤中汞的最大允许浓度相等。

在实际工作中，可将生态效应方法与地球化学方法加以结合使用，这样对科学制定土壤环境质量标准更具实际意义。

7.土壤背景值与微量元素肥料的施用

土壤微量元素背景含量与土壤微量元素养分含量是相一致的。在农业化学研究中，土壤微量元素的含量是一个相对稳定的指标，是土壤养分储备或养分供应潜力的量度。土壤微量元素背景值的获得排除了人为活动等偶然因素的影响，更能反映元素在土壤中的本底含量和供肥潜力，因此土壤微量元素背景值基础资料应用农业生产指导微肥施用是可行的。铜、锌、锰等微量元素是植物正常生长和生活不可缺少的营养元素，土壤中微量元素供给不足或过剩，均可导致农作物产量减少、品质下降。土壤是否缺乏某种微量元素一般与全量并没有直接关系，直接影响土壤对农作物供应水平的是土壤中微量元素有效态含量。

8.防治地方病和环境病

土壤中某些元素的过多与缺乏，不仅影响植物的正常生长，而且通过食物链影响动物及人类健康。锌、铜、锰、铬、氟、硒已被确认是维持生命活动不可缺少的微量元素，由于这些元素在人体中不能合成，必须从膳食和饮水中摄入，因此它们在人类营养中比维生素还重要。我国分布的克山病、大骨节病、地方性氟中毒症和甲状腺肿病等地方病严重危害着人民的健康，已有资料证明，这些地方病与环境中某些元素的丰缺有关。上述4种地方病在我国均有分布。地方性甲状腺是一种很古老也很普遍的疾病，现已查明主要由身体缺碘引起，环境中碘缺乏是发生甲状腺肿的主要原因。

（1）山西大骨节病区的土壤环境背景特征

大骨节病是一种非传染性的慢性全身性软骨骨关节病，主要症状表现为关节痛、肢体粗短畸形、肌肉萎缩、步态蹒跚、运动障碍。山西大骨节病主要发病区是安泽、古县、浮山、沁水、沁源、榆社、武乡、左权、石楼、永和县、吉县、大宁等17个县。关于大骨节病的病因至今尚未搞清，研究提供试区土壤元素背景值无疑有助于探索该病的土壤地球化学病因，通过对大骨节病高发区（安泽、古县一带）及相邻非病区土壤各元素背景值分析比较，发现多数元素无显著差异，但病区土壤Cu、Mn显著高于非病区（A=0.05），元素硒低于非病区土壤。据此可以推断，病区土壤中高Cu、Mn条件下的低Se，可能是大骨节病的致病原因之一，如果进一步分析粮食、人体中这些元素的含量状况并进行临床观察，能证实上述结论，那么这可以通过施肥，利用元素之间的拮抗和协同作用机理来调节土壤及作物中Cu、Mn、Se的含量，进而为大骨节病找到一条既经济又有效的防治途径。

（2）山西中部四大盆地土壤氟背景与氟中毒症

地方性氟中毒症包括氟斑牙和氟骨病，在山西省流行区主要分布在地势低平、地下水位较浅的运城、临汾、太原、忻定盆地地区。研究发现，氟中毒分布与土壤高氟背景区的分布非常吻合，而且土壤氟背景值高的地区患病率也高，如运城盆地土壤背景最高（582.72mg/kg），该盆地氟斑牙患病率也最高（30.1%）。

可见长期食用高氟土壤生产的粮食也是地方性氟中毒发病的原因。山西地方病研究所姚政民试验表明，Mo与F存在拮抗作用，而山西土壤普遍缺Mo，因此增施钼肥可以降低作物对氟的吸收，进而减少人体氟的摄入量，这样不但提高了粮食作物产量，而且便于患者每天食用，起到既增产又治病的双重效益。

9.地球化学找矿

土壤环境背景值研究过程中，当发现某一区域某一种或几种元素背景异常高时，这对该种元素的找矿就有一定的指示作用。我国有学者曾对江西省发育在花岗岩母质上的红壤、风化壳28种元素的土壤背景值和异常值进行研究，探讨了利用背景值异常进行找矿的可能性。通过对背景区和异常区土壤中元素地球化学特征分析研究，明确了找矿有指示作用的土壤地球化学标志，这是对已有的众多找矿标志的重要补充。

除此以外，土壤元素背景值及其分区还可为区域环境质量评价、土壤环境容量开发、工农业布局、国土整治等方面提供重要依据。

二、土壤自净作用

土壤自净作用，即土壤环境自然净化作用，是指在自然条件下，污染物在土壤环境中通过吸附、分解、迁移、转化等过程浓度降低、毒性或活性下降，甚至消失的过程。土壤环境的自净功能对维持土壤生态平衡起着重要作用，明确土壤环境自净作用及其机理对制定土壤环境容量、选择土壤环境污染调控与污染修复技术有重要的指导意义。

（一）土壤环境的自净作用

土壤自净作用按照其作用机理的不同，可以分为物理净化作用、物理化学净化作用、化学净化作用和生物净化作用。

1.物理净化作用

土壤是一个多相的疏松多孔体系，犹如一个天然过滤器，固相中的各类胶态物质——土壤胶体又具有很强的表面吸附能力，土壤对物质的滞阻能力是很强的。物理净化就是利用土壤多相、疏松多孔的特点，通过吸附、挥发、稀释、扩散、迁移等物理作用过程使土壤污染物趋于稳定，毒性或活性减小，甚至排出土壤的过程。

物理净化作用只能使土壤污染物的浓度降低或使污染物迁移，而不能使污染物从整个自然界中消失。如果污染物水分运动迁移进入地表水或地下水层，将造成水体污染，逸入大气则造成空气污染，同时难溶性固体污染物在土壤中被机械阻留，引起污染物在土壤中的积累，造成潜在的污染威胁。

2.物理化学净化作用

土壤物理化学净化作用，是指污染物的阴、阳离子与土壤胶体的阴、阳离子发生离子交换吸附作用。该净化作用为可逆的离子交换反应，且服从质量守恒定律，是土壤环境缓冲作用的重要机制。其净化能力的大小可用土壤阳离子交换量或阴离子交换量的大小衡量。污染物的阳、阴离子被交换吸附到土壤胶体上，降低了土壤溶液中这些离子的浓（活）度，相对减轻了有害离子对植物生长的不利影响。但物理化学净化作用也只是相对地减轻危害，只能使污染物在土壤溶液中的离子浓（活）度降低，并没有从根本上将污染物从土壤环境中消除，相反却在土壤中"积累"起来，最终仍有可能被生物吸收，危及土壤生态系统。

3.化学净化作用

化学净化作用主要是指通过溶解、氧化、还原、化学降解和化学沉降等过程，使污染物迁出土壤之外或转化为不被植物吸收的难溶物，并不改变土壤结构和功能的作用方式。污染物进入土壤后，可以发生一系列的化学反应。这些反应有凝聚与沉淀、氧化还原、络合−螯合、酸碱中和、同晶置换（次生矿物形成过程中）、水解，或者发生由太阳辐射能引起的光化学降解等反应。通过这些化学反应，或者使污染物转化成难溶、难解离物质，使危害程度和毒性降低，或者分解为无毒物质或植物营养物质。例如，农药在土壤中可以通过化学净化等作用而消除，但重金属在土壤中只能发生凝聚沉淀反应、氧化还原反应、同晶置换反应等，活性可能会因此发生改变，但不能被降解。

4.生物净化作用

生物净化作用是指有机污染物在微生物及其酶作用下，通过生物降解，被分解为简单的无机物而消散的过程。从净化机理和净化结果来看，生物化学自净是自然界中污染物去除最彻底的途径。

土壤中的微生物种类繁多，各种有机污染物在不同条件下的分解形式也是多种多样的，包括氧化还原反应、水解、脱烃、脱卤、芳环羟基化和异构化、环破裂等过程，最终转变为对生物无毒的无机物、水和CO_2。在土壤中，某些无机污染物也可在土壤微生物的参与下发生一系列化学变化，以降低活性和毒性。但是微生物不能净化重金属，甚至会使重金属在土体中富集，这也是重金属成为土壤环境最危险污染物的重要原因。

土壤环境中的污染物质被生长在土壤中的植物所吸收、降解，并随茎、叶、种子或果实而离开土壤，或者为土壤中蚯蚓等软体动物所食用，污水中的病原菌被某些微生物所吞食等，这些都属于土壤环境的生物净化作用。总之，土壤自净作用是物理、物理化学、化学和生物共同作用、互相影响的结果，土壤自净能力是有一定限度的，这就涉及土壤环境容量问题。

（二）土壤环境的自净作用影响因素

1.土壤的物质组成

土壤环境的物质组成主要包括土壤矿质部分的质地、土壤有机质的数量、土壤的化学组成和土壤黏粒种类与数量。

2.土壤环境条件

土壤环境条件主要包括土壤的pH值与Eh条件，土壤的水、热条件等。

3.土壤环境的生物学特性

土壤中微生物种类和区系的变化影响了土壤环境中污染物的吸收固定、生物降解和迁移转化。

4.人类活动的影响

人类活动也是影响土壤净化的重要因素，如长期施用化肥可引起土壤酸化而降低土壤的自净能力，施石灰可提高土壤对重金属的净化能力，施有机肥可增加土壤有机质含量，提高土壤净化能力。

三、土壤环境容量

土壤环境容量是针对土壤中有害物质而言，指在一定环境单元、一定时限内遵循环境质量标准，既能保证农产品产量和质量，又不对周围环境产生次生污染时土壤所能容纳污染物最大负荷量。如从土壤圈物质循环角度来考虑，亦可简要地定义为"在保证土壤圈物质良性循环的条件下，土壤所能容纳污染物的最大允许量"。由定义可知，土壤环境容量实际上是土壤污染物的起始值和最大负荷量之差。如果把土壤环境标准作为土壤环境容量的最大允许极限值，则土壤环境容量的计算值是土壤环境标准值减去背景值（或本底值），即为土壤环境的基本容量，或称为土壤环境静容量。土壤环境的静容量从理论上反映了土壤环境对污染物的最大容量，但没有考虑土壤环境自身的自净作用。因此，土壤环境容量应该是土壤净容量与土壤净化量之和，这才是实际的土壤环境容量或称土壤动态容量。

（一）土壤环境容量的概念

因环境污染造成的"八大公害事件"引起世界各国对环境问题的关注，并在环境管理与控制工作中提出对污染总量进行控制以代替单纯的浓度控制。土壤环境容量是环境容量定义的延伸，一般把土壤环境单元所允许承纳污染物的最大数量称为土壤环境容量。土壤之所以对各种污染物有一定的容纳能力，是因为土壤本身具有一定的净化功能。在一系列水环境容量与大气环境容量调查的基础上，我国科学家在土壤环境容量方面做了大量研究。土壤环境容量被列为一个国家级科技攻关项目得到了系统研究，研究内容包括污染物在土壤或土壤–植物系统中的生态效应与环境影响，主要污染物的临界含量，污染物在环境中的迁移、转化及净化以及土壤环境容量的区域分异规律等。世界上主要进行了两类土壤环境容量研究：一类是研究土壤与植物之间的相互作用以及污染物在土壤生态系统中的渗透及吸附规律，例如，根据土壤的化学性质及重金属与土壤之间的相互作用机制计算出了土壤中重金属的化学容量与渗透压；另一类是一些土壤环境容量的应用性研究，例如，根据土地处理系统净化污水中污染物的能力，澳大利亚计算出了对照小区每时间单元的污染物负荷与灌溉数量，另一个例子是美国提议的关于磷与氮的土壤环境容量及其数学模型。

目前，土壤环境容量已被认为是环境科学中的一个基本术语。广义上讲，它包括时间与空间在内的每个环境单元的污染物最大负荷量。根据这个定义，我们认为土壤容量及其特有的定量指标与作用有以下四方面：一是不能毁坏土壤生态系统的正常结构与作用，二是保证土壤能获得持续稳定和高产量，三是农产品质量应符合国家食品卫生标准，四是不会对地表水和地下水及其他环境系统产生二次污染。

（二）土壤环境容量的确定

土壤环境容量是以生物反应状况为基础的污染物在土壤中的临界水平，所以要取得土壤环境容量值必须进行生物实验，对农作物而言多为盆栽实验。对于同一作物，以全量计，土壤临界浓度的含量随土壤类型而有很大差异，对于阳离子而言，土壤呈酸性的，其临界浓度低，而石灰性土壤临界浓度较高。因此，土壤一旦酸化，就会导致临界浓度降低，从而使土壤环境容量下降。不同作物的土壤临界浓度也有较大差异。例如，在四川酸性紫色土上种植水稻，土壤铜离子的临界浓度是700mg/kg，而种植莴笋土壤铜离子的临界浓度只有20mg/kg。因此，从整个生态系统出发，确定一个区域的土壤环境容量应以最敏感而常见的作物的实验结果为基础确定。

利用生物实验取得土壤环境容量须经历较长的时间，而且所得实验的结果是因土因作物而异。研究发现，用化学容量法代替生物学容量法获取土壤临界浓度是可行的。化学容量法是以有害物质在土壤中达到致害生物时的有效浓度为指标来确定土壤环境容量。此方法的优点是简便易行，且指标易于统一。该方法不仅经过大量生物实验证明了其有效性，而且对有害元素在土壤中的形态转化及其危害临界值进行了大量研究。

（三）土壤环境容量的影响因素

土壤环境容量的大小受多种因素影响，包括土壤类型与性质、指示植物种类、污染物环境效应与污染历程及其污染物类型与性质等。

1.土壤类型与土壤性质

土壤类型与性质对环境容量有显著影响。不同土壤类型所形成的环境地球化学背景值不同，同时土壤的物质组成、理化性质和生物学特性以及影响物质迁移转化的水热条件也都因土而异，因而其净化性能和缓冲性能也不同。如土壤Cd、Cu、Pb容量大体上由南至北随土壤类型的变化而逐渐增大，而南方酸性土壤As的变动容量一般较高，北方碱性土壤一般较低。即使同一母质发育的不同地区的黄棕壤，对重金属的土壤化学行为的影响和生物效应均有显著差异。

2.指示植物的种类

用作指示植物的种类、部位不同，得到土壤环境临界含量有很大差异。例如，添加相同浓度的重金属时，麦粒中的Pb和Cd含量大于糙米，而糙米的As和Cu含量大于麦粒。

3.污染物环境效应与污染历程

土壤环境中污染物的累积量除不能影响土壤生态系统的正常结构与功能外，还要求从土壤环境输出的污染物不会导致其他环境子系统的污染。因此，环境效应是确定土壤环境容量的重要方面，同时对土壤环境容量的研究确定提出更严格的要求。另外，污染物进入土壤后，可以溶解在土壤溶液中，或吸附于胶体表面，或与土壤中其他化合物产生沉淀等，这些过程均与污染历程有关。土壤中重金属的溶出量、形态和积累程度均随时间发生变化。

4.污染物类型和性质

污染物的类型及其性质是影响其在土壤环境中迁移转化的内因，研究污染物在土壤环境中的化学行为是揭示污染物的环境基准、环境容量及其区域分异的实质内容，并将其作为确定土壤环境基准的重要依据。化合物类型对土壤环境容量的影响较明显，如当红壤中添加浓度同为10mg/kg的$CdCl_2$和$CdSO_4$时，糙米中Cd浓度分别为0.65mg/kg和1.26mg/kg。另外，环境因素（温度、pH值等）、复合污染和农产品质量的标准对确定土壤环境容量均有明显的影响。国家制定的粮食卫生标准若发生变动，土壤环境容量也要做出相应调整。

（四）土壤环境容量的应用

1.土壤环境质量标准制定的依据

土壤环境质量标准的制定比较复杂，目前各国均未有完善的土壤环境质量标准。通过土壤环境容量的研究，在以生态效应为中心，全面考察环境效应、元素化学形态效应及其净化规律基础上提出了各元素的土壤基准值，可为区域性土壤环境标准的制定提供基础依据。

2.制定农田灌溉水质标准

制定农田灌溉水质标准、把水质控制在一定浓度范围是避免污水灌溉污染土壤的重要措施。用土壤环境容量制定农田灌溉水质标准，既能反映区域性差异，也能因区域性条件的改变而制定地方标准。以灌溉水质标准为例，未经处理或仅经初步处理的废水常常含有较高含量的重金属，过量或不合理使用将导致土壤污染。污灌水质标准因土壤环境容量、灌溉量、年累积率和时间而异。预期的污灌时间越长，则允许的标准越低。

3.土壤环境质量评价与土壤污染预测

在土壤环境容量研究中，获得了重金属土壤临界含量，在此基础上提出了建议的土壤环境质量标准，为准确评价土壤环境质量提供了依据。同时，土壤污染预测是制定土壤污染防治规划的重要依据，土壤环境容量是进行预测的一个重要指标。

4.制定污染物总量控制的依据

土壤环境容量充分体现了区域环境特征，是实现污染物总量控制的重要基础。以区域能容纳某污染物的总量作为污染治理量的依据，使污染治理目标得以明确。以区域容纳能力来控制一个地区单位时间污染物的容许输入量。在此基础上可以合理、经济地制订总量控制计划，可以充分利用土壤环境的纳污能力。

5.指导污染土壤治理与应用

根据土壤环境容量理论，选择合适的污染土壤治理技术，合理规划土地利用方式，筛选对各污染物忍耐力较强、吸收率低的作物，发展生态农业。另外，增施有机肥提高土壤有机质含量，提高土壤环境容量。

第三节　土壤污染物与污染源

土壤污染物的确定及对其来源的分析是保护土壤环境和防治土壤污染的重要依据，可以帮助我们确定土壤污染类型、污染程度、污染时间和主要污染物。

一、土壤污染物

土壤污染物是指由人为或自然因素进入土壤并影响土壤的理化性质和组成，导致土壤质量恶化、土壤环境系统自然功能失调的物质。随着工农业迅猛发展，产生污染土壤环境的物质种类越来越多，按其性质可分为以下几类。

（一）重金属污染物

土壤中重金属元素主要是指相对密度大于5g/cm³的微量金属（或类金属）。较常见的一些重金属污染物有汞（Hg）、镉（Cd）、铬（Cr）、铅（Pb）、铜（Cu）、锌（Zn）、钴（Co）、镍（Ni）和类金属砷（As）等。其中，汞（Hg）、镉（Cd）、铬（Cr）、铅（Pb）、砷（As）等元素在环境科学上被称为"五毒元素"，说明这5种元素对生物体危害性很大，而铜（Cu）、锌（Zn）等元素是生物生长发育必需的微量元素，过多、过少都会对生物体产生危害。重金属污染物是土壤中最难以治理的一种污染物，其特点为形态稳定，潜伏性期长，隐蔽性强，难分解，易富集，危害大，可以通过食物链在动植物体内累积，最终危害人类。例如，"八大公害"中的"痛痛病"事件就是因为人类食用了含有镉的大米所致。重金属元素污染的土壤如果不进行人为干预治理的话，重金属很难从土壤环境中去除。

（二）农药、化肥类污染物

在农业生产中，人们为了追求粮食产量而大量地施用农药和化学肥料，导致这些化学物质在土壤中大量地残留，已成为当前重要的土壤环境问题。目前使用的农药种类繁多，主要分为有机氯农药（如六六六、狄氏剂）、有机磷农药（如马拉硫磷、对硫磷、敌敌畏等）。农药主要包括杀虫剂、除草剂以及杀菌剂。在农药的使用中，除草剂所占的比例最大，杀虫剂次之，杀菌剂最少。由于农药本身性质和使用方法不当，它在土壤中可以长期残留且呈现较高毒性，同时有些农药的靶向性较差而对农作物的生长造成影响。农药还可以通过食物链向更高的营养级富集，从而造成更大的危害。尤其一些有机氯类农药在土壤中残留时间较长，危害较大。尽管我国已经禁止使用有机氯类农药，但在这之前使用的农药在土壤中仍然存在，由于土壤对这类农药的降解能力很差，如除草剂2，4-D、2，4，5-T、苯氧羧酸类，杀虫剂DDT、六六六、马拉硫磷等。据国家环境保护部统计，我国化肥年施用量达4700×10⁴t，而利用率仅为30%左右。大量施用化肥、农药，造成耕地质量不断下降，而为了提高粮食产量，又要施用更多的化肥、农药，形成了恶性循环，对土壤环境危害较大。尤其是氮素肥料的大量施用，造成了硝酸盐在土壤中大量积聚。

（三）酸、碱、盐类污染物

随着工业的发展，工厂向大气中排放的废气不断增加，如二氧化硫、二氧化碳、氮氧化物等酸性气体，这些酸性气体通过干湿沉降进入土壤，使土壤酸化。另外，因碱法造纸、化学纤维、制碱、制革以及炼油等工业废水进入土壤，造成土壤碱化，又如，在石灰产业周边地区，大量碱性气体和烟尘进入土壤，导致土壤pH值偏高。酸性废水或碱性废水中和处理后可产生盐，而且这两类废水与地表物质相互反应也能生成无机盐类，所以土壤遭受到酸和碱的污染必然伴随着无机盐类的污染。另外，在蔬菜保护地生产中由于灌溉不合理，加之特殊的生产环境条件，保护地生产土壤盐渍化的问题也日渐突出。当前，硝酸盐、硫酸盐、氯化物、可溶性碳酸盐等是常见的且大量存在的无机盐类污染物，这些无机污染物会使土壤板结，改变土壤结构，造成土壤盐渍化和影响水质等。

（四）有机类污染物

土壤中的有机类污染物除农药外，还有石油、化工、制药、油漆、染料等行业排放的废弃物，其中含有石油烃类、多环芳烃、多氯联苯、酚类等，这些有机污染物性质稳定，能在土壤中长期残留，导致土壤的透气性降低，含氧量减少，影响土壤微生物活性和作物的生长，并在生物体内富集，危害生态系统。

（五）放射性污染物

放射性污染物是使土壤的放射性水平高于自然本底值。放射性元素主要有Sr、Cs、U等，主要来自核工业、核爆炸以及核设施泄漏，可通过放射性废水排放、放射性固体埋藏以及放射性飘尘沉降等途径进入土壤环境造成污染。放射性物质与重金属一样不能被微生物分解而残留于土壤造成潜在威胁，其放射性会对土壤微生物、作物以及人体造成伤害。土壤受到放射性污染是难以排除的，只能靠自然衰变转变成稳定元素而消除其放射性。

（六）病原菌类污染物

土壤中的病原菌污染物主要包括病原菌和病毒等，来源于人畜的粪便及未经处理的生活污水，特别是医疗废水。直接接触含有病原微生物的土壤或食用被病原微生物污染的土壤上种植的蔬菜和水果，土壤病原菌能够通过水和食物进入食物链，会导致牲畜和人患病。

二、土壤污染源

土壤污染源可以分为天然污染源和人为污染源。天然污染源是指自然界自行向土壤环境排放有害物质或造成有害影响的场所，比如火山爆发、地面尘暴。人为污染源是指人类在生产和生活过程所产生的污染源，如工矿企业"三废"物质的排放。人为活动是土壤环境中污染物最主要的来源，是土壤污染防治研究关注的重点。根据污染源的性质将其分为以下几类。

（一）工业污染源

工业污染源是指工业生产中对土壤环境造成有害影响的生产设备或生产场所。其主要通过排放废气、废水、废渣和废热污染土壤环境。工业生产过程排放的污染物具有排放量大、成分复杂、对环境危害大等特点。如排出的烟气中含有硫氧化物、氮氧化物、甲醛、氟化物、苯并[a]芘和粉尘等，这些物质通过干湿沉降进入土壤环境；个别地区污水灌溉现象仍然存在，导致土壤中石油烃和重金属类污染物含量超标；工业废渣的任意排放也会造成土壤污染，废渣任意堆放，在雨水作用下会产生含有污染物的渗滤液，渗滤液会向深层土壤迁移造成更大的污染。此外，由于化学工业的迅速发展，越来越多的人工合成物质进入环境；矿山和地下矿藏的大量开采把原来埋在地下的物质带到地上，从而破坏了地球物质循环的平衡。由于工业生产的发展把重金属和各种难降解的有机污染物带到人类生活的环境中，对人体健康和生态系统安全构成了危害。

（二）农业污染源

农业污染源是指农业生产过程中对环境造成有害影响的农田和各种农业措施，包括氮素和磷素等营养物质的施用、农药和农膜等农业生产物质的使用。农业生产造成的污染属于面源污染，是继工业点源污染又一重要污染源。化肥和农药的不合理使用破坏土壤结构，危害土壤生态系统，进而破坏自然界的生态平衡，如喷洒农药时有相当一部分直接落于土壤表面，一部分则通过作物落叶、降雨等途径进入土壤。研究表明，大量施用氮肥会造成土壤酸化，长期施用磷肥可造成重金属镉元素在土壤中积累，这是因为磷肥的生产是通过磷矿石酸化制得，从而把磷矿石中的重金属元素带到土壤中。规模化养殖场也是重要的农业污染源，长期施用以规模化养殖场的畜禽粪便为原料做成的有机肥料，也会把饲料添加剂中的重金属元素带到土壤中。另外，当前地膜覆盖技术已被广大农民所接受，由于地膜难降解，残留在土壤中的地膜会破坏土壤结构，影响作物生长。

（三）生活污染源

生活污染源是指人类生活中产生污染环境物质的发生源，包括生活垃圾、生活污水和电子垃圾等。生活垃圾在土壤表面的堆积、生活污水在土壤表面的溢流，都会导致有机物、营养元素、病原菌等污染土壤。电子信息产品更新换代快，电子垃圾已成为生活污染新来源，这些电子垃圾成分复杂，重金属等有害物质含量多，如果不进行回收再利用或专门处理，可能成为更为严重的土壤污染物的来源。

（四）生物污染源

生物污染源是指能够产生细菌和寄生虫等致病微生物引起土壤污染的污染源，包括由人畜禽代谢物、屠宰厂和医院排放的污水及产生的垃圾。这些污染源产生的垃圾一旦进入土壤就会带入细菌和寄生虫，引起土壤的生物污染。

（五）交通污染源

交通污染源是指交通运输工具排放的尾气中含有的重金属和石油烃类物质通过大气沉降作用和汽车轮胎摩擦产生的含锌粉尘等造成土壤环境的污染。张玉龙等研究表明，交通运输线两侧的土壤中铅等重金属元素含量离公路越近、越靠近地表，其值越高，且沿交通干线呈线状分布。

三、土壤污染的类型

由于土壤污染物种类繁多，污染物来源多途径，污染机理复杂，按照污染物属性和污染途径把土壤污染划分以下几种类型。

（一）按照污染物属性划分

按照污染物属性一般可以把污染类型分为有机型污染、无机型污染、微生物型污染和放射型污染。

1.有机型污染

有机型污染主要是指工农业生产过程中排放到土壤中难降解的农药、石油烃、酚类、苯并芘、多环芳烃、多氯联苯、二噁英和洗涤剂等物质对土壤环境产生的污染。有机污染物进入土壤后，影响土壤理化性质，危及农作物的生长和土壤生物的生存，改变土壤微生物区系。研究表明，被二苯醚污染的稻田土壤可造成稻苗大面积死亡，泥鳅、鳝鱼等生物绝迹；长期施用除草剂阿特拉津的旱田土壤影响作物的光合作用，改变土壤微生物区系。另外，随着地膜覆盖技术的迅猛发展，由于使用的农膜难降解，加之管理不善，大部分农膜残留在土壤中，破坏了土壤结构，已成为一种新的有机污染物。

2.无机型污染

无机型污染主要是指无机类化学物质对土壤造成的污染，包括自然活动和人类工农业生产过程中排放的重金属、酸、碱、盐等物质对土壤环境造成的污染。无机污染物通常会通过降水、大气沉降、固体废弃物堆放以及农业灌溉等途径进入土壤。由于重金属污染土壤危害大、面积广、治理难等原因，已经成为无机型污染中最主要的污染类型。工业排放的酸、碱、盐类物质通过干湿沉降和污水灌溉等途径进入土壤，加之农业不合理施肥、灌

环境监测与生态环境保护

溉，土壤酸化、碱化和盐渍化已成为限制农业生产发展的一大障碍。

3.微生物型污染

微生物型污染是指有害微生物进入土壤，大量繁殖，改变微生物区系，破坏原有的动态平衡，对土壤生态系统造成不良影响。造成土壤微生物型污染的物质来源主要是未经处理的粪便、医疗废弃物、城市污水和污泥、饲养场与屠宰场的污物等，尤其是传染病医院未经消毒处理的污水与污物危害更大。有些病原菌能在土壤中存活很长时间，不仅危害人体健康，而且容易导致农作物产生病害，影响作物产量和品质。

4.放射型污染

放射型污染是指人类活动排放出高于自然本底值的放射性物质对土壤造成的污染。放射性核素可通过多种途径进入土壤，如核试验、放射性物质的排放、核设施泄漏和大气中放射性物质沉降等。放射性物质衰变后能产生放射性 α、β、γ 射线，这些射线能穿透生物体组织，损害细胞，对生物体造成危害。

（二）按污染途径划分

按照污染途径，污染类型一般可以分为水体污染型、大气污染型、农业污染型、固体废弃物污染型和综（复）合污染型。

1.水体污染型

水质污染型的污染源主要是工业废水、城市生活污水和受污染的地面水体。据报道，在日本曾由受污染的地面水体所造成的土壤污染占土壤污染总面积的80%，而且绝大多数是由污灌所造成的。

利用经过预处理的城市生活污水或某些工业废水进行农田灌溉，如果使用得当，一般可有增产效果，因为这些污水中含有许多植物生长所需的营养物质。同时，节省了灌溉用水，并且使污水得到了土壤的净化，减少了治理污水的费用等。但因为城市生活污水和工矿企业废水中还含有许多有毒、有害的物质，成分相当复杂。若这些污水、废水直接输入农田，可造成土壤环境的严重污染。

经由水体污染所造成的土壤环境污染，其分布特点是：由于污染物质大多以污水灌溉形式从地表进入土体，所以污染物一般集中于土壤表层。但是，随着污灌时间的延续，某些污染物质可随水自上部向土体下部迁移，以至达到地下水层。这是土壤环境污染的最主要发生类型。它的特点是沿已被污染的河流或干渠呈树枝状或呈片状分布。

2.大气污染型

大气污染型的土壤环境污染物质来自被污染的大气。经由大气的污染而引起的土壤环境污染主要表现在以下几个方面。

（1）工业或民用煤的燃烧所排放出的废气中含有大量的酸性气体，如SO_2、NO_2等；

汽车尾气中的铅化合物、NO_x等，经降雨、降尘而输入土壤。

（2）工业废气中的粒状浮游物质（包括飘尘），如含铅、镉、锌、铁、锰等的微粒，经降尘而落入土壤。

（3）炼铝厂、磷肥厂、砖瓦窑厂、氰化物生产厂等排放的含氟废气，一方面可直接影响周围农作物，另一方面可造成土壤的氟污染。

（4）原子能工业、核武器的大气层试验产生的放射性物质随降雨降尘而进入土壤，对土壤环境产生放射性污染。

经由大气污染所造成的土壤环境污染，其特点是以大气污染源为中心呈椭圆状或条带状分布，长轴沿主风向伸长。其污染面积和扩散距离取决于污染物质的性质、排放量以及排放形式。例如，西欧和中欧工业区采用高烟囱排放，SO_2等酸性物质可扩散到北欧斯堪的那维亚半岛，使该地区土壤酸化。而汽车尾气是低空排放，只对公路两旁的土壤产生污染危害。

大气污染型土壤的污染物质主要集中于土壤表层（0~5cm），耕作土壤则集中于耕层。

3.农业污染型

农业污染型是指在农业生产过程中，农药、化肥等的长期使用对土壤造成的污染。主要污染物为化学除草剂、土壤杀菌消毒剂和植物生长调节剂以及N、P等化学肥料和农膜等。其污染程度与化肥、农药的数量、种类、施用方式及耕作制度等有关，污染物主要集中于耕作表层。

4.固体废弃物污染型

固体废弃物污染型是指固体废弃物在地表堆放或处置过程中通过扩散、降水淋滤等途径直接或间接对土壤造成的污染。污染物主要包括工矿企业排放的尾矿、废渣、污泥和城乡生活垃圾等。固体废弃物污染属于点源污染，污染物的种类和性质较为复杂。

5.综（复）合污染型

必须指出，土壤环境污染的发生往往是多源性质的。对于同一区域受污染的土壤，其污染源可能同时来自受污染的地面、水体和大气，或同时遭受重金属、固体废弃物以及农药、化肥等的污染。因此，土壤环境的污染往往是综（复）合污染型的。但对于一个地区或区域的土壤来说，可能是以某一污染类型或某两种污染类型为主。

上述土壤污染类型之间是相互联系的，在一定条件下可以互相转化。土壤是一个开放的系统，可以接受一切来自外界环境的物质，所以土壤环境污染往往是一个由多种污染物综合作用的过程。

第四节　土壤污染物的迁移转化特征

一、土壤环境污染发生的机制

土壤环境污染意味着土壤正常功能遭到破坏，可以表现为物理破坏、化学破坏和生物破坏或土壤质量的下降。当外源污染物进入土壤后，其污染能力超出了土壤的自净能力，对土壤正常的代谢功能造成破坏，称为土壤污染的发生。土壤和污染物之间的接触主要由两个方面的因素造成：一种是由于自然原因造成的，另一种主要是由于人类活动造成的，这种人为的异常活动反映的就是我们通常所说的"土壤污染"。

土壤作为一个开放的系统，污染物与土壤中各物质之间相互作用，被污染的系统之间也发生相互作用，整个污染的发生过程是动态的。土壤环境污染涉及很多因素，包括物理的、化学的、生物的因素。从土壤环境污染发生的基本过程的角度阐述其发生的机制，土壤污染发生的方式有很多，包括直接的和间接的。污染物进入土壤系统，造成土壤环境污染，主要通过接触阶段、反应阶段、污染中毒阶段和恢复阶段完成。

（一）接触阶段

接触阶段是指污染物进入土壤的初始阶段。污染物和土壤环境的接触主要包括以下3种形式。

1.气体型接触污染

人类活动中尤其是工业活动中产生的有毒有害的废气和烟尘等排入大气后，能够通过干沉降和湿沉降等途径进入土壤环境。如冶炼厂周围的土壤重金属大多是通过大气降尘进入土壤中的，又如公路两旁土壤中铅含量高，也是气体型接触造成土壤污染的典型案例。

2.固体型接触污染

工业垃圾、城乡生活垃圾和污泥等固体废弃物的堆放使固体污染物与土壤密切接触，从而导致土壤环境污染。

3.水体型接触污染

工业废水、生活污水会通过地面径流、污水灌溉等形式进入土壤环境，大气中的气态污染物通过降水进入土壤环境，进而造成土壤环境的污染。

（二）反应阶段

以不同途径进入土壤环境的污染物经过吸附–解吸、沉淀–溶解、氧化–还原、络合–解离等一系列物理化学过程参与土壤中的各种反应活动，在改变土壤的功能与性质的同时，自身的形态、性质等也发生变化。污染物与土壤环境中的物质之间相互作用，导致污染物在土壤环境中积聚，最终超出土壤环境的自净能力，造成土壤污染。

（三）污染中毒阶段

污染物进入土壤并与土壤中各组分相互作用，使土壤环境物理、化学及生物学性质改变，打破土壤环境原有的生态平衡，导致土壤中生物数量减少、死亡或发生变异，致使农作物产量下降或品质降低，通常称为污染中毒，分为急性中毒和慢性中毒两种形式。急性中毒是指污染物质高浓度、短时间内进入土壤对土壤环境生物及农作物产生直接毒害作用，后果严重；慢性中毒是指污染物质低浓度、长时间内进入土壤对土壤环境生物及农作物产生直接或间接毒害作用，危害时间长。由于土壤本身具有自净能力和环境容量，土壤环境污染大部分属于慢性中毒，所以土壤污染具有隐蔽性、长期性和难以恢复性的特点。在不同的尺度内，污染物都或大或小地影响着土壤生态系统，长期的慢性中毒会对土壤环境以及作物造成巨大的危害。

（四）恢复阶段

急性中毒后的土壤很难通过土壤的自净能力恢复到土壤环境污染前的状态，因为急性中毒的土壤一般污染物的毒性过大或浓度太高，使土壤的各项功能在短时间内造成不可逆的变化，只有借助人为的力量才能恢复到正常的状态，否则土壤将会丧失其正常的功能和理化性质。慢性中毒的土壤，对于一些易降解的或浓度很低的污染物，土壤会通过自身的净化能力使污染物的毒性以及浓度慢慢降低直至消失，土壤环境也会恢复其原有的功能，而对于一些难降解的污染物，如重金属和一些持久性有机污染物，会在土壤中累积，长此以往会对土壤环境以及作物甚至人类健康造成重大危害。

二、无机污染物的迁移转化

土壤中无机污染物迁移转化主要包括物理过程、物理化学过程、化学过程和生物过程，迁移和转化过程往往都是相伴进行。土壤中无机污染物有重金属，酸、碱、盐以及营养元素等，其中污染面积最大、危害最大的是重金属类物质，而重金属类又不能被微生物所分解，在土壤中蓄积能力强，土壤一旦被重金属污染，很难彻底去除，是对人类潜在威胁较大的污染物。研究重金属在土壤中的迁移转化，对评价土壤环境质量、预测其变化发展趋势和控制重金属污染具有重要的意义。土壤的重金属污染，不仅要看它的含量，还要看其存在的形态，不同存在形态的重金属，其迁移转化和对植物的毒害也不同。本部分以重金属为例阐述其在土壤中的迁移转化行为。

（一）物理过程

重金属进入土壤后一部分被土壤胶体所吸附，一部分溶解在土壤溶液中，在降水和灌溉水的作用下，土壤溶液中的重金属离子或在土壤中迁移或迁移至地下水或径流到地表水体中；土壤颗粒吸附的重金属也可以随水冲刷、入渗或在风的作用下进行机械迁移。此外，具有挥发形态的重金属也可以通过挥发作用进入大气，如甲基汞。

（二）物理化学过程

重金属在土壤中发生吸附-解吸、溶解-沉淀、氧化-还原、络合-解离等过程引起的迁移转化，使重金属离子的形态、毒性发生变化的过程，称为物理化学过程。溶解-沉淀是重金属迁移转化的主要形式，以氢氧化合物形式存在的重金属溶解性较低，土壤中重金属的溶解和沉淀也受到土壤pH值、Eh值和土壤中其他物质的影响，在酸性条件下，重金属阳离子比较活泼。土壤有机质可与重金属进行络合-螯合反应，重金属离子浓度较低时，以络合-螯合作用为主，浓度高时以吸附交换作用为主。而土壤胶体对重金属离子的吸附强度主要取决于土壤胶体的性质以及金属离子之间的吸附能，吸附能大的优先被吸附。

（三）生物迁移过程

生物迁移是指土壤中重金属等污染物进入生物体内富集、分散的过程。植物对土壤中重金属的吸附和吸收是土壤中重金属的重要生物迁移途径，也是治理重金属污染土壤最具有发展潜力的技术手段。此外，土壤微生物和土壤动物也通过不同途径吸附或吸收土壤中的重金属，也是土壤重金属的生物迁移途径。影响重金属生物迁移的主要因素有重金属在土壤环境中的形态和浓度、重金属种类和土壤环境性质以及生物种类等。

三、有机污染物的迁移转化

土壤中的有机污染物包括农药、石油烃类和化工污染物等，这些污染物进入土壤后通过吸附-解吸、挥发、扩散、渗滤、径流、生物吸收、生物降解、化学降解和光降解等途径进行迁移转化。这些过程往往同时发生、相互作用，也可造成其他环境要素污染，通过食物链对人体产生危害。因此，了解有机污染物在土壤中的迁移转化规律对于防治土壤有机物污染具有重要意义。

（一）有机污染物在土壤中的迁移

有机污染物在土壤中迁移的途径主要有分配作用、挥发、机械迁移等。

1.分配作用

有机污染物与土壤固相之间相互作用的过程称为分配作用，包括吸附和土壤颗粒中有机质溶解两种机制。土壤颗粒越小，土壤颗粒对有机污染物吸附性就越强。土壤对有机污染物的吸附有物理吸附和物理化学吸附。当有机污染物被吸附后，其活性和毒性都会有所降低。土壤颗粒中含有的有机碳越多，对有机污染物的溶解性就越强；土壤颗粒越小，有机碳含量越多，对有机污染物的分配作用就越强。

2.挥发作用

挥发是土壤中有机污染物重要的迁移途径，是指有机污染物以分子扩散的形式从土壤中逸出进入大气的过程。有机污染物在土壤中挥发作用的大小取决于有机污染物的蒸汽压、土壤机械组成、土壤孔隙度、土壤含水量和温度等因素，如有机磷和某些氨基甲酸酯类农药蒸汽压高，而狄氏剂、林丹等则较低，蒸汽压大，挥发作用就强。研究表明，土壤温度升高、土壤含水量增大、地表空气流速快，有机污染物挥发作用强。土壤中有机污染物扩散挥发，是有机污染物向大气中扩散的重要途径。

3.机械迁移

机械迁移是指土壤中有机污染物随水分子运动进行扩散，包括有机污染物直接溶于水和被吸附在土壤固体颗粒表面随水分移动而进行机械迁移两种形式。水溶性有机污染物容易随着水分的运动进行水平和垂直方向的迁移，而难溶性有机污染物大多被土壤有机质和黏土矿物强烈吸附，一般在土体内不易随水分运动进行迁移，但因土壤侵蚀，可通过地表径流进入水体，造成水体污染。

（二）有机污染物在土壤中的转化

有机污染物在土壤中的转化主要是降解作用。降解是有机污染物从环境中消除最根本的途径，包括化学降解、光降解和生物降解。

1.化学降解作用

有机污染物化学降解可分为化学水解和化学氧化两种形式。化学水解是有机污染在土壤中的重要转化途径，能够改变有机污染物的结构和性质。一般情况下，水解导致产物的毒性降低，且水解产物一般比母体污染物更易于生物降解。化学氧化是指有机污染物在氧化剂的作用下，大分子氧化分解成小分子的过程，如林丹、艾氏剂和狄氏剂在臭氧的氧化作用下都能够被去除。

2.光降解作用

光降解作用是指吸附于土壤表面的有机污染物在光的作用下，将光能直接或间接转移到分子链上，使分子键断裂，大分子变成小分子最后降解为水、无机盐和二氧化碳的过程。光降解按其作用机理分为直接光解、间接光解和光氧化降解3种形式。土壤中有机污染物的光降解一般是直接光解。在有机物污染的土壤治理上提倡水田改旱田、增加耕翻次数和垄作等管理方式，主要是增强光降解能力。

3.生物降解作用

生物降解作用是指通过生物的生命活动将有机污染物去除的过程。参与降解的生物包括微生物、高等植物和动物，其中微生物以酶促、分解、解毒等多种方式代谢土壤有机污染物。按照微生物对有机污染物的降解方式可分为生长代谢和共代谢。生长代谢是指有机污染物本身能够为微生物生命活动提供能源和碳源，维持微生物的生命活动，这类污染物大多是易降解的有机污染物；共代谢是指微生物只有在初级能源物质存在时才能进行的有机污染物降解，主要是一些难降解的有机污染物，如六六六等。微生物对有机污染物的代谢受外部环境的影响很大，如土壤环境温度、水分、通透性、酸碱度等，主要在于为微生物提供其旺盛生长的环境条件，加快其对有机污染物的代谢过程。

第九章　固体废物污染

　　本章主要介绍了固体废物的概念、特点、来源、分类及其对环境的影响，重点阐述了城市生活垃圾、污泥、粉煤灰、农作物秸秆、畜禽粪便、塑料薄膜等常见固体废物的组成、特性、危害及处理现状，着重分析了这些固体废物对土壤环境的影响及其风险控制，同时简要介绍了城市生活垃圾、污泥、粉煤灰、农作物秸秆、畜禽粪便、塑料薄膜等固体废物的处理、处置及资源化利用途径。

　　固体废物污染已成为当今世界各国所面临的一个共同的重大环境问题。固体废物特别是有害固体废物，如露天堆放或处置不当，其中的有害成分可通过环境介质——大气、土壤、地表或地下水体等直接或间接传至人体，对人体健康造成潜在的、近期的和长期的极大危害。固体废物种类繁多，性质各异，主要来源于工业生产、日常生活、农业生产等领域。随着我国经济社会的高速发展、城市化进程的加快以及人民生活水平的不断提高，固体废物的产生量逐年增加，大量固体废物露天堆置或填埋，其中的有害成分经过风化、雨淋、地表径流的侵蚀很容易渗入土壤中，引起土壤污染。土壤是许多真菌、细菌等微生物的聚居场所，在大自然的物质循环中这些微生物担负着碳循环和氮循环的一部分重要任务，固体废物中的有害成分能杀死土壤中的微生物和动物，降低了土壤微生物的活性，使土壤丧失腐解能力，从而改变土壤的性质和结构，破坏土壤生态环境，致使土壤被污染。因此，了解不同类型固体废物的特性及处理处置过程对土壤可能造成的污染，掌握其控制对策措施，将有利于固体废物的处理、处置和资源化循环利用。

第一节　城市生活垃圾对土壤环境的污染

一、生活垃圾的产生与分类

（一）垃圾的产生

随着全球工业的发展、城市规模的不断扩大，城市垃圾数量剧增。城市生活垃圾产生量的影响因素有城市产业结构、消费结构、消费水平以及城市的市政管理水平等。

（二）城市垃圾分类

根据不同的分类方法及分类目的，生活垃圾有不同的分类。

1.按化学组成分类

按化学组成可将城市垃圾分为有机垃圾（厨余垃圾、果皮等）、无机垃圾（废纸、灰渣等）、有毒有害垃圾（电池、油漆、过期药品等）。

2.按产生来源或收集来源分类

家庭垃圾：主要包括厨余垃圾与普通垃圾。

建设垃圾：指城市建筑物建设、拆迁、维修的施工现场产生的垃圾，主要包括砂子、泥土、石块、废管道等。

清扫垃圾：包括公共垃圾箱中的废物、公共场所清扫物、路面损坏后的废品等。

商业垃圾：指城市中进行各种商业活动所产生的垃圾，包括废塑料、废纸等。

危险垃圾：包括电池、日光灯管、医院垃圾和核实验室排放的垃圾等。危险垃圾一般不能混入普通垃圾中，这些垃圾需要特殊安全处置。

二、生活垃圾的组成与性质

（一）生活垃圾的组成

城市生活垃圾来源广泛、成分复杂，影响城市生活垃圾组成的因素主要有城市经济的发展水平、城市居民的生活习惯和城市燃料结构。经济发达、生活水平较高的城市，厨余、纸张、塑料、橡胶等有机物含量较高，而经济欠发达以燃煤为主的城市，垃圾中煤、渣土、砂石等含量较高。

随着城市化进程的发展、城市居民生活水平的不断改善，以及国家大力推广清洁能源，城市生活垃圾组分中的煤渣含量逐年降低，有机物及可燃物含量逐年增高，同时随着城市管理的规范，环卫设施的不断完善，砖瓦、陶瓷等建筑垃圾混入生活垃圾的现象将被杜绝，无机组分逐年降低，而生活水平的提高导致塑料、纸张、玻璃、金属等可回收物质比例逐年增加。

（二）生活垃圾的性质

生活垃圾的性质主要包括物理性质、化学性质、生物特性3个方面。

1.物理性质

由于垃圾的种类繁多，组成复杂，所以垃圾没有特定的物理性质，如密度、形状等，在垃圾管理中，常用含水率、物理组分、容重来表示垃圾的物理特性。

2.化学性质

垃圾化学性质的特征参数有元素组成、灰分、挥发分、发热值等，通过对这些化学参数的分析，可以更好地选择垃圾处理、处置方式。

垃圾发热值对分析燃烧性能，判断能否进行焚烧处置具有重要意义。当低位发热值大于3344kJ/kg时，垃圾燃烧过程不需添加助燃剂，即可实现自燃烧。垃圾发热值越高，经济效益就越高。

3.生物特性

城市生活垃圾的生物特性主要包括城市生活垃圾本身所具有的生物性质及对环境的影响和城市生活垃圾的可生化性。

城市生活垃圾成分复杂，包括人畜粪便、污水处理污泥等，这些物质含有大量病原细菌、病毒、原生动物。据报道，70%的疾病源于粪便未做无害化处理造成给水水体的生物性污染。此外，垃圾中还含有植物虫害、昆虫、昆虫卵等，垃圾未做处理会给环境与人体造成危害。

三、生活垃圾的危害与处理现状

（一）生活垃圾的危害

1.生活垃圾收集过程对环境的危害

生活垃圾中的商业垃圾、建筑垃圾、园林垃圾等是由某个部门专门作为经常性工作加以管理，而居民垃圾大多由居民自主将垃圾投放到住宅区附近的垃圾收集桶，之后由保洁人员定时收集集中进入大型垃圾转运站，最后由垃圾车运出城到垃圾填埋场。

由于居民生活产生的垃圾产生源分散、产生量大、成分复杂，从而造成生活垃圾收集、运输管理的困难，导致对环境的危害。尽管各地加强了城市环境综合治理，各主要街区垃圾得到密闭收集、运输，生活垃圾可以得到日产日清，但在一些大城市城乡接合部、中小城市以及农村地区由于资金、人力管理等各方面问题，大量垃圾露天堆放、无人定期清理，带来严重的环境卫生问题。

2.生活垃圾处理处置过程对环境的影响

普通的填埋方法不仅占用大量土地，同时产生的渗滤液一方面危害土壤结构，另一方面垃圾渗滤液进入土壤后，大量共存离子的竞争吸附减弱了土壤胶体对铵态氮的吸附能力，而且高浓度铵态氮的存在抑制了土壤的硝化作用，从而使大量的铵态氮未能被土壤胶体吸附转化就随渗滤液继续迁移至地下水中，最终导致地下水严重的铵态氮污染。

垃圾堆放过程中会分解产生各种气体，比如，煤矸石在堆放过程中自燃产生SO_2、CO_2、NH_3等，造成严重的大气污染，而且垃圾分解产生大量的CH_4。CH_4是一种温室气体，其贡献率是相同质量CO_2的21倍，同时CH_4的聚集容易引起爆炸。

在垃圾资源化回收利用过程中，若管理不严，也会带来许多问题。比如，未经处理的餐厨垃圾中可能含有口蹄疫、猪瘟病菌、弓形虫、沙门菌等，如果直接用以饲喂畜禽，会造成畜禽体内毒素、有害物质的累积，再通过食物链危害人类，同时由于利益驱使，一些非法炼油厂大量回收地沟油，加工后重返市场，严重危及人们的身体健康。

（二）垃圾处理现状

垃圾的处理受诸多因素的制约，它是一项复杂而又具有综合性的系统工程。我国城市生活垃圾处理水平不断提高。目前国内外处理生活垃圾的基本技术有填埋、堆肥和焚烧。由于我国城市固体废物中无机类物质占60%～70%，有机类物质比例低，所以我国城市固体废物中卫生填埋占处理量的79.2%，堆肥占18.8%，焚烧约占2%。

1.卫生填埋

填埋是垃圾处理最古老的方法，也是垃圾处理的最终程序。无论采用何种方式、流程处理垃圾，最终都要采用填埋作为处理手段，如焚烧最终要产生灰渣，堆肥仅可以处理消纳可生物分解的有机物，但仍有无法处理的废物产生，都要用填埋来解决其最终出路。因此，填埋也被称为最终处置或填埋处置。

卫生填埋具有投资少、处理费用低、处理量大、操作简便，并能够产生可用来燃烧的沼气等优点，但卫生填埋仍然存在诸多问题：①建造卫生填埋场要占用大量的土地，导致土地资源减少；②先进的垃圾填埋场建造成本高昂，建造一个日处理垃圾200t的卫生填埋场，需要约2亿元资金，而日处理垃圾500t的垃圾焚烧场则需要5亿～6亿元的资金，大部分城市无力承建；③垃圾填埋产生气体危害，填埋垃圾经微生物的好氧分解和厌氧分解会产生大量填埋沼气，其成分主要有CH_4、CO_2、NH_3、H_2S等，其中CH_4、CO_2占绝大多数，当甲烷浓度达到5%~15%，在有氧条件下可能发生爆炸，同时由于CO_2易溶于水，不仅会导致地下水pH值降低，还会使地下水的硬度及矿物质增加，而且植物由于受根部集聚的CO_2和CH_4的影响，因缺氧而危害其生长；④渗滤液引起二次污染问题，垃圾经微生物分解和地表水的影响会产生一定数量的渗滤液。

2.垃圾焚烧

垃圾焚烧是利用高温将垃圾中的有机物彻底氧化分解，因而可以最大限度地减少垃圾的最终处置数量，达到减量化。

通过焚烧可回收利用许多固体废物含有的潜在能量，同时固体废物经过焚烧，体积可减少80%~90%，一些有害的固体废物可通过焚烧破坏其组成结构或杀灭细菌，达到解毒、除害的目的。在我国经济较发达的东部沿海地区，由于人口密度高、土地资源宝贵，垃圾焚烧具有一定的优势，但也有专家学者表示反对。

理论上，垃圾焚烧过程中会形成CO_2、HCl、N_2、SO_2和H_2O等，但由于垃圾性质不稳定、垃圾含水率过高、氧气供应不足等，最终的燃烧产物含有大量有害物质，会导致二次污染。我国对上述污染物的排放提出了较严格的标准，而且我国城市生活垃圾还没有进行分类收集，垃圾成分复杂，其可燃物具有不同的理化性质和燃烧特性，较难控制其燃烧过程，也难保证充分燃烧导致垃圾灼热值较低，这也是阻碍垃圾焚烧技术应用的主要原因。另外，我国垃圾焚烧处理技术不成熟，关键部位的焚烧设备还需从国外引进，单位投资成本高，资金难以解决。

3.垃圾堆肥

堆肥是指利用自然界广泛存在的细菌、放线菌、真菌等微生物，在一定条件下对垃圾中的有机物降解，形成腐殖质物质的过程。堆肥主要受通风供氧率、含水率、温度、碳氮比、pH值等因素影响。

通过堆肥可让垃圾减重、减容约50%，减少垃圾的占地、污染，而且一般的堆肥温度可达到70℃的高温，可使垃圾中的蛔虫卵、病原菌、孢子等基本被杀灭。同时，堆肥可将垃圾转化为稳定的腐殖质，施用到农田会增加土壤腐殖质含量，有利于土壤形成团粒结构，使土质松软，孔隙度增加，从而提高土壤的保水性、透气性，改善土壤物理性能，而且由于堆肥的施用，相对减少了化肥的施用，从而减轻化肥流失对环境的污染。

目前我国生活垃圾堆肥处理还存在以下主要问题：①由于我国尚未实施城市生活垃圾的分类收集，垃圾中杂质含量较高，处理工作比较复杂困难；②未经分类的垃圾包括多种有毒有害化学物质，进入土壤被植物吸收，通过食物链最终影响到人体健康，直接影响堆肥质量；③由于受化学肥料的冲击，堆肥的销售量逐年下降，市场前景欠佳，使企业难以维持运转，有的堆肥厂由于销售不畅甚至将肥料送至填埋场处理，既浪费资源，又增加填埋场的负荷。

四、生活垃圾对土壤环境的影响

（一）垃圾堆放对土壤环境的影响

1.侵占土地

我国城市化进程加快，城市数量不断增多，规模不断扩大，城市非农业人口和市区面积急速增长，城市垃圾产量大幅度增加。根据中国国家统计局公布的数据显示，每年城市垃圾的排放量为1.4×10^8t，且以每年8% ~ 10%的速度增长，而长期以来我国绝大部分城市采用露天堆放、填埋等简单方式处理垃圾，垃圾历年堆存量已达60×10^8t，侵占土地逾5×10^8m²，全国约有300多个城市陷入垃圾包围之中，造成人地矛盾。

长期以来，我国城市垃圾的处理主要是以堆放填埋为主。一般10000人口的城市，一年产出的垃圾需要一个0.4hm²大的地方堆放，堆高3m，因而占用城郊土地、加剧人地矛盾是垃圾堆放的直接后果。近年来，由于垃圾产生量增长幅度较大，一些城市又缺乏有效的管理和处置措施，导致相当多的城市陷入垃圾的包围之中。此外，堆放在城市郊区的垃圾侵占了大量农田，未经处理或未经严格处理的生活垃圾直接进入农田，破坏了农田土壤的团粒结构和理化性质，致使土壤保水、保肥能力降低。

2.渗滤液对土壤环境的污染

垃圾渗滤液又称为渗沥水，它主要来源于大气降雨与径流、垃圾中的原有水分、垃圾填埋物在微生物作用下产生的液体。垃圾渗滤液含有高浓度有机物、大量的植物营养物、大量微生物以及多种重金属等，且浓度变化较大。渗滤液的水质取决于垃圾成分、气候条件、水文地质、填埋时间及填埋方式等因素。

垃圾渗滤液在降雨的淋溶冲刷下，直接进入土壤，与土壤发生一系列物理作用、化学作用、生物作用。虽然有部分污染物被分解，但仍有一部分滞留在土壤中，破坏土壤生态功能，导致土壤污染，带来严重的后果。

一是降低土壤的pH值，使土壤污染加重。由于垃圾渗滤液是一种偏酸性的有机废水，因而受到渗滤液侵蚀的土壤的pH值降低，这使得土壤中不溶性的盐类、重金属化合物及金属氧化物等无机物发生溶解，从而加重土壤污染。

二是导致土壤重金属污染。垃圾中含有的大量重金属随渗滤液进入土壤，使土壤中的重金属含量显著增加。研究表明，受到渗滤液侵蚀的土壤pH值降低，渗滤液中的重金属有在土壤中富积的现象，垃圾堆放场周围土壤已受到渗滤液重金属的污染。垃圾场及其周围100m以内的土壤受到严重的重金属污染，垃圾场下部土壤重金属污染程度大于垃圾场周围土壤。而土壤重金属污染会直接影响植物生长和人类健康与生存质量。

三是易引起土壤生物污染。垃圾渗滤液携带有大量的病原菌及寄生虫卵，这些生物体进入土壤将会迅速滋生蔓延，因而造成土壤生物污染的危害性较大，作物也较易感染病害、虫害。

（二）垃圾施肥对土壤环境的影响

1.垃圾直接施用

由于我国城镇垃圾中干物质主要是无机成分，其中煤渣、尘土等占主要优势，将这些生活垃圾直接施用农田，对于黏质土壤可以改善其物理性质、水汽运动以及减轻耕作阻力，同时由于垃圾中含有大量有机物，长期直接施用垃圾，土壤养分含量将会不断得到补充，提高土壤的生产力。但是由于垃圾中的日光灯管、温度计等含有Hg、Ag等重金属，直接施用势必会使土壤中重金属含量增加，而且直接施用还会将垃圾中含有的大量细菌、病原菌、寄生虫卵带入土壤，危害土壤的同时还会威胁农作物。

2.堆肥施用

垃圾通过堆肥化处理，可以将其中的有机可腐物转化为腐殖质。垃圾堆肥不断地被应用到农田，通过施用垃圾堆肥可以补充土壤营养元素、提高土壤肥力，为作物生长发育提供必要的养分。有研究表明，土壤微生物C、N含量，土壤呼吸强度，微生物生物量的呼吸活性比、纤维分解强度均随垃圾堆肥用量的增加而提高，且呈显著的正相关。随垃圾堆肥施入量的增加，过氧化氢酶和碱性磷酸酶活性升高，表明垃圾堆肥能补充大量有机碳，对酶活性有较强的刺激作用。使用堆肥可促使土壤微生物活跃，使土壤微生物总量及放线菌所占比例增加，提高土壤的代谢强度。

3.有利于改善土壤的物理性质

将煤渣、尘土占绝对优势的生活垃圾直接施用于农田将使土壤出现渣砾化趋势，表层土壤质地变粗，但孔隙度、持水量增加，这对于黏质土壤来说，有利于改善土壤物理性质，改善土壤中的水汽运动，也有利于减轻耕作阻力。

4.补充土壤营养元素含量

由于城镇生活垃圾中有机物种类较多，粉煤灰等物质也含有较多的营养元素，因此长期施用垃圾，土壤养分可得到源源不断的补充，垃圾起到了土壤养分源的作用，土壤生产力有较大的提高。

5.导致土壤重金属污染

城市垃圾中含有相当量的重金属元素，长期施用垃圾必将使土壤中重金属元素含量增高。

6.带来土壤生物污染

垃圾从原产地、集散站到农田的过程都可能受到污染，携带大量病原菌、寄生虫卵，这些生物体进入土壤，将会迅速滋生蔓延，因而生物污染的危害性较大。许多城郊菜农患皮肤病、肝炎、传染性疾病的比例较高，作物也易感染病害、虫害。

（三）施用垃圾堆肥对土壤的影响

生活垃圾中含有大量的有机物质，可用于堆肥化处理，将其中的有机可腐物转化为土壤可接受且迫切需要的有机营养土或腐殖质。这种腐殖质有利于形成土壤的团粒结构，使土质松软、孔隙度增加而易于耕作，从而提高土壤的保水性、透气性及渗水性，且有利于植物根系的发育和养分的吸收，起到改善土壤结构和物理性能的作用。堆肥的成分比较多样化，不仅含有氮、磷、钾大量元素，而且还含有多种微量元素，比例适当，养分齐全，有利于满足植物生长对不同养分的需求。堆肥属缓效性肥料，养分的释放缓慢、持久，故肥效期较长，有利于满足作物长时间内对养分的需求，也不会出现施化肥短暂有效，或施肥过头的情况。堆肥中含有大量有益微生物，施用后可增加土壤中微生物的数量。通过微生物的活动改善土壤的结构和性能，微生物分泌的各种有效成分易被植物根部吸收，有利于根系发育和伸长。总之，施用垃圾堆肥能改善土壤物理的、化学的和生物的性质，使土壤环境保持适于农作物生长的良好状态。

垃圾堆肥的成分主要决定于其原料组成，不同城市生活垃圾的成分差异较大，而且堆肥的腐熟程度也各有不同，因此垃圾堆肥的各种性质常有相当大的差别。但养分含量普遍较高，施用后对土壤均会产生一定的影响。实验表明，垃圾堆肥的影响可达3季作物之后；耕作层的全碳、全氮、交换性盐基、无机态氮、有效磷等的含量都有所提高，阳离子交换量也有所增加；施用垃圾堆肥后土壤的固相率下降，液相率和气相率增大；施用垃圾堆肥后，还可以提高土壤的pH值。

五、生活垃圾的"三化"

我国规定："国家对固体废物污染环境的防治，实行减少固体废物的产生量和危害性、充分合理利用固体废物和无害化处置固体废物的原则，促进清洁生产和循环经济发展。"这样，就从法律上确立了固体废物污染控制的"三化"基本原则，即"减量化、资源化、无害化"，并以此作为我国固体废物管理的基本技术政策。

垃圾具有双重性，根据能量守恒和物质不灭定律，垃圾只是改变了形式的资源。随着人类对客观事物认识的深化和技术进步，废物都会具有再生循环利用的价值。同时，全球性自然资源逐渐枯竭以及可持续发展观念的树立，使人类把废物资源再生利用变为现实需要。

第二节　污泥对土壤环境的污染

一、污泥的分类及基本特性

根据国家环境保护规划，对于城镇污水处理设施建设，国家将突出配套管网建设、提升污水处理能力、污泥处理处置设施建设及老旧污水处理厂升级改造等建设重点。加上污染河湖疏浚污泥和城市下水道污泥，每年产生的污泥量非常巨大，而且每年还以10%～15%的速度增加。大量污泥的产生不仅占用土地，而且污泥含有重金属、病原菌、寄生虫卵、有机污染物等，所以处理处置污泥是一个刻不容缓的问题。

（一）污泥分类

按来源可以分为：给水污泥、生活污水污泥、工业废水污泥。

按分离过程可分为：沉淀污泥（包括初沉污泥、混凝沉淀污泥、化学沉淀污泥）、生物处理污泥（包括腐殖污泥、剩余活性污泥）。

按污泥成分可分为：有机污泥、无机污泥。

按污泥性质可分为：亲水性污泥、疏水性污泥。

按不同处理阶段可分为：生污泥、浓缩污泥、消化污泥、脱水干化污泥、干燥污泥、污泥焚烧灰等。

（二）污泥的基本特性

含水率较高，固形物含量较低。污泥含水率为污泥中所含水分的质量与污泥的质量之比。不同的处理工艺、污泥类型，含水率有一定的变化。

有机物及各种营养元素含量丰富：通过对多个城市污泥组成的统计分析发现，中国城市污泥（不包括工业污泥）有机物平均含量达384g/kg，全氮、全磷和全钾分别为27.0g/kg、14.3g/kg和7.0g/kg，有机质、全氮、全磷均比猪粪高出1/3～2/3，但全钾比猪粪低1/3。

污泥的碳氮比（C/N）较为适宜（通常为6～8），对消化极为有利。研究发现，污泥有机物中易消化或能消化的部分占有机物总量的比例高达60%，因此，污泥是一种很好的有机肥源。

污泥含微生物数量多、种类多，由于污泥来源于各种工业和生活污水，从而使污泥中可感染微生物数量较多。常能在污泥中检出致病性粪大肠菌、沙门菌、蛔虫卵和绦虫卵等，尤其在未消化的城市污泥中含量往往较高。

污泥浓缩含有各种重金属。污泥中重金属有多方面来源渠道，在污水处理过程中，污水中的重金属通过细菌吸收、细菌和矿物颗粒表面吸附，以及和一些无机盐（如磷酸盐、硫酸盐等）共沉淀作用，使部分重金属元素浓缩到污泥中。

二、污泥施用对土壤环境的影响

在污泥处理处置途径的选择中，污泥特性是污泥利用、处置的重要依据，现今常用的方式是农用、填埋、焚烧、海洋投弃、堆肥等，表9-1反映了常用方法的优缺点。目前污泥处置技术在国内所占的比例为：农业利用占44.83%，土地填埋占31.03%，无污泥处置占13.79%，绿化占3.45%，焚烧占3.45%，与垃圾混合填埋占3.45%。

表9-1　污泥处理方法比较

项目	堆肥	填埋	其他
技术概要	适当的菌种和翻动使污泥在一定的时间里产生发酵、升温并熟化，从而获得符合农用要求的有机肥	利用自然界代谢功能的同时，通过工程手段和环保措施，使污泥得到安全的消纳并逐步达到充分稳定无害的污泥处置效果	对污泥进行资源化利用，如制砖、水泥、制陶粒
优点	用生物能，节约能源，肥效好	技术成熟，操作简单，费用低	没有固废的产生
缺点	占地面积大，周期长，易产生臭气等	渗滤液难处理，影响地下水，含水率高使各种压实设备无法工作	需对污泥前处理，利用过程产生有害物质
技术选择	不适合含有毒有害物质的污泥	不适合含水率高的污泥	适合热值不高、含有毒有害物质的污泥

污泥土地利用投资少、能耗低、运行费用低，其中有机物可转化为土壤改良剂的有效成分，符合可持续发展战略，被认为是最有前景的污泥处理处置方式。

污泥施用会对土壤有机质、容重、孔隙度、团聚体、含水量、pH值、阳离子交换量、生物活性等产生一系列的影响。

（一）增加土壤有机质含量

有机质在土壤肥力中有着其他元素不可代替的作用，常以有机质多少作为土壤肥力的标准之一。近几十年来，由于我国人口剧增、工业发展迅速，用肥结构发生根本变化，长期使用化学肥料使土肥失调，易成盐碱化与板结，导致土壤有机质不断减少，综合肥力下降。据第二次全国土壤调查，全国10.6%的土壤有机质含量低于0.6%。城市污水处理厂产生的脱水污泥有机质含量较高，因此它可以用来为土壤提供有机质。在有机质含量较低的土壤中施用适量污泥，对土壤物理化学性质的改善特别明显。

（二）降低土壤容重

土壤容重是指单位容积土壤体的重量，它的数值随质地、结构性和松紧度的变化而变化。其大小反映了土壤的松紧度，从而指示了土壤的熟化程度和结构性。容重小，表明土壤疏松多孔，结构性良好。土壤施用污泥堆肥后，由于向土壤输入了大量的有机物质，土壤动物、植物、微生物活动加剧，产生了较多的根孔、小动物穴和裂缝，从而使土壤容重减小。在砂土和壤土中，土壤有机质含量与容重的变化呈显著的线性相关。

（三）改善土壤孔隙度

孔隙度是研究土壤结构特点的重要指标，因为它对与作物产量直接有关的许多重要现象产生影响。孔隙是容纳水分和空气的空间，孔性良好的土壤能够同时满足作物对水分和空气的需求，有利于土壤环境的调节和植物根系的伸展。土壤孔隙度的大小取决于土壤质地、有机质含量、松紧度和结构性。污泥用量在 15 ~ 110t/hm²，土壤总孔隙度增加，达到更适宜于植物生长所需要的孔隙比率。Paliai 等研究了在沙土中使用污泥堆肥后不同时期土壤总孔隙度的变化发现，施用污泥堆肥的土壤总孔隙度比对照处理高，但用两种不同利用量（50t/hm²与150t/hm²）处理，土壤总孔隙度之间无显著性差异。Clapp 等报道，污泥堆肥的施用能降低土壤容重，增加土壤总孔隙度，增加土壤持水力。苏德纯等也报道了随污泥堆肥的施用、用量的增加，土壤的总孔隙度和饱和导水率也增加。

（四）改善土壤团聚体

土壤团聚体是土壤结构的基本单元，稳定的团聚体可以保护土壤中有机质的迅速分解，因此土壤团聚作用的改善，即形成更稳定的团聚体，对农业土壤是十分重要的。研究发现，施用污泥后，改善了土壤的团聚作用，增加了团聚体的稳定性。有学者认为，施用污泥后使土壤团聚体稳定化，是污泥中不同的有机化合物和多价阳离子作用的结果。

（五）增加土壤含水量

土壤水含量是指在一定量土壤中含水的数量，是土壤的重要性状之一，与许多土壤性质有密切关系。由于污泥的施用，土壤孔隙状况有所改善，从而增加了土壤的水含量。其数值随有机质的增加而增加。研究表明，土壤持水量随污泥用量的增加而增加，但是粗质地土壤比细质地土壤增加得少。污泥堆肥土地的利用，不但在非干燥时期能保持较高的土壤含水量，而且在干燥时期也能缓解旱情，减少植物的水分胁迫。

（六）影响土壤的pH值

施用污泥后一般能引起土壤pH值的变化。大部分施用污泥的土壤发生酸化，这可能是由有机质分解和硝化作用中产生的有机酸引起的。当土壤的pH值偏低而污泥又含有足够的钙时（特别是石灰污泥），施用后土壤的pH值会上升。

（七）增加土壤阳离子交换量

施用污泥的土壤中，由于有机质增加，阳离子交换量也随之增加。增加阳离子交换容量，使交换性Ca、Mg、K增多，从而提高土壤的保肥能力，减少营养物质的渗漏。

（八）土壤微生物量

污泥中富集了污水中大量的各类微生物群体，研究表明，施用污泥后，土壤中细菌和放线菌数量分别增加了5~10倍和3~4倍。另外，随着污泥的施用，污泥中微生物进入土壤和土壤微生物相互作用，改变了土壤微生物的活性，而且污泥中的有机物为土壤微生物提供碳源，因此会进一步改变土壤的微生物活性。孙玉焕、骆永明等利用BIOLOG测试方法对长江三角洲地区施污泥土壤的微生物群落功能多样性的初步探讨，反映了施用污泥对土壤微生物群落功能多样性的影响。

三、风险控制

土壤是人类赖以生存的物质基础，土壤能够协调植物生长所需水、肥、气、热等肥力要素和生活环境的能力，同时土壤又是环境中各种污染物的载体。虽然土壤能够通过物理、化学、生化机制对污染物进行一定的同化和代谢，但是土壤的净化能力有限，因此长期大量施用污泥会对土壤环境造成严重影响。

（一）污泥土地施用风险

1.重金属污染

污泥中浓缩有各种重金属，其含量通常高于土壤背景值的20~40倍，化学活性比自然土壤高7~70倍。重金属元素主要通过吸附作用及沉淀转移到污泥中，进而直接或间接进入动植物及人类体内。污泥土地的利用可能会造成土壤–植物系统重金属污染，这是污泥土地利用中最主要的环境问题。

重金属一般溶解度比较小，且性质稳定、去除难度大、毒性强，故其潜在的毒性常常很容易在动植物及人体内长期积累。由于土壤重金属之间存在交互作用，对作物吸收重金属有很大影响，其表现为重金属元素共存的复合污染效应、加和作用、协同作用和颉颃作用，在不同的土壤环境下作物对重金属的吸收程度也有所不同。据天津对2000hm²施用过污泥的园田土壤所进行的调查，由于长期不规范地施用污泥，园田土壤中Cu、Zn、Pb含量高于当地土壤背景值3~4倍，Cr、Ni、As高于背景值0.5~1倍多，Cd高于背景值10倍，而Hg竟高达背景值的125倍。0~40cm土层重金属富集明显，在污泥施用区土壤上生长的7种蔬菜中，Hg、Cd、Ni平均含量是对照区的1~2倍，其中叶菜类蔬菜富集重金属能力较果蔬类强。

2.病原菌污染

生活及生产污水中含有的病原体（病原微生物及寄生虫）经过污水处理厂处理后依旧会进入污泥，这些病原微生物会通过污泥土地施用进入土壤、农作物、地下水等，造成人、畜、动物的流行病害。据研究结果显示，由于污泥的不适当排放引起的流行性疾病大多与沙门菌和绦虫卵有关。

3.氮、磷污染

城市污泥中富含氮、磷等养分，污泥土地施用后使土壤积累大量氮和磷。在降雨量较大且土质疏松地区，当有机物的分解速度大于植物对氮、磷的吸收速度时，氮、磷等养分就有可能随水流失进入地表水体造成水体富营养化，而进入地下则引起地下水污染。

4.高盐分污染

污泥中盐分较高，城市污泥尤为明显。当污泥中的盐分进入土壤环境时，将明显提高土壤的电导率，盐分中离子的颉颃作用会加速有效养分的流失，不仅破坏植物的养分平衡，而且抑制植物对养分的吸收，甚至对植物根系造成直接伤害。

5.有毒有害有机物

目前污泥中可确定的有机有害物质主要是多环芳香烃化合物、多氯代联苯、氯化二苯并二噁英、氯化二苯并呋喃、有机卤化物等，主要来源于化学工业，特别是与碳和氯密切相关的化学工业，这些有机物质大多难降解、难溶于水，会在污泥中富集并与污泥的固体物质结合在一起。这类物质通过土壤循环进入人体后，会对人体免疫系统造成损伤，同时这类物质大多具有致畸、致癌作用，危害风险很大。

（二）污泥土地施用的风险控制

污泥土地施用对于改善土壤结构、肥力等具有很大的作用，但又存在一定的风险，需要进行控制。

1.灭菌消毒

污泥中含有大量病原菌，为控制、减少病原菌对土壤环境的风险，需对污泥灭菌消毒后，再进行土地利用。病原菌灭菌消毒常用的方法主要有辐射处理、热处理、厌氧消化、干燥、污泥堆肥、石灰稳定等，辐射处理是通过β射线与γ射线破坏微生物的核酸或核蛋白达到灭菌消毒的目的，而热处理通常采用的是巴氏消毒法。采用污泥堆肥法不仅可以灭菌，还可以增加污泥中的有效养分，提高污泥的肥料价值。

2.因土制宜

根据污泥施用后对土壤及作物的影响，污泥施用的优先原则为：先非农地后农地，先旱地后水田，先贫瘠地后肥地，先碱性地后酸性地，先禾谷作物后蔬菜。

污泥用于林用，不会威胁食物链，较安全，可长期施用。我国林业利用污泥的试验树种主要有白杨、泡桐、红松、槐树和金钟柏等，据美国华盛顿林业资源学院与市政府合作在派克林业站对200多英亩林木进行的17年施用污泥的试验表明，树木直径增长明显，其增长率达50%～400%。不过，污泥林地利用需要注意污泥中的N、P等物质污染地下水。

园林绿化使用污泥，既可减少污泥输送费用、节约化肥、脱离食物链影响，又可使花卉增大、花茎增长、花期延长、草坪更绿。西北农林科技大学与西安污水处理厂的示范工程显示，污泥施用后对花卉株高增长明显，分别比对照的美人蕉增高8.7%～49.4%，鸡冠花增高8.7%～44.6%，小丽花增高4.4%～38.6%，草的株高增长率为83.3%～100%。污泥园林利用需考虑对植物进行处理，因为有些植物会富集污泥堆肥中的重金属，如果不对植物进行合理处置容易造成二次污染。

污泥含有丰富的有机质和氮、磷等营养元素，施用污泥可显著改善土壤理化性能，促进植物生长，适宜对退化土壤进行修复和改良。在环境容量较小的南方赤红壤上研究表明，表施污泥可在一定程度上削减雨滴动能，防止表土结皮，提高土壤渗透性。有学者研究指出：污泥表施可促进地表植被生长，恢复土壤碳、氮循环，减少土壤侵蚀和径流产生；施用污泥可提高表土吸持雨水的能力，减少径流量；表施和混施污泥均可有效降低径流量和颗粒物流失量。

3.控制用量

由于污泥中有毒成分含量不同，土壤环境容量差异较大，在实际应用中应根据当地生产条件和土壤状况确定污泥施用量。

4.研发污泥安全使用新技术

污泥既含有大量有用物质，又含有重金属、病原菌等污染物，应当加大对污泥土地利用技术的研发，以实现对有用物质的最大化利用，同时减少污染物质的危害作用。周立祥等研究利用生物淋滤法可以去除污泥中90%的重金属，邱锦荣等采用东南景天单种、东南景天与香芋套种对污泥进行植物处理，将植物处理后的污泥作为肥料与上层土壤混合后种植玉米，结果表明，利用植物处理后的污泥作为肥料种植玉米，玉米生长良好，且长势和产量明显优于对照和施用化肥的处理，其中单种东南景天处理后的污泥与土壤混合种植的玉米籽粒的产量最高，分别是对照和化肥处理的3.26倍和266倍；利用植物处理后的污泥作为肥料所生产的玉米籽粒中Zn、Cd、Cu、Pb的含量符合国家饲料卫生安全标准，作为饲料是安全的。

四、污泥的农田施用准则

污泥施用前，一般都应该经过无毒无害化处理才能进行土地利用。污泥的滥用会导致重金属在土壤中累积、营养元素流失，使施用土地附近水质恶化、病原菌和寄生虫滋生等影响环境卫生。因此，为防止这类问题的发生，有必要制定污泥农用的施用准则。

我国制定了农用污泥污染物控制标准，对污泥农用所造成的环境风险有所控制，但与发达国家相比，某些指标定制过于宽松，而且随着社会生产、工业的发展，污泥成分、土壤环境等发生了变化，我国对污泥农用的施用准则应加以完善与提高。

发达国家对污泥土地利用制定了完善的标准和相应的管理法规，欧盟以植物吸收、土壤风蚀、渗漏作用而去除的最小重金属含量作为污泥中重金属的限制标准，并以此制定出欧盟污泥土地施用标准。英国根据污泥土地利用可能对土壤植物和生物产生的影响，设置了一个安全系数，制定出污泥农用的标准。英国的标准内容主要有污泥中各类有毒有害物质的指标，以及污泥无害化、卫生化、稳定化的各项指标值，也对污泥的土地使用范围、土地类型、性质等都有明确的规定。美国将污泥分为A、B类，A类污泥可以作为肥料、园林植土、生活垃圾填埋覆土等所有土地利用类型，而B类污泥只能作为林业用肥，不能直接应用于粮食作物用肥。

第三节　粉煤灰对土壤环境的影响

一、粉煤灰的来源与性质

粉煤灰是煤粉经高温燃烧后形成的一种类似火山灰质的混合物质，是燃煤电厂将颗粒直径为100μm以下的煤粉用预热空气喷入炉膛悬浮燃烧后产生的高温烟气中的灰分，被积尘装置捕集得到的一种微粉状固体废物，约占燃煤总量的5%~20%。粉煤灰的产生量与燃煤中的灰分有直接关系，灰分越高，粉煤灰的产生量越大。根据中国燃用煤的情况，燃用1t煤产生250～300kg粉煤灰。

（一）粉煤灰的来源

粉煤灰实际上是煤的非挥发物残渣，它是煤粉进入1300～1500℃的炉膛，在悬浮燃烧后产生的3种固体产物的总和，包括：①漂灰，是从烟囱中漂出来的细灰；②粉煤灰，又称飞灰，是烟道气体中收集的细灰；③炉底灰，是从炉底排出的炉渣中的细灰。一般烟煤的灰分含量较少，而褐煤、低品级烟煤、无烟煤，以及石煤灰分含量较高，有的高达50%以上，故排放出粉煤灰也较多。

（二）粉煤灰的性质

1.粉煤灰的物理性质

粉煤灰是灰色或灰白色的粉状物，含水量大的粉煤灰为灰黑色，含碳量越大，颜色越深，粒度越粗，质量越差。粉煤灰物理性质随用煤的品种、韧度与燃烧方式等因素差异而有所不同。

2.化学性质

粉煤灰的主要化学成分是二氧化硅、三氧化铝和三氧化铁，另外还含有未燃尽的碳粒、氧化钙和少量的氧化镁、三氧化硫等。这些成分的含有量与煤的品种和燃烧的条件有关，一级燃烧烟煤和无烟煤锅炉排出的粉煤灰，其中二氧化硅含量为45%～60%，三氧化铝为20%～35%，三氧化铁为5%～10%，氧化钙为5%左右，烧失量为5%～30%，但多数不大于15%。

活性也称为火山灰性，是指粉煤灰能够与生石灰生成具有胶凝性能的水化物。粉煤灰自身或略有水硬胶凝性能，但与水分，特别是在水热（蒸压养护）条件下，能与$Ca(OH)_2$等碱性物质发生反应，生成具有水硬胶凝性能的物质。粉煤灰的活性与粉煤灰化学成分、玻璃体含量细度、燃烧条件、收集方式等因素有关。一般SiO_2含水量大、燃烧温度高、玻璃体含量多、曲度大，含碳量低的粉煤灰活性高。

二、粉煤灰对土壤环境的影响

由于粉煤灰质轻、疏松，又含有大量的微量元素，少量合理施用对改善土壤结构及其环境生态功能有良好作用，世界各国都非常重视。美国、澳大利亚、英国、俄罗斯等国家在利用粉煤灰改土培肥、提高作物产量方面取得了许多成功经验。我国自20世纪70年代开始该方面的研究，也取得了很大的成果。

（一）对土壤物理结构特性的影响

粉煤灰的机械组成为：粒径小于0.01mm的物理性黏粒占18.5%左右，大于0.01mm的物理性砂粒占81.5%左右。粉煤灰中的硅酸盐矿物和碳粒具有多孔性，是土壤本身的硅酸类矿物所不具备的。粉煤灰施入土壤，除其粒子中、粒子间的孔隙外，粉煤灰同土壤颗粒还可以连成无数"通道"，为植物根吸收提供新的途径，构成输送营养物质的交通网络。粉煤灰粒子内部的孔隙则可作为气体、水分和营养物质的"储存库"。

碱土土粒分散，黏粒和腐殖质下移而使表土质地变轻，而下部的碱化层则相对黏重，并形成粗大的不良结构，湿时膨胀泥泞，干时坚硬板结，通透性和耕性极差。盐碱土掺入粉煤灰，除变得疏松外，还可起到抑碱作用。施用粉煤灰对黏重的盐碱地具有降低容重的作用，施用量越多，容重降低越大。

作物生长的土壤需要一定的孔度，而适合植物根部正常呼吸作用的土壤孔度下限量是12%～15%，低于此值，将导致作物减产。黏质土壤掺入粉煤灰后可变疏松、黏粒减少、砂粒增加。施入粉煤灰后，土壤中黏粒含量降低，且黏粒含量随施灰量的增加而递减，施粉煤灰75000kg/hm²可减少土壤黏粒含量1.17%。

砂土粉煤灰的添加不仅是土壤颗粒的简单堆积，还表现出小粒径的粉煤灰颗粒填充到砂土的大孔隙中，致使单位体积内土壤颗粒物质增多，孔隙比例减少。砂土孔隙的减小改变了砂土孔隙大的特点，有效改良了砂土结构，这是改变砂质土壤不良农业生产性状的基础。

（二）对土壤保水性的影响

土壤结构与质地的变化有效改善了土壤水分运动特性，砂土中添加粉煤灰改变了砂土孔隙组成、孔隙分布状况，造成总孔隙度减少和毛管孔隙比例升高，不仅增加了土壤田间持水量，而且增加土壤水势100～300 kPa范围内的有效水含量7%～13%。研究显示，在砂土中，30%的粉煤灰施用率可以增加土壤重力水的14%，而饱和导水率可减少80%，表明添加粉煤灰可以改善强渗透性土壤的物理性质，从而增加作物所需的水量。

（三）对土壤温度的影响

粉煤灰呈灰黑色，吸热性好，可增强土地的吸热能力，从而提高地温。施入土壤，一般可使土层提高温度1～2℃。据报道，每公顷施灰18.75t，地表温度为16℃；每公顷施灰75t，地表温度为17℃。土层温度提高，有利于微生物活动、养分转化和种子萌发。

（四）对土壤微量元素含量的影响

粉煤灰含有大量微量元素，通过施用粉煤灰，可以改善土壤的元素组成，有利于作物生长。另外，粉煤灰还有释放土壤中潜在肥力的作用，显著地增加土壤中易被植物吸收的速效养分，特别是氮和磷。

（五）对土壤重金属含量的影响

国外学者根据对粉煤灰土地施用的长期研究指出，粉煤灰的高盐性以及含有的众多有毒元素会对土壤造成不良影响。Gupta等给出了粉煤灰中有害元素在土壤中的累积顺序为 $Fe>Zn>Mn>Co>Ni>Pb>Cu>Cd$，并发现Fe、Mn、Co、Ni、Cu在土壤根区含量较多。

（六）对土壤放射性污染的影响

煤中含有一定量的天然放射性核素^{226}Ra、^{232}Th和^{40}K，其含量与成煤物质和放射性核素在地层间的相互渗透、沉积有关。煤中的天然放射性核素含量随产地的不同差异较大。煤炭燃烧后，天然放射性核素大部分浓集在粉煤灰中。粉煤灰中^{226}Ra、^{232}Th和^{40}K的比活度可达煤炭的4倍左右。在粉煤灰的农田施用过程中，天然放射性核素随着粉煤灰向农田转移，有可能使农田生态环境受到放射性污染。

三、粉煤灰土地施用的风险控制

（一）粉煤灰的施用量

施用粉煤灰前要对当地土壤的组成情况和粉煤灰的化学成分进行调查分析，根据土壤类型、粉煤灰性质以及国家对粉煤灰施用的法律规定确定最佳用灰量。

（二）粉煤灰的施用方法

粉煤灰质细体轻，最易飘扬，施用时应加水泡湿，然后撒施地面，并进行耕翻，翻土深度不能小于15cm，以便使粉煤灰与耕层土壤充分接触。作为土壤改良剂，粉煤灰不能在作物生长期间使用。

（三）粉煤灰的施用年限

粉煤灰改良土壤能连续使作物增产，往往第二年比当年增产幅度还大，所以不必每年施用，大体上3～4年轮施一次即可。

（四）粉煤灰的施用效果

粉煤灰中的营养元素含量低，又缺乏有机质，所以它既不能代替有机肥料，也不能代替速效性化肥，粉煤灰施用时应与有机肥或有机、无机肥配合施用，以提高粉煤灰施用效果。

四、粉煤灰的资源化利用与处置

粉煤灰资源化利用技术分为高、中、低3个层次，高等技术主要包括粉煤灰金属分选、矿物分选、脱硫技术、作隔热材料、耐高温材料、塑料填料等。高等技术一般利用量较低，约占粉煤灰总量的1%～2%，但经济效益较好；中等技术包括用于水泥与混凝土的混合材料、沥青填料、粉煤灰砌块等，为中度用量，利用量较稳定；低等技术是将粉煤灰直接用于回填，如结构回填、矿井回填、灌浆回填等，还用于路基、路堤、填筑、脱硫稳定、土壤改良、粪便处理、化学腐蚀物处理等，用量大、面广，阶段性较明显。

（一）回收有用物质

1.回收碳

由于煤炭的不完全燃烧，粉煤灰中含有部分碳，一般含量为5%～7%，如果煤炭质量低劣，粉煤灰含碳量会更高，达到30%～40%，因此可以利用浮选法与电选法回收纯碳。

2.回收氧化铁

经过高温燃烧，煤炭中的铁矿转变为磁性氧化铁，可以直接经磁选机选出。目前常用湿式磁选工艺与干式磁选工艺。

3.提取氧化铝

利用碱熔法可以从含30%氧化铝的粉煤灰中提取氧化铝，工艺流程为：粉煤灰、纯碱和石灰石在高温下熔融冷却，用水浸泡熔块，浸出液经脱硅处理后，用烟气中的二氧化碳进行碳酸化，析出氢氧化铝沉淀，煅烧即得氧化铝。

4.提取空心微珠

空心微珠有质轻、隔音、电绝缘、耐磨性强、抗压强度高、导热系数小、分散流动性好、反光、无毒、稳定好等优点，可广泛用于制备各种材料。从粉煤灰中提取空心微珠的常用工艺为干法机械分选与湿法分选两类。

（二）用于建筑材料

1.制取粉煤灰水泥和混凝土基本材料

由于粉煤灰的主要成分二氧化硅、氧化铝是不定型的，在常温有水的情况下，能与碱金属和碱土金属产生"凝硬反应"，使水泥、混凝土强度加强，所以粉煤灰可以作为一种优良的水泥和混凝土的掺合料使用。

2.制取粉煤灰砖

粉煤灰可以和黏土、页岩、煤研石分别做成不同类型的烧结砖。用粉煤灰代替部分黏土烧制的砖，其性能与普通砖相比，强度相同，而质量约轻20%，导热系数小，能改善物理性质，砖坯不易风裂，易于干燥，可减少晾坯时间和场地，可少用燃料，降低单耗，节约能源。

3.粉煤灰在工程中的回填应用

用粉煤灰替代土在建筑物的地基、桥台、挡土墙做回填，由于其容重轻，在较差的低层土上应用，可减少基土上的荷载，降低沉降量。同时，粉煤灰最佳压实含水率较高，对含水率变化不敏感，抗剪强度比一般天然材料高，便于潮湿天气施工，可缩短建设工期，降低造价。

（三）环境保护领域的利用

1.用于烟气脱硫

粉煤灰含有氧化钙、氧化镁等碱性氧化物，水溶液成碱性，因此可以用于烟气脱硫。在适当温度、灰/石灰比时，脱硫率可达90%。

2.用于污水处理

粉煤灰含有大量碳、氧化铝、二氧化硅等，比表面大、多孔，具有很好的吸附和沉降作用，另外可以利用不同pH值的粉煤灰分别处理酸性废水与碱性废水。

第四节　农业固体废物对土壤环境的污染

一、农业固体废物的来源、分类及环境危害

（一）农业固体废物来源

农业固体废物是指种植业、养殖业和农副产品加工业等生产过程中产生的固体废物。农业固体废物来源广、范围大，伴随农业生产而产生，只要从事农业生产活动，就会

有农业固体废物的产生。

（二）农业固体废物的分类

农业固体废物按其成分可分为植物纤维性废物（包括农作物秸秆、谷壳、果皮等）和禽畜粪便两大类。

农业固体废物按来源可分为第一性生产废弃物、第二性生产废弃物、农副产品加工后的剩余物、农村居民生活废弃物（包括人畜粪便与农村生活垃圾）。

第一性生产废弃物主要是指农田和果园残留物，如作物秸秆、枯枝落叶等，是农业废弃物中最主要的废弃物。

第二性生产废弃物主要是指畜禽粪便和栏圈垫物等。我国目前全国畜的年排泄量约为 27.5×10^8t，禽的排泄量约为 1.3×10^8t，全年畜禽总产粪量约为 36.4×10^8t。第二性生产废弃物大多富含有机质和N、P、K等元素。

农副产品加工后的废物主要来源于作物残体、畜产废弃物、林产废弃物、渔业废弃物和食品加工废弃物。

农村居民生活废弃物包括人畜粪便与农村生活垃圾。农村生活垃圾在组成与性质上与城市生活垃圾相似，只是组成比例有所区别。农村生活垃圾有机物含量多、水分大，同时掺杂化肥、农药等，危害性大于城市生活垃圾。

（三）农业固体废物的环境危害

1.污染土壤

农业固体废物种类繁多，且得不到妥善处置，只能堆积在农田中，不仅占用大量耕地，更严重的是，部分农业固体废物会导致土壤的污染与破坏。地膜覆盖可以提高农作物产量，但由于地膜回收不利，大量地膜残留在土壤中，导致土壤结构、通透性等发生改变，使土壤水分流动受到阻碍，同时不利于土壤空气的循环和交换，致使土壤中CO_2含量过高，影响土壤微生物活动。禽畜粪便含有部分重金属、激素类物质，农田施用后会导致土壤重金属污染。

2.污染水体

农业固体废物随天然降水或地表径流进入河流、湖泊，或随风飘散落入河流、湖泊污染水体，甚至渗入土壤，污染地下水。研究表明，畜禽粪水约有50%进入地表水体，粪便的流失率也达到5%～9%，由于禽畜粪便携带大量病原菌，进入水体后不仅直接污染水体，还会通过水体导致人类疾病的传播。

3.污染大气

禽畜排泄出的粪便含有NH_3、H_2S等气体，另外，粪尿中含有的大量未被消化的有机物在无氧条件下分解为氨、乙烯醇、二甲基硫醚、硫化氢、甲胺、三甲胺等恶臭气体，污染大气环境。国际上许多发达国家都对恶臭气体的排放有严格的规定，如日本确定了8种恶臭气体，其中氨、硫化氢、甲基硫醇、二甲硫、二硫化甲基、三甲胺6种与畜禽粪便有关。我国也颁布了《恶臭污染物排放标准》（GB 14554-1993）。牛、羊等反刍动物生活过程中会产生大量的CH_4、CO_2等温室气体，有资料显示，反刍动物产生的甲烷气体占大气甲烷气体的1/5。农民为方便田间耕作，到麦收和秋收时节大范围焚烧秸秆，产生大量烟雾，污染空气质量，同时威胁飞机飞行安全。

二、农作物秸秆的土壤环境效应

（一）农作物秸秆概况

作物秸秆通常指小麦、水稻、玉米、薯类、油料、棉花、甘蔗和其他农作物收获籽实后的废弃物。农作物秸秆作为物质、能量和养分的载体，是一种宝贵的自然资源。

农作物秸秆是世界上数量最多的农业产品生产副产物。据联合国环境规划署的统计，全球每年可产生20×10^8t各种农作物秸秆，我国是世界上最大的农业国家，作物秸秆资源非常丰富，目前仅重要的作物秸秆就有近20种，且产量巨大。

（二）农作物秸秆的利用

1.农作物秸秆的成分

作物秸秆是一种有用的资源，碳平均含量为44%，氮平均含量为0.65%，磷平均含量为0.25%，除此之外，秸秆还含有粗蛋白、粗脂肪、灰分和其他成分。

2.农作物秸秆的利用

农作物秸秆不仅含有植物生长所需的各种营养成分，同时含有丰富的有机物，既可以作为饲料资源，又可作为土壤有机质的来源。秸秆资源化潜能巨大，但目前我国秸秆的利用率仅为33%左右，其中经过技术处理的仅占2.6%左右，主要的利用途径为秸秆还田、能源利用、饲料利用。

秸秆还田分为：直接还田、间接还田、利用生化腐熟快速还田。

秸秆能源化利用分为：制取酒精、制备秸秆生物质压缩燃料、制取秸秆木炭等。

秸秆饲料化利用方法主要为：物理处理（粉碎软化、热喷处理等）、化学处理（碱化处理、氨化处理等）、生物处理（青贮技术、微贮技术）。

（三）秸秆土壤环境效应

秸秆富含有机质以及氮、磷、钾、钙、镁、硫等成分，因此，秸秆是一种有用的有机肥，通过秸秆还田可以充分利用秸秆的可用成分，促进农业生产可持续发展。美国每年产生4.5×10^8t秸秆，其中有68%用于还田，英国秸秆还田比例更高达73%。

（1）秸秆还田可增加土壤有机质和速效养分含量，缓解土壤氮、磷、钾比例失调矛盾。每公顷土地一年还田鲜玉米秸秆18.75t，相当于60t土杂肥的有机质含量，含氮、磷、钾量则相当于281.25kg碳铵、150kg过磷酸钙和104.75kg硫酸钾。

（2）秸秆还田可改善土壤物理结构。由于秸秆腐烂后形成腐殖质，不仅可提供养分，同时还降低了土壤的容重，增加土壤孔隙度，使土质疏松，通透性提高，有利于水分的涵养。

（3）秸秆还田为土壤微生物提供足够的碳源，促进土壤微生物的生长、繁殖，提高生物活性。

（4）秸秆还田使土壤抗旱保墒。秸秆覆盖在土壤表面，可缓冲雨水对土壤的冲刷侵蚀，抑制杂草生长，旱季可减少土壤水分的挥发，保持土壤含水量。

（5）秸秆还田可以减少土壤病虫害数量。由于还田搅动土壤表土，改变土壤的结构、理化性能，破坏了寄生在土壤底层的地下害虫环境，使其生长、繁殖受到抑制。据研究，秸秆还田可使玉米螟虫的危害降低50%。

三、畜禽粪便对土壤环境的影响

（一）畜禽粪便概况

近年来，我国集约化畜禽养殖业迅猛发展，综合生产能力显著提高，产生了巨大的社会效益与经济效益。随着畜禽养殖由传统小规模向规模化、工厂化方向发展，畜禽粪便的产生量也急剧增加。资料显示，年出栏1×10^4头育肥猪的猪场，每天排放粪污可达100～150t，而饲养量为1000头的奶牛场，年产粪尿约1.1×10^4t，1个20×10^4只蛋鸡的鸡场，每天产粪近20t。畜禽养殖废弃物排放可产生以下分解产物。

有机物，以综合有机指标体现的物质，如碳水化合物、蛋白质、有机酸、醇类等，用生化需氧量、化学需氧量等表示。

恶臭，以刺激性臭气体现的物质，包括氨、硫化氢、挥发性脂肪酸、酚类、醛类、胺类、硫醇类等。

微生物主要是各种病原菌、细菌等，见表9-2所示。

表9-2 粪便中含有的病原微生物

畜禽粪便	病原微生物
鸡粪	丹毒杆菌、李氏杆菌、禽结核杆菌、白色念珠菌、梭菌、棒状杆菌、金黄色葡萄球菌、沙门菌、烟曲霉、鸡新城疫病毒、缨鹅病毒等
猪粪	猪霍乱沙门菌、猪伤寒沙门菌、猪巴氏杆菌、猪布氏杆菌、绿脓杆菌、李氏杆菌、猪丹毒杆菌、化脓棒状杆菌、猪链球菌、猪瘟病毒、猪水泡病毒等
兔粪	沙门菌、坏死杆菌、巴氏杆菌、李氏杆菌、结核杆菌、伪结核巴氏杆菌、痢疾杆菌、兔瘟病毒等
马粪	马放线杆菌、沙门菌、马棒状杆菌、李氏杆菌、坏死杆菌、马巴氏杆菌、马腺疫链球菌、马流感病毒、马隐球菌等
牛粪	魏氏梭菌、牛流产布氏杆菌、绿脓杆菌、坏死杆菌、化脓棒状杆菌、副结核分支杆菌、金黄色葡萄球菌、无乳链球菌、牛疱疹病毒、牛放线菌、伊氏放线菌等
羊粪	羊布氏杆菌、炭疽杆菌、破伤风梭菌、沙门菌、腐败梭菌、绵羊棒状杆菌、羊链球菌、肠球菌、魏氏梭菌、口蹄疫病毒、羊痘病毒等

添加物包括饲料添加剂（激素、抗生素等）、圈舍消毒剂。

（二）畜禽粪便的利用

禽畜粪便自身含有的物质使它既是污染环境的污染源，同时又是可利用的物质资源。通过合理、科学的方法对畜禽粪便进行处理，可以实现污染治理与资源利用的双重目的。

目前我国对畜禽粪便的利用主要在能源化、肥料化、饲料化3方面。

1.能源化

（1）直接焚烧产热。由于畜禽粪便中碳、氢含量丰富，具有很好的燃烧特性，其作为能源的价值非常可观。干粪直接燃烧产热仅适合于草原地区牛、马粪便的处理。

（2）制作沼气。畜禽粪便中含有大量的能量，可通过厌氧发酵产生沼气，进而加以利用。制作沼气是综合利用畜禽粪便、防治环境污染和开发新能源的有效途径，但是沼气的产生易受温度、季节、环境和原材料影响。

2.饲料化

（1）干燥处理法。干燥处理是利用太阳能、热能等对畜禽粪便进行加工处理的方法。该法投资小、易操作、成本低。目前有自然干燥法、快速干燥法、烘干法等。

（2）青贮法。青贮法是在厌氧条件下，利用乳酸菌等微生物处理禽畜粪便的方法。此法不但简单易行，而且可提高饲料吸收率，防止蛋白质损失。

（3）发酵法。畜禽粪便发酵方法较多，常用的有自然发酵和堆积发酵。

（4）生物分解法。利用蝇蛆、蚯蚓等分解畜禽粪便的方法。生物分解法既提供了动物蛋白又处理了畜禽粪便，不仅经济、实惠，而且生态效益显著。

3.肥料化

（1）堆肥法。堆肥技术是利用好氧微生物把有机物降解、转换成腐殖质的生化处理过程。

（2）干燥法。如果是为了进行肥料利用，畜禽粪便干燥的要求相对于饲料化要简单一些，肥料干燥只需降低粪便水分含量，利于保存、运输即可。

（三）畜禽粪便对土壤环境的影响

由于畜禽粪便中含有大量的有机质及丰富的氮、磷、钾等营养物质，自古以来一直被作为农业生产的有机肥施用。

1.有利方面

对于小规模、分散的饲料场产生的畜禽粪便，可以就近还田，增加土壤有机质、有效磷、速效钾含量，调节土壤的pH值等。例如，将全年产生的$4 \times 10^8 t$猪粪尿充分利用起来，按正常施肥量可解决全国1/10的农田用肥，对增加我国种植业的施肥量及减少化肥的用量将有很大的作用。

2.不利方面

如果大量施用未经处理的畜禽粪肥，则会带来一系列的环境问题。

（1）土壤结构破坏。畜禽粪便中含有大量的钠盐和钾盐，如果直接将未经处理的粪肥用于农田，过量的钠和钾通过反聚作用而造成某些土壤的微孔减少，破坏土壤结构，导致土壤空隙堵塞，造成土壤透气性、透水性下降以及土壤板结，进而使作物倒伏、晚熟或不熟，造成减产。

（2）造成N、P污染。N、P是农作物生长的必需元素，但是如果粪肥不加控制地大量施用，反而起不到营养的效应。过多施用粪肥，使土壤中N、P含量过高，作物"疯长"，使产品质量下降，产量减少。根据上海市农业科学院对上海近郊207个乡和15个农场的粪肥施用情况调查，约有27.3%的施用地区畜禽粪便负荷量超出了环境的消化能力，对环境构成威胁。

（3）土壤重金属污染。随着集约化养殖的发展和人民生活水平的提高，禽畜粪尿的成分已发生明显变化。李书田调查结果表明，现在的鸡粪、猪粪、牛粪中氮素含量变化不大，但磷和钾含量明显增加，铜和锌含量在猪粪和鸡粪中增加尤为明显，最大增加幅度达到12倍。资料显示，有些鸡粪的砷含量已经超过污泥农用标准，达41mg/kg，农用可能对作物和土壤造成危害。不少研究认为，长期施用畜禽粪尿会导致铜、锌和铅等重金属在土壤中的累积。Mitchell等报道，在美国亚拉巴马州农田因长期施用鸡粪，铜、锌含量已经积累到毒害水平。

（4）寄生虫卵与病原菌污染。土壤对各种病原菌有一定的自净能力，但速度较为缓慢，而且有些微生物还可以生成芽孢，增加净化难度。由于畜禽粪便含有大量寄生虫卵及病原菌（见表9-3所示），因此，畜禽粪便未经处理进入土壤，可能导致微生物污染。

表9-3 畜禽粪便中的寄生虫

畜禽粪便	寄生虫
猪粪	猪蛔虫、蓝氏类圆线虫、粪类圆纤虫、萨氏后圆线虫、猪球首线虫（钩虫）等
鸡粪	鸡蛔虫、鸡类圆线虫、鸡胃虫、前殖吸虫、吮吸科孟氏尖旋线虫、鸡球虫等
牛粪	牛新蛔虫、牛钩虫、牛胃虫、曲子宫绦虫、牛囊虫、牛胎毛滴虫、牛球虫等
马粪	马副蛔虫、马尖尾纤虫、无齿阿尔夫线虫、叶状裸头绦虫、马肉孢子虫等
羊粪	羊夏伯特线虫、羊小袋纤毛虫、贝氏莫尼氏绦虫、肝片吸虫、日本血吸虫等
兔粪	兔豆状囊尾蚴、兔绕虫、兔圆形似蛔线虫、兔毛首线虫等

（四）畜禽粪便土地利用风险控制

1.施用时间

过早施肥会导致部分元素挥发、径流，降低肥效，因此，需适时施肥。由于春季万物复苏，正是需要大量应用营养物质的时候，此时施肥可以使粪肥达到最大功效，夏季适合对小谷物残耕地、无作物田地和少使用的牧草地施肥，秋季与冬季则不适合施肥，否则会导致粪肥的浪费与流失。

2.施用方式

畜禽粪便土地施用方式主要有土壤表面施肥、与土壤混合施肥、潜入土壤中施肥。如果粪便简单施用于土壤表面，则粪便中大量不稳定的有机氮将会被矿化，以氨气的形式挥发损失，特别是在冻土或雪覆盖的土壤上，会由于径流导致水体污染。把粪肥混入土壤中，可以增加可供吸收的氨，并且能减少污染。

3.施用量

粪便施用量是根据作物所需氮肥为标准，过度提供营养物质不仅是资源的浪费，而且氮、磷等过度堆积，会造成植物减产，以及氮、磷流失引起水体富营养化。因此，应该根据土壤中现有残留营养物和计算作物所需的营养物，两者之差就是理论上所需的肥量。根据上海市农业科学院的调查研究，在一般条件下，畜禽粪便的施用量（猪粪当量有机肥）在菜地应控制在600t/（$hm^2 \cdot a$），粮棉瓜果地应控制在42t/（$hm^2 \cdot a$），纯粮地应控制在24t/（$hm^2 \cdot a$）。

四、塑料薄膜对土壤环境的影响

（一）塑料薄膜农业使用概况

我国先开始采用塑料薄膜技术覆盖秧苗，后用于温室大棚蔬菜种植，再后来普遍推广覆盖地膜种植栽培技术，使得塑料薄膜在农业行业得到广泛应用。

我国目前使用的塑料制品可降解性差，其相对分子量在20000以上，只有将相对分子量降为2000以下时，才能被自然界中的微生物所利用，而这一过程至少需要200年。另外，农膜回收力度不大，人工机械清理残膜研制技术落后，现有清膜机械回收效果不理想、清理不彻底，造成农膜残留。

塑料薄膜残留位置、残留量与耕作方法、种植物种、使用年限、膜种类等有密切关系。齐小娟等研究表明，土壤中残膜集中分布在0~10cm，一般要占残留地膜的2/3左右，其余则分布在20~30cm，再往下基本没有分布。马辉等研究表明，0~10cm土层中残膜的片数占总量的58.5%~76.4%，10~20cm土层中残膜的片数占总数的22.3%~35.1%，20~30cm土层中残膜的片数占总数的1.3%~6.4%。塑料薄膜在大棚使用的残留率为3.06kg/hm²，残留率为1.3%；地膜残留率为10.5kg/hm²，残留率为12.3%。据有关部门多年的调查显示，玉米地地膜使用量为每公顷每年45kg，使用1年，每公顷残留地膜26.85kg；连续使用3年，每公顷残留地膜32.85kg；连续使用5年，每公顷残留地膜42.45kg；连续使用8年，每公顷残留地膜86.10kg，平均每年每公顷残留地膜10.76kg，残留率为23.9%。花生地每年每公顷使用地膜105kg，使用1年，每公顷残留地膜77.5kg；连续使用3年，每公顷残留地膜112.5kg；连续使用5年，每公顷残留地膜140.1kg，平均每年每公顷残留地膜28.02kg，残留率为26.7%。调查显示，不同地区残留量也不相同，北京、上海等大城市郊区每公顷残留地膜90~135kg，在一些中小城市郊区每公顷残留地膜45~70kg。

（二）农膜残留对环境的影响

塑料薄膜的使用对我国农业经济起到积极的促进作用，但近年来在农业生产中塑料薄膜的使用越来越多、越来越广，对环境产生了一系列影响。

1.使土壤环境恶化

农田里的废农膜、塑料袋长期残留在土壤中，影响土壤的透气性，阻碍土壤水分流动等。

2.影响农作物的生长发育

残膜在土壤中破坏了农田的生态环境，形成阻隔带（层），影响种子发芽、出苗，造成烂种、烂芽、使幼苗黄瘦甚至死亡。据新疆生产建设兵团研究，连续覆膜3~5年的土壤，种小麦产量下降2%～3%，种玉米产量下降10%左右，种棉花产量则下降10%～23%。据黑龙江农垦局研究，土壤中残膜含量为58.5kg/hm²时，可使玉米减产11%～23%，小麦减产9.0%～16.0%，大豆减产5.5%～9.0%，蔬菜减产14.6%～59.2%。

3.影响牲畜的安全

残膜与牧草混在一起时，牛羊误吃残膜后，阻隔食道影响消化，甚至死亡。

4.影响农村环境景观

残膜弃于田边、地头、水渠、林带中，大风刮过后，残膜被吹至田间、树梢，影响农村环境景观，造成视觉污染。

（三）塑料薄膜对土壤环境的影响

第一，残膜的阻隔性影响农田耕作层土壤的物理性质，破坏土壤的结构和通透性，阻断土壤的毛细作用。由于残膜的存在改变或切断了土壤空隙的连续性，增大空隙的弯曲性，使重力水移动时产生较大阻力，重力水移动缓慢，从而使水分渗透减少、减缓，使农田多余的雨水不能向土壤深层渗透，同时土壤深层的水分也不能上升补充地表，使土壤丧失抗旱防涝的自调能力，甚至导致地下水难下渗，引起土壤次生盐碱化等严重后果。解红娥等的研究结果表明，水分下渗速度（y）随着残膜量（z）的增加呈对数递减，回归方程为：$y=3.3675-0.4466lg（x+1）$。水分上移速度随着残膜量（z）的增加呈对数递减，回归方程为：$y=1.513-0.354lg（x+1）$。

第二，塑料薄膜残留使土壤水分移动受到影响，进而影响土壤的含水量。有研究表明，当每公顷土壤残留地膜分别为0、150、300、450、600 kg 时，相应土壤含水率为26.0%、24.3%、21.3%、20.0%、17.0%，随着残留薄膜的增多，土壤的含水量下降。

第三，残留地膜可使土壤容重增加。研究表明，土壤容重（y）与地膜残留量（z）呈对数递增关系，回归方程为：$y=0.9682+0.0096ln（x+1）$。

第四，塑料农膜（PVC膜）含有增塑剂、稳定剂、添加剂等各种化学药品，残留在土壤中会影响土壤的化学性质，妨碍肥效，同时农膜稳定剂中的重金属盐类，如 Pb、Cd、Zn、Ba、Sn等会通过残膜的积累造成土壤重金属污染。

第五，残膜造成灌水不均匀和养分分配不均，土壤通气性能降低，影响土壤微生物活动及土壤中有益昆虫的生存条件，使土壤的良性循环被破坏。

五、农业固体废物的处理与处置

农业固体废物占一次能源总量的33%，而我国又是农业大国，农业固体废物是仅次于煤炭的第二大能源资源，但由于受思想意识、技术方法、经济等条件限制，大量的农业废物通过填埋、焚烧的方式进行处置，不仅占用土地、污染环境，而且造成资源的巨大浪费。

由于现代工业的发展，化石能源的大量开采导致能源危机，人们对生物质能利用开始加以重视，并逐渐加大开发利用力度。发达国家对于生物质能转化处于领先阶段，美国、奥地利、瑞典等国家利用农业废物产生的能源已占其能源利用的4%、10%、16%。

近年来，我国在农业固体废物资源化利用方面取得了长足进步，其资源化利用主要体现在饲料化、能源化、肥料化3方面。面对资源的不断消耗，我们应本着"珍惜资源，有用勿弃"的原则，开展更加深入的研究，开发出更加经济、简便、污染少或无二次污染的工艺技术，形成一种多层次、多途径的利用方式，实现农业固体废物的"零排放"，使经济效益、环境效益和社会效益最大限度地统一，促进农业经济的持续、稳定、协调发展。

第十章　固体废物处理及资源化利用

　　固体废物通常是指人类在生产和生活中丢弃的固体和泥状物质，包括从废水、废气中分离出来的固体颗粒。固体废物有多种分类方法，可以根据其性质、状态和来源进行分类。例如，按其化学性质可分为有机废物和无机废物，按其危害状况可分为有害废物和一般废物。欧美等许多国家按来源将其分为工业固体废物、矿业固体废物、城市固体废物、农业固体废物和放射性固体废物五类。控制固体废物对环境污染和对人体健康危害的主要途径是实行对固体废物的资源化、无害化和减量化处理。固体废物处理技术涉及固体废物的预处理、物理法、化学法、生物法和最终处理等。

第一节　固体废物概述

　　固体废物污染已成为当今世界各国所面临的一个共同的重大环境问题，固体废物特别是有害固体废物，如露天堆放或处置不当，其中的有害成分可通过环境介质——大气、土壤、地表或地下水体等直接或间接传至人体，对人体健康造成潜在的、近期的和长期的极大危害。固体废物种类繁多，性质各异，主要来源于工业生产、日常生活、农业生产等领域。随着我国经济社会的高速发展、城市化进程的加快以及人民生活水平的不断提高，固体废物的产生量逐年增加，大量固体废物露天堆置或填埋，其中的有害成分经过风化、雨淋、地表径流的侵蚀很容易渗入土壤中，引起土壤污染。土壤是许多真菌、细菌等微生物的聚居场所，在大自然的物质循环中这些微生物担负着碳循环和氮循环的一部分重要任务，固体废物中的有害成分能杀死土壤中的微生物和动物，降低土壤微生物的活性，使土壤丧失腐解能力，从而改变土壤的性质和结构，破坏土壤生态环境，致使土壤被污染。因此，了解不同类型固体废物的特性及处理处置过程对土壤可能造成的污染，掌握其控制对策措施，将有利于固体废物的处理、处置和资源化循环利用。

一、固体废物的概念与特点

（一）固体废物的概念

固体废物的基本定义：人类生产、生活活动中，因无用或不需要而排入环境的固态物质。

由人类活动产生，是对固体废物的根本界定。同样的物质，由于来源不同，定义范畴也会不一样，比如，原始森林中植物的残枝落叶、动物的排泄废物等均不属于固体废物，而因为人类观赏、生活等需要而种植树木、豢养家畜产生的落叶、排泄物等则属于固体废物范畴。

无用或不需要，是对物质是否废弃的界定。固体废物可用性随时间、地点会发生变化，因此固体废物具有鲜明的时间和空间特征。

固态，是对物质状态的界定。从广义上讲，根据物质的形态，废物可以分为固态、液态、气态废物3种，其中不能排入水体的液态废物和不能排入大气的置于容器中的气态废物由于多具有较大的危害性，在我国归入固体废物管理体系。因此，固体废物不只是指固态和半固态物质，还包括部分液态和气态物质。

我国在《中华人民共和国固体废物污染环境防治法》（2020年修订）中规定：固体废物是指在生产、生活和其他活动中产生的丧失原有利用价值或者虽未丧失利用价值但被抛弃或者放弃的固态、半固态和置于容器中的气态的物品、物质以及法律、行政法规规定纳入固体废物管理的物品、物质。通过法规定义，细致地规定了固体废物的来源限制，以起到界定管理对象、确定产生者责任的目的。

（二）固体废物的特点

1.来源广、数量多

固体废物来源于人类生产、生活的每一个环节。在当今技术条件下进入经济体系中的物质仅有10%～15%以建筑物、工厂、装置、器具等形式积累起来，其余都变成了废物，所以物质和能源消耗量越多，废物产生量就越大。

2.种类繁杂、成分多变

由于固体废物的界定具有很大的主观性以及产生源的多途径，因此其种类构成繁杂，有人说："垃圾为人类提供的信息几乎多于其他任何设备。"同时受来源、季节、生产方式、生活习惯等多种因素的影响，固体废物的成分不仅复杂，而且多变。

3.错位性

固体废物是一种"摆错位置的财富"。如冶炼厂生产过程中产生的灰渣，是用来生产砖、矿渣棉和其他建筑砌块的良好材料，这不仅节省了土地资源，更是工业废渣的妥善去处。

4.危害的特殊性与严重性

（1）固体废物污染具有长期性、间接性。固体废物不易流动，难以扩散，挥发性差，因而很难为外界所自净或同化。堆放场中的垃圾一般需要10～30年的时间才可趋于稳定，长期堆积必然对周围环境造成持续污染和破坏。另外，固体废物通常很少直接对环境进行污染，大多数情况下是通过物理、化学、生物及其他途径，转化为其他污染形式而对环境进行污染和破坏的，固体废物是各种污染的"源头"。

（2）固体废物污染的严重性。由于固体废物种类繁多，且具有易燃性、易爆性、腐蚀性、有毒性、反应性等特点，在固体废物的收集、运输、处理处置过程中，固体废物各种污染因子会通过环境介质进入人体，给人体健康带来极大危害。

（三）固体废物所带来的危害

固体废物会导致非常严重的危害，主要有以下几种：①会对土壤产生危害。当前我国很多城市虽然设立了专门的垃圾处理场所，然而依旧会对农田等造成危害，如果固体废物当中的有害物质向土壤当中深入，可能会改变土壤的性质和结构，这些性质和结构的改变在短时间内无法看出来，然而在这些土壤当中进行农作物的种植，可能会导致有害物质富集，通过食物链影响人体。②会导致水体污染。如果固体废弃物抛入河流湖泊以及海洋当中，不单单会对水体造成污染，还有可能改变水生植物的生存环境，打破水中的生态平衡。在排放固体废物的过程中，可能会缩减江河湖泊的面积，使其灌溉能力降低，也会影响到航运。③会对大气造成一定的污染。一般情况下，固体废物不会产生较大的污染，而通过实践发现固体废物存在一定的颗粒，在风的条件下，这些颗粒会影响大气环境，当湿度和温度达到一定要求时，固体废物会出现氧化分解的情况，释放一些毒气或者刺激性的气体，导致空气质量下降，在掩埋固体废物的过程中会出现可能污染周围环境的情况。与此同时，会对景观产生很大的影响。在对废物进行处理时，很多城市不重视处理的效率，导致在处理的过程中耗时比较长，另外处理得也并不彻底，导致很多处理死角的出现，而这些死角不单单导致环境受到污染，也导致视觉上的污染，在一定程度上直接破坏了我国的形象。

二、固体废物的来源与分类

固体废物产生于人类的生产和消费活动中，主要来源于工矿业固体废物、农林业固体废物和城市垃圾等。

固体废物分类方法很多，按组成可分为有机废物和无机废物，按形态可分为固体废物（块状、粒状、粉状）和泥状（污泥）废物，按来源可分为工业废物、矿业废物、城市垃圾、农业废物和放射性废物，按其危害状况可分为有害废物和一般废物。一般来说，是按其来源分类。

1.工业固体废物

工业固体废物就是从工矿企业生产过程中排放出来的废物，通常又叫废渣。工业废渣主要包括以下几种。

（1）冶金废渣。金属冶炼过程中或冶炼后排出的所有残渣废物，如高炉矿渣、钢渣、有色金属渣、粉尘、污泥和废屑等。

（2）采矿废渣。在各种矿石、煤炭的开采过程中产生的矿渣数量是极其庞大的，包括的范围很广，有矿山的剥离废渣、掘进废石和各种尾矿等。例如，每采1t原煤要排煤矸石0.2t左右，若包括掘进矸石，则平均产矸石1t。矿石在精选精矿粉后，剩余的废渣称为尾矿，每选1t精矿粉要产生0.5t～1.0t尾矿。我国每年排放的煤矸石达$1.10 \times 10^9 t$，金属尾矿为$1.00 \times 10^9 t$。

（3）燃料废渣。主要是工业锅炉，特别是燃煤的火力发电厂排出的大量粉煤灰和煤渣，每1万千瓦发电机组每年的灰渣量约为$9.00 \times 10^3 t \sim 1.00 \times 10^4 t$。我国每年排放的粉煤灰和煤渣达$1.15 \times 10^9 t$。

（4）化工废渣。化学工业生产中排出的工业废渣主要包括电石渣、碱渣、磷渣、盐泥、铬渣、废催化剂、绝热材料、废塑料和油泥等。这类废渣往往含大量的有毒物质，对环境的危害极大。我国每年排放的化工废渣达$1.70 \times 10^7 t$。

（5）建材工业废渣。建材工业生产中排出的工业废渣有水泥、黏土、玻璃废渣、砂石、陶瓷和纤维废渣等。

在工业固体废物中，还包括机械工业的金属切削物、型砂等。食品工业的肉、骨、水果和蔬菜等废弃物，轻纺工业的布头、纤维和染料，建筑业的建筑废料等。

2.农业固体废物

农作物收割、畜禽养殖和农产品加工过程中要排出大量的废弃物，主要是农作物秸秆和畜禽类粪便等。

3.放射性固体废物

放射性固体废物包括核燃料生产、加工，同位素应用，核电站、核研究机构、医疗单位和放射性废物处理设施产生的废物。例如，污染的废旧设备、仪器、防护用品、废树脂、水处理污泥和蒸发残渣等。

4.城市垃圾

这类固体废物主要是由居民生活及机关团体和其他公共设施（医院、公园、商店及市政部门）产生的固体废物，主要是废纸、厨房垃圾（如煤灰、食物残渣等）、废塑料、废电池、树叶、脏土、碎砖瓦和污水污泥等，这类固体废物与农业环境的关系较为密切。

5.有害固体废物

有害固体废物，国际上称为危险固体废物。这类废物泛指除放射性废物以外，具有毒性、易燃性、反应性、腐蚀性、爆炸性和传染性，因而可能对人类的生活环境产生危害的废物。基于环境保护的需要，许多国家将这部分废物单独列出加以管理。另外，联合国环境规划署已经将有害废物污染控制问题列为全球重大的环境问题之一。

6.危险废物

危险废物是指列入国家危险废物名录或者根据国家规定的危险废物鉴别标准和鉴别方法认定的具有危险特性的废物。主要来源于化学工业、炼油工业、金属工业、采矿工业、机械工业、医药行业以及日常生活活动过程中。各行业中危险废物的有害特性不尽相同，且成分也很复杂。

三、固体废物对环境的影响

（一）侵占土地

固体废物产生以后，占用大量土地进行堆放处理。据估计，堆积1×10^4t固体废物约占用0.067hm²的土地。随着城市垃圾、矿业废料、工业废渣等侵占越来越多的土地，会直接影响农业生产，妨碍城市环境卫生，同时固体废物掩埋大量绿色植物，大面积破坏了地球表面的植被。

（二）污染土壤

土壤是大量细菌、真菌等微生物聚居的场所，这些微生物与周围环境组成了一个生物系统，在大自然的物质循环中，细菌和真菌担负着碳循环和氮循环的重要任务。

固体废物露天堆放，占用大量土地，而且其有毒有害的成分也会渗入土壤之中，特别是有害固体废物，经过风化、雨淋，使土壤酸化、碱化、毒化，破坏土壤中微生物的生存条件，影响土壤生物系统的平衡，降低土壤的腐解能力，进而改变土壤的性质与结构，阻碍植物根系的生长发育，部分有毒有害物质随食物进入食物链，富集到人体内，最终对人体产生伤害。闻名于世的公害事件"痛痛病"就是由于日本神岗矿山排放的废物、废水中含有大量的重金属镉，污染了当地的土壤。

（三）污染水体

固体废物对水体的污染途径分为两种：①直接把水体作为固体废物的接纳体，将大量固体废物倾倒于河流、湖泊、海洋，从而导致水体的直接污染。②由于固体废物与雨水、地表水接触，废物中的有毒有害物质渗滤出来，使水体受到污染。

（四）污染大气

固体废物在堆存、处理处置过程中会产生有害气体，对大气产生不同程度的污染。如固体废物中的尾矿、粉煤灰、干污泥和垃圾中的尘粒随风进入大气中，直接影响大气能见度和人体健康。废物在焚烧时所产生的粉尘、酸性气体、二噁英等，也直接影响大气环境质量。此外，垃圾在腐化过程中产生大量氨、甲烷和硫化氢等有害气体，浓度过高形成恶臭，严重污染大气环境。

（五）影响环境卫生

工业废渣、城市垃圾堆放在城市的一些死角，以及随处乱扔的塑料瓶、塑料袋等，严重影响城市容貌和环境卫生，对人的健康构成潜在的威胁。

四、固体废物的管理

根据我国多年来的管理措施，并借鉴国外的经验，可以从以下两方面做好我国的固体废物管理工作。

（一）划分有害废物与非有害废物的种类与范围

目前，许多国家都对固体废物实施分类管理，并且都把有害废物作为重点，依据专门制定的法律和标准实施严格管理，通常采用以下两种方法。

1.名录法

名录法是根据经验与实验，将有害废物的品名列成一览表，将非有害废物列成排除表，再由国家管理部门以立法形式予以公布。此法使人一目了然，方便使用。我国2021年1月1日修订实施的《国家危险废物名录（2021年版）》中共涉及47类废物，其中包括医药废物、医院临床废物、农药废物、含重金属废物、废酸、废碱和石棉废物等。

2.鉴别法

鉴别法是在专门的立法中对有害废物的特性及其鉴别分析方法以"标准"的形式予以规制，依据鉴别分析方法，测定废物的特性，如易燃性、腐蚀性、反应性、放射性、浸出毒性以及其他毒性等，进而判断其属于有害废物或非有害废物。目前我国已制定颁布的

《国家危险废物名录（2021年版）》中，包括腐蚀性鉴别、急性毒性的初筛和浸出毒性鉴别三类。凡《国家危险废物名录（2021年版）》中所列废物类别高于鉴别标准的属危险废物，列入国家危险废物管理范围；低于鉴别标准的，不列入国家危险废物管理范围。

（二）完善固体废物法和加大执法力度

《固体废物污染环境防治法》于2020年4月29日第十三届全国人民代表大会常务委员会第十七次会议进行了第二次修订，自2020年9月1日起施行，为进一步打好污染防治攻坚战提供更有力的法治保障。近年来，我国持续加强对固体废物污染环境违法犯罪行为的打击力度，不断改善基层环境秩序。

新《固废法》是健全最严格、最严密生态环境，保护法律制度和强化公共卫生法治保障的重要举措。其对固废违法犯罪行为提出了更严格的惩罚措施。首先，完善了工业固体废物、生活垃圾、危险废物、建筑垃圾、农业固体废物等污染环境防治制度，健全了保障机制，严格了法律责任。新《固废法》还加大了对固废管理不合规的处罚力度，普遍提高了违法行为的处罚金额，最高可罚至500万元，并增加了按日连续处罚、行政拘留、查封扣押等执法措施。

自2018年以来，肇庆从市一级到各县（市、区）密集实施一系列专项整治行动，对固体废物产生、贮存、运输、处置情况开展全链条排查整治，重拳打击固废违法犯罪行为。过去两年以来，肇庆市各地查处了近20宗非法倾倒固体废物的违法犯罪行为，依法处理了一批违法犯罪人员，基层环境秩序得到明显改善。

固体废物处理涉及环境专业知识，为了提高企业相关知识水平，维护基层环境安全，目前肇庆市建立起危险废物规范化管理第三方监督制度。通过招标，确定由广东省环境科学研究院和肇庆市武大环境技术研究院为第三方单位开展监督工作，两个机构除了到涉废企业开展规范化检查，还会进行培训。

所以，建立固体废物管理法规是废物管理的主要方法，已被世界上许多国家的经验所证实。

五、固体废弃物的综合利用和资源化

冶金、电力、化工、建材和煤炭等工矿行业在国民经济中占重要地位，所产生的固体废物如冶金渣、粉煤灰、炉渣、化工渣、煤矸石和尾矿粉等，不仅数量大，而且还具有再利用的良好性能，受到国内外的广泛重视。我国由于长期采用粗放型生产方式，单位产品的固体废物产生量较大，因此，固体废物的综合利用和资源化具有重要的现实意义。

将固体废物作为原材料和能源资源加以开发利用是得到迅速发展、最有效的处理和利用固体废物的方法，也可以视作一种最终处置。由于冶炼渣、粉煤灰、炉渣和煤矸石等化学成分及其他技术性质类似于多种天然资源，可在建筑材料、冶金原料、农用和回收能源方面找到广阔的利用途径。

（一）用作建筑材料

工业及民用建筑、道路、桥梁等土木工程每年耗用大量砂、石、土和水泥等材料。可用于生产各种建筑材料的固体废物见表10-1所示。

表10-1　可用于生产建筑材料的固体废物

建材品种	主要可利用的固体废物类型
水泥：可用于生产配料、混合材料、外渗剂等	相当于石灰成分的废石、铁或铜的尾矿粉，粉煤灰、锅炉渣、高炉渣、煤矸石，钢渣、铜渣、铅渣、镍渣、赤泥、硫酸渣、铬渣，油母页岩渣、碎砖渣、水泥窑灰、废石膏、电石渣、铁合金渣等
砖瓦：烧制、蒸制或高压蒸制砖瓦	铁和铜尾矿粉、煤矸石、粉煤灰、锅炉渣、高炉渣、钢渣、铜渣、镍渣、赤泥、硫酸渣、电石渣等，铬渣、油母页岩渣等只能供烧制砖瓦
砌块、墙砖及混凝土制品	废石膏、锅炉渣、高炉渣、电石渣、废石膏、铁合金水渣等
混凝土骨料：普通混凝土及轻质混凝土骨料	化学成分及体积固定的各种废石、自然或焙烧膨胀的煤矸石、粉煤灰陶粒，高炉重矿渣、膨胀矿渣、膨珠、水渣、铜渣、膨胀镍渣、赤泥陶粒、烧胀页岩、锅炉渣、碎砖、铁合金水渣等
道路材料：用于垫层、路基、结构层、面层	化学成分及体积固定的废石、铁和铜尾矿粉、自燃后的煤矸石、粉煤灰、锅炉渣、高炉渣、钢、铜、铅、镍、锌渣、赤泥、废石膏、电石渣等
铸石及微晶玻璃	类似玄武岩、辉绿岩的废石，煤矸石，粉煤灰，高炉渣，铜渣，镍渣，铬渣，铁合金渣等
保温材料	高炉渣棉及其制品，高炉水渣、粉煤灰及其微珠等
其他材料	高炉渣可作耐热混凝土骨料、陶瓷及搪瓷原料，粉煤灰作塑料填料，铬渣作玻璃着色剂等

（二）用作冶炼金属的原料

在某些废石、尾矿和废渣中常常含有一定量的有用金属元素或冶炼金属所需的辅助成分，将其作为冶金原料不仅可解决这些固体废物对环境的危害，而且还可收到良好的经济效益。可用于冶炼、回收相应金属的固体废物见表10-2所示。

表10-2　可用于冶炼和回收金属的固体废物

冶金和回收金属	固体废物类型
作炼铁原料	废钢铁、钢渣、钢铁尘泥、含铁量高的硫酸渣、铅锌渣、铜镍渣等
作炼铁溶剂	转炉钢渣、平炉和电炉还原渣等
磁选回收铁	煤矸石、粉煤灰、钢铁渣等
回收有色金属	铜、铅、锌、镍渣和粉煤灰等
回收金、锗、银、铟	煤矸石、粉煤灰、铅锌渣等
回收汞	盐泥、含汞废水污泥等

（三）回收能源

从含有可燃质的煤矸石、粉煤灰和炉渣中回收有用的能源，也是处理和利用固体废物的一种方法。煤矸石的热值大约为800J/kg～8000J/kg，在粉煤灰和锅炉渣中常含有10%以上的未燃尽炭，可从中直接回收炭或用以和黏土混合烧制砖瓦，既可节省黏土，又节省能源。某些有机废物可通过一定的配料制取沼气回收能源。

（四）用作农肥，改良土壤

固体废物常含有一定量促进植物生长的肥分和微量元素，并具有改良土壤结构的作用，例如：钢铁渣、粉煤灰和自燃后的煤矸石所含硅、钙等成分，可增强植物的抗倒伏能力，起硅钙肥的作用；钢渣中的石灰可对酸性土壤起中和作用，磷起磷肥的作用；含有铁、镁、钾、锰、铜等元素和钴、钼等微量元素的废渣，可促进植物苗壮成长；粉煤灰形似土壤，透气性好，它不仅对酸性土壤、黏性土壤和盐碱地有改良作用，而且还可以提高土壤上层的表面温度，起到保墒、促熟和保肥作用。

六、城市固体废物处理技术及资源化利用途径

（一）固废处理技术现状

在我国，对固体废弃物进行处理方面依然处于发展阶段，还需要重视一些技术的强化和管理的细节，因为固体废弃物的分类放置没有得到合理的细化，对垃圾的处理和回收产生了较大的影响，固体废弃物处理方面依照物质的性质可以使用预处理、焚烧、堆肥、化学处理等方式，然而在实际操作过程中，人们没有正确地认识生活、生产垃圾，没有有

效地进行处理，政府没有投入足够的资金，没有对垃圾处理机制进行强化，导致处理不彻底，很多无机污染物和有机污染物进行了混合堆肥，没有合理进行燃烧，相关的监督部门没有充分履行自己的义务，导致固体废弃物在处理过程中对空气质量产生影响，同时污染了土壤和水质。

（二）固废的资源化利用途径

预处理技术指的主要是在固体废弃物进行后期处理之前先进行的技术。预处理技术最重要的一项内容就是分类，主要是对垃圾的成分进行分类，依照特性区分垃圾，分为红、黄、绿三个等级。绿色主要指的是一些可回收物质，而红色主要指的是有毒物质，黄色为不可回收物质。在资源化处理的过程中，垃圾分选是非常重要的。相关人员一定要了解垃圾的属性，与此同时，在预处理的过程中，还需要包含破碎和压实等过程，将垃圾的体积和形态改变，这样方便垃圾进行存储和运输，也为后期的固体废物焚烧填埋综合处理打下坚实的基础。其次为堆肥和厌氧发酵技术。垃圾堆肥技术依照生物发酵的方式，可以分为好氧堆肥和厌氧堆肥；依照垃圾的状态可以分为动态堆肥和静态堆肥，较为合理的一种方式在于高温动态堆肥，然而在处理过程中可能会消耗大量的资金。堆肥技术是让垃圾减量化、资源化处理的一种重要方式，主要通过微生物对垃圾当中的有机成分进行分解，再降解。堆肥生物的时候可以调节生物的降解速率，加快生物降解，需要一定的物质组成，在氧气、细菌有机物的条件下，进一步分解腐蚀固体废物，所以想让降解率提高，就一定要进一步分析氧气、有机物、细菌的组成配比，合理地加入一定的调节剂，在堆肥的过程中投入其中，让降解的速度加快，也可以疏松堆肥的结构，加快空气流通，让氧气的含量增加，帮助生物进一步进行降解。另外还有化学法处理技术，对一些有毒物质和不可回收物质，可以利用化学综合处理的方式进行处理，然而这种方式的特点在于资金使用多，而且技术要求高，在环境的保护和治理方面起到了重要的作用，主要包含了化学处理，也就是用于对无机废物进行处理，比如一些乳化油、重金属废液、氰化物等，在处理的过程中有氧化还原等方式。物理处理的方式主要有各种分离或者固化技术，固化工艺主要是在其处理时出现残渣，焚烧处理的物质适合用于对一些含重金属废渣、工业石棉、工业粉尘等物质的处理。

在未来发展过程中，一定要让环境保护的技术提高，进一步科学地治理固体废弃物，改变政府统一治理的方式，进一步让环境治理的工作市场化，将一些企业和个体经营户引入其中，通过承包的方式进行处理，政府只需要提供一些优惠资金支持和一些先进技术支持，通过市场化的方式进行处理，能够进一步提高垃圾处理的效率，并且需要呼吁广大群众减少垃圾排放，保护环境；对固体废物资源化利用体系进行完善，进一步整合工业生产结构，加强废物利用；在治理环境的过程中，将固体废弃物的价值充分发挥出来，对企业的生产成本进行控制，保证企业的可持续发展。

当前我国各大城市越来越重视环境治理和环境保护，并且制定了相应的环境策略。在城市固体废物处理的过程中，一定要通过合理的手段对其进行处理，对环境污染的侵害进行控制，保证我国的可持续化发展。

第二节 固体废物处理与处置技术

固体废弃物处理通常是指通过物理、化学、生物和物化方法把固体废物转化为适于运输、贮存、利用或处置的过程，固体废弃物处理的目标是无害化、减量化和资源化。目前采用的主要方法包括压实、破碎、分选、固化、焚烧和生物处理等。因技术原因或其他原因无法利用或处理的固态废弃物是终态固体废弃物。终态固体废弃物的处置是控制固体废弃物污染的末端环节，是解决固体废弃物的归宿问题。处置的目的和技术要求是使固体废弃物在环境中最大限度地与生物圈隔离，避免或减少其中的污染组成对环境的污染与危害。终态固体废弃物可分为海洋处置和陆地处置两大类。

一、控制固体废物污染的技术政策

我国固体废物污染控制工作起步较晚，开始于20世纪80年代初期。由于技术力量和经济力量有限，当时还不可能在较大的范围内实现资源化。因此，有关部门从"着手于眼前，放眼于未来"出发，提出了以资源化、无害化和减量化作为控制固体废物污染的技术政策，并确定以后较长一段时间内应以无害化为主。

将固体废物中可利用的那部分材料充分回收利用是控制固体废物污染的最佳途径，但它需要较大的资金投入，并需有先进的技术作先导。我国固体废物处理利用的发展趋势必然是从无害化走向资源化，资源化是以无害化为前提的，无害化和减量化则应以资源化为条件，这是毫无疑问的。

（一）无害化

固体废物无害化处理的基本任务是将固体废物通过工程处理，使其不损害人体健康，不污染自然环境（包括原生环境与次生环境）。

目前，废物无害化处理工程已经发展成为一门崭新的工程技术。例如，垃圾的焚烧、卫生填埋、堆肥、粪便的厌氧发酵、有害废物的热处理和解毒处理等。其中，高温快速堆肥处理工艺、高温厌氧发酵处理工艺在我国都已达到实用程度，厌氧发酵工艺用于废物无害化处理工程的理论也已经基本成熟，具有我国特点的粪便高温厌氧发酵处理工艺在国际上一直处于领先地位。

（二）减量化

固体废物减量化的基本任务是通过适宜的手段减少固体废物的数量和体积。这一任务的实现需从两个方面着手：一是对固体废物进行处理利用，二是减少固体废物的产生。对固体废物进行处理利用，属于物质生产过程的末端，即通常人们所理解的"废弃物综合利用"，我们称之为"固体废物资源化"。例如，生活垃圾采用焚烧法处理后，体积可减小80%～90%，余烬便于运输和处置。固体废物采用压实、破碎等方法处理也可以达到减量、方便运输和处理处置的目的。

（三）资源化

固体废物资源化的基本任务是采取工艺措施从固体废物中回收有用的物质和能源，固体废物资源化是固体废物的主要归宿。相对于自然资源来说，固体废物属于二次资源或再生资源范畴，虽然它一般不具有原使用价值，但是通过回收、加工等途径，可以获得新的使用价值。资源化应遵循的原则是：①资源化技术是可行的；②资源化的经济效益比较好，有较强的生命力；③废物应尽可能在排故源就近利用，以节省废物在贮放、运输等过程的投资；④资源化产品应当符合国家相应产品质量标准，具有一定的竞争力。

二、固体废物处理技术

固体废物处理和利用总的原则是先考虑减量化、资源化，以减少固体废物的产生量与排出量，后考虑适当处理以加速物质循环。不论前面处理得如何完善，总要残留部分物质，因此，最终处置是不可少的。

（一）减量化法

据粗略统计，目前我国矿物资源利用率仅50%～60%，能源利用率为30%，大约有40%～50%没有发挥生产效益而变成废物，既污染环境，又浪费大量宝贵资源，其他行业也是如此。因此，加强技术改造，提高资源的利用效率，减少固体废物产生大有可为。减量化法一般有以下三种方法。

（1）通过改变产品设计，开发原材料消耗少、包装材料省的新产品，并改革工艺强化管理，减少浪费，以减少产品物质的单位耗量。

（2）提高产品质量，延长产品寿命，尽可能减少产品废弃的概率和更换次数。

（3）开发可多次重复使用的制品，使制成品循环使用以取代只能使用一次的制成品，如包装食品的容器和瓶类。

（二）资源化法

资源化法是通过各种方法从固体废物中回收或制取物质和能源，将废物转化为资源，即转化为同一产业部门或其他产业部门新的生产要素，同时能够保护环境的方法。其具体利用途径有以下几个方面。

1.用作工业原材料

例如，从尾矿和废金属渣中回收金属元素。南京矿务局等单位利用含铝量高、含铁量低的煤矸石制作铝铵钒、三氧化二铝、聚合铝和二氧化硅等产品，从剩余滤液中提取锗、镓、铀、钒和钼等稀有金属。

2.回收能源

我国每年排放的煤矸石中，有 3.00×10^7 t热值在6276kJ/kg以上，可作沸腾炉燃料用于发电，每年可节约大量优质煤。鹤岗、本溪等地还用煤矸石制造煤气、回收能源。此外，还有垃圾填埋、焚烧回收能源及从有机废物分解回收燃料油、煤气及沼气等回收能源的方法。

3.用作土壤改良剂和肥料

实践证明，用粉煤灰改良土壤，对酸性土、黏性土和弱盐碱地都有良好效果，可使粮食增产10%～30%，对水果、蔬菜也有增产效果。德国研究了用铜矿渣粉作肥料进行盆栽和大田的铜肥肥效试验，结果表明，凡施用铜矿渣粉的都增产。许多试验和实践表明，硫铁矿渣内含有多种有色金属，可作为综合微量元素肥料，同样具有明显的效果。

4.直接利用

例如，各种包装材料直接利用。

5.用作建筑材料

利用矿渣、炉渣和粉煤灰等，可制作水泥、砖和保温材料等各种建筑材料，也可作道路和地基的垫层材料。我国传统的墙体材料是黏土砖，每生产 1.00×10^8 块砖需挖良地 $6.66hm^2$，用煤 1.00×10^4 t，而我国每年的砖产量达数千亿块，这对我国宝贵的耕地是一个不小的威胁，但是各种固体废物大部分可以在建筑材料生产方面找到用途，这对于保护土地资源、改善环境具有重要意义。

（三）处理法

固体废物通过物理、化学、生物化学的方法，使其减容化、无害化、稳定化和安全化，以加速物质在环境中的再循环，减轻或消除环境污染。

1.物理处理

物理处理是通过浓缩或相变化改变固体废物的结构，使之成为便于运输、贮存、利用或处置的形态。物理处理方法包括压实、破碎、分选、增稠、吸附和萃取等。物理处理往往作为回收固体废物中有用物质的重要手段加以采用。

2.化学处理

化学处理是采用化学方法破坏固体废物中的有害成分从而达到无害化，或将其转变成为适于进一步处理、处置的形态。由于化学反应条件复杂，影响因素较多，故化学处理方法通常只用在所含成分单一或所含几种化学成分特性相似的废物处理方面，对于混合废物，化学处理可能达不到预期的目的。化学处理方法包括氧化、还原、中和、化学沉淀和化学溶出等。有些有害固体废物经过化学处理还可能产生富含毒性成分的残渣，还须对残渣进行解毒处理或安全处置。

3.生物处理

生物处理是利用微生物分解固体废物中可降解的有机物，从而达到无害化和综合利用。固体废物经过生物处理，在容积、形态、组成等方面，均发生重大变化，因而便于运输、贮存、利用和处置。生物处理方法包括好氧处理、厌氧处理、兼性厌氧处理。与化学处理方法相比，生物处理在经济上一般比较便宜，应用也相当普遍，但处理过程所需时间较长，处理效率有时不够稳定。

（1）堆肥化

它是依靠自然界广泛分布的细菌、放线菌和真菌等微生物，人为地促进可生物降解的有机物向稳定的腐殖质生物转化的过程。堆肥化的产物称作堆肥，是一种具有改良土壤结构，增大土壤溶水性，减少无机氮流失，促进难溶磷转化为易溶磷，增加土壤缓冲能力，提高化学肥料的肥效等多种功效的廉价、优质土壤改良肥料。根据堆肥化过程中微生物对氧的需求关系可分为厌氧（气）堆肥与好氧（气）堆肥两种方法。其中，好氧堆肥因具有堆肥温度高、基质分解比较彻底、堆制周期短、异味小等优点而被广泛采用。按照堆肥方法的不同，好氧堆肥又可分为露天堆肥和快速堆肥两种方式。现代化堆肥生产通常由前处理、主发酵（一次发酵）、后发酵（二次发酵）、后处理、贮藏五个工序组成。其中，主发酵是整个生产过程的关键，应控制好通风、温度、水分、碳氮比、碳磷比及pH值等发酵条件。

（2）沼气化

沼气化亦称厌氧发酵，是固体废物中的碳水化合物、蛋白质和脂肪等有机物在人为控制的温度、湿度、酸碱度的厌氧环境中，经多种微生物的作用生成可燃气体的过程。该技术在城市下水污泥、农业固体废物和粪便处理中得到广泛应用。它不仅对固体废物起到稳定无害的作用，更重要的是，可以生产便于贮存和有效利用的能源。据估计，我国农村每年产农作物秸秆 5 亿吨，若用其中的一半制取沼气，每年可生产沼气 $5.00 \times 10^{10} m^3$ ~ $6.00 \times 10^{10} m^3$，除满足农民生活用燃料之外，还可余 $6.00 \times 10^9 m^3$ ~ $1.00 \times 10^{10} m^3$。由此可见，沼气化技术是控制污染、改变农村能源结构的一条重要途径。

（3）废纤维素糖化技术

废纤维素糖化是利用酶水解技术使之转化成单体葡萄糖，然后可通过化学反应转化为化工原料或生化反应转化为单细胞蛋白或微生物蛋白。天然纤维素酶水解顺序如图10-1所示。

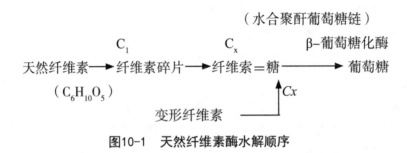

图10-1　天然纤维素酶水解顺序

结晶度高的天然纤维素在纤维素酶C_1的作用下分解成纤维素碎片（降低聚合度），经纤维素酶C_x的进一步作用而分解成聚合度小的低糖类，最后靠β–葡萄糖化酶作用分解为葡萄糖。

据估算，世界纤维素年净产量约$1.00 \times 10^{11} t$。废纤维素资源化是一项十分重要的世界课题，日本、美国已成功地开发了废纤维糖化工艺流程，目前在技术上可行，经济效果还需论证。因此，开发成本低的处理方法，寻找更好的酶种，提高酶的单位生物分解能力，改善发酵工艺等问题有待进一步探索。

（4）废纤维素饲料化

该技术不需要糖化工序，而是将废纤维经微生物作用，直接生产单细胞蛋白或微生物蛋白。目前，废纤维素饲料化，生产单细胞蛋白质技术上是可行的，但在经济上要具有竞争性，仍有许多课题有待解决。

（5）细菌浸出

化能自养细菌将亚铁氧化为高铁、将硫及还原性硫化物氧化为硫酸从而取得能源，从空气中摄取二氧化碳、氧以及水中其他微量元素（如氮、磷等）合成细胞质。这类细菌可生长在简单的无机培养基中，并能耐受较高金属离子和氢离子浓度。利用化能自养菌这种独特的生理特性，从矿物料中将某些金属溶解出来，然后从浸出液中提取金属的过程，通称为细菌浸出。该法主要用于处理铜的硫化物和一般氧化物为主的铜矿和铀矿废石，回收铜和铀，对锰、砷、镍、锌、钼及若干种稀有元素也有应用前景。目前，细菌浸出在国内外得到大规模工业应用。

4.热处理

热处理是通过高温破坏和改变固体废物组成和结构，同时达到减容、无害化或综合利用的目的。热处理方法包括焚化、热解、湿式氧化以及焙烧、烧结等。

（1）焚烧处理

焚烧处理即在高温（800℃～1000℃）下，通过燃烧，使固体废物中的可燃成分转化成惰性残渣，同时回收热能，这对处于能源危机的世界来说无疑有重要作用，也是近年来这项技术在发达国家得以广泛应用的原因。通过燃烧，可使固体废物进一步减容，城市垃圾经燃烧后可减小体积80%～90%，质量降低75%～80%，同时可以较彻底地消灭各种病原体，消除腐化源。相比之下，燃烧处理焚烧占地小；焚烧对垃圾处理彻底，残渣二次污染危险较小；焚烧操作是全天候的，不受天气影响；焚烧可安装在接近垃圾源的地方，节约运输费用；焚烧的适用面广，除城市垃圾以外的许多城市废物也可以采用焚烧方法进行净化。但是，燃烧处理也有明显缺陷。首先，仍然存在二次污染，燃烧仍然要排出灰渣、废气，特别是近年来出现的二噁英，其毒性比氰化物大一千倍；其次，单位投资和处理运转成本较高；最后，就是对废物有一定要求，即要求其热值至少大于4000kJ/kg。因此，对经济不发达国家来说，城市垃圾几乎都达不到此要求，故很难普遍推广使用。

燃烧一般要经历脱水、脱气、起燃、燃烧和熄灭等过程。控制此过程的因素主要有三个，即时间、温度和燃料以及空气混合的湍流混合程度（习惯称"三T"）。一般认为，燃烧时间与固体废物粒度的平方近似成正比，粒度越细，其与空气的接触面积愈大，燃烧进行就愈快，废物停留时间就越短。另外，燃烧中氧气浓度越高，燃烧速度和质量就愈高，因此，必须使燃料中有足够的空气流动，燃料与空气的湍流混合度越高，对燃烧的进行越有利。

一般来讲，燃烧的工艺包括固体废物的贮存、预处理、进料系统、燃烧室、废气排放与污染控制、排渣、监控测试和能源回收等系统。

（2）热解

热解是将有机物在无氧或缺氧条件下高温（500℃～1000℃）加热，使之分解为气、液、固三类产物。气态的有氢、甲烷、碳氢化合物和一氧化碳等可燃气体，液态的有含甲醇、丙酮、醋酸、乙醛等成分的燃料油，固态的主要为固体碳。该法的主要优点是能够将废物中的有机物转化为便于贮存和运输的有用燃料，而且尾气排放量和残渣量较少，是一种低污染的处理与资源化技术。

（3）湿式氧化

湿式氧化法又称湿式燃烧法。它是指有机物料在有水介质存在的条件下，加以适当的温度和压力进行的快速氧化过程。有机物料应为流动状态，可以用泵加入湿式氧化系统。

由于有机物的氧化过程是放热过程，所以反应一旦开始，就会在有机物氧化放出的热量作用下自动进行，而不需要投加辅助燃料。排放的尾气中主要含有二氧化碳、氮、过剩的氧气和其他气体，液相中包括残留的金属盐类和未完全反应的有机物。有机物的氧化程度取决于反应温度、压力和废物在反应器内的停留时间。增加温度和压力可以加快反应速度，提高COD的转化率，但温度最高不能超过水的临界温度。

5.微波处理

最新研究结果表明，微波技术在放射性废物处理、土壤去污、工业原油和污泥等的处理方面可以成功地应用。目前虽还只是处于实验室的研究阶段，但有关专家指出，微波技术在以后肯定能发挥其废物处理方面应有的潜力。

三、固体废物处置方法

固体废物处置是指最终处置或安全处置，是固体废物污染控制的末端环节，是解决固体废物的归宿问题。固体废物处置方法包括海洋处置和陆地处置两大类。

（一）海洋处置

海洋处置主要分为海洋倾倒与远洋焚烧两种方法。近年来，随着人们对保护环境生态重要性认识的加深和总体环境意识的提高，海洋处置已受到越来越多的限制。

（二）陆地处置

陆地处置包括土地耕作、工程库或贮留池贮存、土地填埋以及深井灌注几种，其中土地填埋法是一种最常用的方法。

1.农用

利用表层土壤的离子交换、吸附、微生物降解以及渗滤水浸出、降解产物的挥发等综合作用机制处置固体废物的一种方法。该技术具有工艺简单、费用适宜、设备易于维护、对环境影响很小、能够改善土壤结构、增长肥效等优点，主要用于处置含盐量低、不含毒物、可生物降解的固体废物。例如，污泥和粉煤灰施用于农田作为一种处理方法已引起重视。生产实践和科学研究工作证明，施污泥、粉煤灰于农田可以肥田，起到改土和增产的作用。

2.土地填埋处置

它是从传统的堆放和填地处置发展起来的一项最终处置技术。因其工艺简单、成本较低、适于处置多种类型的废物，目前已成为一种处置固体废物的主要方法。

土地填埋处置种类很多，采用的名称也不尽相同。按填埋地形特征可分为山间填埋、平地填埋、废矿坑填埋，按填埋场的状态可分为厌氧填埋、好氧填埋、准好氧填埋，按法律可分为卫生填埋和安全填埋等。随填埋种类的不同，其填埋场构造和性能也有所不同。一般来说，填埋场主要包括废弃物坝、雨水集排水系统（含浸出液体集排水系统和浸出液处理系统）、释放气处理系统、入场管理设施、入场道路、环境监测系统、飞散防止设施、防灾设施、管理办公设施、隔离设施等。

土地卫生填埋适于处置一般固体废物。用卫生填埋来处置城市垃圾，不仅操作简单、施工方便、费用低廉，还可同时回收甲烷气体，目前在国内外被广泛采用。在进行卫生填埋场地选择、设计、建造、操作和封场过程中，应着重考虑防止浸出液的渗漏、降解气体的释出控制、臭味和病原菌的消除、场地的开发利用等几个主要问题。

（1）场地选择

场地选择一般要考虑容量、地形、土壤、水文、气候、交通、距离与风向、土地征用和废物开发利用等诸多问题。一般来讲，填埋场容量应满足5~20a的使用期。填埋地形要便于施工，避开洼地，地面泄水能力要强，要容易取得覆盖土壤，土壤要易压实，防渗能力强；地下水位应尽量低，距最下层填埋物至少1.5m；避开高寒区，蒸发大于降水区最好；交通要方便，具有能在各种气候下运输的全天候公路，运输距离要适宜，运输及操作设备噪音要不影响附近居民的工作和休息；填埋场地应位于城市下风向，避免气味、灰尘飘飞对城市居民造成影响，最好选在荒芜的廉价地区。

（2）填埋方法的选择

常用的填埋方法有沟槽法、地面法、斜坡法和谷地法等。土地填埋法的操作灵活性较大，具体采用何种方法，可根据垃圾数量以及场地的自然条件确定。

（3）填埋场气体的控制

当固体废物（垃圾）进入填埋场后，由于微生物的生化降解作用会产生好氧与厌氧分解。填埋初期，由于废物中空气较多，垃圾中有机物开始进行好氧分解，产生二氧化碳、水、氨，这一阶段可持续数天，当填埋区氧被耗尽时，垃圾中的有机物开始转入厌氧分解，产生甲烷、二氧化碳、氨、水和硫化氢等。因此，应对这些废气进行控制或收集利用，以避免二次污染。

（4）浸出液的控制

填埋场浸出液一般源于降雨、地表径流、地下水涌出和废物本身的水分。渗出液成分较复杂，其COD高达40000~50000mg/L，氨氮达700~800mg/L。浸出液属高浓度有机废水，若不加以控制必然对环境造成严重危害。常用的措施是设置防渗衬里，即在底部和侧面设置渗透系数小的黏土或沥青、橡胶、塑料隔层，并设置收集系统，由泵把浸出液抽到处理系统进行集中处理。此外，还应采用控制雨水、地表水流入的措施，减小浸出液的量。

3.深井灌注处置

此法指把液状废物注入地下与饮用水和矿脉层隔开的可渗性岩层内。一般废物和有害废物都可采用深井灌注方法处置，但主要还是用来处置那些实践证明难于破坏、转化，不能采用其他方法处理或者采用其他方法费用昂贵的废物。深井灌注处置前，需使废物液化，形成真溶液或乳浊液。深井灌注处置系统的规划、设计、建造与操作主要分废物的预处理、场地的选择、井的钻探与施工以及环境监测等几个阶段。

第三节　危险废物处理和处置技术

危险废物是指在操作、储存、运输、处理和处置不当时会对人体健康或环境带来重大威胁的废物，它具有毒性（含重金属的废物）、爆炸性（含硝酸铵、氯化铵等的废物）、易燃性（废油和废溶剂等）、腐蚀性（废酸和废碱）、化学反应性（含铬废物）、传染性（医院临床废物）、放射性（核反应废物）等一种或几种以上的危害特性。危险废物处理一般包括焚烧、固化、化学以及生物法等，处置可分为海洋和陆地处置。

一、危险废物的危害

危险废物对人体健康危害程度很大，表现在它们的短期和长期危险性上。短期危险性表现在危险废物通过摄入、吸入、皮肤接触、吸收和眼接触等引起的毒害，或发生燃烧、爆炸等突发性事件；长期危险性包括长期接触导致的人体中毒、致癌、致畸、致突变等。危险废物能引起或助长死亡率的上升或严重不可恢复的疾病，造成严重残疾，在操作、储存、运输、处理或其他管理不当时，会给人体健康或环境带来重大威胁。但是，由于对多数危险废物缺少毒性数据，因此，对人体的毒害和致病原因尚有待进一步的研究。

二、危险废物的处理技术

危险废物的处理技术主要有焚烧法、固化法、化学法和生物法。

（一）焚烧法

焚烧法是处理固体废物的重要方法之一，它能起到无害化、减量化、资源化的作用。对于有些危险废物，例如，医院临床废物通过焚烧可以破坏其组成结构或杀灭病原菌，达到解毒、除害的目的，所以它们绝不能和城市生活垃圾混在一起进行卫生填埋。

危险废物焚烧处理就其主要工艺过程来说，与城市垃圾和一般工业废物相近，但是也有很多差别，例如，在焚烧要求、焚烧炉的设计、废气排放标准及操作管理等方面均比一般固体废物的焚烧处理要严格和复杂得多。

（二）固化法

固化处理是将危险废物与固化剂（胶凝剂）混炼进行固化，使危险废物固定并封闭在固化体中，从而达到无害化、稳定化的过程。固化法在国外已应用多年，我国主要是用于处理放射性废物。固化方法是较为理想的有害废物无害化或少害化处理方法。一些环境专家认为，安全土地填埋场最好是接受处置经固化处理的有害废物（危险废物），因为这样可以大大减少浸出液对环境的污染。根据固化时所用固化剂种类的不同，此法分为下列几种。

1.水泥固化

水泥固化是一种以水泥为固化基材的固化方法。水泥是一种无机胶结材料，水化反应后生成凝胶而形成坚硬的固化体，使危险废物被包封在固化体中不能泄出和溶出。水泥固化法由于水泥原料便宜易得，固化工艺和设备简单，固化体强度耐热性、耐久性均较好，适于安全填埋，有的产品可作路基或建筑物基础材料。水泥固化法对含高毒重金属废物的处理特别有效，且是最经济的。

2.高分子树脂固化

高分子树脂固化是以高分子树脂为固化剂与危险废物按一定的配料比，并加入适量的催化剂和填料进行搅拌混合，使其聚合固化而将危险废物封闭起来。高分子树脂固化技术按所用树脂不同，可分为热塑性树脂固化和热固性树脂固化两类。热塑性树脂有聚乙烯、聚氯乙烯树脂等，在常温下呈固态，高温时为熔融胶黏液体，将有害废物掺和包容其中，冷却后形成塑料固化体；热固性树脂有脲醛树脂和不饱和聚酯树脂等。脲醛树脂使用方便，固化速度快，常温或加热均能很快固化，固化体具有较好的耐水性、耐热性及耐腐蚀性能，价格较其他树脂便宜，缺点是耐老化性能差，而不饱和聚酯树脂可在常温、常压下固化成型，使用方便，适用于对有害废物和放射性废物的固化处理。

3.沥青固化

沥青是一种热塑性固化基材。沥青固化法开始用于处理放射性废物，而后发展到处理工业上含有重金属的污泥，此法要求将废物脱水后，在高温下与沥青混合、冷却、固化。此种方法只适合于某些危险废物的处理，若废弃物中含有强氧化物质（如次氯酸钠、高氯化物等）时，能与沥青等产生化学反应，则不能用沥青作为固化剂。与水泥固化相比，沥青固化法的原料成本比较高，只适于处理量少的剧毒废料。

4.玻璃固化、陶瓷固化

利用制造陶瓷或玻璃的成熟技术，将废物在高温下煅烧成氧化物，再与加入的添加剂煅烧、熔融、烧结，成为硅酸盐岩石或玻璃体。这种凝固作用所产生的固化体性质极为稳定，可以很安全地抛弃并填埋于土地中，不会有污染现象产生。此法适用于具有非常危险性的化学废料及强放射性的物质，但此法处理成本较高。

（三）化学法

化学法是一种利用危险废物的化学性质，通过pH控制、氧化还原电势控制以及沉淀等技术，使危险废物转化为无害的最终产物，达到稳定化的效果。

（四）生物法

有不少危险废物可以通过生物降解去除毒害，去除毒性后的废物可以被土壤和水体所接受。目前，生物法有活性污泥法、气化池法和氧化塘法等。

三、危险废物的最终处置

危险废物的最终处置有两种方法，即海洋处置和陆地处置。

（一）海洋处置

海洋处置就是利用海洋巨大的环境容量和自净能力，将危险废物消散在汪洋大海之中。据报道，20世纪60年代以前，美国就是利用海洋来处置废物，包括对放射性废物的处置。海洋处置废物方法有两种，即海洋倾倒和远洋焚烧。

1.海洋倾倒

海洋倾倒操作很简单，可以直接倾倒，也可以将废物进行预处理后再沉入海底。海洋倾倒要求选择合适的深海海域，且运输距离不要太远，又不会对人类生态环境造成影响。

2.远洋焚烧

远洋焚烧能有效保护人类周围的大气环境，凡不能在陆地上焚烧的废物，采用远洋焚烧是一个较好的办法，但存在很多争议。

（二）陆地处置

危险废物的陆地处置方法可分为填埋处置和深井灌注处置，其中应用最多的是填埋处置技术。

1.填埋处置

针对危险废物的土地填埋称为安全土地填埋，它与针对城市废物的卫生土地填埋的主要区别在于安全土地填埋场必须设置人造或天然衬里，下层土壤或与衬里相结合处的渗透率应小于10^{-8}cm/s，最下层的土地填埋场要位于该处地下水位之上等，称为安全土地填埋，实际上就是改进的卫生土地填埋。

2.深井灌注处置

深井灌注处置是指把液体废物注入地下与饮用水和矿脉层隔开的可渗透性的岩层中。在某些情况下，它是处置某些有害废物的安全处置方法。适于深井灌注处置的废物可以是液体、气体或固体。深井处置的费用与生物处理的费用相近。对于某些工业废物来说，深井灌注处置可能是对环境影响最小的切实可行的方法。目前，美国每年大约有3.00×10^7t液体废物采用深井灌注处置，其中11%为有害废物。

第四节 城市垃圾的处理、处置和利用

城市垃圾包括城市居民的生活垃圾、企事业单位和机关团体的办公垃圾、商业网点经营活动的垃圾、医疗垃圾和市政维护管理的垃圾等。城市垃圾的处理、处置和利用方法主要有卫生填埋、焚烧和堆肥等。我国城市垃圾产生量大，无害化处置率低，为防止城市垃圾污染、保护环境和人体健康，处理、处置和利用城市垃圾具有重要意义。

一、生活垃圾的来源及组成

（一）城市生活垃圾的来源

城市生活垃圾是指在城市居民日常生活或为日常生活提供服务的活动中产生的固体废物以及法律、行政及法规规定视为城市生活垃圾的固体废物，如厨余物、废玻璃、塑料、纸屑、纤维、橡胶、陶瓷、废旧电器、煤灰和砂石等。其来源于城市居民家庭、城市商业、餐饮业、旅馆业、旅游业、服务业、市政环卫业、交通运输业、文教卫生业和行政事业单位、工业企业单位以及水处理污泥等。城市生活垃圾不但含有无机成分，还有有机成分，更可能含有毒、有害物质以及细菌、病毒、寄生虫卵等，是严重的环境公害。

（二）城市生活垃圾的组成

城市生活垃圾的组成极其复杂，并受众多因素的影响，如自然环境、气候条件、城市发展规模、居民生活习惯（食品结构）、民用燃料结构和经济发展水平等，故各国、各城市甚至各地区产生的城市生活垃圾组成都有所不同。

生活垃圾主要是厨房垃圾，其成分主要决定于燃料结构及食物的精加工程度。一般来说，发达国家的垃圾组成是有机物多、无机物少；发展中国家则是无机物多、有机物少。以前，我国大中城市的煤气率很低，人们主要以煤作生活燃料，人们的食品主要以蔬菜为主，因此，城市垃圾的组成成分主要是煤灰和烂菜叶等，无机物含量较高。随着人们生活水平不断提高，已加工的半成品食品日益普及，煤气化比例日趋上升，城市生活垃圾的构成也发生了变化，表现为有机物增加、可燃物增多、可利用价值增大。

（三）城市垃圾的性质

城市垃圾的性质取决于其组成成分。对垃圾处理、处置和利用技术影响大的主要是垃圾的含水率、容重及热值。

1.含水率

垃圾中的含水率不仅取决于垃圾的种类，而且还随季节的不同有所变化。垃圾的含水率用单位体积垃圾的含水量占垃圾（含水）总质量的分数表示，其计算式为：

$$含水率 = \frac{w}{g} \times 100\% = \frac{g - g'}{g} \times 100\% \qquad （10-1）$$

式中：g——单位体积垃圾的总质量；

g'——单位体积垃圾样品烘干后的质量；

w——单位体积垃圾的含水量。

2.容重

垃圾容重指单位体积垃圾的质量，垃圾容重是设计收集、清运和贮存垃圾容器以及处理垃圾构筑物的重要参数。

3.垃圾的热值

垃圾的热值对选择焚烧技术极为重要，垃圾必须含有一定的热值才有焚烧的价值。垃圾的热值愈高，经济效益愈好。垃圾的热值取决于垃圾的组成成分。

二、生活垃圾的处理现状

由于城市生活垃圾对环境的危害越来越严重，越来越多的国家政府和科研机构都在致力于这方面的研究，力求尽可能地减少其对环境的危害。目前，主要采用卫生填埋、堆肥、焚烧、热解、生物降解和露天堆放等方法加以处理。

以前，我国城市垃圾处理的最主要方式是堆放填埋，占全部处理量的70%以上；其次是高温堆肥处理，约占处理量的20％；焚烧处理的量甚少。随着我国经济发展水平的提高和科学技术的发展，垃圾的处理方法越来越进步，处理效率也越来越高。但是，目前只有少数城市建成达到无害化标准的垃圾处理场，仍有大部分城市以简单填坑、填充洼地、地面堆放、挖坑填埋、投入江河湖海、露天焚烧等处理为主，使垃圾废物成为即时的和潜在的长期污染源。

三、城市垃圾的收集和运输

将分散的垃圾收集、运输到处理场所，是处理垃圾的第一步工序。这是一项繁重，花费大量人力、物力和财力的工作。据统计，收集、运输垃圾的费用约占处理费用的50％以上。

（一）垃圾的收集和运输工具

目前，各国用于收集城市垃圾的容器多数是用金属或塑料制成的垃圾筒、垃圾箱和塑料袋、纸袋等。运输垃圾的主要工具是汽车，垃圾的专用运输车车厢是密闭的，许多发达国家的垃圾运输车带有压缩垃圾或破碎垃圾的装置。靠近江河湖海的城市多用船舶收运垃圾。美、日、瑞典、俄罗斯等国还有在住宅区建造管道式运输垃圾设施。

（二）垃圾收集、运输原则

垃圾的收集、输运应注意以下原则：①收集、输运过程应密闭，以控制污染环境；②最大限度地方便居民；③尽量改善清洁工人的工作条件；④造价及维护费用便宜，以利推广。

（三）垃圾的分类收集

近年来，国内外均在大力提倡将垃圾分类收集，以利于垃圾的利用和降低处理成本。不少发达国家实行电池以旧换新，并实行由居民将自家的废纸本、金属和塑料、玻璃容器等单独存放，供收运者定期收集。美国有的城市甚至将每月两次收运的日期印在月份牌上，以方便居民。西欧、北欧发达国家的许多城市在街头放置分类、分格的垃圾箱、筒，供行人使用。德国、瑞典甚至为分别收集白色和杂色玻璃而设置分别为白色和绿色的垃圾筒。

近年来，我国不少城市也在推行垃圾分类收集工作。某些城市设置的固定和流动废品收购站对城市垃圾分类收集、输运和回收利用起到了积极作用。

四、城市垃圾的破碎和分选

垃圾破碎和分选是对垃圾处理利用过程的前预处理过程。

垃圾破碎的目的主要是改变垃圾的形状和大小,以适应进一步处理和利用的需要。经过破碎后的垃圾具有如下一些优点:可增大容重,减少容积,从而提高运输效率,降低运输费用;破碎后的细碎垃圾有利于填埋处置时压实垃圾土层,加快复土还原工程的速度;破碎后的垃圾对垃圾分类有利,容易通过磁选等方法回收高品位金属;有利于用焚烧法处置垃圾,提高垃圾焚烧热效率。

垃圾破碎通常是采用颚式、锤式、滚压式、撕裂式和剪切式破碎机等进行破碎。当垃圾体积、形状过大,不能使用前述破碎机进行破碎时,一般要先对其进行切割解体。对于大型金属垃圾块,通常是采用气割法解体,如国外有压轧兼破碎的大型压轧破碎机,用以破碎废汽车。

垃圾分选技术在城市垃圾预处理中占有十分重要的作用。由于垃圾中有许多可以作为资源利用的组分,由目的地分选出需要的资源,可达到充分利用垃圾的目的。

垃圾的分选方法有手工分选、风力分选、重力分选、筛分分选、浮选、光分选、静电分选和磁力分选等。

五、利用城市垃圾进行堆肥

所谓垃圾堆肥,是指垃圾中的可降解有机物借助于微生物发酵降解的作用,使垃圾转化成肥料的方法。在堆肥过程中,微生物以有机物作养料,在分解有机物的同时放出生物热,其温度可达50~55℃。在堆肥腐熟过程中能杀死垃圾中的病原体和寄生虫卵,在形成一种含腐殖质较高的类似"土壤"中,完成垃圾的无害化。

(一)垃圾堆肥分类和堆肥过程

堆肥可分为厌氧发酵堆肥和好氧发酵堆肥两种。厌氧堆肥需要在隔绝空气的条件下使厌氧微生物繁衍完成厌氧发酵;好氧堆肥需在良好的供气条件下完成好氧发酵。过去,我国农村主要采用厌氧堆肥法,将植物秸秆、垃圾、畜粪等在露天堆垛,沤制数月后启用。这种方法占地面积大,堆置时间长且影响环境卫生。近年来,各地大多发展机械化或半机械化的好氧堆肥法,其工艺过程一般包括预处理、主发酵(一次发酵)、后发酵(二次发酵)、后处理和脱臭贮存等步骤。

(二)堆肥要素

影响堆肥品质的要素较多,主要的有以下几点。

1.有机物含量

垃圾中有机物的含量是堆肥的基础条件。国外现代化堆肥厂要求垃圾的有机物含量大于60%，其中可降解有机物应占主要成分。我国大部分城市的垃圾中有机物含量虽然也在40%左右，但是塑料占了相当比重，而塑料不能被微生物降解，并且破坏土壤结构，所以减少垃圾中的塑料含量也是发展堆肥的重要课题。

2.空气含量

厌氧堆肥过程中绝不能有氧气进入，而在好氧堆肥中，只有在适宜的空气量条件下，好氧菌才能充分繁殖，完成发酵过程。

3.碳分

碳分是微生物活动的能源，一般以碳氮比为30∶1～35∶1为适宜。碳氮比大于40∶1，有机物分解慢，堆肥时间长；碳氮比小于30∶1，堆肥中可消耗的碳分不足，施入农田后会降低肥效。

4.水分

水分以含50%为好，如果水量低于20%，有机物降解就会停止；水量高于50%，水会堵塞堆肥中的孔隙和减少好氧堆肥中的空气含量，并产生臭气，影响堆肥效果和环境卫生。

5.pH

pH是堆肥过程进展顺利与否的标志。在堆肥过程中，pH随着时间和温度变化而变化，当堆肥2～3d时，pH值在8.5左右，若供气量不足，则变为厌氧发酵，pH值会降到4.5左右，此时应调整空气量，以保证堆肥顺利进行。通常pH值应控制在5～8。

六、利用城市垃圾制取沼气

利用有机垃圾、植物秸秆、人畜粪便、活性污泥等制取沼气，工艺简单，质优价廉，是替代不可再生资源的好途径。制取沼气的过程可以杀灭病虫卵，有利于环境卫生。沼气渣还可以提高肥效，因而利用城市垃圾制沼气具有广泛的发展前途。

沼气是有机物中的碳化物、蛋白质和脂肪等在一定的温度、湿度和pH的厌氧环境中，经过沼气细菌的发酵作用，而生成的一种可燃气体。沼气发酵过程可分为液化、产酸和生成甲烷三个阶段。控制沼气发酵的主要因素有需要丰富的沼气菌种，保持严格的厌氧环境，选用适宜的发酵原料配比、适宜的干物浓度、适宜的发酵温度以及适宜的pH。

七、城市垃圾的焚烧处置和热能回收

采用焚烧法处置城市垃圾，可以使垃圾减重、减容，并可以使某些有害组分分解和去除，因此，焚烧是比较理想的处置方法。焚烧法采用的技术有马丁炉焚烧技术、流化床焚烧技术和热解技术。

利用焚烧法处置垃圾的过程中产生相当数量的热能，如不加以回收则是极大的浪费。欧洲各国及日本等现代化的垃圾焚烧厂一般都附有发电厂或供热动力站。影响热能回收的因素主要是垃圾所含的热值，即可回收到的热能，热值愈高，效益愈好。

八、城市垃圾的卫生填埋

由于垃圾资源化综合利用需要专门的设备和设施，投资较大，一般城市难以承受，因此，垃圾的处置仍是一项重要的工作。过去，大量的垃圾运到城郊施于农田，分散到广大的土地，但这一方法处理成本较高，且环境卫生可靠性低，而大量垃圾堆置于近郊，不仅浪费土地，又易产生二次污染。目前较为可靠的处置方法是填埋法，即在陆地上选择合适的天然场所或人工改造出合适的场所，把垃圾用土层覆盖起来，同时做好渗滤液的防渗工作，尽可能避免对环境的污染。填埋后可规划为林地、绿地和公园等，例如，美国有许多垃圾填埋场公园。这种做法对于城镇具有既处理废弃物，又美化生态景观的作用。

卫生填埋是处置城市垃圾最基本的方法之一。由于填埋场地占地量大、征地困难，因此该方法只应用于处置无机物含量多的垃圾。卫生填埋场场址的要求，以及对环境的影响等方面均与安全填埋场大致相同。但是，垃圾填埋后的产气量、浸出液中的有机物含量、抗渗层做法等方面与安全填埋场有所区别，下面将做简单介绍。

（一）垃圾填埋后的产物

垃圾中可降解的有机物在填埋场中会产生大量二氧化碳、甲烷等气体，同时产生浸出液。

1.气体

垃圾在填埋开始阶段，将进行好氧分解，产生以二氧化碳为主的气体。随着垃圾被压实后空气量减少，氧气被耗尽，垃圾的厌氧分解开始，并产生甲烷、氮气、氢气、二氧化碳及硫化物等。一般气体在施工前两年产生量最大，以后逐年减少，这个过程约延续20a。

2.浸出液

垃圾中可降解的有机物分解时，产生的液体和施工过程中流进填埋场的地表水、雨雪水等共同组成填埋浸出液。浸出液的成分随垃圾组成的不同有很大变化。由于浸出液中含有大量有机物，如将浸出液返回新的填埋垃圾中，会加速垃圾的分解，使之早日达到稳定程度。浸出液的处理类似于高浓度有机废水的处理法。

（二）抗渗层构造

卫生填埋场抗渗层构造与安全填埋场抗渗层构造大致相同，复合垫衬的黏土、织物的要求均相同，只是高密度聚乙烯膜的厚度可薄些，采用膜厚为0.5~1.5mm单层复合垫衬即可。

（三）卫生填埋作业方法

卫生填埋场根据场地条件的不同，可采用下列作业方法。

1.平面作业法

平地填埋场可采用此作业法，操作时把垃圾卸铺在平地上形成厚约为0.4~0.7m的长条，同时用人工或机械将垃圾压实，每个填台控制在2~3m高并覆盖0.2~0.3m的土层再压实，如此即完成一个填埋单元。

2.坑填作业法

利用天然洼地、峡谷、沟壑和矿坑等进行垃圾填埋。

3.沟填作业法

在地下水位低并有厚土层的场地，可采用此法作业。

4.斜坡作业法

该法利用山坡地带填埋，占地少、填埋量大，故较经济。

垃圾卫生填埋场关闭后的管理要求与危险废物安全填埋场相同，只是待其稳定之后可以将其作为运动场、公园等场地使用，但不应成为人长期活动的建筑用地。

废旧物资是城市垃圾中一个特殊的大类，所谓废旧物资指从城市居民、工厂企业、机关团体收购的物资不再使用，但有利用价值的弃物。回收利用废旧物资不仅可以减少其对环境的污染，也提高了资源的利用率，是一个很好的办法。

九、生活垃圾的资源化利用

作为固体废物的重要代表之一的生活垃圾，数量巨大、种类繁多，其中有相当一部分物质可以回收利用，变废为宝。垃圾资源化利用的基本任务就是采取适宜的工艺措施从垃圾中回收一切可利用的组分，重新利用。它具有原料的廉价性、永久性和普遍性的特点，不仅可以提高社会效益，做到物尽其用，而且可以取得很好的环境效益和一定的经济效益，是垃圾处理的最佳选择和主要归宿。

（一）生活垃圾的堆肥化处理

生活垃圾中含有较多的新鲜有机物质，如动物残体、骨刺等废弃物以及菜叶、果皮，对农业来说是很好的有机肥源。利用垃圾中的有机物较普遍的方法是堆肥化处理，即依靠自然界广泛存在的细菌、放线菌和真菌等微生物，在一定的人工条件下，有控制地促进可被生物降解的有机物向稳定的腐殖质转化的生物化学过程，其实质是一种发酵过程。这种腐殖质与黏土结合就形成了稳定的黏土腐殖质复合体，不仅能有效地解决生活垃圾的出路，解决环境污染和垃圾无害化问题，而且还为农业生产提供适用的腐殖土，从而维持自然界的良性物质循环。一般的堆肥操作能使其温度上升到70℃的高温，垃圾经过高温，其中的蛔虫卵、病原菌和孢子等基本被杀灭，有害物质基本上达到无害化，符合堆肥农用的卫生标准。经堆肥化处理后，生活垃圾变成卫生的、无味的腐殖物质，是很好的有机肥料。研究表明，如果将我国每年产生的1.4×10^8t的垃圾用作堆肥，加入粪便、秸秆和菌种，每年可产生1.5×10^8t有机肥，这样每年可以创造2500亿元的国民财富。

生活垃圾堆肥化处理技术简单，主要受到垃圾组成、粒度、温度、pH、供氧强度以及搅拌程度的影响。堆肥方法主要有露天堆肥法、快速堆肥法以及半快速堆肥法。其中，快速堆肥法最为先进，特别适合垃圾产生量大的大中城市，在英国、荷兰、日本等国家都有快速堆肥法处理垃圾的实例。目前，国内堆肥方式分为厌氧土法堆肥、好氧露天堆肥以及好氧仓库式堆肥，使用较多的是好氧堆肥。

（二）生活垃圾的焚烧处理

焚烧是一种对垃圾进行高温热化学处理的技术，也是将垃圾实施热能利用的资源化的一种形式。焚烧是指在高温焚烧炉内（800～1000℃），垃圾中的可燃成分与空气中的氧发生剧烈的化学反应，转化为高温的燃烧气和性质稳定的固体残渣，并放出热量的过程。焚烧产生的燃烧气可以以热能的形式被回收利用，性质稳定的残渣可直接填埋。焚烧后垃圾中的细菌、病毒被彻底消灭，带恶臭的氨气和有机废气被高温分解，因此，经过焚烧工艺处理的垃圾能以最快的速度实现无害化、稳定化、资源化和减量化的最终目标。

生活垃圾中含有大量的有机物质，具有潜在的热能。以我国垃圾平均含有机物40%计，每年产生的1.4×10^8t垃圾，相当于5.6×10^7t有机物质。若以每千克垃圾可产生热能3×10^6J估算，1.4×10^8t垃圾可产生4.2×10^{17}J的热能，相当于4.2×10^7t标准煤，这是一个巨大的能源库。垃圾焚烧产生的热能可用于蒸汽发电，发达国家如德国、法国、美国、日本等就建有许多垃圾发电厂。统计表明，垃圾焚烧装置大量集中在发达国家，这一方面与国家工业科学技术水平、经济实力有关，另一方面与垃圾的组成成分有关。焚烧技术仅适于发热量大于3349kJ的垃圾，而我国城镇垃圾有机物含量低，且季节性含量变化大，难于进行焚烧处理。但随着社会经济的发展和城市燃气率的提高，特别是西气东输工程的建设，垃圾中有机物含量会越来越高，垃圾的热值将大大增加，垃圾焚烧发电的条件日趋成熟，从长远看，垃圾发电在我国具有广阔的前景。目前，深圳、上海、北京、珠海和广州等城市都在筹建或已经建成了垃圾焚烧厂。

（三）生活垃圾的热解处理

热解技术最早应用于生产木炭、煤干馏、石油重整和炭黑制造等方面。20世纪70年代初期，世界石油危机对工业化国家经济的冲击使得人们逐渐认识到开发再生能源的重要性。热解技术开始用于垃圾的资源化处理，并制造燃料，成为一种很有发展前途的垃圾处理方法。热解又叫做干馏、热分解或炭化，是指在无氧或缺氧条件下，使固体物料中的有机成分在高温下分解，最终转化为可燃气体、液体燃料和焦炭的热化学过程。

垃圾热解是一个复杂的、连续的热化学反应过程，在反应中包含着复杂的有机物断键、异构化等反应。其热解的中间产物一方面进行大分子裂解成小分子直至气体的过程，另一方面又进行小分子聚合成较大的分子的过程。热解的产物由于分解反应的操作条件不同而有所不同，主要是以H_2、CO、CH_4等低分子化合物为主的可燃性气体，以CH_3COOH、CH_3COCH_3、CH_3OH等化合物为主的燃料油，以及纯炭与金属、玻璃、泥沙等混合形成的炭黑。

垃圾的热解过程随供热方式、产品状态、热解炉结构等方面的不同而不同，热解方式也各异。根据装置特性，垃圾热解类型可分为移动床熔融炉方式、回转窑方式、流化床方式和多管炉方式等。回转窑方式是最早开发的城市垃圾热解处理技术，代表性的系统有Landpard系统，主要产物为燃料气。多管炉主要用于含水率较高的有机污泥的处理。流化床有单塔式和双塔式两种，其中双塔式流化床已经达到工业化生产规模。移动床熔融炉方式是城市垃圾热解技术中最成熟的方法，代表性的处理系统有新日铁、Purox、Torrax等系统。

（四）生活垃圾的厌氧消化技术

厌氧消化是有机物在无氧条件下被微生物分解，转化成甲烷和二氧化碳等，并合成微生物细胞物质的生物学过程。垃圾中含有大量易腐解的有机物质，很容易发生厌氧发酵，腐烂变质，因此，厌氧消化是实现垃圾无害化、资源化的一种有效方法。将垃圾埋藏封闭，使垃圾厌氧发酵，用类似于采集天然气的方法采集还原性气体，供给诸如内燃机这样的引擎燃烧。有机质含量较低，热值不高的垃圾也可以采用这一方法。

（五）生活垃圾的蚯蚓处理技术

垃圾中含有大量的有机物质，可用于养殖蚯蚓。100万条蚯蚓每个月能吞食24～36t垃圾，它们排放的蚯蚓粪是极好的天然肥料，养殖的蚯蚓也可以制成动物饲料。

总之，实现垃圾资源化的途径主要有3大类：以废物回收利用为代表的物理法、以废物转换利用为代表的化学法及生物法。垃圾资源化是涉及收集、破碎、分选和转换等作业的一个技术系统，在这个系统里需要采用不同技术，经过多道工序，才能实现垃圾资源化。技术的选择、工序的排列必须根据垃圾的数量、组成成分和物化特性进行正确选择。

第十一章 城市环境空气质量监测网络设计与点位布设技术

第一节 环境空气质量监测网络概述

一、环境空气质量监测网络基本概念

环境空气质量监测网络是指依据一定的监测目的而建立的由多个环境空气质量监测点位组成并在统一的技术规则框架下运行的系统。环境空气质量监测网络是掌握环境空气质量状况的重要手段，是政府制定大气环境管理决策的重要基础，也是满足公众环境知情权和监督权的主要途径，同时可为大气领域的科学研究和有关国际合作提供技术支持。

环境空气质量监测网络按照级别不同分为地方环境空气质量监测网络和国家环境空气质量监测网络。其中，地方监测网络是指地方环境保护主管部门在辖区内选取具有代表性的监测点位组成的网络，可进一步分为省级监测网和市级监测网。国家环境空气质量监测网络由国家环境保护主管部门组建，地理范围涵盖了全国不同的省、自治区和直辖市。国家环境空气质量监测网中的点位同时也属于所在地区的地方监测网络。

按照监测要素和监测目的不同，环境空气质量监测网络可分为不同的专项监测网络，无论是国家环境空气质量监测网络还是地方环境空气质量监测网络都包括了多种性质不同的监测点位，这些监测点位分属于不同的专项监测网。根据监测要素不同，空气监测网络可分为监测多指标的综合性空气质量监测网络和监测特定污染物项目的专项监测网。常见的综合性监测网络包括城市空气质量监测网络、区域空气质量监测网络、国家大气背景监测网络；专项监测网络包括沙尘天气影响空气质量监测网络、重金属监测网络以及有

毒化学物监测网络等。

不同国家的环境空气质量监测网络的分类不尽相同，但无论是哪种专项监测网络，都有其明确的监测目的。监测目的决定了监测网络的属性，是确定点位设置方案、优化监测网络以及选取监测指标的根本依据，也是不同监测网络间的区别所在。为使空间上相互独立的监测点位构成协调统一的有机整体，网络管理者需要给出统一的技术规则框架，使得所有监测点位按照统一的原则开展监测，这是空气质量监测网络与分散监测点位的重要区别。统一的技术规则框架包括点位选址要求、站房建设要求、监测设备指标要求、安装调试要求、监测方法要求、质量保障和质量控制措施要求等一系列技术规范。

二、我国环境空气质量监测网概况

经过几十年的不断努力和探索，我国的环境空气质量监测网络从无到有，监测网络的覆盖面和功能不断提高，目前已经形成了目标明确、层次分明、功能齐全的国家和地方空气监测网络体系，并制定了相应的标准、技术规范和指导文件。我国的国家环境空气质量监测网络框架主要包括：国家城市环境空气质量监测网络、国家区域空气质量监测网络、国家大气背景监测网络、沙尘天气影响空气质量监测网络以及其他特殊目的监测网络等。

（一）国家城市环境空气质量监测网络

国家城市环境空气质量监测网络用于监测城市建成区范围或不同功能区内的综合环境空气质量状况，其主要用于评价城市建成区内的整体空气质量状况和空气质量达标情况，反映人口密集地区的污染物暴露情况，为环境管理和公众信息服务提供技术支持。是我国环境空气质量监测网络的主体，目前已有几十年的发展历史。

我国的环境空气质量监测技术逐步向自动监测技术发展，进一步促进了国家和地方空气质量监测网络的建设，监测项目逐步转变为SO_2、NO_x和PM10，并实现了42个环境保护重点城市的日报。国家环境空气质量监测网涵盖了全国113个环保重点城市的661个监测点位，并实现了空气质量日报的全年发布。同时，全国300多个地级以上城市建立了各自的地方空气质量监测网络。为进一步拓宽国家城市环境空气质量监测网络的覆盖范围，环境保护部组织了城市环境空气质量监测点位调整工作，使得国家城市环境空气质量监测网络涵盖全国338个地级以上城市（含部分州、盟首府所在地的县级市）的1436个监测点位。

（二）国家区域空气质量监测网络

近几年来，我国多个大城市群频频发生区域性污染问题，表现为能见度下降、光化学烟雾污染等，给人民群众的生产生活带来严重的影响。国务院高度重视日益严重的空气污染问题，要求环保部联合发改委等有关部门制定重点区域的大气污染防治规划。根据国务院有关批复意见，我国将有针对性地加强重点区域和城市群的空气质量监测能力，除进一步完善重点区域内城市空气质量监测点位的监测能力外，还将加大区域站的建设力度，从而更好地为区域联防联控提供技术支撑。

（三）国家大气背景监测网络

国家大气背景监测网络在国家环境空气质量监测体系中具有重要的战略意义：一方面，背景站能够反映出我国大尺度区域的空气质量状况，弥补城市点位和区域点位的不足，并能够了解我国污染物的本底浓度和变化趋势，为评估大气污染防治的成效提供技术支撑。另一方面，大气背景监测具有重要的科研价值，有利于促进我国与其他国家的环境国际合作，提升我国环境监测工作的国际地位。

（四）沙尘天气影响空气质量监测网络

为了监测和报告沙尘天气对空气质量状况的影响，我国在沙尘源地、传输路径及影响区域组建了沙尘天气影响空气质量监测网络，专项监测每年1~6月沙尘天气的来源、趋势和影响范围，监测项目主要为颗粒物（PM10、TSP），是我国第一个专项监测网络。目前，沙尘天气影响环境空气监测网涵盖了82个监测点位并实现了自动监测数据的实时联网与传输，并日益受到各级政府、公众的关注与重视。作为国家环境空气监测网络的有机组成部分之一，在沙尘天气发生时，该监测网络能够及时地提供各站点的监测数据，对准确地掌握沙尘天气的传输过程，分析其来源和影响范围发挥了重要作用。

（五）其他特殊目的监测网络

随着空气中污染物排放量和种类的增多，空气污染的特征和发生机理有了较大变化，对于一些特定地区，常规监测因子无法全面反映真实的空气质量状况和污染危害，因此有必要对其他有害物开展监测，包括重金属以及有毒有害化学品等。例如，在我国的环境空气质量标准中制定了铅和苯并[a]芘的标准浓度限值。由于监测成本和监测技术的限制，我国尚未建立重金属和其他有毒有害化学品的监测网络，但已在个别城市进行了一定的试点监测。根据试点监测的结果，未来应考虑在有必要的地区组建这些项目的专项监测网络。

三、美国环境空气质量监测网概况

美国目前已有的环境空气质量监测网络主要包括：各州及地方监测网络（State and Local Air Monitoring Stations，SLAMS）、国家空气监测网络（National Air Monitoring Network，NAMS）、国家核心综合监测网络（National Core Multipollutant

Monitoring Network，NCore）、光化学评估监测网络（Photochemical Assessment Monitoring Stations，PAMS）、国家有毒空气污染物变化趋势监测网（National Air Toxics Trends Station（NATTS）Network）、清洁空气状态和趋势监测网（Clear Air State and Trends Network，CASTNET）、国家公园和野生自然保护区保护可视环境联合监测网络（Interagency Monitoring of Protected Visual Environments，IMPROVE）、特殊项目监测点（Special Purpose Monitoring Stations，SPMS）。

SLAMS监测网是美国规模最大的空气监测网络系统，目前包括了大约4000个监测点位，由美国各州和地方环保局运维，其主要监测目的包含三个方面：及时向公众提供空气污染数据和信息，判定空气质量达标情况；为制定减排措施提供支撑；为空气污染科学研究提供支持。SLAMS监测网的监测项目为美国国家环境空气质量标准中的标准污染物项目，包括O_3、CO、SO_2、NO_2、PM2.5、PM10和Pb。由于SLAMS监测网的监测数据用于空气质量达标情况判定，所以美国国家环境保护局（EPA）对其采用的监测方法和质控措施均提出了明确的要求。SLAMS监测网中站点的类型多样，涵盖了NAMS、NCore、PAMS、NATTS类型站点，但不包括SPMS站点。

NAMS监测网络包含1080个监测点位，NAMS监测网实际上是SLAMS监测网的子集，其监测点位是SLAMS监测网点位中的一些重要点位，这些点位主要关注城市地区与排放源密集区，侧重于监测区域内污染物最高浓度和人口密集地区浓度。NAMS监测网的监测项目同样涵盖了全部七项标准污染物项目。

NCore监测网络是美国新组建的监测网络，目前包括近80个站点，其中60多个站点位于城市地区，其余站点位于农村地区。NCore监测网络是一种新型的多种污染物监测网络，主要目的包括以下方面：向公众发布空气质量信息（所在地区的空气质量日报、预报等），与空气质量模型相结合为大气污染防治提供技术支持，跟踪各种污染物或其前体物的长期变化趋势从而评估污染减排成效，为长期慢性健康风险评价提供支持，从而服务于空气质量标准的不断审议，判断所在地区达标情况，支持相关科学研究，为生态系统评价提供支持。由于NCore网络的重要性，因此站点使用了较为先进的监测技术，监测内容涵盖了气象、颗粒物以及各种气态污染物等，具体项目包括PM2.5成分分析（元素碳/有机碳、主要离子、痕量元素）、PM2.5浓度、PM2.5-10浓度、臭氧、CO、SO_2、NO_x、NO_y以及地表气象参数（风向、风速、温度、湿度）。

NCore监测网是对现有监测网络的重新设置和增强，这种重置体现在该网络将具有多种功能，对复合污染物进行监测，通过优选站点，集成多种先进的测量系统，对颗粒物、气态污染物及气象条件进行监测。NCore可作为一个信息主干道，具有更高的效率，因此NCore网络最大的特征是综合监测能力。

PAMS监测网络是美国为获得更多关于臭氧和其前体物污染浓度数据而设立的专项监

测网络，美国联邦法规文件要求污染程度严重的臭氧非达标区必须建立PAMS监测点位。PAMS监测网络的主要目标是通过对臭氧的加强观测，帮助环保局更好地理解臭氧污染的根本原因，评估和跟踪污染防治措施的效果，还可用于评估光化学模型性能。PAMS网的监测指标包括O_3及其前体物（56种VOCs、NO_x、NO_y）以及地面气象参数（风向、风速、温度、大气压、湿度、降雨量、太阳辐射、紫外辐射）。PAMS监测网络可理解为SLAMS监测网络中搭建起来的专项监测网络。

NATTS监测网络用于监测美国联邦法规规定的空气中有毒污染物的变化趋势，其目前包括近30个站点，其中大多数站点位于城市地区，少部分站点位于农村地区。NATTS的目的主要包括：评估有毒污染物的变化趋势和减排措施的成效，评估和验证空气质量模型，用于源—受体模型分析。NATTS监测的污染物项目多达100多项，各站点根据各自情况有针对性地确定监测项目，其中19项为必测项目，包括VOCs、羰基化合物、重金属、六价铬和多环芳烃类。

CASTNET站点均位于受城市影响较小的农村地区和环境敏感地区，主要面向区域酸沉降监测，测算干湿沉降所需的气象参数的监测，地面臭氧长期浓度水平和趋势，评价氮氧化物等酸性污染物减排控制效果以及酸沉降对区域生态的影响。其目的是：跟踪全国和区域尺度排放控制策略的成效；获得有关空气质量和大气沉降的时空分布规律及变化趋势的数据，并向社会公布；为了解和掌握大气污染对陆生和水生生态系统的影响提供必要的信息。CASTNET监测污染物浓度、气象参数以及其他指标，通过推理模型方法估算干沉降量，其前身是国家干沉降监测网络。CASTNET目前包含80多个点位，与国家公园管理局合作运维。CASTNET监测内容包括空气中硫酸盐、硝酸盐、铵盐、SO_2、硝酸和金属阳离子等，以及逐小时的臭氧浓度和气象参数。

IMPROVE监测网是由联邦和各州共同管辖的合作监测网络，主要目标是在一类区建立能见度和气溶胶的观测能力，查明人为导致能见度下降的化学物成分和排放源，记录国家能见度的变化趋势以及为指定区域霾法规提供决策依据。IMPROVE的监测项目包括能见度、消光系数、光散射系数、环境摄像系统、PM2.5浓度及特征（无机金属元素、氢元素含量、吸光系数、主要离子含量、元素碳/有机碳）以及PM10等。

SPMS监测点主要用于应对突发性空气污染事件或其他应急管理需要。这类监测点位并不是例行监测点位，监测位置灵活而不固定，可根据需要进行调整以补充固定监测点位的不足，监测项目根据需要确定。

第二节　我国城市环境空气质量监测网络设计

一、网络设计原则和程序

我国城市空气质量监测网络的设计过程通常包括以下内容：明确监测目的、现状调查、网格实测或模拟、确定监测点位数量、确定监测项目和监测点位位置、网络试运行及评估，设计监测网络时首先要根据监测目的确定监测网络的覆盖范围，并对监测范围进行现状调查，包括区域地形地貌、气象条件、人口分布特点、城市发展规划以及排放源的分布与调查等。根据上述现状调查的结果，采用网格实测或模型计算的方法，确定为满足监测目的所需的监测点位数量以及监测点位的设置位置，最后进行网络的试运行和评估。

二、监测网络目的

开展环境空气质量监测，首先要明确监测目的，监测目的不同，对点位的选址要求就有很大区别，包括点位数量要求和点位的地理空间分布等。国家环境空气质量监测网络的监测目的主要包括四个方面：反映全国城市区域空气质量变化趋势，反映区域尺度和背景水平空气质量，判定全国空气质量达标情况，为制定大气污染防治规划和对策提供依据。

可以看出，我国目前的监测网络结构框架能够满足国家网建设的目标要求。地方环境空气质量监测网络的监测目的与国家网有所差别，主要包括：反映监测范围内最高污染浓度值，反映不同功能区的代表浓度和达标情况，反映空气质量状况的长期变化趋势，反映主要污染源对环境空气质量的影响，反映所在地区的背景空气质量状况，为城市大气污染防治规划和对策提供依据。

国家环境空气质量监测网的设置主要是从国家大方面的需求考虑的，与地方的监测网络设置目的有些不同。对于国家城市监测网而言，其监测点位主要是从所在城市的地方监测点位中进行优化和筛选而确定的，但对于各城市来讲，为了实现地方空气质量监测网络的目标，仅设置国家网点位是不够的，还需要根据自身实际情况补充其他功能监测点位，包括交通监测点、工业区监测点位、敏感位置的信息发布点位等。

三、现状调查方法

现状调查是监测网络设计的基础，各种现状基本资料的精度和可靠性在很大程度上决定了监测网络设计和点位优化结果的精度和可靠性。在现状调查阶段，主要考虑以下因素。

（一）区域面积及地形地貌

区域面积大小直接决定了监测点位数量要求，一般来说，城市建成区的面积越大，所需要的监测点位的数量越多。另外，区域地形地貌也会对监测点位的布设产生明显的影响，如山地城市的布点与平原有很大区别。

（二）人口数量及分布

空气质量监测的最主要目的是保护人体健康，因此大多数监测点位都是位于人口聚集区附近。在一定的地域范围内，监测点位的需求量与人口密度呈正比。这是由于人口密度越大表明经济活动强度越大，污染物排放量也较高，需要更多的监测点位以代表空间分布的非均匀性。

（三）污染源分布及排放特征

调查区域内外污染源的分布和排放量对于环境空气监测点位布设有重要影响，摸清排放源是掌握污染物时空分布规律的基础条件，是布设空气监测点位的重要考虑因素。一般来说为保证监测点位有较广的空间代表性，监测点位应离开污染源一定的距离，而一些污染监控点则必须位于受污染源影响的位置，距离排放源不能过远。

（四）气象条件

气象条件调查主要关注调查区内的气候环流特征和季节性主导风向，由于大气运动是污染物传输的动力条件，因而气象条件调查是分析污染物浓度分布特征的先决条件。在布设监测点位时必须要考虑调查区的主导风向和大气环流特征。

（五）空气质量及污染物浓度空间分布特征

监测点位的布设除了需要考虑人口密度等因素外，还需要考虑污染物空间分布特征，特别是当监测点位用于捕捉区域内污染物浓度峰值或人群暴露峰值浓度时。污染物空间分布特征有利于确定监测点位的空间分布格局，一般来说，污染物浓度变化剧烈的地方如排放源附近地区的测点的代表性较小，而浓度分布较为均匀的地区监测点位的代表性较大。污染物浓度的空间分布特征可通过模型模拟或网格实测方法获得。

（六）城市功能区划及未来建设规划

在设计空气质量监测网络和监测点位时，应尽量保证监测点位的长期稳定运行，这有利于监测网络的延续性和监测数据的可比性。因此应根据城市建设规划，在土地使用状况较稳定的地区开展监测，并同时考虑监测网络的未来规划和布局。

四、监测点位功能分类

监测目的的多目标性决定了监测网络的多元化和设置不同功能监测点位的必要性。环境空气质量监测点位分为4类：空气质量评价点、空气质量对照点、空气质量背景点和污染监控点。监测点位分为空气质量评价城市点、空气质量评价区域点、空气质量评价背景点、污染监控点和路边交通点。空气质量评价城市点用于评价城市建成区的空气质量状况和变化趋势，其空间代表尺度为半径500m～4km范围，有时也可扩大到几十千米。反映这一空间范围内污染物的整体水平。空气质量评价区域点用于监测城市建成区以外的近郊地区的空气质量状况或城市群间的区域输送影响分析，代表尺度为半径几十千米范围。空气质量评价背景点是以监测国家或大区域范围的环境空气质量本底水平为目的而设置的监测点，其代表尺度为半径100km以上范围。污染监控点用于监控污染源及工业园区中污染聚集区对当地环境空气质量影响而设置的监测点，常常是污染物高浓度地区，其代表尺度约为半径几百米范围。路边交通点是为监测道路交通移动污染源对环境空气质量影响而设置的监测点，用于监测人体受交通污染物暴露而受到的影响。

我国的监测点位功能划分与美国、欧盟的监测点位功能划分基本一致。例如，美国国家环境保护局根据SLAMS网监测目的的要求，设置了六类监测点位类型：区域内污染物最大浓度点位，高人口密度区典型浓度监测点位，重点污染源对环境空气质量影响监控点位，背景对照地区浓度监测点位，城市群间区域性污染物输送监控点以及监测空气污染对能见度、植被和其他社会公共福利影响的点位等六类。欧盟的空气监测点位功能划分主要包括：监控聚集区内最大浓度点位、聚集区内一般暴露水平点位、交通点位、工业点位、城市背景点位、农村背景点位等。

一个完整的环境空气质量监测网络应涵盖各类功能的监测点位，从而达到监测网络建设的多目标要求。以城市空气质量监测网络为例，完善的监测网络应既能够用于客观评估城市环境空气质量的整体平均水平和长期变化趋势，又能够有针对性地对污染源和敏感地区进行监控，还能够兼顾背景地区的监测。缺少某一类监测点位必然带来一定的监测盲区，无法较好地满足公众的需求。每个环境空气质量监测点位在满足其主要功能需求的前提下可尽量兼顾其他功能。例如，反映功能区代表浓度的同时也可用于评价空气质量的变化趋势。

　　环境空气质量监测网络布设简单来说就是确定不同功能的监测点位所需数量以及每类监测点位在空间上应如何分布。合理的监测点位布设既要符合监测目的，又要兼顾监测点位的空间代表尺度。在实际布点时必须要保证该点位的实际代表尺度与其理论设计代表尺度相吻合，这是检验监测点位设置是否合理的依据。

　　美国EPA将空气质量监测点位的空间代表尺度分为6类：微尺度，代表监测区域内局部范围内的空气质量浓度，其范围在几米到100m；中尺度，代表城市街区典型浓度，范围在100～500m；邻近尺度，代表城市功能区或土地利用基本相同范围内空气质量，范围在500m～4km；城市尺度，代表城市尺度范围内的空气质量，范围在4～50km，有时由于排放源的分布而找不到合适的监测点位；区域尺度，代表无较大污染源的均一地理特征的广大农村地区，范围为几十到几百千米；国家及全球尺度，表征一个国家或全球的空气质量特征。

五、监测点位数量要求

　　确定监测点位的数量是监测网络设计的重要环节，直接决定了监测网络的规模和建设投入。为便于监测网络的设计，国内外往往依据建成区面积和人口数量规定最少的点位数量要求，实际的监测点位数量可能会超出许多。

　　在确定监测点位数量时，按照污染程度不同对各类污染物分别规定了最少点位数量要求。其中人口统计区内的臭氧点位要求至少有一个点位用于监测最大浓度，适宜的空间代表尺度是邻近尺度、城市尺度和区域尺度；PM10监测点位的建议代表尺度是中尺度和邻近尺度，中尺度PM10点位可用于短期或长期的健康效应评价，邻近尺度PM10点位可用于提供空气质量趋势分析和达标评价，因为它通常代表了人们长时间工作和生活的地方，还可用于城市间比较；PM2.5监测点位的设置主要用于保护人体健康，建议代表尺度是邻近尺度或城市尺度，但如果微尺度点位所代表的空间范围在城市内存在多个类似的位置，也应布设微尺度监测点位。至少设置一个PM2.5监测点位用于监控人群可能暴露的最大浓度。区域尺度PM2.5监测点位可用于考察区域输送过程，但大多数城市PM2.5监测点位应是邻近尺度的，可用于达标评价和趋势分析。

　　监测点位的数量越多，反映的空气质量信息越准确，但由于自动监测站的建设、运行和维护管理需要耗费大量的人力和物力，因此各地应根据环境管理和公众信息发布需要，在满足最少数量要求的前提下确定适宜的监测点位数量。在条件允许的情况下，地方空气质量监测网络中，应该积极设立交通点和污染监控点，在公众关心的敏感点布设空气质量信息发布点，从而满足监测网络建设的目标要求。

六、监测点位布设要求

城市环境空气质量监测点位布设方案不是一个确定性问题，不存在唯一解，在满足监测目的和监测点位数量设置要求的前提下，通常有多个布设方案可供选择。为了使不同城市间的监测网络和监测数据具有可比性，需要制定统一的点位布设规则。

位于各城市的建成区内，并相对均匀分布，覆盖全部建成区。全部空气质量评价点的污染物浓度计算出的算术平均值应代表所在城市建成区污染物浓度的区域总体平均值。区域总体平均值可用该区域加密网格点（单个网格应不大于2km×2km）实测或模拟计算的算术平均值作为其估计值，用全部空气质量评价点在同一时期的污染物浓度计算出的平均值与该估计值的相对误差应在10%以内。

用该区域加密网格点（单个网格应不大于2km×2km）实测或模拟计算的算术平均值作为区域总体平均值计算出30、50、80和90百分位数的估计值；用全部空气质量评价点在同一时期的污染物浓度平均值计算出的30、50、80和90百分位数与这些估计值比较时，各百分位数的相对误差在15%以内。

对于环境空气质量评价区域点和背景点，应满足以下要求：区域点和背景点应远离城市建成区和主要污染源，以反映区域及国家尺度空气质量本底水平。区域点原则上应离开主要污染源及城市建成区20km以上；背景点原则上应离开主要污染源及城市建成区50km以上。

区域点应根据我国的大气环流特征设置在区域大气污染传输的主要通道上，反映区域间和区域内污染物输送的相互影响。区域点和背景点的海拔高度应合适。在山区应位于局部高点，避免受到局地空气污染物的干扰和近地面逆温层等局地气象条件的影响；在平缓地区应保持在开阔地点的相对高地，避免空气沉积的凹地。

对于污染监控点，应满足以下要求：原则上应设在可能对人体健康造成影响的污染物高浓度区域以及主要固定污染源和移动污染源对环境空气质量产生明显影响的区域。污染监控点依据排放源的强度和主要污染项目而定，固定污染源应设置在源的主导风向和第二主导风向的下风向的最大落地浓度区内，一般在上风向布设1或2个点，下风向采用同心圆布点法或扇形布点法布设。

对于线性污染源，一般应在行车道的下风侧，根据车流量的大小、车道两侧的地形、建筑物的分布情况等确定交通点的位置。地方环境保护行政主管部门可根据监测目的确定点位布设原则增设污染监控点，并实时发布监测信息。

第三节　监测点位周围环境要求

一、监测点周围环境要求

（1）应采取措施保证监测点附近1000m内的土地使用状况相对稳定。

（2）点式监测仪器采样口周围，监测光束附近或开放光程监测仪器发射光源到监测光束接收端之间不能有阻碍环境空气流通的高大建筑物、树木或其他障碍物。从采样口或监测光束到附近最高障碍物之间的水平距离，应为该障碍物与采样口或监测光束高度差的2倍以上，或从采样器至障碍物顶部与地平线夹角应小于30°。

（3）采样口周围水平面应保证270°以上的捕集空间，如果采样口一边靠近建筑物，采样口周围水平面应有180°以上的自由空间。

（4）监测点周围环境状况相对稳定，所在地点地质条件需长期稳定和足够坚实，应避免受山洪、雪崩、山林火灾和泥石流等局地灾害影响，且安全和防火措施有保障。

（5）监测点附近无强大的电磁干扰，周围有稳定可靠的电力供应，通信线路容易安装和检修。

（6）区域点周边向外的大视野需360°开阔，1～10km方圆距离内应没有明显的视野阻断。

（7）监测点位设置在机关单位及其他公共场所时，应能保证通畅、便利的出入通道及条件，在出现突发状况时，可及时赶到现场进行处理。

二、采样口位置要求

（1）对于手工采样，其采样口离地面的高度应在1.5～15m范围内。

（2）对于自动监测，其采样口或监测光束离地面的高度应在3～20m范围内。

（3）针对道路交通的污染监控点，其采样口离地面的高度应在2～5m范围内。

（4）在保证监测点具有空间代表性的前提下，若所选点位周围半径300～500m范围内建筑物平均高度在250m以上，无法按满足（1）和（2）的高度要求设置时，其采样口高度可以在20～30m范围内选取。

（5）在建筑物上安装监测仪器时，监测仪器的采样口离建筑物墙壁、屋顶等支撑物表面的距离应大于1m。

（6）使用开放光程监测仪器进行空气质量监测时，在监测光束能完全通过的情况下，允许监测光束从日平均机动车流量少于10000辆的道路上空、对监测结果影响不大的小污染源和少量未达到间隔距离要求的树木或建筑物上空穿过，穿过的合计距离不能超过监测光束总光程长度的10%。

（7）当某监测点须设置多个采样口时，为防止其他采样口干扰颗粒物样品的采集，颗粒物采样口与其他采样口之间的直线距离应大于1m。若使用大流量总悬浮颗粒物（TSP）采样装置进行并行监测，其他采样口与颗粒物采样口的直线距离应大于2m。

（8）对于环境空气质量城市评价点，应避免车辆尾气或其他污染源直接对监测结果产生干扰，采样口周围至少50m范围内无明显固定污染源。

（9）开放光程监测仪器的监测光程长度的测绘误差应在±3m内（当监测光程长度小于200m时，光程长度的测绘误差应小于实际光程的±1.5%）。

（10）开放光程监测仪器发射端到接收端之间的监测光束仰角不应超过15%。

三、环境质量监测点位内涵

环境质量监测点位是环境质量监测网络的实体，是长期开展环境各要素中有关物质含量的观测地点。环境质量监测点位是"为获取有代表性的环境质量数据而设置的样品采集位置或场所。环境质量监测点位是环境监测工作的基础"。设立环境质量监测点位的目的是客观反映全国或区域、流域环境质量状况及变化趋势，了解污染物排放对环境质量的影响，预警潜在的环境风险，评价环保工作成效。

环境监测网由各环境监测要素的点位（断面）组成，因此环境质量监测点位是组成环境质量监测网络的基本元素。只有通过在设置合理、代表性强，没有外界局地干扰的地点进行科学采样，通过精确的实验室分析，并对获得的监测数据选用适合的模型或手段进行综合分析，才能准确研判环境质量的现状和变化趋势。假如监测点位设置不合理，不科学，代表性不强，那么后面一切精准的监测活动就毫无意义，甚至产生错误的数据，对环境管理与决策产生误导，失去环境监测工作的意义。环境监测点位设置的合理性、代表性是环境监测工作的技术基础。

环境监测包含的监测要素广泛，有水、空气、土壤、生物等，而且这些环境样品成分比较复杂，随机变化大，有较强的空间分布特点。不同的环境要素其特点不同，影响数据质量的因素不同，其点位布设的方法也不相同，例如空气质量受风向、风速和地形地貌影响较大，布设时要重点考虑这些影响因素；而地表水则受流量、支流汇入影响比较大；声环境质量与人为活动密切相关；土壤则关注对农产品质量的影响。不同环境要素特点不同，监测点位布设的数量也不同。例如由于空气流动性强于地表水，因此空气的监测点位数量少于地表水监测点位的数量等。除了遵循点位设置的统一要求，探寻环境质量变化规律而设置的监测点位外，也可以根据管理需要设置管理点位，这类监测点位属于比较特殊的监测点位类型，一些具体的点位设置技术要点可以不考虑。

环境质量监测点位布设和调整，就是根据监测的目的，运用科学的方法和手段，在经济合理、技术可行的条件下，寻找和确定完成环境监测任务的最优监测点位布设的方案，确定最佳的监测点位数量，选取最具有代表性，尤其是空间代表性的观测地点，用最少的测点，获得满足监测目的，准确反映环境质量时空变化的监测数据，以此准确预警环境质量的状况和变化趋势，为环境管理和决策提供有效的环境监测数据。

环境质量监测点位设置与监测目的、监测技术的进步和社会经济的发展有着密切的关系。监测目的决定监测点位布设的数量和位置。随着社会发展，城市布局、产业结构、消费习惯等都会发生变化，原有点位的覆盖范围、点位周围环境状况、污染源的分布与类型，甚至气象条件和水文情况等自然条件也会发生变化，从而造成监测点位的代表性不足，这时就需要进行监测点位的优化与调整，使之适应当前的环境管理和社会要求，符合自然环境特性。

四、环境质量监测点位优化设置的基本原则

任何监测活动都具有一定目的性，由于监测数据本身具有的代表性、完整性、准确性、精密性和可比性的特点，不但要综合考虑自然的、社会的、技术的、经济的等各种因素，还要兼顾社会发展，因此，环境质量监测点位的选取是一项复杂且专业性较强的工作，同时也是一项动态的、不断变化的工作。为了选取合理的监测点位，在环境质量监测点位布设时应该遵循以下基本原则。

（一）目的性原则

任何工作都是有目的的，环境监测是环境管理的技术基础。环境管理需求不同，需要监测的对象就不同，设置的监测点位的数量和位置也就不同。因此设置监测点位首先要满足不同的监测工作目的和用途，监测目的是设置监测点位首先要考虑的因素。

（二）代表性原则

所设置的环境质量监测点位具有一定的空间代表性，即在此监测获得的监测数据能够代表某一区域的环境质量的空间分布状况和变化规律。点位设置的代表性是监测数据：代表性的前提和基础。如果监测点位的空间代表性不足，即使监测频次再高，监测技术手段再精细，也无法获得具有代表性的、客观反映区域环境状况的监测数据，监测的技术支撑作用也不能有效发挥。

（三）科学性原则

确定最佳监测点位的数量和位置，用尽可能少的点位代表某一区域、某一流域的环境质量状况，涉及自然环境、社会经济状况，需要根据当地的具体情况和监测的环境要素，采用一定的技术手段，开展一系列的监测工作，选用合适的模式进行验证，点位设置须遵循一定的科学方法，有一定的规律可循。

（四）完整性原则

监测点位设置后，应能获得较为齐全的各种信息，如监测点位周围诸如气象参数、水文参数、地形地貌等区域自然环境信息，有相应的社会经济信息，能够了解周围污染源分布、排放量，敏感区域分布等；设置的点位具有的功能、点位设置级别、地理位置坐标等。在信息完整的监测点位上开展监测工作，获得数据可以与各种信息相对应，分析环境质量发生变化的原因，找到影响环境质量的关键因素，从而能够为改善环境质量提供更加有针对性的原因剖析和措施建议。

（五）动态管理原则

监测点位设置后为了保证监测点位的稳定性一般不轻易变动。但是社会经济是不断发展的，人口聚集、工业产业分布、城市功能及面积发生变化，新的监测技术与手段的出现，对一些环境问题的认识也在不断深入，这些会导致监测点位代表性发生变化，因此，监测点位设置后也不可能保持一成不变，为了保证监测点位的科学性和代表性，应根据社会的发展和技术水平的提高做出适时调整。

当布点技术水平不断发展，模型研究和参数设定更加科学、全面，采用的技术方法和手段更加先进，例如遥感、无人机、卫星、自动监测等检测手段的使用，监测由地面向空间发展，当已设定的监测点位代表性不足时应及时调整。

城市面积不断向外扩张，城市功能不断变化，人口聚集区不断调整，监测点位的空间代表性就会发生变化，点位周围环境不满足相关技术规定的要求，也应根据社会经济的发展及时变更监测点位。人类活动对自然环境状况的影响不断增强，使气候条件、水文状况发生变化；城镇污水处理设施的不断完善，城镇污水排放由分散转化为集中，成为河流的重要汇入口，尤其是在北方缺水城市，污水处理厂出水流量较大，为了监视污水处理厂排放对河道水质的影响，应调整原有监测断面。

（六）可比性原则

为了反映环境质量的变化趋势，监测点位一经设置就不能随意变动，尤其是一些重要的区域，点位在一定时期内应保持相对的稳定性。当点位确须调整时，需要经过严格的程序和验证，使新旧监测点位之间保持一定的传承和联系，获得的监测数据具有关联性。同时各监测点位设置条件尽可能一致，使获得的监测数据具有可比性。

（七）可行性原则

可行性原则主要指设置的监测点位所处位置应该交通便利，电源稳定，没有局部污染源干扰，容易获得气象和水文等参数，便于采样，保证采样人员的安全。

环境质量监测点位设置是为了说清当地的环境质量状况，因此监测点位与城市的功能划分、人口分布、产业结构与布局、地形地貌等密切相关，这些因素都会影响环境质量变化，影响监测点位设置的数量和位置。

环境质量监测点位一经设置不能轻易变动，为了保持点位的延续性，在设置时尽量考虑城市建设的变化。因为城市功能区改变、城市建筑物高度提升、旧城区的改造、道路交通网络的延伸，都会对已有的空气质量监测点位和声环境质量监测点位造成较大的影响。因此，在设置监测点位时，要在遵循国家有关政策法规和技术规范的同时，必须兼顾当地的城市总体发展规划、环境功能区划、道路交通布局、城市工业产业结构、城镇环境基础设施建设等。在设置环境质量监测点位时需要参考城市发展近远期总体规划、城市环境功能区划、道路发展规划、产业发展规划、环境污染防治规划、城市发展等基础资料，保证环境质量监测点位设置后能够至少在5年内保持稳定。

第四节　城市空气质量监测点位的管理

一、监测点位基本信息管理

对于已经布设的环境空气质量监测点位，必须建立工作档案对点位布设和选址的详细过程进行记录和资料整理，一方面便于保证工作的延续性，另一方面为将来的点位评估提供工作基础。主要基本信息包括：监测点位名称、点位编码、点位具体位置和经纬度坐标、点位八方位图、点位选址说明、点位建设时期和调整情况、监测项目、仪器设备类型及型号等。

其中：监测点位名称最好是便于点位间相互识别、与地理位置相关且长期不会变化的名称。点位编码应按照统一规范要求，城市对照点编码应在1～50之间，评价点编码在51～699之间，背景点编码在701～799之间，区域点编码在801～899之间，其他类型点位编码在901～999之间。初次设立监测点位时需要对该点位的选址进行图文说明并存档，包括与布设技术要求的逐项比较，不符合要求的地方应说明。当监测点位周边环境发生较大变化时，应及时记录。汇总各监测点位的仪器设备类型和型号，运行时间等。

二、监测点位位置调整

空气质量监测网络建设后，每隔几年应对监测网络进行重新评估，对不符合监测点位选址要求的点位进行适当的调整。就我国的五类空气质量监测点位来说，空气质量评价点、区域点和背景点原则上不得进行较大的变更调整，特别是国家环境空气质量评价点的调整必须要得到环保部的批复，因此各城市应采取措施保证监测点附近100m内的土地使用状况相对稳定。对于污染监控点、交通点，在未纳入国家网以前，各城市可根据环境管理和公众信息发布的需要进行增加、变更和撤销。

在国家环境空气质量评价点因城市建成区面积扩大或行政区划变动，导致现有监测点位已不能全面反映城市建成区总体空气质量状况的情况下，可申请增设国家网评价点位；当因城市建成区建筑发生较大变化，导致现有监测点位采样空间缩小或采样高度提升而不符合本规范要求时，可申请变更国家网评价点位。如果变更点位附近没有符合选址要求的位置，可申请撤销该监测点位，但须满足最少点位数量要求且该点位撤销对城市整体空气质量浓度评价的影响在5%以内。具体点位调整要求如下。

增设点位应遵守下列要求：新建或扩展的城市建成区与原城区不相连，且面积大于10km²时，可在新建或扩展区按照独立监测网布设监测点位，再与现有监测点位共同组成城市环境空气质量监测网；面积小于10km²的新、扩建成区原则上不增设监测点位。

新建或扩展的城市建成区与原城区相连成片，且面积大于25km²或大于原监测点位平均覆盖面积的，可在新建或扩展区增设监测点位，再与现有监测点位共同组成城市环境空气质量监测网。按照现有城市监测网布设时的建成区面积计算，平均每个点位覆盖面积大于25km²的，可在原建成区及新、扩建成区增设监测点位。新增点位要结合现有监测网点一并进行技术论证。点位变更时应就近移动点位，但点位移动的直线距离不应超过1000m。变更点位应遵守下列具体要求：变更后的监测点与原监测点应位于同一类功能区；变更后的监测点位与原监测点位污染物平均浓度偏差应小于15%。

三、城市质量监测点主要概述

（一）环境空气质量评价城市点

环境空气质量评价城市点以监测城市建成区的空气质量整体状况和变化趋势为目的而设置的监测点，参与城市环境空气质量评价，其设置的最少数量由城市建成区面积和人口数量确定。每个环境空气质量评价城市点代表范围一般为半径500m至4km，有时也可扩大到半径4km至几十千米（如对于空气污染物浓度较低，其空间变化较小的地区）的范围。可简称城市点。

（二）环境空气质量评价区域点

环境空气质量评价区域点以监测区域范围空气质量状况和污染物区域传输及影响范围为目的而设置的监测点，参与区域环境空气质量评价，其代表范围一般为半径几十千米。可简称区域点。区域点原则上应远离城市建成区和主要污染源20km以上。根据我国的大气环流特征，监测点最好设置在区域大气环流路径上，反映区域大气本底状况，反映区域间和区域内污染物输送的相互影响。

（三）环境空气质量背景点

环境空气质量背景点以监测国家或大区域范围的环境空气质量本底水平为目的而设置的监测点。其代表性范围一般为半径100km以上，可简称背景点。背景点设置原则上应离开城市建成区和主要污染源50km以上。

（四）污染监控点

污染监控点是为监测本地区主要固定污染源及工业园区等污染源聚集区对当地环境空气质量的影响而设置的监测点，在设置时应设在可能对人体健康造成影响的污染物高浓度区以及主要固定污染源对环境空气质量产生明显影响的地区。代表范围一般为半径100～500m，也可扩大到半径500m～4km（如考虑较高的点源对地面浓度的影响时）。

（五）路边交通点

路边交通点是为监测道路交通污染源对环境空气质量影响而设置的监测点，代表范围为人们日常生活和活动场所中受道路交通污染源排放影响的道路两旁及其附近区域。

（六）超级站

超级站主要是与依据当前管理需求开展六项常规污染监测的自动站相区别。超级站仪器可开展大气污染光学状况监测、大气污染颗粒物监测（气溶胶物理性质监测）、大气污染化学成分自动监测、地面气象参数自动监测。监测项目除常规六参数和气象参数外，还有有机碳/元素碳（OC/EC、离子和元素）、挥发性有机物、汞、温室气体、灰霾颗粒物粒径分布等多种因子。

（七）梯度站

为了掌握所在城市或区域的环境空气质量垂直分布，研究大气污染物的输送扩散以及大气物理化学反应、相互转化规律和分布特征，完善卫星遥感监测体系，形成地面和立体相结合的空气质量监测网，在不同高度层建设的环境空气质量自动监测系统。

（八）主导风向

主导风向指风频最大的风向角的范围。风向角范围一般在连续45°左右，对于以16方位角表示的风向，主导风向一般是指连续2～3个风向角的范围。某区域的主导风向应有明显的优势，其主导风向角风频之和应≥30%，否则可称该区域没有主导风向或主导风向不明显。

（九）风玫瑰图

风向是指风的方向，气象学上把风吹来的方向确定为风的方向，测量单位用方位来表示，在陆地上用16个方位表示。风向频率是在一定时间内某一风向出现的次数占总的观测统计次数的百分比。风向玫瑰图表示风向和风向的频率。根据各风向出现的频率，以相应的比例长度，按风向从外向中心吹，描在8个或16个方位所表示的图上，并将相邻方向的端点用直线相连，形成一个形如玫瑰的闭合折线，叫风向玫瑰图。风向玫瑰图在气象统计、城市规划、工业布局等方面有着十分广泛的应用。

（十）建成区及建成区面积

建成区是"城市建成区"的简称，指城市行政区内实际已成片开发建设、市政公用设施和公共设施基本具备的地区。城市建成区在单核心城市和一城多镇有不同的反映。在单核心城市，建成区是一个实际开发建设起来的集中连片的、市政公用设施和公共设施基本具备的地区，以及分散的若干个已经成片开发建设起来、市政公用设施和公共设施基本具备的地区。对一城多镇来说，建成区就由几个连片开发建设起来的市政公用设施和公共设施基本具备的地区所组成。建成区面积一般采用城市统计年鉴中公布的数据。

四、点位设置数量确定的主要原则

（一）环境空气质量评价城市点

质量评价点是为了准确全面反映城市建成区内的空气质量，因此一定要位于城镇建成区内，能够反映城区内的空气质量变化，分布要均匀。监测点位数量一般依据建成区面积、城区人口确定，当按建成区城市人口和建成区面积确定的最少监测点位数不同时，取两者中的较大值。一个城市的点位数量不能少于国家规定的最小点位数量，可以适当增加点位数量。当城市空气质量较差时，污染物浓度超过国家二级标准50%时，监测点位的数量应为国家规定的最小数量的1.5倍。

（二）环境空气质量评价区域点、背景点

（1）区域点的数量由国家环境保护行政主管部门门根据国家规划，兼顾区域面积和人口因素设置。各地方可根据环境管理的需要，申请增加区域点数量。

（2）背景点的数量由国家环境保护行政主管部门根据国家规划设置。

（3）位于城市建成区之外的自然保护区、风景名胜区和其他需要特殊保护的区域，其区域点和背景点的设置优先考虑监测点位代表的面积。

五、城市质量监测点位设置的方法

空气监测点位的选择实际上是考虑如何用有限的样本反映空气污染物的时空分布，掌握空气污染的现状和变化趋势，客观评价空气质量。目前，国内外空气质量监测点位设置与优化的方法包括物元分析法等多种方法，并在不断完善中，在环保部公布的点位设置技术规范中，明确提出用加密网格实测或模式模拟计算方法进行点位设置。在点位设置与调整时，还须注意各点位所使用的采样、分析方法应该保持一致，在实际监测中，既有手工监测，也有自动监测，不同的监测方法获得的监测数据是不能在一起进行统计分析的。

（一）网格大小的确定

城市点是根据建成区面积，划定一定数量的网格经加密监测后确定。网格面积不宜过大，网格面积过大，有可能将不同的城市功能区划在一个网格内，数据的代表性减弱，不利于数据的分析和筛选，监测技术规范规定网格面积最大不应大于2km×2km；但是也不宜过小，网格面积过小，监测工作量较大，数据之间的差异较小，费用较高，不符合以最小的经济代价获得有代表性的监测点位的布设原则。可以参考最少监测点位数量和每个点

位代表面积初步确定网格大小，再根据实地考察情况确定实际网格大小。

监测网格大小确定后，监测点位的数量就基本确定了。应该注意摒弃水面、工厂区域所在的区域，考虑不同功能区的分布，以保证监测点位的代表性和客观性。

（二）监测时间的确定

为了设置能客观反映当地空气质量的监测点位，最好采用全年的监测数据进行分析，条件不允许时，可在全年的代表性季节开展监测工作，一般选取1，4，7，10四个月份作为各个季节的代表性月份开展监测工作。当时间比较紧张时，至少选取污染最重的季节开展实地监测工作。监测的时间为一个月，最少不能少于15天。

（三）监测项目的选择

在开展点位调整监测时，应至少选择目前国家标准中规定的、日常监测选用的二氧化硫、二氧化氮、颗粒物（PM10和PM2.5）、一氧化碳和臭氧等六项污染指标，同时也可以根据当地的污染特征，增加一些有代表性的污染物。

（四）数据处理方法

对获得数据需要采取一定的数据处理统计模型进行数据分析，帮助选出适宜的监测点位。常用的空气质量监测点位设置的数据处理方法有聚类分析法、主成分分析法、历史数据估算法、综合分析法等，在国家技术规范中规定了百分位法和相对误差方法。各地也可以根据地方特点，选取其他计算方法进行数据的分析，也可以多种方法互相验证，选取最有代表性的监测点位。

（五）监测点位的确定

对选出的监测点位综合考虑经济条件、管理需求、点位周围环境、采样条件等因素确定最终的监测点位的数量和位置。

1.环境空气质量评价城市点

城市点应该位于城市的建成区内，相对均匀分布，覆盖全部建成区。通常采用城市加密网格点实测或模式模拟计算的方法，估计所在城市建成区污染物浓度的总体平均值。全部城市点的污染物浓度的算术平均值应代表所在城市建成区污染物浓度的总体平均值。城市加密网格点实测是将城市建成区均匀划分为若干加密网格点，单个网格不大于2km×2km（面积大于200km²的城市也可适当放宽网格密度），在每个网格中心或网格线的交点上设置监测点，选取有代表性的污染物开展实地监测，了解所在城市建成区的污染物整体浓度水平和分布规律，监测项目至少包括PM2.5、PM_{10}、SO_2、NO_2、O_3、CO_2个基本项目（可根据监测目的增加监测项目），但是监测天数过少，或开展监测的季节缺乏代表性，有可能降低点位的代表性。为了切实保证所选点位的科学性、代表性，建议开展实际监测时，在时间允许的情况下，选择年度内有代表性的月份开展监测，若时间有限的情况下则应在污染最重的季节开展监测工作，国家规定的最少的实际监测天数为15天。

模式模拟计算是通过污染物扩散、迁移及转化规律，预测污染分布状况进而寻找合理的监测点位的方法。拟新建城市点的污染物浓度的平均值与同一时期用城市加密网格点实测或模式模拟计算的城市总体平均值估计值，相对误差应在10%以内。

用城市加密网格点实测或模式模拟计算的城市总体平均值计算出30、50、80和90百分位数的估计值；拟新建城市点的污染物浓度平均值计算出30、50、80和90百分位数与同一时期城市总体估计值计算的各百分位数相对误差在15%以内。

2.环境空气质量评价区域点、背景点

背景点设置在不受人为活动影响的清洁地区，反映某一区域尺度的空气质量本底水平。区域点和背景点的海拔高度应合适。在山区应位于局部高点，避免受到局地空气污染物的干扰和近地面逆温层等局地气象条件的影响；在平缓地区应保持在开阔地点的相对高地，避免空气沉积的凹地。

区域站选址及筛选原则为：

（1）区域站的点位要能够代表30~50km大尺度区域范围内的污染物浓度水平，能够反映区域尺度的环境质量状况。

（2）区域站点应均匀分布，具有合理的空间布局，兼顾覆盖面和代表性。省级区域站点尽量在省域边缘形成点位圈，能够包围本区域，以代表区域整体的环境空气质量状况，同时应与相邻省级区域站形成统筹兼顾、均匀合理的监测网格局。

（3）区域站应综合考虑污染源分布、污染物排放格局，应设置在城市之间大气污染传输的主要通道上和大气环流的路径上，以反映本区域内城市污染物排放之间的相互影响，反映本区域内空气充分混合状态下的区域大气背景状况，并监控区域尺度内的污染物背景水平的变化。

（4）区域站设置地点不受局地污染影响，应设置在较少人为污染地区或周围污染总量控制区的盛行风路径的上风方。区域站点周边10km以内不应有明显的大的人为污染源（如城市、火电厂等），若污染源在站点上风向，周边距离应尽可能扩大到20km，以避免局地污染源的影响。

（5）监测点位周边向外的大视野须360°开阔，1~10km方圆距离内应没有明显的视野阻断。

（6）区域站的海拔高度应合适，在山区应位于局部高点，避免受到局地空气污染物的干扰和近地面逆温层等局地气象条件的影响；在平缓地区应保持在开阔地点的相对高地，避免空气沉积的凹地。监测点具体设立位置附近应较为开阔，没有影响风场的障碍物；采样点周围应无遮挡雨、雪的障碍物，其中包括房屋、桥梁、高大树木等；障碍物与采样器之间的水平距离不得小于该障碍物高度的2倍；或从采样器至障碍物顶部与地平线夹角应小于30°。

（7）区域站预选站点所在地质条件须长期稳定和足够坚实，所在地点应避免受山洪、雪崩、山林火灾和泥石流等局地灾害影响。区域站须考虑站位维护条件，包括地域特征、道路交通基础、电力和通信等后勤支持基础，以保障实现长期稳定监测的可行性。

（8）区域站的选址应考虑到征地的可行性，在所有的可选地点中尽可能选取有征地保障的点位。

3.污染监控点

由地方环境保护行政主管部门根据管理需求和监测目的来确定点位布设原则，增设污染监控点。污染监控点依据排放源的强度和主要污染项目布设，应设置在源的主导风向和第二主导风向（一般采用污染最重季节的主导风向）的下风向的最大落地浓度区内，以捕捉到最大污染特征为原则进行布设。

对于固定污染源较多且比较集中的工业园区等，污染监控点原则上应设置在主导风向和第二主导风向（一般采用污染最重季节的主导风向）的下风向的工业园区边界，兼顾排放强度最大的污染源及污染项目的最大落地浓度。

4.路边交通点

由地方环境保护行政主管部门根据监测目的确定点位布设原则设置。路边交通点，一般应在行车道的下风侧，根据车流量的大小、车道两侧的地形、建筑物的分布情况等确定路边交通点的位置，采样口与道路边缘距离不得超过20m。

六、监测点位周围环境和采样口位置的具体要求

（一）监测点周围环境要求

为了保证监测点位的连续性和可比性，准确把握城市空气质量变化规律，监测点位一经确定不能轻易变动。监测点位反映的是一定范围内的空气质量状况，不是某一点的空气质量状况，因此不能存在局部干扰。为了准确反映城市空气质量状况和变化趋势，保持点位的稳定性和代表性，监测点位周围环境应满足以下条件：

（1）监测点附近1000m内的土地使用状况相对稳定。

（2）监测点位附近不能有阻碍环境空气流通的高大建筑物、树木或其他障碍物。从采样口或监测光束到附近最高障碍物之间的水平距离，应为该障碍物与采样口或监测光束高度差的两倍以上，或从采样口至障碍物顶部与地平线夹角应小于30°。

（3）采样口周围水平面应保证270°以上的捕集空间，如果采样口一边靠近建筑物，采样口周围水平面应有180°以上的自由空间。

（4）监测点周围环境状况相对稳定，所在地质条件须长期稳定和足够坚实，所在地点应避免受山洪、雪崩、山林火灾和泥石流等局地灾害影响，安全和防火措施有保障。

（5）监测点附近无强大的电磁干扰，周围有稳定可靠的电力供应和避雷设备，通信线路容易安装和检修。

（6）区域点和背景点周边向外的大视野须360°开阔，1～10km方圆距离内应没有明显的视野阻断。

（7）监测点位设置在机关单位及其他公共场所时，应能保证有通畅、便利的出入通道，当出现突发状况时可及时赶到现场进行处理。

（8）监测点位50m半径范围内没有局部污染源，如烟囱、茶浴炉等，尤其是县城在设立监测点位时应该避免局部污染源的干扰。非道路交通点，城市点应远离交通干线。

（二）采样口位置要求

（1）对于手工采样，其采样口离地面的高度应在1.5～15m范围内。

（2）对于自动监测，其采样口或监测光束离地面的高度应在3～20m范围内。

（3）对于路边交通点，其采样口离地面的高度应在2～5m范围内。

（4）在保证监测点具有空间代表性的前提下，若所选监测点位周围半径300～500m范围内建筑物平均高度在25m以上，无法按满足（1）（2）条的高度要求设置时，其采样口高度可以在20～30m范围内选取。

（5）在建筑物上安装监测仪器时，监测仪器的采样口离建筑物墙壁、屋顶等支撑物表面的距离应大于1m。

（6）使用开放光程监测仪器进行空气质量监测时，在监测光束能完全通过的情况下，允许监测光束从日平均机动车流量少于10000辆的道路上空，对监测结果影响不大的小污染源和少量未达到间隔距离要求的树木或建筑物上空穿过，穿过的合计距离，不能超过监测光束总光程长度的10%。

（7）当某监测点须设置多个采样口时，为防止其他采样口干扰颗粒物样品的采集，颗粒物采样口与其他采样口之间的直线距离应大于1m。若使用大流量总悬浮颗粒物（TSP）采样装置进行并行监测，其他采样口与颗粒物采样口的直线距离应大于2m。

（三）城市空气质量监测网络优化布点的程序

1.明确网络的目的和任务
明确网络的监测目的、监测项目和内容、规划的监测和评价区域范围等。

2.现状调查

根据确定的监测目标、内容、项目和范围等监测网络的基本性质和任务，对规划监测区域的基本情况进行调查并建立基本数据库，调查的基本内容应包括：

（1）地理地形特征，土地利用状况，最好绘制1：50000的数字地图。

（2）近5~10年的气象特征：如风速、风向、降水，逆温层、混合层高度分布特征以及应用空气质量模型需要的有关气象数据资料。

（3）人口分布情况：包括城市人口和农村人口的分布特征、人口密度分布。

（4）城市功能区分布：根据城市总体发展规划和当地政府划定的城市大气功能区类型绘制分布图。

（5）污染源评估：按点源（高架源、低架源）、线源、面源分别调查其废气及污染物的排放总量、面积排放强度和排放量的季节变化趋势。

（6）历史空气质量状况：当区域内已经开展过空气质量监测的情况下，应对历史监测数据进行评价，了解污染物浓度在空间和时间上的分布特征，特别是要了解重污染时段浓度的时空分布特征。

（7）区域经济、社会和城市建设发展规划，包括城市布局、产业结构、现有的监测人力和物力资源及可能的变化等。

3.网格实测或模拟

在有条件的地方最好采用网格布点并实际监测区域的空气质量情况。监测网格一般在城市区为1km×1km，郊区可以为2km×2km。监测的周期和时间最好包括主要污染物浓度最高时段，并将监测结果绘制成浓度网格分布图。若不具备网格实测能力的地区，可选用合适的空气污染扩散模型，并按模型需要在排放源和气象数据调查的基础上，模拟区域网格浓度的分布规律。

4.网络点位数量的优化

在以上数据、资料调查的基础上，选用科学实用的方法计算达到监测网络目的的最少点位数量。

5.监测点位的确定

根据不同功能点位的技术要求，确定具体点位并对点位进行详细的描述，建立数据库。

6.网络运行评估

优化后的网络和点位是否能达到预定的监测目标和数据质量要求是需要通过一段时间（至少一年）的运行和评估的，如果实际监测的结果基本符合计划的目标，则可正式运行，否则将对监测网络的点位数和位置进行重新调整，直至满足目标要求为止。而且，由于影响条件的不断变化，如排放量和分布的变化、气象条件的变化、城市布局或土地利用的变化等可能会影响网络和点位的代表性、完整性，因此，网络在正常运行中，也应每年进行一次网络目标的审核，审查网络是否依然具有良好的代表性和完整性。

（四）空气质量监测网络优化布点的关键点

点位设置与调整的每一个环节都非常重要，缺一不可。关注每一个环节的技术要点就不会出现重大的失误，也为整个工作的顺利开展提供技术保证。

（1）调查与资料收集中要注意当地的特点以及资料的权威性、完整性、时效性、针对性。资料的收集是开展点位调整工作的第一步，也是重要的一环。收集资料的目的是全面了解当地的自然环境特点、社会发展的方向、主要环境问题，为点位设置提供基础性材料和判断点位设置合理与否的依据。这个环节关键应保证收集资料的权威性、时效性、完整性，并充分了解当地的特点。

①权威性是指获得的资料来自权威部门。为了保证数据合法，公众认可，不引起社会各部门的歧义或矛盾，数据应从政府职能部门获得，一是公开发行资料，包括年鉴、政府报告、工作总结、统计数据、技术报告；另外一个就是没有对社会公众公布的调查资料、统计数据等。这个环节注意的是明确各类数据的来源，防止资料来源于非职能部门。

②时效性是指获得资料都是最新的，是正在使用的，发挥作用的，而不是过时的、失效的、无用的、无意义的资料，以防错误诱导。特别注意政策法规和检测方法的有效性。

③完整性是指收集的资料尽可能满足点位设置与调整的需要，可以在工作开展过程中不断完善充实。收集城市自然概况和社会经济概况，说明影响城市污染物扩散的自然环境条件，比如地形地貌、气候特点等。空气污染类型主要受大气污染源分布和行业特点影响，应该详细收集有关情况。

④针对性是指收集的资料不能过于宽泛，要根据设置点位的要求和影响因素进行收集，例如空气点位设置时，点位布设的数量与建成区面积、人口有密切关系；点位所处位置则与城市功能、污染源特征和气象条件有密切关系，地理位置、地形地貌、气候特点影响非常大，有时可能是决定性的因素，因此应该详细介绍地形特点，扩散条件，不同季节的主导风向和变化趋势，降雨量的时空变化等。

（2）技术方案制定要注意可操作性和科学性。技术方案是根据点位设置或调整的目的而编制，是点位设置或调整工作的主要技术文件。包括工作的目的和主要内容、技术依据、收集资料的方法，工作的总体安排，当地的自然和经济特点，网格划定的大小和数量，开展监测活动的地点、方法、频次、数据的处理方法，须绘制的图件与图表、技术报告编写大纲等。

①实地监测方案必须符合国家现行的监测技术规范要求，包括监测方法、判定依据、标准等。

②待优化的点位数量不能过少。

③监测数据有效性符合国家规范要求。选择的监测时间应该反映全年总体空气质量状况，如果条件不允许，则选在污染最重的季节或污染最不易扩散的季节开展不少于15天的监测；每天和每小时的有效监测时间不能少于相关标准规范的规定。最好不要选择空气混合比较均匀的季节，容易造成选择结果的失真。

④每个测点的监测方法必须统一，采用不同的监测方法会给最后数据处理带来不必要的困难。

⑤方案要可行，不盲目追求数量，可以采用室内模拟与室外监测相结合的方法，减少工作量和数据处理的工作量。

（3）实地监测。严格按照监测方案开展监测工作。出现问题及时反馈、修正。监测过程中注意数据质量，采取有效的质量保证措施，人员应具备采样的基本技能。每天的监测时段尽可能一致，并保证每一小时和每天的有效监测时间。当出现仪器故障，没有满足数据有效性的要求，应予以剔除；或适当延长监测时间。

（4）数据处理方法必须满足国家技术规范的要求，可以用其他的模型法进行验证，但是必须是满足规范的方法。对所获数据进行处理，对优化后的点位进行验证，确定监测点位的数量和位置，核实有关信息。

（5）综合处理，得出结论。确定合适的监测点位，不单纯考虑技术要点，还要考虑经济和可达性，是由综合因素确定的。初步确定的点位，还要实地验证，保证交通便利，维护方便、安全，点位周围环境满足要求。当最终确定点位后，需要完善点位的基本信息，绘制必要的图件。

第十二章　PM2.5预报技术及预警

第一节　PM2.5预报发展与现状

一、PM2.5的定义

大气是包围在地球周围的一层气体，其中与人类生活密切相关的是紧靠地球表面15～20km的对流层，而环境空气通常是指近地面的几百米至几千米的空气层，也是环境空气监测所代表的范围。从组成来看，大气中除了各类气体的混合物之外，还包含了水汽和少量杂质。大气颗粒物（particulate matter，PM）作为大气污染物的一类，在大气中的含量甚微，但随着人类对大气环境研究的不断深入，却越来越受到科学家和环境工作者的重视。大气颗粒物不同于气态的大气污染物，它是由悬浮于空气中的液体或固体微粒组成的混合体，因此，无法用化学式进行表达，但颗粒物对人体健康能见度酸沉降、大气辐射平衡、成云过程乃至全球气候变化都有重要影响。与粒径较大的粗颗粒相比，细颗粒物$PM_{2.5}$对暴露人群的健康危害更大，同时在大气中的生命周期更长，对于大气环境的影响更为深远，这也是近年来研究和监测重点逐步转向细颗粒物的原因。

$PM_{2.5}$为"空气动力学当量直径小于等于2.5μm的颗粒物，也称细颗粒物"。由于空气中的颗粒物没有统一的形态和成分，且颗粒物的物理化学性质与它的大小（又称粒径）密切相关，因此，以颗粒物粒径作为划分颗粒物类别的依据。

空气中的颗粒呈不规则形状，研究中多采用较为简单的等效直径办法来度量颗粒物的大小。将颗粒物假设成几何球体，根据不同的测量方法和研究目的，通过物理、光学或动力学性质的等效可以得到体积等效直径、光学等效直径和空气动力学等效直径等。标准中已确定将动力学当量（等效）直径作为$PM_{2.5}$粒径的度量方法。所谓空气动力学等效直径，是指所研究的不规则形状粒子与单位密度直径为D_p的球形粒子具有相同的空气动力学效应，则定义D_p为该粒子的空气动力学等效直径，即指密度为1g/cm²的球体在静止空气中做低雷诺数运动时，达到与所研究粒子相同的最终沉降速度时的直径。这种粒径度量方式着重反映的是粒子大小与沉降速率的关系，与粒子的一些性质与行为有着紧密联系，例如，粒子在空气中的时间，粒子对能见度的影响程度，粒子在人体呼吸道中的沉积部位等。

球形粒子的密度对于动力学等效直径是有影响的。当粒子密度较大时，粒子的动力学等效直径会大于几何直径，但由于空气中的粒子密度基本上≤10，因此粒子的动力学等效直径与几何直径的差值在3以内。

常见的测量颗粒物的设备中，根据惯性原理设计的撞击式测量仪以及根据带电粒子的迁移速率与粒子尺度关系设计的粒径测量仪测量的粒子直径均为空气动力学直径。需要指出的是，现实中的监测设备无法完美地将空气动力学直径小于等于2.5μm的细颗粒物从空气中悬浮的总颗粒物中分离开，因此通过对不同切割效率的切割粒径加以限制，对PM$_{2.5}$采样设备的切割器进行规范化。

PM$_{2.5}$因其粒径太小而无法被人类肉眼看见。它的直径相当于人类头发直径的1/20~1/30。自然界中常见的雨滴、雾滴以及沙尘颗粒粒径基本大于2.5μm，而与PM$_{2.5}$粒径相当的是细菌以及燃烧产生的烟尘。

二、PM2.5的基本特征

（一）形貌

PM$_{2.5}$是从粒径上定义的一类颗粒物的混合体，因此，它的形貌特征多样。例如，研究发现液体颗粒的形状一般接近球形，而固体颗粒的形貌多呈不规则状，有链状、片状、晶体状等。一些特定来源形成的PM$_{2.5}$具有独特的形貌特征，因此，通过对PM$_{2.5}$颗粒的显微观察，可以初步定性判断部分细颗粒物的来源。

燃烧源产生的烟尘通常以碳粒聚集体（soot）为主，并且以链状的形式存在，形貌特征明显，其单个颗粒为球形或椭圆形的超细粒子，产生后聚集呈链状，若进一步老化则会形成团絮状物质。来自尘土、海盐、生物有机体等自然来源的细颗粒多以晶体状存在，而如细菌或植物孢粉之类的生物源颗粒一般会具有特殊的形态和成分。单纯的硫酸或硫酸铵是以近似液滴的状态存在于空气中的，因此呈规则的球形状。

由于空气中的细颗粒物并不是来自单一的排放源，因此，不同来源和不同形态的颗粒物往往以外部混合或者内部混合的形式结合在一起，例如，燃料燃烧产生的黑碳或者碳质化合物在适宜的条件下，被气态前体物形成的硫酸盐、硝酸盐等包裹，形成混合特质的颗粒。一般而言，存在时间越长、老化程度越高的颗粒物，其混合程度越高、形貌特征趋于复杂，对于这种类型的细颗粒物而言，微观形貌的观测手段对于颗粒物来源判断的作用十分有限。

（二）化学组成

PM$_{2.5}$的化学组成十分复杂，是由许多不同的自然源和人为源排放的化学物质所构成的混合物，因此，不同于其他气态污染物，PM$_{2.5}$无法用化学式表达。根据目前的研究结果，PM$_{2.5}$主要由以下3大类化学组分构成：水溶性离子、含碳组分和无机元素，在我国上述三类化学组分占PM$_{2.5}$质量浓度的50%~90%之间，剩余的PM$_{2.5}$受到检测手段的限制，无法确切知晓其化学组成。

化学组分的测定对于PM$_{2.5}$的监测和研究来说都是十分重要的环节。对于不同的地区，排放源不同，尽管PM$_{2.5}$的质量浓度接近，但是其化学组成会有很大差异。在掌握一个地区PM$_{2.5}$质量浓度变化特征的同时，更需要对其化学组分的构成有所了解。并且不同的化学组分，其来源也不一样，例如，由二次污染物转化形成的颗粒物中含有大量的硫酸盐、硝酸盐和有机物等，来自地表土壤的颗粒物中地壳元素的含量相对较高，甚至某些痕量金属元素只来源于某几个特定污染源。因此，化学组分的测定还能够帮助定性或定量地判断PM$_{2.5}$的来源。

PM$_{2.5}$中的水溶性离子组分主要包括硫酸根、硝酸根、铵根、氯离子、钾离子、钠离子、钙离子、镁离子等，是PM$_{2.5}$中水溶性离子的主要组成部分，也是其中主要的二次离子组分，即上述三种离子主要来自相应气态前体物SO$_2$、NO$_x$和NH$_3$的气粒转化反应，尤其是在城市地区SNA的一次来源几乎可以忽略不计。PM$_{2.5}$中SNA的浓度不仅与相关气态前体物的浓度有关，还受到温度和湿度等因素的影响。通常这三种离子以（NH$_4$）$_2$SO$_4$、NH$_4$HSO$_4$和NH$_4$NO$_3$等形式存在。（NH$_4$）$_2$SO$_4$和NH$_4$HSO$_4$由硫酸与氨的不可逆反应生成，因此相对稳定，而NH$_4$NO$_3$具有强挥发性和不稳定性，环境温度、湿度和压力均会对NH$_4$NO$_3$的存在形式产生影响，例如，有实验结果表明，当温度低于15° C时，NH$_4$NO$_3$主要以颗粒态存在，当温度高于30° C时，则以气态的HNO$_3$和NH$_3$存在。除SNA外，其余的水溶性离子也有一些特定的来源指征性，如K$^+$是生物质燃烧的特征标识物，当沙尘影响较大时PM$_{2.5}$中Ca^{2+}浓度会上升，Na$^+$和Cl$^-$被认为是海盐中的主要组分。需要指出的是，上述来源指征只能进行大致判断，因为可能存在其他特殊源对某种离子组分也有贡献，因此，还需要综合多方面的数据和监测结果进行更准确的来源判断。

PM$_{2.5}$中的含碳组分主要包括有机碳（OC）和元素碳（EC）。上述含碳组分并不是严格意义上的化学组分，而是由实验室分析方法定义的某一类化学物质。OC通常代表了颗粒有机物中的碳元素，包括烷烃类、芳香族化合物、脂肪族化合物和有机酸等，OC的来源包括一次来源和二次来源两种，一次来源主要是指燃烧源直接排放的有机颗粒物，而二次来源主要来自空气中挥发性有机物（VOCs）和半挥发性有机物（SVOCs）的转化反应。EC包括颗粒物中以单质形式存在的碳和少量难溶的高分子有机物中的碳，与OC不同，一般认为EC主要来自燃烧过程的一次排放，且由于EC具有良好的稳定性，因此，研究中常将EC作为一次人为排放源的示踪物。除了OC和EC，PM$_{2.5}$中还含有少量碳酸盐碳（CC），包括碳酸钾、碳酸钠、碳酸镁和碳酸钙等碳酸盐类，因其在PM$_{2.5}$中的含量很低，所以通常都忽略不计，但有观测结果显示，在沙尘暴期间颗粒物中的CC含量会有较大提升。

随着化学分析方法的不断发展和进步，目前已能在PM$_{2.5}$的含碳组分中进一步检测出数百种有机化合物，包括正构烷烃、正构烷酸、正构烷醛、脂肪族二元羧酸、双萜酸、芳香族多元羧酸、多环芳烃、多环芳酮、多环芳醌、甾醇化合物以及藿烷等。这些有机物同样来自一次源和二次源，一次源排放的有植物蜡、树脂、长链烃等，二次源转化的主要为带有多官能团的氧化态有机物。但是，人们对有机物的组成、浓度水平和形成机制的了解远不如无机组分，甚至目前能够检测出的有机物种类不到总有机物含量的20%。因此，颗粒物中的有机物是当前研究的热点和前沿，并且有机物在PM$_{2.5}$中虽然含量很低，但是其对污染来源的指征性更高，所以在颗粒物源解析的领域中也越来越多地将有机化学组分纳入其中，PM$_{2.5}$中另一类主要化学成分是种类繁多的地壳元素和痕量元素，目前已经发现的细颗粒物中的元素种类多达70余种。这些元素来自天然源和人为源，例如，铝、硅、铁、钙等就是常见的地壳元素，而铅、砷、铬、镉、汞、镍、锌等有毒有害元素更多地自化石燃料高温燃烧和工业加工过程。这些元素虽然来源不同，但均属于一次颗粒，因此PM$_{2.5}$中元素含量的测定对于一次颗粒物的来源解析非常有帮助。

前面涉及的均是细颗粒物中的化学组分，大气中的粗颗粒物中同样也包含这几大类的化学物质，但因粗颗粒的来源和形成机制与细颗粒物有较大不同，所以化学组成也有较大区别。与细颗粒物相比，粗颗粒物中的无机物含量相对较高，主要是由于海盐、地壳土壤、矿物等自然来源对粗颗粒的贡献更高，而细颗粒物中更易富集重金属、有机物等有毒有害的化学物质，对人体危害更大。这也是为什么环境监测的重点逐步从原先的PM$_{10}$转移至PM$_{2.5}$的重要原因之一。

（三）光学特性

光的减弱作用包括两种方式，即散射与吸收，空气中的PM$_{2.5}$颗粒可以同时通过这两种方式对太阳辐射的传输产生影响，使其传输方向和辐射强度发生改变，从而影响大气能见度，这种影响称为PM$_{2.5}$的消光作用。PM$_{2.5}$的消光作用不仅与颗粒的粒径分布有关，还和颗粒物的化学组成、环境条件等相关，因此，对颗粒物消光特性的研究也逐步从大气物理学拓展到大气化学领域，旨在更全面更准确地定量评估细颗粒物对能见度的影响程度。

随着人们对$PM_{2.5}$中化学组分与消光系数关系研究的不断深入，发现在众多的化学组成中，硫酸盐、硝酸盐以及含碳组分是对颗粒物消光特性影响较大的主要组分。其中：硫酸盐、硝酸盐和部分有机物因具有较强的吸湿性，对颗粒物的光散射系数起主导作用，尤其是在环境相对湿度较高的条件下，这些二次组分会导致细颗粒发生吸湿增长，从而提高光散射效率；而$PM_{2.5}$中的EC是产生光吸收的主要组分，是颗粒物吸光系数的主要贡献者；此外相对湿度（RH）也会对消光系数产生影响，其主要通过影响颗粒物的粒径分布、形态以及折射率等特征间接地对颗粒物的消光特性产生影响。

USEPA在这些研究成果的基础上建立了化学消光系数的计算方法，即将消光系数分配给各相关的大气成分，基于这些成分的含量来计算总消光系数，也称消光收支分析。这一方法的原理是基于所测量的能见度和气溶胶的光学性质参数，以及颗粒物中的各化学组分浓度，通过逐步回归获得各组分对消光贡献的经验参数，获得的经验参数可用于定量评估颗粒物中各化学组分对总消光系数的贡献比例。

三、PM2.5的源与汇

（一）来源与形成

环境空气中$PM_{2.5}$的来源可以分为天然源和人为源。天然源主要是指自然过程所形成的颗粒物排放，例如，海浪飞沫产生的海盐颗粒、大风扬沙产生的沙尘等。

人为源是指人类活动所形成的污染排放，来源相对较多，人们所从事的工业、农业活动以及社会生活活动都会排出各类与$PM_{2.5}$相关的污染物。工业活动中所涉及的能源消耗、化石燃料燃烧以及金属加工制造等，农业活动中的土地开垦、露天燃烧秸秆等，生活中的机动车排放、餐饮烹调、涂料使用等均是$PM_{2.5}$的来源。从全球尺度来看，$PM_{2.5}$的天然来源占主导地位，并且在较长时间段内可以视为稳定的排放源。但是在人口密集的城市地区人为源的贡献远超天然源，尤其是工业革命后，人类社会飞速发展，随之而来的是大量排放的人为源颗粒物已显著增加全球气溶胶的平均含量。

从形成过程来分，$PM_{2.5}$可以进一步分为一次颗粒物和二次颗粒物。一次颗粒物是直接从排放源以固体形式排出的颗粒物；二次颗粒物是由SO_2，NO_x，NH_3和VOCs等气态前体物经过大气化学反应后形成的细颗粒物。反应过程又有均相成核与非均相成核之分。均相成核是某物质的蒸气达到一定过饱和度时，由单个蒸气分子凝结成为分子团的过程。如果大气中已存在适宜的气溶胶粒子为蒸气分子的凝结提供反应表面，则反应过程称为非均相成核。二次转化的化学反应受到环境温度、湿度、气压、辐射以及前体物浓度等多个因素的影响，也是城市地区$PM_{2.5}$的重要形成途径。

（二）去除与汇

颗粒物一旦形成进入大气后，它的去除主要有两种途径：干沉降和湿沉降。干沉降是指颗粒在重力作用下或与地面其他物体碰撞后，发生沉降而被去除。干沉降对于粗颗粒来说是一个相对有效的去除途径，但对于$PM_{2.5}$之类的细颗粒物而言，这一种去除方式的效果有限。例如，在5000m的高空，不考虑风力等气象条件的影响，只考虑粒子的重力作用，则粒径为$10\mu m$的粒子需要19天左右的时间完成干沉降，而粒径为$1.0\mu m$的粒子则需要约48个月的时间沉降至地面。

对于$PM_{2.5}$而言，更有效的去除方式是湿沉降。湿沉降是指颗粒物与云滴或雨滴结合后沉降，从大气圈中去除。湿沉降又分为雨除和冲刷两种途径。雨除是指气溶胶粒子中的部分细粒子，尤其是粒径小于$0.1\mu m$的粒子，可以作为云的凝结核，这些凝结核成为云滴的中心，通过凝结过程和碰并过程，云滴不断成长为雨滴，一旦形成雨滴后，在适当的气象条件下雨滴进一步长大成雨降落到地面上，颗粒物也随之去除。当大气层温度低于0℃时，云中的冰、水和水蒸气也可能生成雪晶，雪晶长大形成雪降落至地面，也可作为雨除的方式去除颗粒物。冲刷的去除方式是指在降雨（或降雪）过程中，雨滴（或雪晶、雪片）不断地将大气中的颗粒物挟带、溶解或冲刷下来，这种方式的颗粒物去除效率随着粒子直径的增大而增大，同时也会改变大气中粗、细粒子的含量。

大粒径的粗颗粒受雨除和干沉降的作用较明显，粒径越大在大气中的停留时间越短。粒径小的颗粒，由于碰撞而凝聚成较大的粒子，虽然不能直接从大气中被清除掉，却可以通过改变颗粒的大小和形态，通过其他机制去除，因此，存活时间也较短。而与$PM_{2.5}$粒径相近的细颗粒，其去除效应不如上述两种粒子，因此，在空气中能够存在较长时间。

四、PM2.5的发展

随着上海市及长三角地区经济的高速发展和能源消耗总量的快速增长，各种污染物排放引起的大气污染问题日益成为制约经济社会环境持续发展的瓶颈。当前的空气污染特征已从传统的煤烟型污染向"复合型"污染转变。特别是近年来，大气氧化性不断加强，气溶胶浓度居高不下，以细颗粒物（$PM_{2.5}$）为代表的区域型大气污染问题日益显现。

$PM_{2.5}$来源广泛且成因复杂，容易受排放源和气象条件的影响，因此，预测难度较大。利用模型开展预报是目前国内外广泛应用的手段之一。第一代拉格朗日轨迹模型主要用于一次污染物扩散及简单反应性轨迹模拟。第二代欧拉网格模型虽然可以模拟较为复杂的反应机制，但由于其设计分别针对光化学反应的气态污染物或固态污染物，因而其模拟结果通常仅为单一介质的浓度。这两种方法主要描述大气条件对污染物的作用，均不考虑化学机制，因此缺乏对二次污染物和高污染的预报能力。第三代空气质量模式则引入了"一个大气"的概念，比较适合开展较为全面的大气污染物浓度模拟和空气质量预报研究，其中以美国环保署研究开发的Models-3/CMAQ为代表。该套模式使用一套各个模块相容的大气控制方程，具备更为完善的化学机制和气溶胶模块，可开展局地、城市、区域和大陆等多种尺度的污染物模拟和预报研究。美国环保署利用CMAQ提供了全美范围内超过300个主要城市的臭氧及PM$_{2.5}$预报服务。国内很多研究学者也应用CMAQ开展了大量研究。费建芳等利用CMAQ对北京及周边地区发生的一次大雾及污染天气进行数值模拟，以此分析极端气象条件下大气中PM$_{2.5}$二次无机离子的演变及其影响，研究了气象条件对于PM$_{2.5}$生成、转化和传输的影响。除了Model-3/CMAQ，国内外很多国家也开发了众多城市空气质量预报系统，例如，德国科隆大学的EU-RAD，加拿大国家研究委员会的MC2-CALGRID等。国内各大高校及科研院所也开展了大量研究，如中国科学院大气物理研究所空气污染数值预报模式系统，王自发、黄美元等开发的嵌套网格空气质量预报模式系统NAQPMS，房小怡、蒋维楣等开发的南京大学城市空气质量预报系统NJU-CAPOSI。近年来上述空气质量预报系统在北京、天津、广州、南京等多个预报部门得以业务应用。王自发等综合当今主流空气质量模型开发建立了空气质量多模式集成预报系统并投入业务应用，有效支持了北京奥运会、上海世博会以及广州亚运会期间的空气质量保障及污染预警工作。房小怡等在CMAQ模式的基础上对污染源输入参数加以改进，形成了城市空气质量数值预报模式系统（NJUCAQPS），其包涵特有的边界层模块，考虑了建筑物、人为热源等城市化因素的影响，更适合城市尺度各类空气污染问题的模拟。

CMAQ等数值模型的预报效果均取决于模式采用的源排放清单精度能否客观、准确反映污染源强度的时空分布及其动态变化特征，如何改进模式源排放的可靠性一直是目前第三代空气质量数值预报模式的技术瓶颈。

BECAPEX试验观测资料分析表明，北京市冬季采暖期、非采暖期、过渡期存在显著的源影响差异，采暖期SO$_2$、NO$_x$和CO浓度明显高于非采暖期的平均状态，而不同污染物的浓度变化也有显著差异。王会祥、唐孝炎等研究长三角痕量气态污染物的时空分布特征时发现，所有观测站的NO、NO$_x$、CO、SO$_2$浓度具有显著的季节变化，冬季出现全年最高值，表明该区域受人为源排放的影响显著。只有采用了准确的污染源参数、排放强度及其时空分布信息，才能给空气质量模式提供精确的源排放清单，而这些数据的获取和核查本身就具有相当大的不确定性，尤其是在人口集中的城市地区，污染源的季节变化特征明显。在国内，由于污染源清单和排放数据库尚不健全，现有的源排放清单很难客观描述城市污染源的时空变化特征，这在很大程度上制约了城市空气质量预报模式的精度。目前各国研究学者也尝试采用各种反演模型试图解决源影响等因素造成的模式预报误差，Tie、李灿等分别用光化学模式和传输模式研究了O$_3$、NO$_x$等污染物的排放变化情况。此外，模式输出统计预报方法（MOS）也较为普遍。MOS方法是将数值预报的输出结果和局地气象要素或污染物浓度建立统计关系，从而对数值预报结果予以修正。这种预报方法具有客观、定量和自动化等优点，在气象和污染预报方面已有较为成熟的应用。许建明等利用回归方法建立预测数据与监测数据之间的关系，降低了由于污染源不确定性产生的预报偏差。谢敏等尝试将监测数据直接作为预报初始值，结合CMAQ模式预报的增减量建立修正方法。

第二节　PM2.5预报技术方法

一、潜势预报

空气污染潜势预报是以天气形势和气象要素为依据，从气象学角度出发，对未来大气污染物进行定性或半定量的分析，其实质是以天气形势预报为基础的"二次预报"。潜势预报采用的基本方法一般是从各次历史污染事件着手，归纳总结出发生污染事件时所特有的天气形势和气象因子指标，并通过大量历史资料验证，从而得出高污染潜势的判定依据。目前的潜势预报所采用的方法与早期的天气形势预报有相似之处，都是以天气因子作为预报依据。

二、统计预报

（一）方法概述

空气质量统计预报方法，是以大气污染物与气象观测资料为基础，将历史上的污染物浓度数据及同期气象资料（如风速、风向、温度、湿度等气象因子、天气形势及过程等）利用统计方法进行数学分析，建立具有一定可信度的统计关系或数学模型后，利用该关系对未来大气污染物浓度进行预报。

空气质量统计预报方法建立在污染物浓度的变化主要受气象因素影响的假设条件下，无需掌握污染变化的机理，以及准确的污染源排放状况。相对于数值预报方法，特别是在目前污染源来源复杂多样、污染物的迁移扩散转化机理还不完全清楚的情况下，统计预报方法较为简单实用。

（二）统计预报方法分类

统计预报是不依赖污染物的物理、化学和生态过程，通过分析发展规律进行预测的一种方法。对特定的城市区域，在历史气象、污染物浓度资料的基础上，分析变化规律特征，找出典型参数，建立参数与相应污染物浓度数据之间的定量或半定量的预报模型，从而进行预报。

目前国内外应用较为广泛的主要包括三类：统计学回归方法、分类法、神经网络方法。

1.回归方法

回归方法是目前气象预报和空气质量预报中较为常用的一种方法，主要是根据实测值与预测值的相关性，应用过去的浓度、气象资料进行统计分析、建模，再利用污染物浓度和气象实时监测数据，预测未来污染物浓度。回归方法包括线性回归和非线性回归，线性回归由于其方法简单、理论严谨，在空气质量统计预报中应用最为广泛。

在空气质量统计预报中，通常寻找与预报量线性关系很好的单个因子是很困难的，而且实际上某个污染物浓度的变化是和前期多个污染因子或气象要素有关。因而大部分空气质量统计预报中的回归分析都运用了多元回归方法，所谓多元回归是对某一预报量，研究多个因子与它的定量统计关系。在多元回归中我们又着重讨论较为简单的多元线性回归问题，因为许多多元非线性问题都可以转换为多元线性回归来处理。

2.分类法

分类法是通过分析过去的污染物浓度与天气形势之间的对应关系，导出每类天气型的浓度时空分布特征，并在两者之间建立起定量关系以预报污染物浓度分布的统计方法。其中应用较为广泛的是决策树。

决策树是实现分类的一种重要模型。决策树学习是以实例为基础的归纳学习算法，它着眼于从一组无次序、无规则的事例中推理出决策树表示的分类规则。构造决策树的目的是找出属性和类别之间的关系，用它来预测未来未知的类别。决策树构成步骤中，主要的就是找出节点的属性和如何对属性值进行划分（与之相关算法的差别之处也在于此），及如何选择属性和它们的顺序作为划分的条件。根据分割方法的不同，决策树算法分为两类：基于信息论的方法；基于最小GINI指标方法（CART等）。

3.神经网络方法

神经网络方法是一个通过人工构造的方式由大量简单的处理单元（神经元）广泛连接组成的网络系统，用来模拟人脑神经系统的结构和功能。它能从已知数据中自动地归纳规则，获得这些数据的内在规律，具有很强的非线性映射能力。

人工神经网络通过模拟人脑的结构以及对信息的记忆和处理功能，以神经元连接的方式实现从输入输出数据中学习有用知识，解决模式识别、预测预报、函数逼近、优化决策等复杂任务。与多元线性回归、分类法等传统方法相比，人工神经网络具有分布式存储信息、并行协同处理信息，信息处理与存储合二为一，对信息的处理具有自组织自学习等主要特点。

统计预报方法简单、经济，且易于实现，是目前多数开展空气质量预报城市常采用的预报方法，但该方法用于模拟非线性情况时所得结果往往偏低，此外还要求数据是高斯分布或正态分布，实际情况往往不能符合，这也对其准确度有一定的影响。

三、数值预报

空气质量数值预报在给定的气象场、源排放以及初始和边界条件下，通过一套复杂的偏微分方程组描述污染物在大气中的各种物理化学过程（输送、扩散、转化、清除等），并利用数值计算方法进行求解，得到污染物浓度的空间分布和变化趋势。经历了数十年的研究努力，目前已发展起了四代较为成熟的空气质量模式，并正在向适宜大规模并行计算、具备数据同化功能及气象—污染模式在线耦合等诸多特点的新一代数值模式发展。

第一代空气质量模式主要为箱式模型、局地烟流扩散模型以及拉格朗日轨迹模式。这类扩散模型采用较为简单，高度参数化的线性机制描述大气物理化学过程，难以在复杂地形和对流条件下使用，适于模拟化学活性较低、大气状态稳定的惰性污染物长期平均浓度。

大气化学、边界层物理等基础理论研究工作取得显著进展，进而推动了模式研究的长足发展，逐渐形成了以欧拉网格模型为主的第二代空气质量模式。欧拉模式使用固定坐标系来描述污染物的输送与扩散，能够更好地描述存在时间变化（非定常）污染物浓度的分布状况。这一时期的模式研究仍侧重于单一的大气污染问题，如针对酸沉降问题开发的RADM、STEM-II和ADOM模式，针对光化学污染的CIT、UAM模式等。由于排放到空气中的污染物种复杂多样，各种环境问题相互关联，往往呈现出复合型污染的特点，因而单独针对特定污染类型的模式无法满足日益增长的研究需要。

一个大气概念被提出之后将整个大气作为研究对象，能在各个空间尺度上模拟所有大气物理和化学过程的第三代空气质量模式系统逐步发展起来。代表模式如美国环保局开发的 Model-3系统，包括源排放模式（SMOKE）、中尺度气象模式（WRF）和通用多尺度空气质量模型（CMAQ）三部分，可在局地、城市、区域和大陆等多种空间尺度上针对包含各种气态污染物和气溶胶成分在内的80多种污染物展开逐时模拟，并有更加完善的化学机制可供选择。由中科院大气物理研究所自主研发的嵌套网格空气质量预报模式系统（NAQPMS）也属于这一代产品。

Models-3/CMAQ具有统一的动力框架，完善的化学机制，能够进行城市、区域、大陆尺度的空气污染模拟和预报工作，尤其关注对流层臭氧、颗粒物、酸沉降和有毒污染，时间尺度从几分钟至几星期，是第三代区域空气质量预报系统的代表。

Models-3系统不仅能够进行空气质量的模拟与预报工作，还可以为环境决策提供科学依据，其开放式的计算平台和强大的模式工具加强了对模式结果的再分析和对污染源优化控制的研究能力。Models-3由中尺度气象模式、排放源模式和公共多尺度空间质量模式CMAQ（Community Multiscale Air Quality Model）三部分组成，其核心是公共多尺度空气质量模式CMAQ，气象模式和排放源模式为CMAQ提供污染数值计算所需要的气象场和污染源排放清单。CMAQ具有先进的动力框架、完善的化学机制、科学的参数化方案，被认为是目前最为先进的空气污染数值模式之一。

CMAQ基于"一个大气"的理念设计完成，同时考虑大气中多物种和多相态的污染物以及它们之间的相互影响，克服目前模式主要针对单一物种的缺点。考虑化学输送平流模式过程、气相化学过程、烟羽处理等过程，同时包含有气溶胶模块，可计算气溶胶转化、干沉降、湿沉降等多个过程，提供CB4、SAPRC99、RADM2气相化学机制选项。

在技术层面上，CMAQ采用单向嵌套技术、并行技术及通用数据格式。CMAQ模式网格的嵌套功能为单向嵌套，即先算完母区域，再由母区域为子区域提供边界条件，驱动子区域的计算。嵌套计算的使用有效地减小了计算量，间接提高了模式预报的时效性。在并行方面上，CMAQ模式采用MPICH消息通信并行方式，实现模式的并行计算。集合系统实现了CMAQ模式主模块化学传输模块CCTM在Infiniband网高效并行计算。CMAQ模式采用通用数据格式NETCDF，有利于各模式研究与应用小组研发数据交流，是未来空气质量模式发展方向，也为整个地球模式系统的耦合奠定基础。

CMAQ模式由6个模块组成，核心是化学传输模块CCTM。ICON和BCON为CCTM提供污染场初始场和边界场，JPORC计算光化学分解率，MCIP是气象模式MM5和CCTM的接口，为CCTM提供气象驱动场，SMOKE是排放源模式，为CCTM提供污染源排放清单输入。CMAQ还包括两个后处理模块PROCAN和AGGREGATION。前者用于对物理过程和化学过程的诊断分析，后者用于估算或预测排放源或污染物的季节和年际平均场。CMAQ模块化的结构便于修改和维护，接受更多的数据来源。

Models-3包括气象模式，污染排放模式和分析模块。CMAQ模拟需要输入资料，如气象数据和排放源数据。利用这些资料，CMAQ化学输送模式（CCTM）可以模拟每个影响输送、转换、臭氧的去除、颗粒物和其他污染物的过程。

在CMAQ中，模拟对流层气态化学物的各种模块已经得以改进，涵盖从为工程设计的简单线性和非线性系统模型，到大气酸性、氧化性方程等相关的详细化学转化过程的综合全面的化学表述。由于CCTM的模块化，用户还可以改变目前默认的光化学机制或者增加新的机制。为了计算随时间变化物种的浓度和它们形成/损耗的速率（称之为化学动力学），控制化学反应动力学和物种守恒的方程必须包括所有的物种。CCTM利用特别的数值技术，这种技术被称作化学处理，用来计算每个步长污染物的浓度和速率。不同的处理算法被用来研究化学动力学，包括准确率的最佳平衡、广泛性，以及大气系统模块的计算效率。CCTM现在包括解决气相化学转换的选项：ROS3、EBI和SMVGEAR。这个版本还包括特别程序来跟踪硫酸和有机碳物种。

CCTM利用科学的技术来模拟光模块的光化学反应，光解作用以及它的反应速率是由太阳光驱动的。和非光化学反应的动力反应一样，光化学反应率说明在特定时间内有多少反应物生成。光解作用的速率是太阳辐射总量的一个方程，而太阳辐射会根据时间、季节、纬度、地形特征而改变。太阳辐射也会受云量、气溶胶吸收和大气散射等因素影响。光解率也取决于物种分子属性，如吸收截面（当有效分子领域的一个特定的物种吸收太阳辐射时，导致了阴影区域背后的粒子）。这些分子属性取决于入射辐射波长以及温度（即取决于光子能）。因此，估算光解率与这些温度和波长的关系就更复杂了。CCTM模式系统包括一个先进的光解模块（JPROC），用来为CCTM的光解模拟计算出随时间变化的光解率。

CCTM里，对流过程分为水平和垂直两方面。这种分类是因为大气的平均运动是水平的。垂直运动常常和动力与热力的相互作用密切相关。对流过程依赖于连续方程的质量守恒特性。在空气质量模拟中，使用MCIP的动力热力一致性的气象数据可以保持数据的一致性。当气象资料和数值平流算法不完全一致时，就需要一个修正的平流方程。CMAQ中的水平对流模块使用PPM方法。垂直对流模块在模式底和模式顶都没有质量的交换来解决垂直对流。CMAQ也用PPM作为垂直对流模块。CCTM的PPM算法和陡峭程序是垂直对流默认的方案，因为光化学空气条件观测发现，示踪物浓度有强的梯度。

CCTM用了一种颗粒物模型来模拟$PM_{2.5}$（粒径等于或小于2.5m的颗粒物），粗颗粒物（粒径大于2.5μg但等于或小于10μg的颗粒物），以及PM_{10}（粒径等于或小于10μg的颗粒物）。$PM_{2.5}$又被分成了艾特肯和累积模型。目前粗颗粒物主要代表扬尘和普通人为源物种。PM_{10}是$PM_{2.5}$和粗颗粒物的总和。

云是空气质量模拟中非常重要的组成部分，它在水相化学反应、污染物的垂直混合，以及污染物的湿清除方面都起着重要的作用。云还通过改变太阳辐射间接影响污染物浓度，影响光化学污染物，如臭氧以及生物源的排放量。CMAQ中的云模块可模拟与云物理及化学相关的几个过程。CMAQ中可模拟三种云：次网格降水云、次网格非降水云以及网格云。

模拟高大点源次网格尺度的烟羽抬升和扩散，包括其动力过程和化学过程。CCTM的动力扩散模型（PDM）考虑了由于湍流、纯粹过程以及排放位置所导致的抬升高度、垂直/水平增长。当一定的物理尺度或化学规则耦合在一起时，拉格朗日烟羽反应模型说明了相关的次网格羽动力及化学过程，并将羽物质混合到了网格的交叉点中。烟羽模块主要是为较大分辨率的网格模拟设计的（36km和12km），对于较小尺度如4km，则不能调用。分辨率较小时，排放源将直接排放到网格点中，次网格范围的排放羽分辨率则并不需要。可假设分辨率较小时排放源会立刻得以混合。

嵌套网格空气质量预报模式系统NAQPMS是中科院大气物理研究所自主研发的区域—城市空气质量模式系统，它充分借鉴吸收了国际先进的天气预报模式、空气污染数值预报模式等的优点，并体现了中国各区域，城市的地理、地形环境、污染源排放等特点。该模式可代表现今国内空气质量模式发展的水平，并被国家"十五"科技攻关项目选定为区域示范模型之一。

该套数值模式系统在计算机技术上采用高性能并行集群的结构，低成本地实现了大容量高速度的计算，从而解决了预报时效问题；在研制过程中考虑了自然源对城市空气质量的影响，设计了东亚地区起沙机制的模型；并采用城市空气质量自动监测系统的实际监测资料进行计算结果的同化。该模式系统被广泛地运用于多尺度污染问题的研究，它不但可以研究区域尺度的空气污染问题（如沙尘输送、酸雨、污染物的跨国输送等），还可以研究城市尺度的空气质量等问题的发生机理及其变化规律，以及不同尺度之间的相互影响过程。NAQPMS模式成功实现了在线的、全耦合的包括多尺度多过程的数值模拟，模式可同时计算出多个区域的结果，在各个时步对各计算区域边界进行数据交换，从而实现模式多区域的双向嵌套。同时，模式系统的并行计算和理化过程的模块化有效保证了NAQPMS模式的在线实时模拟。目前该模式系统已成功地模拟了我国台湾局地的海陆风和山谷风与当地的臭氧浓度分布的影响、我国和东亚地区硫化物与黄沙输送、沙尘对东亚地区酸雨的中和作用等。此外，该模式系统采用高性能并行集群的结构，低成本地实现了大容量高速度的计算，确保了预报时效，在此基础上的业务系统实现了高度自动化，在整个预报过程中不需要任何人工操作，该系统已在上海等全国多个城市环保系统中投入业务运行，支持每日空气质量的数值预报工作，取得了较好的效果。

NAQPMS模式成功实现了在线的、全耦合的包括多尺度多过程的数值模拟，模式可同时计算出多个区域的结果，在各个时步对各计算区域边界进行数据交换，从而实现模式多区域的双向嵌套。数据格式采用大气科学界通用格式GrADS格式，可用GrADS软件直接画图分析，同时较容易实现自动作图分析，GrADS绘图软件具有较强的大数据读取功能，绘图效率高。同时，模式系统的并行计算和理化过程的模块化则有效地保证了NAQPMS模式的在线实时模拟。NAQPMS模式已经实现在Infiniband高效局域网的高效并行计算。

NAQPMS模式包括了平流扩散模块、气溶胶模块、干湿沉降模块，大气化学反应模块。大气化学模块的反应机制有CBMZ、CB4可供选择，其中CBMZ是基于CB4发展起来的按结构分类的一个新的归纳化学机理。CB4机制主要应用于城市尺度的模拟，对一些物种和化学反应做了一定的简化。引入CBMZ化学反应机制并将其耦合入NAQPMS中，以提高模式对区域尺度臭氧等化学反应活跃的大气污染物的模拟能力。相比较CB4，CBMZ在活性长寿命物种及中间产物的化学反应、无机物的化学反应、活性烷烃，石蜡以及芬芳怪的化学反应、若干自由基以及异戊二烯的化学反应等方面考虑得更为全面周到。该机制还发展出了包括背景条件、城市、远郊和生物区以及海洋等四个反应场景的反应模式，适用于全球、区域和城市尺度的研究。同时该模式发展出了一套独特的污染来源与过程跟踪分析模块，在线实时解析大气污染模式过程，突破大气物理化学过程的非线性问题，通过基本假定，跟踪大气复合污染过程，实现污染来源的反向追踪与定位，形成一种大气污染分析来源与过程的新技术手段，对了解污染物来源有重要意义。

NAQPMS模式系统由四个子系统构成，即基础数据系统、中尺度天气预报系统、空气污染预报系统和预报结果分析系统。

基础数据子系统是整个空气污染数值预报业务系统的基础，它包括下垫面资料（USGS）、污染物资料（WYGE）、气象资料（NCEP）和实时监测污染物的监测资料（JCGE）4个部分。

下垫面资料采用USGS的植被、地形高度等资料，污染源资料有主要大气污染源烟尘的排放浓度资料和每个污染源的地理经纬度资料，全部区域划分为诸多网格，每个网格作为一个污染面源的TSP浓度资料和网格的地理经纬度资料，上面两部分系统在数据系统初始化前作为基础数据输入和存储在数据库中，以后有了新的数据可以随时输入或替换旧的数据。

气象资料的获得是开展城市空气污染预报最重要的基础，这里所说的气象数据并不是原始台站的气象实测数据，而是经过GCM（全球大气环流模式）处理后的网格化气象数据。GCM提供的网格化气象数据包括两类数据：一是再分析数据，即实测气象数据经过资料同化后的网格化气象数据，作为GCM模式和中尺度气象模式的初值；另一类是GCM预报数据，作为GCM的预报结果和中尺度模式的边界条件或初值。

NAQPMS模式系统中采用第5代中尺度天气预报模式（MM5）进行气象场的模拟，为空气质量预报子系统提供逐时的气象场。MM5是美国国家大气科学研究中心（NCAR）与宾夕法尼亚州州立大学合作发展的第五代中尺度静力/非静力模式。由于MM5的模式源代码完全公开，在全球各国大气物理科学家的共同努力下，MM5现已发展成目前全球最成熟的中尺度天气预报系统之一。

空气质量预报子系统（NAQPM）为整个模式系统的核心，其空间结构为三维欧拉输送模式，垂直坐标采用地形追随坐标。水平结构为多重嵌套网格，采用单向、双向嵌套技术，分辨率为3~81km，垂直不等距分为20层。

预报结果分析系统，此模块主要是对模式的输出结果进行转化，使用GrADS、Vis5D

等图形处理软件以及Dreamweaver、Javascript、HTML等网页制作软件，将模式的输出结果进行可视化并进行网络发布，使得公众更为直观清晰地了解污染物的变化情况。

WRF-Chem模式是由美国 NOAA预报系统实验室（FSL）开发的，是气象模式（WRF）和化学模式（CHEM）在线完全耦合的新一代区域空气质量模式。该模式广泛应用于国内外科研院所开展大气污染领域研究。研究人员的目的是将WRF设计成一个灵活先进的大气模拟系统，能够方便、高效地在并行计算平台上运行，可应用于几百米到几千公里尺度范围，具有广泛的应用领域，包括理想化的动力学研究（如大涡模拟、对流、斜压波）、参数化研究、数据同化、业务天气预报、实时数值天气预报、模型耦合、教学等。WRF系统组成包括动力学求解器、物理过程及其接口、初始化程序、WRF-Var以及WRF-Chem。其中，WRF提供了两种动力学求解器：ARW和NMM。

前者主要由NCAR开发，采用地形追随坐标及Arakawa-C网格，侧重科学研究；后者由NCEP开发，采用地形追随混合垂直坐标及Arakawa-E网格，主要用于业务化预报。作为最新发展的区域大气动力-化学耦合模式，WRF - Chem的最大优点是气象模式与化学传输模式在时间和空间分辨率上完全耦合，实现真正的在线传输。模式考虑输送（包括平流、扩散和对流过程）、干湿沉降、气相化学、气溶胶形成，辐射和光分解率，生物所产生的放射、气溶胶参数化和光解频率等过程。

WRF-Chem包含了一种全新的大气化学模式理念。它的化学和气象过程使用相同的水平和垂直坐标系，相同的物理参数化方案，不存在时间上的差别值，并且能够考虑化学对气象过程的反馈作用。有别于这之前的大气化学模式，如SAQM模式、CALGRID模式、Models-3/CAMQ模式等，它们的气象过程和化学过程是分开的，一般先运行中尺度气象模式，得到一定时间间隔的气象场，然后提供给化学模式使用。这样分开处理以后，存在一些问题：首先，利用这样的气象资料驱动化学过程的时候就存在时间和空间上的插值，而且丢失了一些小于输出间隔的气象过程，如一次短时间的降水等，而这些过程对化学过程来说可能是很重要的；其次，气象模式和化学模式使用的物理参数化方案可能是不一样的；再次，不能考虑化学过程对气象过程的反馈作用。事实上，在实际大气中化学和气象过程是同时发生的，并且能够互相影响，如气溶胶能影响地气系统辐射平衡，气溶胶作为云凝结核，能影响降水，而气温、云和降水对化学过程也有非常强烈的影响。因此，WRF- Chem能够模拟再现一种更加真实的大气环境。

WRF模式系统是美国气象界联合开发的新一代中尺度预报模式和同化系统。WRF模式是一个可用来进行1～10km内高分辨率模拟的数值模式，同时，也是一个可以做各种不同广泛应用的数值模式，例如，业务单位正规预报、区域气候模拟、空气质量模拟、理想个例模拟实验等。故此模式发展的主要目的是改进现有的中尺度数值模式，例如，MM5（NCAR）、ETA（NCEP/NOAA）、RUC（FSL/NOAA）等，希望可以将学术研究以及业务单位所使用的数值模式整合成单一系统。这个模式采用高度模块化、并行化和分层设计技术，集成了迄今为止在中尺度方面的研究成果。模拟和实时预报试验表明，WRF模式系统在预报各种天气中都具有较好的性能，具有广阔的应用前景。

化学模式CHEM包括了污染物的传输和扩散、干湿沉降、气相化学反应、源排放、光分解、气溶胶动力学和气溶胶化学（包括无机和有机气溶胶）等，并且每一个过程也都是高度模块化的，有利于模式的扩展和维护，也有利于用户选择最合适自己的方案。

四、集合预报

数值预报的不确定性主要来源于大气初始状态的不确定性和预报模式本身如侧边界条件、各种参数化方案等的不确定性，大气运动的非线性特征决定了，无论来自初始场还是来自模式本身的极小误差在模式积分过程中将被放大，导致模式在一定时间后失去可预报性。基于大气的这一混沌性特征，Epstein和Lorenz提出了集合预报的思想和方法。

随着计算机条件的改善和数值模式的发展，集合预报技术在近几年取得了一些重大进展，其中最显著的是从单纯的初值问题延伸到模式的物理不确定性问题，进而发展了多模式集合预报技术。多模式集合预报技术的发展，避免了单一模式中由于改变参数化方案从而改变模式最佳表现状态的问题。这一方法可以同时使用两个或两个以上的模式，然后把这几个子集合预报的值汇成一个确定性的结果，称为超级集合预报。

除集合预报方法外，资料同化技术也是改善模式预报效果的重要手段。相对于数值模式，利用各种手段观测得到的数据通常被认为比模式结果准确率更高、可信度更大。但观测数据在时间、空间分布上受很大限制。因此，如何综合观测信息和模式结果给出最优估计，以及对模式不确定因素给出更准确的估计，都是资料同化方法所涉及的问题。

资料同化是随着气象领域数值计算和数值预报业务而发展起来的一种能够将观测数据和理论模型相拟合的方法，它可以最大限度地提取观测数据所包含的有效信息，提高和改进分析与预报系统的性能。目前，资料同化正不断得到发展和完善，逐渐由理论走向实际应用，为数值模式的发展和应用开辟了新的途径，已经广泛地应用在气象、海洋等领域。

国外对资料同化在空气质量预报中的应用研究起步较早，研究内容主要是针对与空气质量数值预报相关的浓度初始值、边界值、排放清单、模型参数、气象场等方面展开的，旨在提高空气质量预报的准确程度。

采用的具体方法包括卡尔曼滤波、平方根（PRSQRT）滤波、集合卡尔曼滤波等。随着观测手段的不断提高和计算机技术的不断发展，松弛逼近、变分分析等方法逐渐引入空气质量预报中。松弛逼近和变分分析是连续四维资料同化中两种主要的方法。相对于国外，国内关于资料同化在空气质量预报中的研究较少，所采用的方法主要是卡尔曼滤波法，研究的内容主要是由卡尔曼滤波法建立可变的预报递推模型，根据新增加的资料不断修正模型参数以提高预报的准确率。

（1）用于空气质量模型系统的气象场同化研究，空气污染物经排放进入大气层后，其活动决定于各种尺度的大气过程，这些过程包括：水平平流和扩散、垂直平流和扩散、干沉积、湿沉积等，因此，气象条件是影响空气污染物浓度分布的一个重要因子。近年来，将气象数据进行资料同化，作为空气质量预报的一个预处理过程已经得到了广泛的关注。气象场是空气质量模型的一个输入部分，气象数据的准确程度对空气质量预报具有重要影响。空气质量模型所需的网格化气象数据可以由往年气象观测数据建立经验性诊断模型后得到，也可以由动力模型（带有/不带有资料同化）经过模拟后得到。随着高速计算机和四维资料同化的引入，气象预报的时空分辨率得到了很大的改善。这些都对空气质量预报的改善起到积极作用。

（2）空气质量预报模式的初始场改进，模式启动时，需要预报区域内和边界上每个网格点的浓度初值，这些初值常常是由观测资料经过网格处理后得到的，由于观测的时空分布很不均匀，存在时间误差、空间误差和观测误差。此外，不同的空气质量预报模式是根据不同的特定目标而设计和建立的，因此模式往往着重考虑的是特定尺度、特定时段的动力、热力或其他特征，而观测数据一般是空气污染物的某一状态的抽样，因此，模式所需要的初值和观测资料之间有一定的差别，直接将观测数据输入模式进行计算，可能会对模式产生冲击，甚至破坏模式的正常运行。为了确保预报结果的合理性和预报精度，需要对初始场进行同化处理。国内外一系列研究表明，经同化后的初始场可以改善污染物浓度的预报结果。

（3）排放清单和模型参数的优化，源模型是根据排放源条件和气象条件计算受体处的污染物浓度。它的物理意义明确，但是由于模型的输入、参数以及算法等并非完全理想，因此降低了模型的准确度。受体模型则是根据在受体处测得的颗粒物浓度和排放源的化学成分估计排放源的贡献。它不要求调查每个排放源的排放强度、位置等具体信息，不考虑污染物在大气中的散布过程，无需气象资料，能解决某些扩散模型难以处理的问题。但是受体模型，特别是某些多元受体模型，在处理相同数据时可能得到多个结果，需要使用者根据物理意义和实际情况选择合理的结果；受体模型通常只能解析出某类排放源的贡献，而不像源模型那样可以计算单个排放源的贡献；难以对较小的源进行解析。将受体模型和源模型结合起来，受体模型可以根据在受体处测得的污染物浓度值来调整和优化源模型的排放清单和模型参数，此时受体模型就是一个反演模型。对于反演问题的求解，资料同化方法扮演了重要的角色，为环境管理者提供了更加准确的污染源排放数据和模型参数。

五、动力统计预报

目前客观定量的预报方法有3种，即数值预报、经典统计预报和动力统计预报。近年来，数值预报物理基础坚实，其天气形势预报已超过人的经验预报水平，并不断提高和完善。但由于城市下垫面环境复杂，数值模式中所需要的边界条件及初始条件存在不确定性，且高分辨率排放清单精度不高，导致数值预报结果的精度差强人意。经典统计预报虽然客观，但缺乏坚实的物理基础，难以周密考虑预报因子与预报对象之间的物理联系，因子的选取也因人而异，准确率往往不够稳定，效果不佳。数值预报与经典统计预报相结合的动力统计预报方法，是利用数值预报的形势预报（包括某些物理量和要素预报）作为因子，通过统计方法预报局地要素和天气，随着数值预报模式的不断改进，动力统计预报方法的准确率也随之提高。

国内研究者长期从事空气质量预报系统的研制开发工作，并在很多城市进行过大气污染预报试验，但真正在国家级业务平台上投入使用的空气质量模式系统非常有限。一方面是因为空气质量数值预报涉及多个部门，而我国部门之间的资料共享和传输尚未完全建立；另一方面，当前污染源排放清单依然是制约空气质量模式预报水平的瓶颈，数值预报水平尚待提高，大多数省市级环保部门仍然使用经验方法进行空气质量预报，以上原因也限制了我国空气质量预报方法的改进和提高。也有学者采用统计方法进行空气质量的预报试验，但预报模型仅局限于前后期的污染物和气象要素观测资料，并没有将污染数值模式产品加以应用。国内外关于动力统计方法在气象数值预报领域的广泛应用表明，动力—统计相结合的方法能够改善数值模式产品的不确定性，显著提高其预报效果。

动力统计预报方法按其处理手段的不同可分为PP法和MOS法两种。PP法是以数值预报模式制作的环流预报为依据，先建立实际环流参数与预报对象间同时的统计关系—预报方程，然后用数值预报的环流参数，根据已建立的预报方程制作要素预报。这种方法的优点是：预报方程不受数值模式改变的影响，较适用于在没有大量预报图积累的初期阶段使用，也可同时利用几个不同的数值预报模式进行性能比较。能充分利用大量的历史资料，有利于制作小概率天气的预报，缺点是没有考虑数值预报的误差。因此，数值预报的成败直接影响本方法的效果。MOS法是利用数值预报的环流参数与预报对象间建立同时的统计关系—预报方程。即得到数值预报的环流参数后，使用已建立的预报方程作出具体要素预报。一般认为MOS法优于PP法，"至少是用均方根误差鉴定预报性能时是如此"。究其原因，MOS法能在某种程度上考虑数值模式的系统性误差，缺点是预报方程随数值模式改变而改变。当数值模式已经稳定，并积累了足够长时间的数值预报图后，选用MOS法效果较优。

使用动力统计预报方法时应注意以下问题：对数值预报能力要有所了解。无论使用哪种数值预报产品都必须统计其误差分析和预报能力，尽量选择影响大、误差小的因子，并了解相关误差，可以减少使用中的盲目性。选择预报因子，以预报经验为线索选择因子，并不断在实践中总结，也可以通过机器普查因子，另外建议选入少量实况因子，用以弥补数值预报的不足。数学处理。对因子进行综合的数学处理方法，应以严谨、简便为原则，根据相关文献报道，不同的统计方法，如多元回归、多元逐步回归，模糊聚类、逻辑代数及训练选代等方法，相比之下，效果大同小异。因此，重要的不是综合因子的数值方法，关键是需选入好的预报因子。

六、常用的PM2.5自动监测方法

目前，国内外常用β射线法和微振荡天平法（TEOM）作为监测这种细颗粒物PM$_{2.5}$的常用方法。虽然它们的目的都是监测空气中PM$_{2.5}$的，但是它们的工作原理却是截然不同的。

（一）β射线法

对空气中的颗粒物自动监测所推荐的一种主要的方法就是β射线法。这种方法是利用β射线的衰减量来测定测量期间颗粒物质量增加量的。采样泵把气样吸入采样管以后，而留在滤膜上的就是气样中的颗粒物。而导致β射线能量衰减的原因是：当β射线通过滤膜时对颗粒物的吸收情况。需要注意的是，我们在用此种方法时，因为所用到的β射线监测仪需要把采样管里面的水汽通过加热的方法而去除掉，但是如果没有把握住，而加热时间过长就会导致细颗粒物PM$_{2.5}$里面的一小部分的成分挥发掉，由此影响监测结果的准确程度。所以我们如果是用β射线法来计算空气中细颗粒物PM$_{2.5}$的质量浓度的话，不仅要搞清楚空气中细颗粒物PM$_{2.5}$的增加量与β射线的这种衰减量的关系，还要调节好PM$_{2.5}$监测仪的加热系统。如果这两个条件都达到了，那么，自然也就可以得到空气中细颗粒物PM$_{2.5}$的质量浓度了。

在用β射线法监测空气中细颗粒物PM$_{2.5}$的质量浓度时，由于用到的仪器体积较小，最重要的是这种仪器它所控制的单元和需要测量的单元接近于一体化，而且它的采样管是自身附带加热装置的。所以在一些空气湿度比较大的地方这种方法被广泛的使用着。β射线法的PM$_{2.5}$在线监测仪监测出的准确度较高，价格相对来说更加经济实惠，而且在进行实验时过程较为简单，容易操作，保养起来也方便，对一般的测量要求都可以满足。而这种方法也有一些缺点：因为它是需要计算空气中细颗粒物PM$_{2.5}$的，所以它会经常需要颗粒物切割器来辅助它完成工作，这种方法它只能做到单一的监测PM$_{2.5}$，做不到同时监测其他的颗粒物（TSP、PM$_{10}$）与PM$_{2.5}$。所以，这种方法更适合在空气湿度相对来说比较大并且条件简单的地方使用。

（二）微振荡天平法（TEOM）

微振荡天平法（TEOM）是一种利用TEOM监测仪来完成监测的方法。这种仪器它是在有着特殊的膨胀系统、小体积的锥形石英管上端装上滤膜，而后由这种锥形管、滤膜和堆积在滤膜上的细颗粒物形成一个振荡系统。这种系统工作的时候是按照自然频率进行的。而导致锥形管的振荡频率发生变化的因素是：当气样通过滤膜的时候，就会有一部分的细颗粒物被截留，这样一来，就导致了滤膜的质量发生了变化。由此说来，如果我们是用微振荡天平法（TEOM）来计算空气中细颗粒物$PM_{2.5}$的质量浓度的话，就必须要弄清楚如何把石英锥形管的振荡频率变化情况和空气中的气样流量很好的结合起来。通过多次实验数据，就可以分析并总结出空气中细颗粒物$PM_{2.5}$的质量浓度。

依据目前的情况，用微振荡天平法（TEOM）来监测空气中细颗粒物$PM_{2.5}$的质量时，所用到的仪器是一种可以连接气象设备，并且又可以提供出所需要的数据，这种仪器的提及相对来说比较大。但是与上一种方法不同的是它能够同时提供β射线法所达不到的其他颗粒物（TSP、PM10）与$PM_{2.5}$在短时间和高要求下对分辨率的监测数据。每一种仪器都有它的不足，这种也不例外。看起来很完美，实则不然。这种仪器它只能局部加热，在一些空气较为潮湿的地方工作时，所监测出来的数据很容易出现负值，而且在进行采取气样的过程中会出现很多问题，以至于使试验太过复杂。所以相对来说，这种方法更加适用于空气质量较为干燥、环境稍微复杂一些的地方。在价格方面，TEOM分析仪远远高于$PM_{2.5}$在线监测仪的价格，而且前者的维修费用高，发生故障的频率又频繁。因此，如果要用这种方法的话，需要技术人员要具备一定的专业监测知识和丰富的监测经验才可以操作。

第三节　PM2.5预警

一、PM2.5的影响

（一）PM2.5对大气能见度的影响

可见光是电磁波范围中很窄的一部分，一般指肉眼能看到的电磁波波段，科学上定义在约400～700nm。在可见光范围内，人们依次能看到红、橙、黄、绿、蓝、靛、紫等颜色，人眼对各种颜色的光敏感程度不一样，对绿光（约495～570nm）最敏感，因此，目前研究中绿光常被用来计算能见度的大小。

光与观察者视线之间的角度及大气颗粒物的粒径，决定了光如何被重新分配后进入观察者的眼睛。不同粒径的颗粒物散射造就了天空的不同颜色。洁净大气中，当太阳光经过大气层时，与空气分子（其半径远小于可见光的波长）发生瑞利散射，因为蓝光比绿光和红光波长短，瑞利散射强烈，所以被散射的蓝光布满天空，使天空呈现蓝色。当不同粒径的大气颗粒物浓度增大时，所有波长的光子都会被散射，此时天空呈现白色或者灰色。又如，烟羽呈现黑色是由于可见光被烟羽中的烟粒子所吸收。

大气颗粒物对能见度的影响很复杂，不同粒径的颗粒物对光散射或吸收的能力用效率因子表征，效率因子定义为颗粒物的有效截面与其实际总截面的比值。由于细颗粒物的散射效率因子远大于粗颗粒物，因此，$PM_{2.5}$是导致光散射的主要物质。能见度是光在大气、人眼以及大脑三者之间相互作用的产物。人类视觉就是大脑对眼睛接收的光信号做出的反应，并依靠光线的对比度差异来区别邻近物体。

能见度测量的方法主要有：人工观察、测量消光系数、测量颗粒物光散射以及测定大气颗粒物的组成和质量浓度。前三种方法获得大气颗粒物的光学参数，而第四种方法获得大气颗粒物中主要化学组分对消光系数的贡献。影响光散射和吸收系数大小的因素很多，如果只知道大气颗粒物对光的散射和吸收系数，还不能为相关部门提供合理的治理建议，那么研究大气颗粒物中各主要化学组分对消光系数的影响尤为必要。

（二）PM2.5对文物的影响

1.颗粒物对文物保存环境的影响

$PM_{2.5}$不仅影响大气能见度和降水，还威胁文物的安全保存。通常，大气颗粒物对文物的损害包含物理、化学和生物三个方面。大气颗粒物不但会在沉降后磨损、脏污文物藏品与遗址的表面，或成为吸附和氧化某些气态污染物的媒介，其酸性组分还可直接侵蚀文物表面材料，某些大气颗粒物还成为微生物滋生的营养物质。与文物损害相关的大气颗粒物特性包括以下几点。

（1）粒径分布：大气颗粒物的粒径分布决定了其在室内的行为和能够采用何种手段进行控制。例如，大气颗粒物的沉降速度受其数量浓度及粒径分布控制，粗颗粒受重力作用沉降，细颗粒受布朗运动和热迁移驱动，可扩散接触到室内任何朝向的表面，它们在大气中会停留长达数天时间，所以有更多机会凝聚在一起。此外，细颗粒更易渗入建筑物室内，且沉降后极易嵌埋入表面纹理中，很难被彻底清除，使$PM_{2.5}$成为对文物威胁最大的粒径段。

（2）大气颗粒物浓度，在缺少大气颗粒物过滤系统的建筑物内，室内大气悬浮颗粒物的浓度会与室外处于同一水平，甚至比室外的浓度更高。通常在博物馆装备的加热、通风和空调系统中，都整合有过滤装置以去除大气颗粒物，但对细颗粒的去除效率较低。

（3）大气颗粒物化学组成，大气颗粒物一旦沉降到文物表面，颗粒物的化学组成和形貌在三个方面影响文物，即遮盖文物细节、改变文物表面吸湿性和化学侵蚀。例如，文物表面的可溶性盐（氯化物、硝酸盐和硫酸盐等）会随温湿度的波动发生结晶、水合、溶解、渗透、再结晶和热膨胀等综合作用，形成长期的盐蚀侵害；烟炱和含酸性物质的细颗粒沉降后表现为黑灰色的沉积物，而含有土壤尘的粗颗粒则显示为棕褐色。由于形成机理和传输机制的差异，粗颗粒和细颗粒的化学组成大不相同。确定大气颗粒物的化学组成，是判断其室内、外来源的基础，也为文物表面脏污速率的研究及通风除尘设备的安装和设置提供依据。

2.PM$_{2.5}$对文物的影响机理与启示

由于室内空气中高浓度的PM$_{2.5}$及其酸性组分存在，秦始皇兵马俑博物院和汉阳陵博物馆内文物的损害机理主要是物理风化和化学侵蚀的长期累积。

根据颗粒物微观形貌判断，PM$_{2.5}$和降尘中主要包含不规则土壤尘颗粒、烟炱集合体、球形燃煤飞灰和生物质颗粒，它们分别具有独特的形貌和元素组成。土壤尘颗粒包括硅酸盐、石英、硅铝酸盐、硫酸盐和碳酸盐等，源于室内扬起的土壤尘粒或室外飘入，具有较平滑的边缘和不规则的形状；烟炱集合体多为纳米级的小球聚集成链状或蓬松的簇状，主要来源于周边公路的机动车排放；燃煤飞灰多为煤炭燃烧生成的硅铝酸盐小球，通常呈光滑的球形，其元素组成接近粘土矿物；生物质颗粒多为来源于博物馆周围的农田和绿化植物的花粉、孢子或柳絮等植物排放和动物残片等，具有规则的形貌。

矿物颗粒（包括土壤尘粒和燃煤飞灰）都具有吸光效应，它们的沉降和聚积造成文物表面脏污，影响其美学价值和视觉效果，清理或清洗处理不但花费不菲，清洁操作和清洗剂的使用还会给文物带来磨损和化学腐蚀等损害。文物表面越是易碎、多孔或易受磨损，沉降在其表面的颗粒物就越难以清除。烟炱聚集体还极易吸附硫酸盐和硝酸盐，改变其形貌、增加吸湿性和提供化学反应的活性表面。因此，要保护文物免受颗粒物沉降后造成的脏污危害，需要采取一系列控制措施增加建筑物的密闭性：采用并运行带有颗粒物过滤装置的机械通风系统；在游客入口处安装气帘等装置，减少随游客进入室内的颗粒物；改善游客通道的地面铺设，及时清洁，避免地面尘粒的卷扬再悬浮；改进展出参观策略，在旅游高峰期适当限制游客数量等；增加博物馆周边绿化，降低室外颗粒污染物浓度。

大气颗粒物会发生各种物理和化学的转化，如二次化学反应、粒子聚集、吸附气体和水分等。PM$_{2.5}$中硫酸盐的形成，就来自大气污染物的转化，既可以是一个均相的凝结和成核过程，即水分子和均相气体反应生成的硫酸蒸气凝结产生微小的硫酸液滴，又可非均相地发生在已存在的大气颗粒（凝结核）上。非均相成核是硫酸盐形成的重要过程，当大气中存在其他颗粒物时，其表面硫酸盐的形成在热力学上比均相成核更容易实现。

源于室外大气渗入和室内均相、非均相化学反应的$PM_{2.5}$颗粒能够影响文物保存，会对文物产生不可逆转的损害。在我国重霾持续频发、大气污染受到广泛关注的状况下，文物部门更需要警惕在文物保存微环境下$PM_{2.5}$对文物的潜在危害。目前，国内绝大多数博物馆仅强调文物的展陈效果，较少关注文物保存环境，尤其是$PM_{2.5}$的综合性监测、理化特征以及危害分析。长此以往，不当地保存微环境不仅不能满足文物安全保存的要求，还会加剧文物的风化和破坏。所以，文物保护部门的当务之急是出台适宜文物保存的环境标准、建立系统化的环境监测技术和科学的环境评价支撑体系，并采取有力的措施，保障环境监测与调控模式的合理运行和有效实施。

（三）PM2.5与生态系统的相互作用

$PM_{2.5}$可以影响生态系统的组成和结构，生态系统也对$PM_{2.5}$的生成和转化产生影响。

1.$PM_{2.5}$与植物的相互影响

降水决定$PM_{2.5}$的湿沉降，降水也会降低$PM_{2.5}$的质量浓度，进而减少干沉降。扩展的植物顶盖会使植物叶面指数（即目标植被叶面积与地面面积之比）远大于1，所以通过降水到达土壤表层的沉降会在抵达地面之前被植物表面干扰。地表性质的不同也影响干湿沉降，森林覆盖的山坡比附近只有低矮植物覆盖的河谷多接受2/3的湿沉降。相比湿沉降，$PM_{2.5}$更难发生干沉降。由于不容易通过重力和惯性碰撞发生沉降，$PM_{2.5}$一般在大气中经过长距离的传输，最终通过降水发生湿沉降或者变成粗颗粒（粒径大于$5\mu m$）通过重力作用发生干沉降。

在植物需要的氮得到满足时，颗粒物中的氮便无法进入植物内部，这部分氮会在土壤中被淋溶出去。尽管地表径流、地下径流以及土壤水分渗透会以硝酸盐的形式流失相当一部分氮，但农田生态系统对沉降颗粒物中氮的利用率还是高于自然生态系统。大气中90%的硫以二氧化硫的形式存在，其余的硫主要以硫酸根的形式存在。硫酸盐对植物的毒性比二氧化硫大约低30倍。随着在空中停留时间的增长，浓度比值逐渐升高。在传输过程中二氧化硫和颗粒物中的硫酸盐不断得到稀释，因此，沉降下来的颗粒物中的硫很少会达到损伤植物的浓度水平。在这种情况下，气态硫向颗粒态硫的转化对植被是有益的。植物对酸雨和酸雾的接触可分为急性接触和慢性接触。其中，急性接触是指植物短时间内暴露在高浓度的酸沉降中，慢性接触是指植物长时间重复接触低浓度的酸雨和酸雾。

2.$PM_{2.5}$与自然生态系统的相互作用

$PM_{2.5}$可以通过影响太阳辐射进而作用于生态系统，其通过两种方法来实现：散射和吸收太阳光。作为云凝结核改变云的光学特征。

颗粒物可以减少到达地面的太阳辐射，增加辐射中的漫射百分比。减少到达地面的太阳辐射会减弱光合作用，然而增加辐射中的漫射百分比可以增加到达植物的光合有效辐射，进而促进植物的光合作用。Greenwald R.等模拟了气溶胶对总光合有效辐射和漫射光合有效辐射的影响，结果显示，阴天越多，颗粒物对作物产生的影响越不利。

自然生态系统排放的多种生物源挥发性有机物（Biogenic Volatile Organic Compounds，BVOCs）是$PM_{2.5}$的重要前体物。全球尺度上，BVOCs的排放量约为1150Tg/年，比人为排放VOCs约高一个数量级。BVOCs中含量最高的非甲烷组分为异戊二烯，这些挥发性有机物在OH自由基和O_3等氧化剂的作用下发生光化学氧化反应，形成挥发性较低的有机物进入颗粒相，生成生物源二次有机气溶胶（BSOA）。传统的Bottom-up方法估计全球生物BSOA的年生成量约12~70Tg/年。

大气中BVOCs的氧化，可形成结构复杂的产物，在森林生态系统中，植物排放的BVOCs是高度混合的，但并非所有产物均会对二次有机气溶胶产生贡献。由于物质的复杂性，相关研究应侧重混合物中不同组分的相互作用。BVOCs生成$PM_{2.5}$和其中单个组分氧化生成PM..的过程存在显著差异。Joutsensaari J.等推断压力诱导下的植物排放才是新颗粒物形成的重要因素。Pinto D. M.等通过烟雾箱实验发现，食草动物的出现促使卷心菜的单萜烯排放量增加。植物受到外界压力时，排放类型和排放浓度会发生变化，进而影响新颗粒的生成。这种影响不易通过实验室模拟，常需借助外场观测，但外场观测干扰因素多，需长期观测去除不稳定因素的影响。

当前我国大部分城市能见度呈现逐年下降趋势，尤其近年来大范围的灰霾天气频发。各个地方政府制定的改善目标和主动采取的措施，无不透露出公众急切希望能见度得到改善的信息。酸雨的形成给人类带来巨大的经济损失，文物的破坏损失的价值更非金钱所能估量，生态系统的变化则与人类生存息息相关。高浓度$PM_{2.5}$是影响能见度降低、文物破坏、生态变化及酸雨形成的重要原因之一，未来应注重如下4个方面减少$PM_{2.5}$的不利影响。

（1）加强协同观测：在全国范围内建立长期气溶胶、污染气体、光学以及气象参数协同观测网络，在重要文物场馆设置大气污染观测站点，通过长期观测，对$PM_{2.5}$影响定量化并实时评估$PM_{2.5}$污染防治的效果。

（2）完善法律法规：通过立法提高大气污染物的排放成本，降低PM2.5；及其前体物的浓度，这是降低$PM_{2.5}$浓度、减少$PM_{2.5}$不利影响的根本方法。

（3）促进部门合作：只有通过部门之间的通力合作，才能制定、完善和落实相关法律。比如，文物保护部门和环保部门的相互合作，才能建立正确的文物保存环境标准。

（4）设立长期目标：基于科学研究的成果，以量化的$PM_{2.5}$下降和能见度上升为具体目标，以观测事实为判断标准，以控制对策为手段，以法律法规为保障，减少$PM_{2.5}$的质量浓度，最大限度降低$PM_{2.5}$对环境的不利影响。

（四）PM2.5对于气候的影响

全球气候变化是当前人类社会面临的共同难题，越来越多的研究证实，悬浮在大气中的气溶胶粒子会对地球气候变化产生显著影响，但气溶胶的气候影响具有高度不确定性，这也成为了当前科学界的热点与难点。气溶胶气候影响的研究最初只关注气溶胶的数浓度和质量浓度，后来逐步发展到认识气溶胶包含的各种硫酸盐、硝酸盐、有机碳、黑碳、沙尘等粒子与二次无机与有机粒子乃至真菌类生物气溶胶的作用，目前更多关注这些粒子之间发生的物理、化学及生物过程与转化对区域及全球气候变化的作用。研究气候变化通常需要过去几年乃至几十年以上的观测资料，需要知道大范围的大气平均状况，但是以前缺乏针对气候变化研究的气溶胶观测体系，因此，在实际气候变化研究中经常将$PM_{2.5}$（相对于TSP及PM_{10}更具有区域大气代表性）作为气溶胶的替代性指标。

气候系统是一个非常庞大的系统，气候系统的组成成分、外强迫条件、系统内部的各种过程（动力过程、物理过程、化学过程和生物过程等）及各种反馈机制，决定了气候系统的复杂性及其在时空尺度上的多变性。

气候系统的基本特征有开放性、稳定性、敏感性、反馈性和可预报性，其中反馈性最受关注。气候系统的反馈过程表征了各组成部分之间的耦合或者相互补偿作用，根据其作用结果，可将反馈过程分为两类：如果这一现象被初始作用不断加强，称为正反馈；如果其受到抑制，则称为负反馈。正反馈机制使得系统（或过程）向着一个极端方向发展，即在某个激励作用下，气候系统趋于不稳定；负反馈机制则在某个激励作用下，系统状态（或过程）在平衡态附近振动，不会向极端方向发展，使气候系统趋于稳定。

气候系统中重要的反馈过程很多，其中与气溶胶相关的典型反馈过程有：云量—温度反馈。地面温度随着入射太阳辐射的减少而降低，并促使地面蒸发减弱，从而导致大气中水汽含量减少，抑制云的发展，云量的减少使得入射到地表的太阳辐射增大，地面温度随之升高。这是典型的负反馈机制。气溶胶可以影响云的微物理过程，改变云滴大小、数浓度、云高、云量以及云的生命周期等，因此气溶胶对这一反馈过程的影响较大。冰雪反照率—温度反馈。冰雪对入射太阳辐射有较强的反射作用，是支配极区气候的一个重要因子。全球温度降低时，地球表面的冰雪覆盖面积会扩大，从而引起全球地表反照率增大，使地气系统吸收的太阳辐射减少，从而使温度进一步降低。反之，当地球温度升高时，冰雪覆盖面积减小，地表反照率降低，对太阳辐射的吸收增加，使得气温上升，冰雪融化进一步加强。这是典型的正反馈机制。气溶胶中的吸光性粒子（如黑碳）沉降在冰雪表面，会降低冰雪反照率，加速冰雪融化，对该反馈过程有显著影响。

地球气候系统的主要能量来源于太阳辐射，其进入地球系统后，经过地球大气、地球表面吸收、散射和反射，将太阳短波辐射能转变为其他形式的能量。如果把地面和大气看作一个整体，对其计算辐射差额，称为地气系统的辐射差额，其可以用单位时间、单位面积内垂直气柱的辐射差额表示。其中，地气系统的辐射收入是地面及大气吸收的太阳辐射，辐射支出是地面和大气向宇宙发射的长波辐射，则地气系统的辐射差额即为总的辐射收入与辐射支出之差。地气系统的辐射差额在各个纬度是不同的，有的大于零，有的小于零。但就整个地球而言，其长期平均值为零，整个地气系统接近于辐射平衡。

气候的形成和变化受多种因子的影响和制约，影响因子可以分为自然和人类活动两大类。两类影响因子错综叠加，表现形式多样，导致了气候系统复杂多变的特性。影响气候系统的自然因子较多，主要有太阳辐射、地球轨道、地质变迁、大气环流变化以及火山活动等因素。其中，火山活动是自然气溶胶的一种重要产生方式，其影响比人类活动排放的气溶胶更长远。强火山喷发的火山灰和硫酸盐气溶胶可直接进入平流层底部，寿命达一年以上，并在全球范围内输送。火山灰对于太阳辐射的吸收和散射明显削弱了到达地表的太阳辐射，使地面年平均气温下降。巨大火山爆发后的几个月甚至几年中，地面平均温度均会有所降低。自工业革命以来，人类活动（排放气溶胶、温室气体，改变土地利用类型）在气候影响中的作用越来越显著。

目前，众多气候变化影响因子中，气溶胶的辐射强迫作用，特别是气溶胶与云的相互作用，是气候变化研究中非常不确定和亟待解决的难题。气溶胶直接吸收和散射短波辐射，扰动地气系统的能量收支平衡，此类作用称为气溶胶的直接气候效应。气溶胶还通过改变云滴半径、云光学厚度、云生命周期等对气候产生间接效应，同时间接效应还包括冰核化效应和热力学效应以及半直接效应等。气溶胶粒子的存在也引起大气加热率和冷却率的变化，直接影响大气动力过程。此外，沙尘等气溶胶携带营养盐，输送沉降到海洋会影响海洋初级生产力，造成辐射活性气体浓度的变化，进而影响海气交换通量和全球碳循环乃至地球气候系统。

大气中温室气体含量的增加会导致温室效应，引起地表温度和大气温度层结的变化，并通过动力过程进一步引起全球气候变化。目前很多观测资料已经证实，大气中的二氧化碳、甲烷等的浓度呈增加趋势，同时大气中本来不存在的一些成分（如氟氯烃化合物）的浓度从零达到了可检测水平。这些温室气体浓度的变化，必然会影响大气的温室效应，从而影响气候。很多学者认为，全球变暖现象正是由于温室气体的排放造成，如果人类对温室气体的排放不加控制，全球气温将进一步升高。

小气候指局部地区特殊的下垫面性质，使得该地区具有独特的气候状况。比较典型的小气候类型包括森林小气候、草原小气候、城市小气候、农田小气候以及水库小气候等。小气候的影响范围是区域性的，其影响程度也相当有限。但是随着人类活动的加剧，这些区域性影响累加起来，对全球气候的影响将变得越来越重要。

气溶胶可以改变大气的垂直热力特性以及下垫面的热力差异，对海陆热力特性的改变可影响季风、降水以及区域水循环。我国和印度是气溶胶排放大国，该区域气溶胶对太阳辐射的散射、吸收引起地表入射辐射的改变，会直接影响地表的水汽蒸发和潜热释放，改变下垫面热力分布，从而可能对南亚以及东亚季风产生影响。吸光性黑碳可加热大气，降低地—气温度梯度，使大气层结趋于稳定，抑制对流云形成；散射性气溶胶（如有机碳、硫酸盐、硝酸盐等）可以将更多的太阳辐射反射回太空，减少地表入射辐射，使地表冷却，地—气间的温度梯度减小，感热以及潜热输送减弱，影响对流云形成。通常陆地上空的气溶胶浓度要高于海洋上空，因此，东亚、南亚排放的气溶胶对海陆热力性质的改变将加强，对季风气候的影响也更加显著。研究表明，气溶胶中的吸光成分通过对对流层低层大气的加热加大海陆热力差异，使季风环流加强，区域降水分布改变，黑碳可显著增加印度季风区降水，减少边缘地区降水。我国东部气溶胶的浓度变化及其对气候的直接和间接强迫作用对东亚夏季风的减弱有重要影响，季风的强弱变化也会影响气溶胶浓度。我国东部近地层 $PM_{2.5}$ 质量浓度在东亚夏季风弱年要比强季风年高17.7%，主要是季风环流对区域环流场的调整，使得亚洲出流气团发生变化，进而影响气溶胶的扩散传输过程。因此，气溶胶与季风之间存在一种反馈过程，即气溶胶浓度增加引起地表冷却，海陆热力差降低，季风减弱，降水以及流出气流减弱，气溶胶浓度进一步累积。

我国西部是山地冰川的主要发育区，喜马拉雅山脉有"亚洲水塔"的美称。该地区的季风降水是冰川发育的重要来源。气溶胶对季风降水的调整可影响该区域的水循环。气候系统中的水分循环主要有凝结和降水、蒸发和蒸腾、径流、渗透和地下水四个方面，其中气溶胶可作为云凝结核参与云降水过程，以及通过季风降水影响凝结和降水环节。气溶胶随着降水过程沉降至下垫面，尤其是高反照率的雪冰表面，可以影响地球辐射平衡，不同成分的光学特性对辐射的改变可以影响下垫面的蒸发和径流，从而对区域水循环体系产生深远影响。

春季，南亚大气中的气溶胶可在近地层形成厚达3~5km的灰霾层，这种灰霾层对太阳辐射的吸收和散射作用使得南亚低层大气明显升温，升温幅度与温室气体作用相当，二者总升温率为每10年0.25℃。吸光性气溶胶对流层中层大气的加热过程与大气动力过程的相互反馈，称为高原热泵效应，这种热力作用可增加印度北部的水汽、云量以及深对流降水，同时会加速喜马拉雅山脉和青藏高原的冰川融化。气溶胶浓度在季风与非季风期明显不同，这一点从冰芯记录中得到印证。冰芯与积雪中的气溶胶含量影响下垫面的热力状况，改变地—气热力交换，影响蒸发、感热交换，从而影响水循环速率。冰芯记录所反映的气溶胶浓度季节变化（非季风期高于季风期）与冬春季节的灰霾层有着密切关系。非季风期的高浓度会减弱海陆热力差异，抑制对流发展，影响南亚季风的爆发时间以及随之产生的降水量。降水格局的改变对于南亚地区以及我国西南地区的春旱有重要影响，对区域粮食生产、农业生态也会产生不良影响。

全球变暖背景下，我国西部冰川普遍发生大面积退缩。这些冰川是诸多大江大河的发源地（长江、黄河、澜沧江、怒江等），也是众多水系及下游人民生活以及灌溉的补给水源。目前的冰川退缩影响到区域性水循环系统，使得区域生态系统存在潜在风险。春季，融雪期提前经常会造成水量增加，引发洪涝；夏季，下游用水量增加时却因为蒸发加强，出现枯水期。我国西部自然环境相对恶劣，生态系统比较脆弱，对气候变化最为敏感。但温室气体造成的全球升温并不是导致大幅度冰川退缩的唯一因素。随着我国山地冰川冰芯钻探工作的推进，发现沉降至雪冰表面的黑碳气溶胶对我国西部冰川退缩有较大影响。黑碳相较于气溶胶中其他成分有着独特的光学特性，它对太阳近紫外至可见光波段有较强吸收作用。

气溶胶对气候的影响还表现在，通过改变海陆生态系统的物理过程以及化学物质的沉降影响全球生物地球化学循环。生物地球化学循环是指物质在自然环境中的传输与转化过程，与气候因子对海陆食物链的影响、养分的充足程度、有毒物质的浓度量级，以及气溶胶沉降（酸沉降）等过程密切相关。碳元素和铁元素是生物机体维持生命的必要元素。首先，碳元素是地球上生命有机体的关键成分，碳循环则是生物圈健康发展的重要标志。其次，在漫长地质时期植物对碳元素的固定几乎是大气产生O_2的唯一来源，其决定了整个地球环境的氧化势。由此可见，碳循环在生物地球化学研究中的核心地位。铁元素是海洋生物必需的营养元素，然而由于铁元素不易溶于水，很难被生物机体直接吸收，因此海洋中可被利用的铁元素含量将直接限制着海洋的初级生产力。由此可见，铁循环在生物地球化学循环中也是至关重要的。

然而，人类对化石燃料的广泛使用以及对土地的非持续性利用所产生的气溶胶颗粒极大地改变了地球碳循环过程，同时也影响着海洋铁循环过程，从而导致诸如海洋初级生产力变化以及气候变化等一系列全球性生态环境问题。

气溶胶对全球铁循环的影响主要表现为沙尘气溶胶对地壳铁元素的携带以及远程传输。沙尘气溶胶主要源于大尺度大气环流对稀疏植被地区以及裸露地表区沙尘颗粒的卷夹与输送。当沙尘沉降在海洋时，携带的铁元素也随之沉降，海洋的物理化学环境就会发生变化，洋流会对铁元素重新分配，由此改变了海洋铁元素的空间分布以及垂直廓线。人类活动产生的气溶胶对于海洋生态系统的影响如下：大气沙尘含量的增加会使得沉降至海洋的沙尘量增加，海洋生物所需要的铁元素来源丰富，海洋初级生产力随之增加。气溶胶对于地球气候、大气环境以及海洋生态系统的影响并不是孤立存在，而是彼此相互作用、相互影响、密不可分的。

气溶胶与温室气体、土地利用类型和太阳活动并列为四大最重要的气候影响因子，受到高度关注，但仍有很多不确定的问题需要进一步探索解决。在众多影响气候变化的因子中，由于气溶胶气候效应的高度不确定性，许多基本过程不清楚，因此，当前国际科学界高度关注气溶胶气候效应研究。气溶胶气候效应的不确定性可归纳为以下三方面原因。

第一，气溶胶特性的时空变化。由于排放源、二次气溶胶生成机制的不确定，气溶胶时空变化和垂直廓线特征研究等成为气溶胶气候效应研究中的关键内容。然而，目前观测站点空间分布的不均匀、时间监测的不连续均会降低观测资料的时空代表性。气溶胶理化性质的复杂性（消光系数、单次散射反照率、光学厚度和不对称因子等）会直接影响气候模式中气溶胶—气候参数化方案的设定。因此，完善的观测资料是改善气溶胶气候影响研究不确定性的先决条件。

第二，大气环境状态的瞬变。大气运动虽然长期处于静稳态，但是因为诸多因素（热力、动力等）扰动，气流总是处于波动状态。因此，气流扰动（如温度层结、湿度、风等变化）对气溶胶时空分布、理化特征以及生命周期均有影响。然而，大气运动具有多尺度性、广泛性以及多变性，使得大气环境对气溶胶的影响变得更为复杂。气溶胶反过来也影响大气环境状态，如气溶胶对风暴路径、干旱、极端降水事件的影响，其正成为气溶胶气候研究领域关注的前沿热点。

第三，气溶胶与云及其他气象因子相互作用的高度不确定性，尤其是气溶胶—云凝结核—云滴浓度相互关系的高度不确定性，直接造成气溶胶间接辐射强迫估算的误差。现有的观测手段很难准确获得云滴数浓度与气溶胶数浓度的关系，同时气溶胶粒子成分及其混合方式对于活化过程和云滴谱的影响也仍然很不确定。因此，对气溶胶与云相互作用的研究是地球科学最前沿的研究领域，在未来工作中将得到持续关注。

二、PM2.5预防警示的方法

PM$_{2.5}$预警是指PM$_{2.5}$浓度上升到对人体健康造成危险的程度，并根据以往的规律或观测，预计将持续一段时间，在此情况下为避免或减轻对公众的伤害，政府部门采取的一系列应急措施。

（一）多污染物协同预警控制

目前，发达国家和发展中国家空气污染物控制进度不同，但都面临同样的问题，即对多种污染物的相互作用及其复合效应的协调控制。相对于联防联控更多的从法律、体制和机制方面进行污染物控制，多污染物的协同控制则更需要从科研和管理上努力。

多污染物具有来源的多样性、种类的复杂性及其危害的广泛性，需要从多方面协调控制，最重要的是对多种排放源从源头加以控制。所谓源头控制，即优先减少有害物质、污染物的排放，或者对污染物进入环境的途径进行管理。源头控制不包括对污染物理化性质和生物学特性的改变，但需建立源头消减的测量和评估方法。另外，源头控制还包括减少污染物的排放对公众健康和环境的危害，主要指对设备和技术的更新、过程和手续的优化、产品的重新设计、原材料替代产品的应用，以及家政、生活维护、培训等方面地改进。除此之外，需要多部门、多区域协同应对。

（二）做好除尘技术预防PM2.5

1.传统除尘技术

（1）电除尘器的工作原理是：烟气通过电除尘器主体结构前的烟道时，利用高压直流电源产生强电场使烟气中的粉尘荷电，随后烟气进入设置多层阴极板的电除尘器通道。带正电荷烟尘向阴极电板富集，定时打击阴极板，使烟尘在自重和振动的双重作用下跌落在电除尘器结构下方的灰斗中，达到清除烟气中烟尘的目的。

（2）湿式除尘器俗称"水除尘器"，其工作原理为：利用高压离心风机将含尘气体压到装有一定高度的水槽中，通过水滴或水膜洗涤含尘烟气，尘粒被吸附凝聚于水中。随后，高压喷头喷洒水雾，捕集剩余未被吸附的尘粒，达到净化气体的目的。该方法去除效率较高，还可去除烟气中部分SO_2，但除尘污水需要进行处理后外排，否则将造成二次污染。

（3）袋式除尘器又称为布袋除尘器，主要由上部箱体、中部箱体、下部箱体（灰斗）、清灰系统和排灰机构等组成。当含尘气体进入袋式除尘器后，粒径大、比重大的颗粒物因重力作用沉降后落入灰斗，而较细小的粒子通过滤料被过滤收集。滤料在使用一段时间后，粉尘会在滤料上形成一个"初层"，可以有效提高除尘效率。另外，袋式除尘器的除尘效率与滤料性质关系密切，过滤介质的通道越细，细颗粒的过滤效果也就越好，当滤料的过滤孔径在微米或亚微米级时，对$PM_{2.5}$的过滤效果较好。袋式除尘器基本上可以满足水泥生产线和钢铁生产过程中任何工序的除尘要求。

（4）旋风分离器工作原理为烟气通过设备入口进入设备内旋风分离区后，沿轴向进入旋风分离管，气流受导向叶片的导流作用产生强烈旋转，沿筒体呈螺旋形向下进入旋风筒体，密度大的液滴和尘粒在离心力作用下被甩向器壁，并在重力作用下，沿筒壁下落流出旋风管排尘口至设备底部，从设备底部流出。旋转的气流在筒体内收缩向中心流动，向上形成二次涡流经导气管从设备顶部出口流出。

2.新型除尘技术

新型除尘技术是在传统技术基础上进行了改进，或是将不同传统技术的优点结合起来。

（1）旋转电极式电除尘器。该除尘器是对电除尘器的改进，改变了传统电除尘器的清灰方式，即当沉积在阳极板上的粉尘达到一定厚度时，被旋转电刷清除，最终粉尘直接落入灰斗中，从而使烟气得到净化。不仅大幅度提高了除尘效率，也降低了$PM_{2.5}$排放，并且具有阻力损失小，运行维护费用低，对烟气温度及性质不敏感，最大限度地减少二次扬尘等优点。

（2）混合除尘器。即将静电和其他除尘技术结合起来。比如电—袋式复合除尘，将布袋除尘器和电除尘器串联，结合成为电—袋复合除尘设备，可以在控制成本的情况下，提高去除$PM_{2.5}$的效率。其主要形式有：预荷电—布袋形式、静电—布袋并联式及静电—布袋串联式。另外，针对有色冶炼行业烟尘特性，开发基于低温等离子体—电凝聚—静电增强袋式除尘一体化技术，该技术将$PM_{2.5}$与重金属进行协同控制。

三、建立长效机制

随着大气污染问题的不断加重，政府认识到，有必要建立预警应急的长效机制。同时，各种赛会的空气质量保障工作积累了很多经验，建立监测预警应急体系的时机也越来越成熟。伴随经济的飞速发展，我国的环境问题也越来越突出，先后出现区域性的酸雨、光化学烟雾、灰霾等大气污染问题。为应对重污染天气，政府科研院校等做了大量努力，从最初的临时性应急工作到建立长效机制，我国空气质量监测预警应急体系的发展是一个不断完善的过程。国家投入了大量资源，出台了一系列的法律、法规、政策、行动计划、技术指南等，并取得了显著成效。

起初，我国主要在举办重大体育赛事和会议时，制订和实施一系列预警应急措施来保障赛会的顺利进行。从组织保障、预警流程、应急措施等方面逐渐进行改进，使预警体系更适合当地情况，为之后建立系统的、完善的监测预警应急体系奠定基础。

2008年北京奥运会时，北京为了实现蓝天达标的承诺，累计投入了1200亿来治理空气污染。2007年10月，国务院批准了由环境保护部和北京、天津、河北、山西、内蒙古和山东6省区市共同制订的《第29届奥运会北京空气质量保障措施》。为落实《保障措施》，6省区市政府先后制订并发布了相关实施方案，在控制燃煤污染、机动车污染、工业污染、扬尘污染等方面实施严格的污染治理和临时减排措施：关停首都钢铁集团5座高炉中的4座，北京市及周边约1100家制造厂停产，1.63万个燃煤锅炉改为清洁燃料，北京市内实行私家车单双号限行措施等。

为防止极端不利气象条件的出现，保障运动员身体健康，环境保护部、北京市、天津市、河北省政府共同制订了《北京奥运会残奥会期间极端不利气象条件下空气污染控制应急措施》。如遇极端不利气象条件的影响，空气污染加重，预测未来48小时空气质量超标时，在保障措施的基础上，将进一步加大停产停业限行措施的力度，经总指挥部批准后由北京市、天津市和河北省负责组织实施，环境保护部负责协调监督。

上海作为北京奥运会的协办城市，在空气质量保障工作方面积累了一定经验，为2010年上海世博会奠定了基础。为做好世博会的空气质量保障工作，上海市环境保护局组织编制了《2010年上海世博会环境空气质量保障措施》，成立世博会环境空气质量应急保障工作领导小组，市环保局领导任组长，负责环境空气质量应急保障工作的组织协调。领导小组下设联络组，具体负责与各应急保障成员单位的联系。应急保障成员单位包括市发展改革委、市经济信息化委、市建设交通委、市农委、市绿化市容局、市气象局、市环保局和各区县环保局，各成员单位指定一名联络员负责与联络组的信息沟通。

当预报API在90～100之间时，联络组组织相关部门和单位召开污染预警会商，提出预警联动的范围和具体内容建议，报领导小组签发。当预报API达到100以上时，联络组立即提出预警建议，报领导小组签发。根据领导小组签发意见，联络组通过短信和传真方式发布《空气污染预警通知》至相关应急保障成员单位。相关应急保障成员单位根据《上海市人民政府办公厅关于转发市环保局制订的《2010年上海世博会环境空气质量保障措施的通知》（沪府办[2010]6号）中关于环境应急保障工作的内容和职责分工，立即启动应急保障措施，落实各项减排要求。

四、应急预案的编制

应急预案一般由环境保护厅（局）牵头组织，会同各职能部门编制应急预案。编制应急预案前，调查、分析当地大气环境、自然和社会等数据，培养大气污染预测技术人才队伍。组织专家、公众制定和改进应急预案。应急预案内容包括组织机构和职责、监测、预警发布与解除、预警分级、预警措施、响应程序和分级、响应措施等。

（一）组织保障

为保障重污染天气应急预案的有效实施，各省区市根据要求建立了一套完善的领导组织体系。重污染天气应急指挥部负责指挥、组织、协调全省（或自治区、市）重污染天气预测预警、应急响应、检查评估等工作，总指挥由（副）省长[或自治区（副）主席、（副）市长]担任。

重污染天气应急指挥部下设重污染天气应急指挥部办公室，负责组织落实重污染应急指挥部的决定，协调和调动成员单位应对空气重污染应急相关工作；收集、分析工作信息，及时上报重要信息；负责发布、调整和解除预警信息；配合有关部门做好空气重污染新闻发布工作。重污染天气应急指挥部办公室设在省（或自治区、市）环保厅（局），由环保厅（局）长担任办公室主任。

重污染天气应急指挥部成员单位由各有关职能部门和各市（或自治州、区县）政府组成。各成员单位按照职责分工制订细化实施分预案，并在规定时间内报指挥部办公室备案。在空气重污染发生时有效组织落实各项应急措施并对执行情况开展监督检查。空气重污染预警解除后将应急措施落实情况以书面形式报指挥部办公室。

重污染天气应急指挥部办公室组织成立专家组，主要负责参与重污染天气监测、预警、响应及总结评估的专家会商，针对重污染天气应对涉及的关键问题提出对策和建议，为重污染天气应对工作提供技术指导。

（二）预警分级

目前，全国大部分省市已公布的预警方案依据环境空气质量预报，并综合考虑空气污染程度和持续时间，将空气重污染分为4个预警级别，由轻到重顺序依次为IV级预警、III级预警、II级预警、I级预警，分别用蓝、黄、橙、红颜色标示，红色为最高级别，但由于大气污染情况不同，各地采取的预警分级办法有所区别。

（三）应急措施

启动重污染预警后，需要采取相应的应急减排和防护措施，蓝色、黄色、橙色、红色预警分别对应IV级、级、II级、I级应急措施。应急措施一般分为建议性措施和强制性措施。例如，提醒公众减少户外活动、尽量乘坐公众交通工具、倡导节约用电等为建议性措施；重点工业限产停产，搅拌站停止作业、增加道路保洁频次；采取防尘抑尘措施、车辆限行、严禁秸秆露天燃烧等为强制性措施。随着污染水平的加重，应急措施逐级增强力度，增加强制性措施。应急预案制订过程中，全国各省市根据自身特点制订应急措施，因此，各地应急措施有所差异。

参考文献

[1]李向东.环境监测与生态环境保护[M].北京：北京工业大学出版社有限责任公司，2022.

[2]聂文杰.环境监测实验教程[M].徐州：中国矿业大学出版社有限责任公司，2020.

[3]张艳.环境监测技术与方法优化研究[M].北京：北京工业大学出版社有限责任公司，2022.

[4]周凤霞.生物监测[M].第3版.北京：化学工业出版社，2021.

[5]生态环境部环境规划院.国家"十三五"生态环境保护规划研究[M].北京：中国环境出版集团，2020.

[6]罗敏，李家彪.生态文明与环境保护[M].上海：上海科学技术文献出版社，2021.

[7]高标，唐恩勇，李思靓.生态文明建设与环境保护[M].北京：台海出版社，2021.

[8]张志兰，俞华勇，鲁珊珊.生态视域下环境保护实践研究[M].长春：吉林科学技术出版社，2022.

[9]袁素芬，李干蓉，李文.环境科学与生态保护[M].沈阳：辽海出版社，2019.

[10]中国法制出版社.生态环境保护[M].新7版.北京：中国法制出版社，2022.